家用电器维修完全精通丛书

双色版

图解中央空调安装、检修及清洗完全精通

数码维修工程师鉴定指导中心　组织编写
韩雪涛　主编　　吴瑛　韩广兴　副主编

U0209712

化学工业出版社
·北京·

本书为《家用电器维修完全精通丛书》之一，根据中央空调的工作及结构特点，结合实际工作要求，采用双色图解的方式，系统介绍了中央空调的安装技能、检修思路、检修方法、检修流程、检修技巧、检修经验以及日常保养与清洗等技能，帮助读者完全精通中央空调安装检修与清洗技能。

本书内容实用，以图片演示为主、文字讲解为辅进行维修讲解，并对不同的知识点进行颜色标注，形式新颖，读者看图学习一目了然，具体内容包括：做好中央空调安装检修前的准备工作、家用中央空调的安装技能、商用中央空调的安装技能、中央空调的故障检修思路、中央空调管路系统的检修技能、中央空调电路系统的检修技能、中央空调的清洗与保养技能等。

本书适合从事中央空调安装、检修及清洗保养工作的技术人员学习使用，也可供职业院校、培训学校相关专业的师生学习参考使用。

图书在版编目（CIP）数据

图解中央空调安装、检修及清洗完全精通（双色版）/韩雪涛主编．—北京：化学工业出版社，2014.2（2022.8重印）
（家用电器维修完全精通丛书）
ISBN 978-7-122-18797-0

Ⅰ.①图… Ⅱ.①韩… Ⅲ.①集中空气调节系统-设备安装-图解②集中空气调节系统-检修-图解③集中空气调节系统-清洗-图解 Ⅳ.①TB657.2-64

中国版本图书馆CIP数据核字（2013）第255919号

责任编辑：李军亮　　文字编辑：余纪军
责任校对：宋　玮　　装帧设计：尹琳琳

出版发行：化学工业出版社（北京市东城区青年湖南街13号　邮政编码100011）
印　　装：北京虎彩文化传播有限公司
787mm×1092mm　1/16　印张19　字数445千字　　2022年8月北京第1版第15次印刷

购书咨询：010-64518888　　售后服务：010-64518899
网　　址：http://www.cip.com.cn
凡购买本书，如有缺损质量问题，本社销售中心负责调换。

定　　价：58.00元

版权所有　违者必究

前言

随着社会的进步、科技的发展、人们生活品质的提高，现代家电及数码产品在人们生产生活中越来越普及。越来越先进的技术不断应用于这些数码及家电产品，越来越丰富的品种不断弥补市场的空缺，这一切的变化和发展同时也为电子产品维修行业提供了更加广阔的就业空间。维修岗位的就业需求逐年增加，越来越多的开始或希望从事与现代家用及数码产品相关的维修工作。

然而，如何能够在短时间能掌握家用电子产品的维修技能成为维修技术人员需要面对的重要问题。这些电子产品的智能化程度越来越高，电路结构越来越复杂，这无形中提高了学习的难度，而且产品更新换代的速度越来越快，技术人员如何用最快的时间掌握最有效的维修技术是必须要解决的问题，为此我们组织相关专家学者编写了《家用电器维修完全精通丛书》(以下简称《丛书》)，希望初学者通过本丛书的学习能够轻松掌握维修知识、精通维修技能。

《丛书》的品种划分以当前市场上流行的电子产品的品种作为划分依据。我们通过调研，对目前市场上各种流行电子产品的市场占有量和用户使用量作为参考依据，根据各种产品的结构和工作特性，结合各种产品的维修特点，将《丛书》细分为13个品种，依次为：《图解彩色电视机维修完全精通》、《图解液晶电视机维修完全精通》、《图解电冰箱维修完全精通》、《图解空调器维修完全精通》、《图解万用表修家电完全精通》、《图解小家电维修完全精通》、《图解电磁炉维修完全精通》、《图解洗衣机维修完全精通》、《图解变频空调器维修完全精通》、《图解中央空调安装、检修及清洗完全精通》、《图解电脑装配与维修完全精通》、《图解智能手机维修完全精通》、《图解笔记本电脑维修完全精通》。其中每一本图书以一种或几种目前流行的家用电子产品作为主要介绍对象，使学习者精通一方面维修技能，能够应对一个维修领域的工作。

《丛书》以全新的编写思路、全新的表达方式、全新的知识技能、全新的学习模式，让学习者有一个全新的学习体验，获得全新的知识结构。

1. 全新的编写思路——兴趣引导学习

《丛书》以国家职业资格的相关考核标准作为指导，以社会岗位需求作为培训导向，充分考虑当前市场需求和读者情况，打破以往图书的编排和表述模式，书中所有章节目录的编排完全考虑初学者的学习兴趣和学习需求，同时通过合理设计保证内容的系统性和知识的完备性。读者可根据自己的实际情况进行系统性阅读，或直接寻找自己感兴趣的内容，使学习更具针对性，做到查询性、资料性和技能性的完美结合，是一种全新的体验。

2. 全新的表达方式——双色图解演示

对于内容的表述，摒弃以文字叙述为主的表达模式，而是运用多媒体的理念，尽可能以“图解”的方式进行全程表达，力求做到“生动”、“亲切”、“直观”、“高效”。针对电路结构及电路故障的排除是维修工作的难点，在电路分析方面，将文字的表述尽可能融入到电路图中，并且将实物图与电路有机结合起来，使内容更易于理解。

3. 全新的知识技能——真实案例详解

《丛书》由原信息产业部职业技能鉴定指导中心家电行业专家组组长韩广兴亲自指导，充分以市场需求和社会就业需求为导向，确保图书内容符合职业技能鉴定标准。同时，《丛书》的编写还特别联系了夏普、松下、索尼、佳能等多家专业维修机构，所有的维修内容均来源于实际的维修案例，书中还特地选择典型的样机进行现场的实拆、实测、实修的操作演练，所有的数据都为真实检测所得，这不仅使得图书的内容更加真实有效，而且为学习者提供了实际的维修案例和维修数据，这都可以作为宝贵的维修资料，供学习者日后工作中查询使用。让这个学习过程贴近真实、贴近实战，做到学习与工作之间的“无缝对接”。

4. 全新的学习模式——教学互动交流

《丛书》将传统电子维修教学风格与职业培训模式进行了有机的整合，在书中设置了诸如【知识拓展】、【特别提示】、【演示图解】等专项模块，将学习中不同的知识点、不同的信息内容依托不同风格的模块进行展现，丰富学习者的知识，看托学习者的视野，提升学习者的品质。而且，本套图书的学习模式的另一大特点是将学习互动的环节由书中“延伸”到了书外，《丛书》得到了数码维修工程师鉴定指导中心的大力支持，学习者如果在学习和工作中遇到技术问题可通过联系电话、登录数码维修工程师官方网站的技术交流平台、发送信件等方式获得免费的技术支持和技术交流。我们的通信地址：天津市南开区榕苑路4号天发科技园8-1-401，邮编300384。联系电话：022-83718162/83715667/13114807267。E-mail:chinadse@163.com。

作为《丛书》之一，《图解中央空调安装、检修及清洗完全精通（双色版）》根据中央空调的结构及工作特点，结合实际的安装要求、故障维修以及定期保养与清洗工作，采用双色图解的方式，系统介绍了中央空调的安装技能、检修思路、检修方法、检修流程、检修技巧、检修经验以及保养与清洗等技能，帮助读者完全精通中央空调的安装维修保养等技能。本书内容实用而新颖，具体包括：做好中央空调安装检修前的准备工作、家用中央空调的安装技能、商用中央空调的安装技能、中央空调的故障检修思路、中央空调管路系统的检修技能、中央空调电路系统的检修技能、中央空调的清洗与保养技能等内容。为了将所学知识与实际工作相结合，书中收集了大量的实际案例，并采用大量的实物图真实再现安装检修与保养清洗过程，使读者不仅能够掌握相关技能，更重要的是能够举一反三，将所学知识灵活应用到实际工作中。

本书由数码维修工程师鉴定指导中心组织编写，其中由韩雪涛任主编，吴瑛、韩广兴任副主编，同时参加本书编写的还有张丽梅、宋永欣、梁明、宋明芳、孙涛、马楠、韩菲、张湘萍、吴鹏飞、韩雪冬、吴玮、高瑞征、吴惠英、周文静、王新霞、孙承满、周洋、马敬宇等。

希望本书的出版能够帮助读者快速掌握中央空调安装检修与清洗技能，同时欢迎广大读者给我们提出宝贵建议！

编　者

目录

CONTENTS

第5章 中央空调管路系统的检修技能

第6章 中央空调电路系统的检修技能

第1章 做好中央空调安装检修前的准备工作

1.1 认识中央空调的结构特点

中央空调是一种应用于大范围（区域）的空气温度调节系统。它主要是由主机（室外机）、末端设备以及连接管路组成。

中央空调的主机（室外机）是整个系统的控制中心，末端设备安装于各个区域（房间），主机（室外机）与末端设备之间通过连接管路相连，以便由主机（室外机）对各末端设备进行集中控制，从而实现大范围（区域）的几种制冷或制热。

中央空调根据应用场合的不同、设备的数量、组成以及连接方式也有所区别。为了更好地了解中央空调的结构特点，现将中央空调分成家用中央空调和商用中央空调两大类分别进行介绍。

1.1.1 家用中央空调的结构特点

家用中央空调也称为家庭中央空调或户式中央空调，是应用于家庭的小型化独立空调系统，其结构多以一台主机（室外机）通过制冷管路连接多个末端设备（室内机），将冷暖气流送到家庭内不同的房间（或区域），来实现室内空气的调节（制冷或制热）。目前，许多别墅、公寓及大面积的家庭住宅中都开始应用家用中央空调。图1-1所示为典型家用中央空调的结构特点。

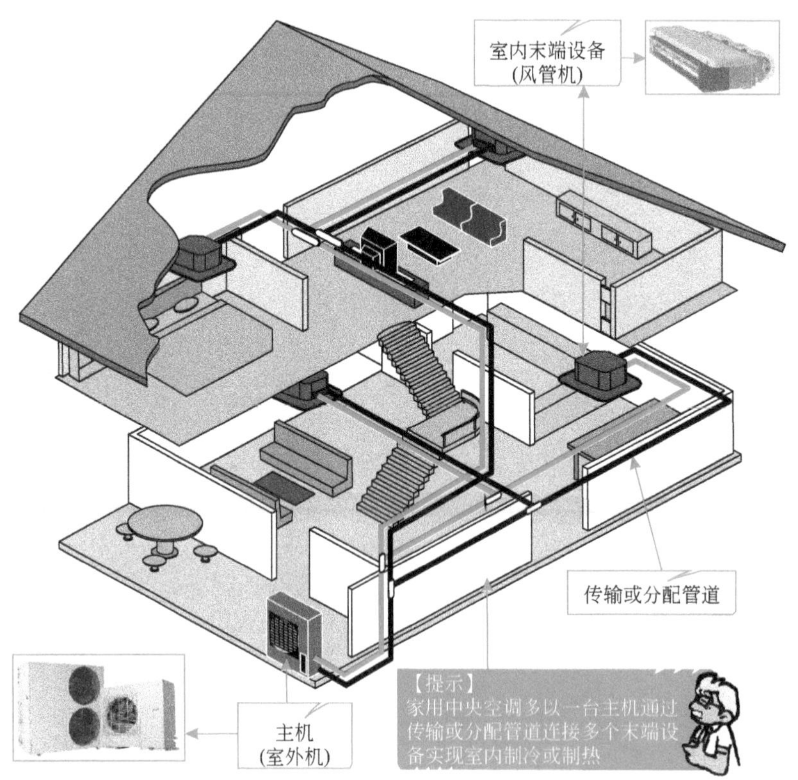

图1-1 典型家用中央空调的结构特点

家用中央空调系统采用集中空调的设计理念，室外机安装于户外，内部设有一组（或多组）压缩机，可以通过一组（或多组）管路与室内机相连，构成一个（或多个）制冷（制热）循环；室内机安装于室内的不同区域，拥有嵌入式、风管式、壁挂式和柜式等多种形式，如图1-2所示。

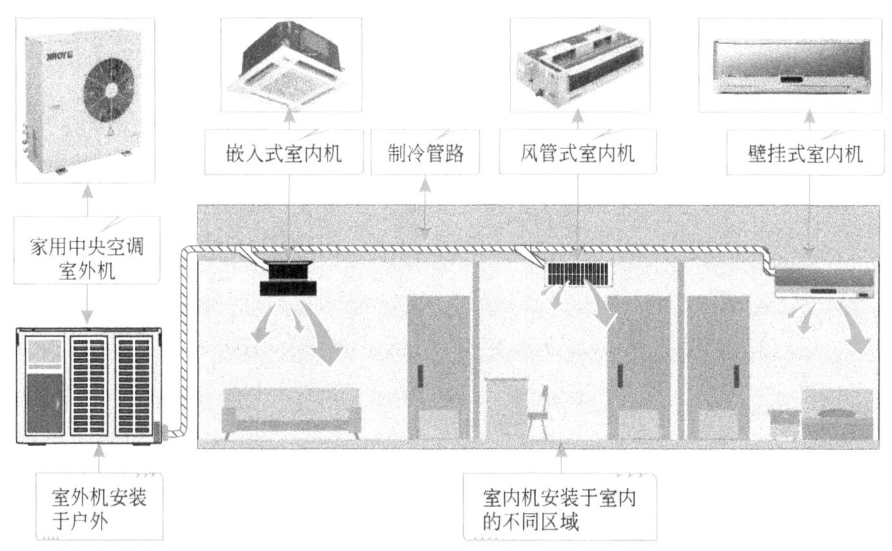

图1-2 家用中央空调的安装形式

（1）家用中央空调的整体结构

家用中央空调多采用制冷剂作为冷媒（也可称为一拖多式的中央空调），可以通过一个室外机拖动多个室内机进行制冷或制热工作，如图1-3所示。

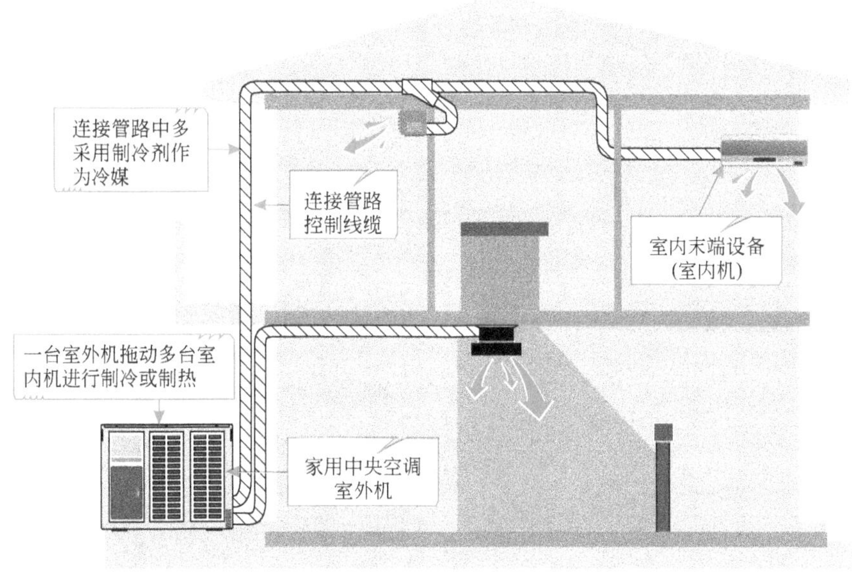

图1-3 家用中央空调的整体外部结构

特别提示

采用一拖多式的家用中央空调，房间必须是相邻的，因为几个室内机共用同一个室外机，安装连接管时，室内机的连接管同时接入同一个室外机，如果房间不相邻，而是离得较远，这样就需要较长的连接管来同室外机连接，因此容易造成制冷效果不好，加大了安装难度，并且不经济。

图1-4所示为家用中央空调的整体内部结构，室内机中的各管路及电路系统相对独立，而室外机中将多个压缩机连接在一个室外管路循环系统中，由主电路以及变频电路对其进行控制，通过管路系统与室内机组进行冷热交换，达到制冷或制热的目的。

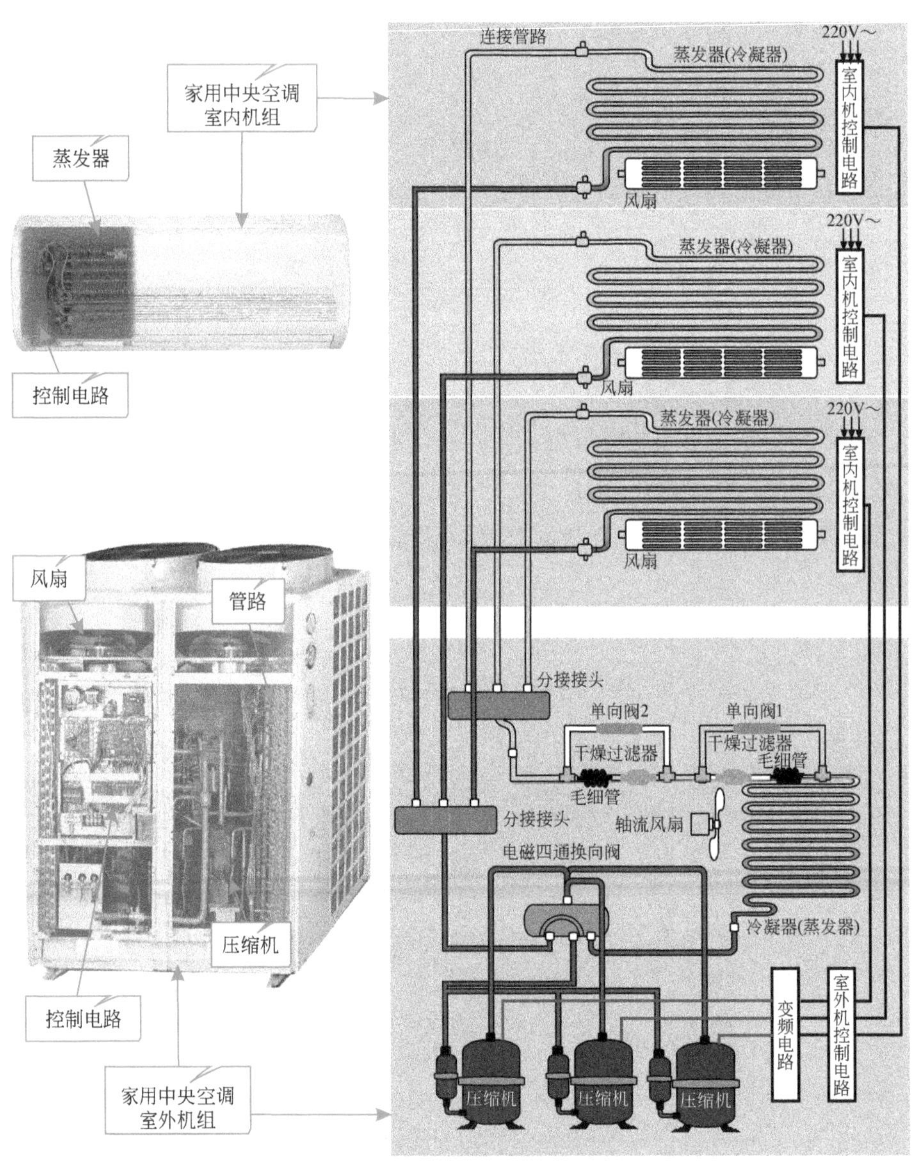

图1-4　家用中央空调器的整体内部结构

家用中央空调与普通空调的最大的区别在于，普通空调是采用一个室外机连接一个室内机的方式，如图1-5所示。普通空调的内部主要是由一个压缩机、电磁四通阀、风扇、冷凝器、蒸发器、单向阀、干燥过滤器、毛细管、控制电路等构成。

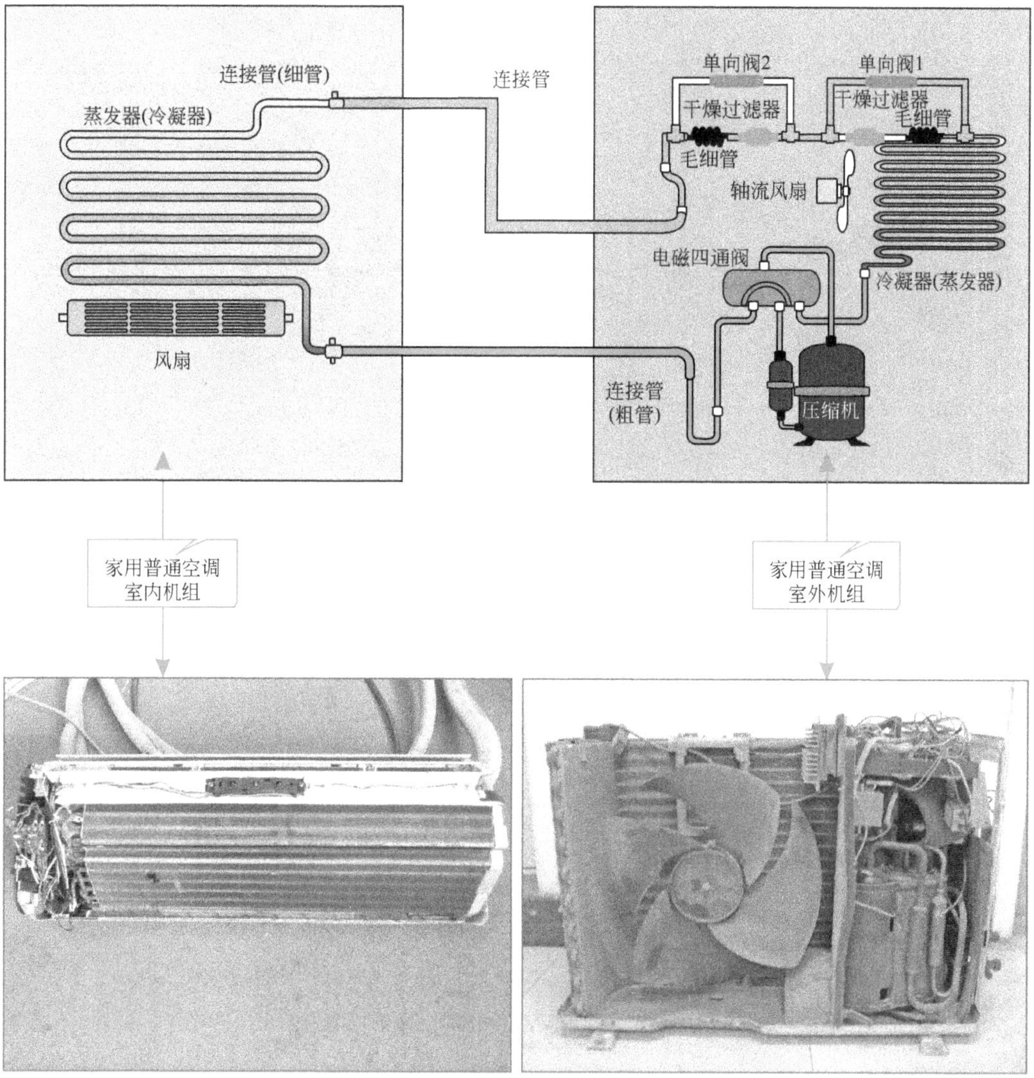

图1-5 普通空调的组成

(2)家用中央空调的室内机结构

家用中央空调的室内机可以根据家庭的装修风格以及室内美观效果进行选择，可以选择壁挂式室内机、柜式室内机、风管式室内机以及嵌入式室内机，如图1-6所示。

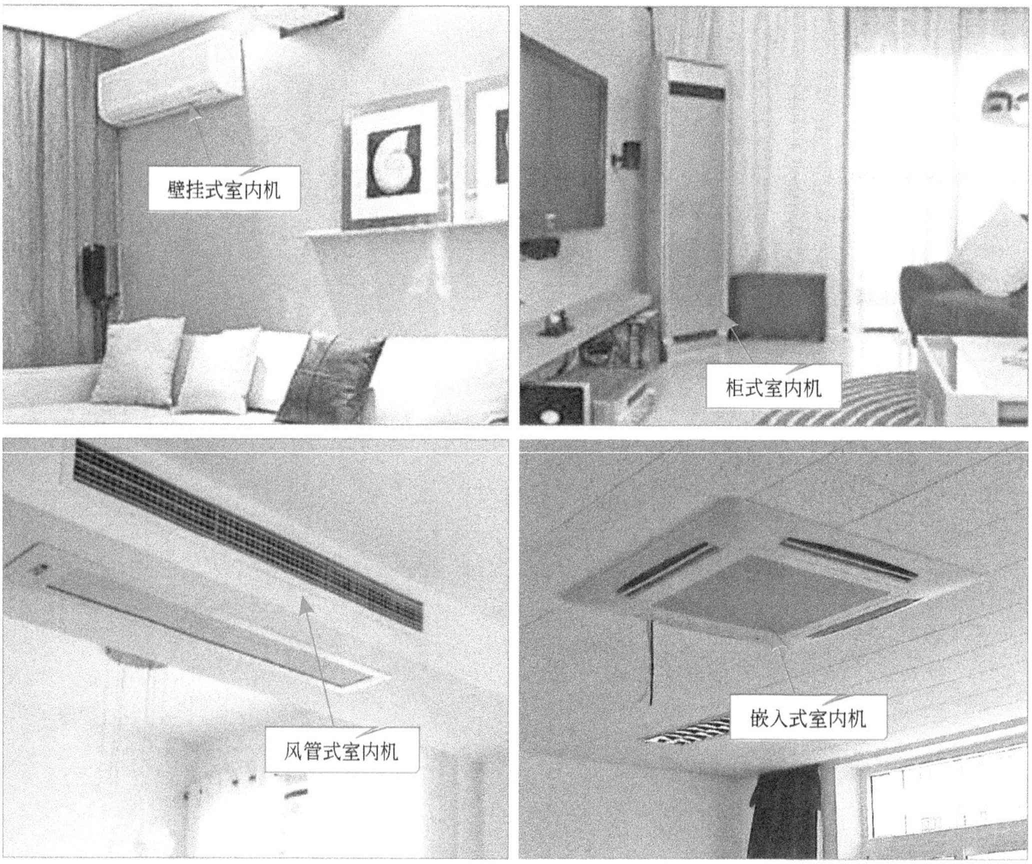

壁挂式室内机
柜式室内机
风管式室内机
嵌入式室内机

图1-6　家用中央空调的室内机

① 壁挂式室内机的结构　壁挂式室内机可以根据用户的需要挂在房间的墙壁上，图1-7所示为壁挂式室内机的外部结构，从壁挂式室内机的正面可以找到进风口、前盖、吸气栅（空气过滤部分）、显示和遥控接收面板、导风板、出风口等部分，背面通常可以找到与室外机连接用的管路以及电源线、连接引线等部分。

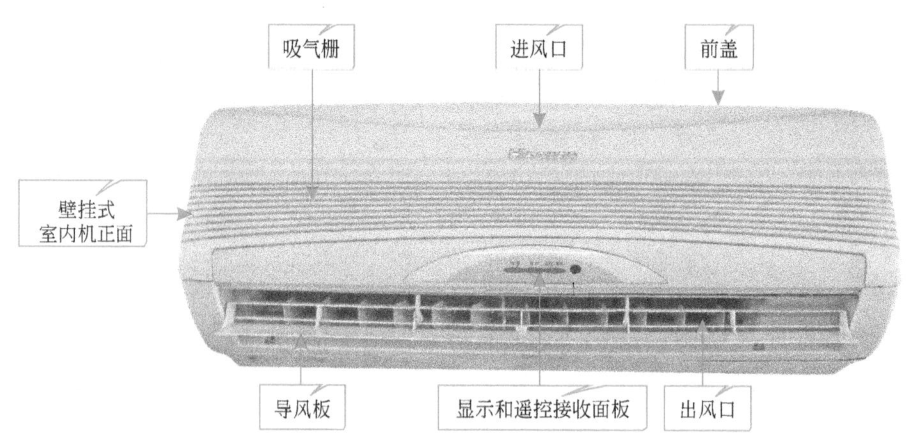

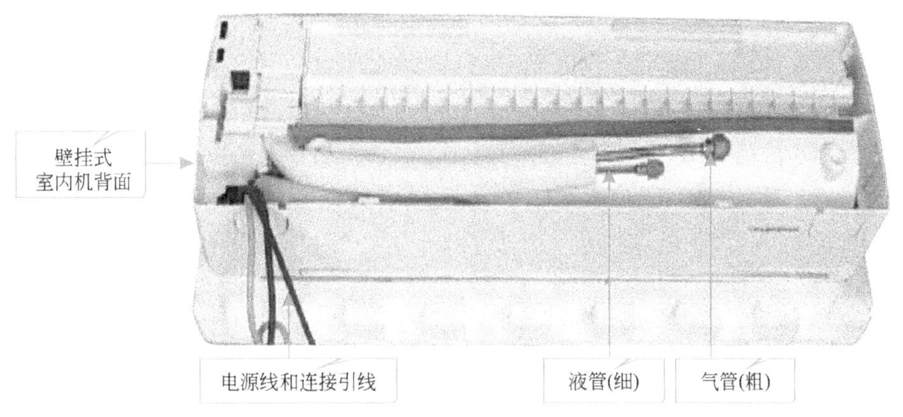

图1-7　壁挂式室内机的外部结构

图1-8所示为壁挂式室内机的内部结构，将壁挂式室内机的吸气栅打开，可以看到位于吸气栅下方的空气过滤网，将上盖拆卸下后，可以看到室内机的各个组成部件，如蒸发器、导风板组件、贯流风扇组件、主电路板、遥控接收电路板、温度传感器等部分。

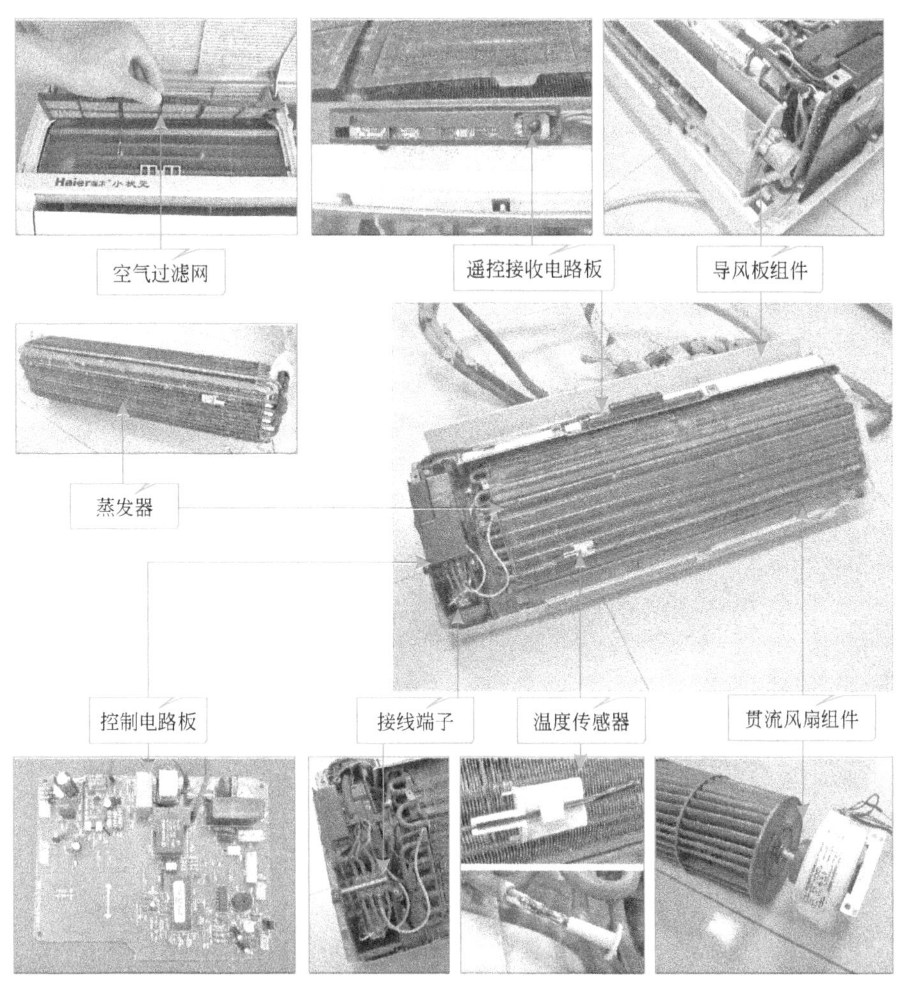

图1-8　壁挂式室内机的内部结构

② 柜式室内机的结构　柜式室内机可以根据用户的需要垂直放置于地面上，其结构与壁挂式有所不同，如图1-9所示，柜式室内机进气栅板和空气过滤网位于机身下方，拆下进气栅板和空气过滤网后可看到柜式室内机特有的离心风扇，出风口位于机身上部，蒸发器位于出风口附近。

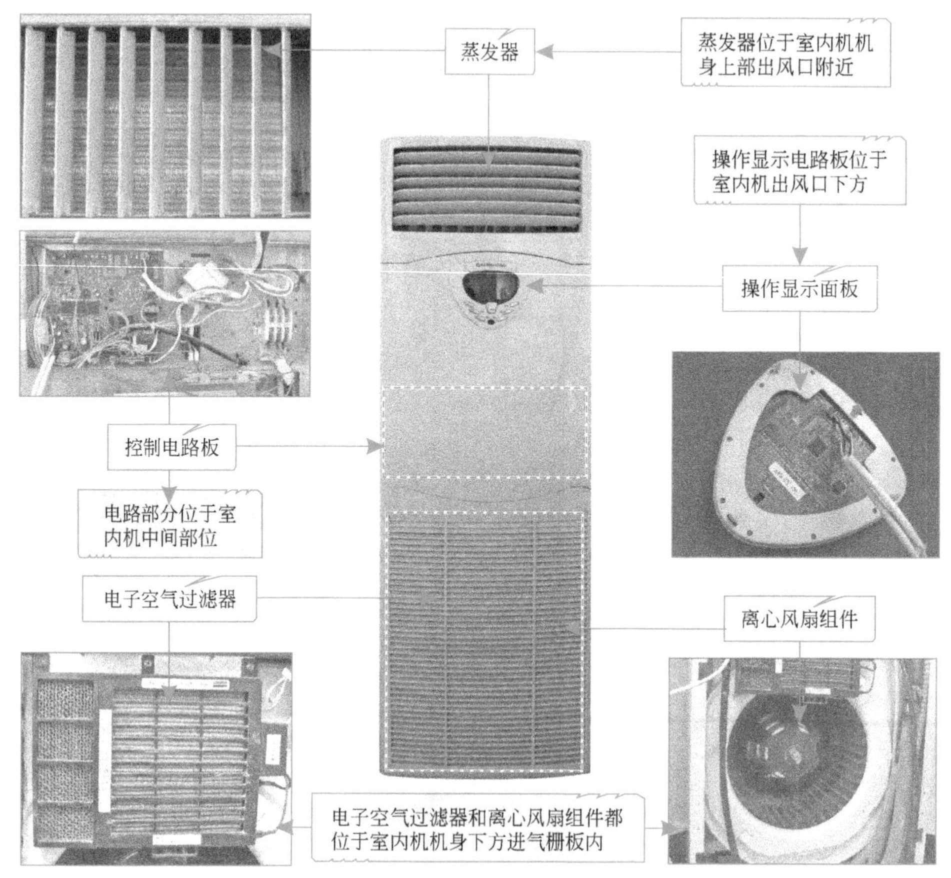

图1-9　柜式室内机的结构

③ 风管式室内机的结构　风管式室内机一般在房屋装修时，嵌入在家庭、餐厅、卧室等各个房间相应的墙壁上，不影响室内布局，其外部主要是由回风口组件、回风盖板、与室外机连接用的管路、电气盒和冷凝水排水管等构成，如图1-10所示。

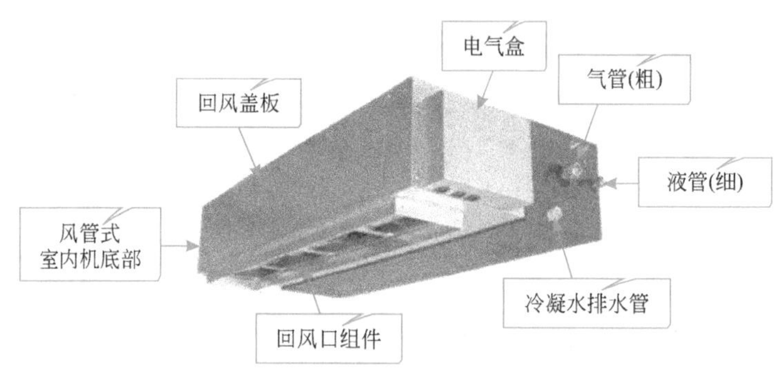

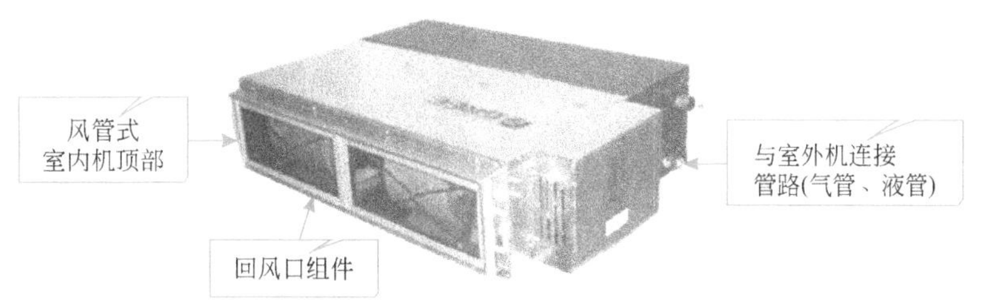

图1-10　风管式室内机的外部结构

风管式室内机的内部主要是由滤尘网、出风口挡板、出风口、贯流风扇、贯流风扇电机、蒸发器、电辅热、接水盘、出水管、控制电路和接线端子等构成，如图1-11所示。

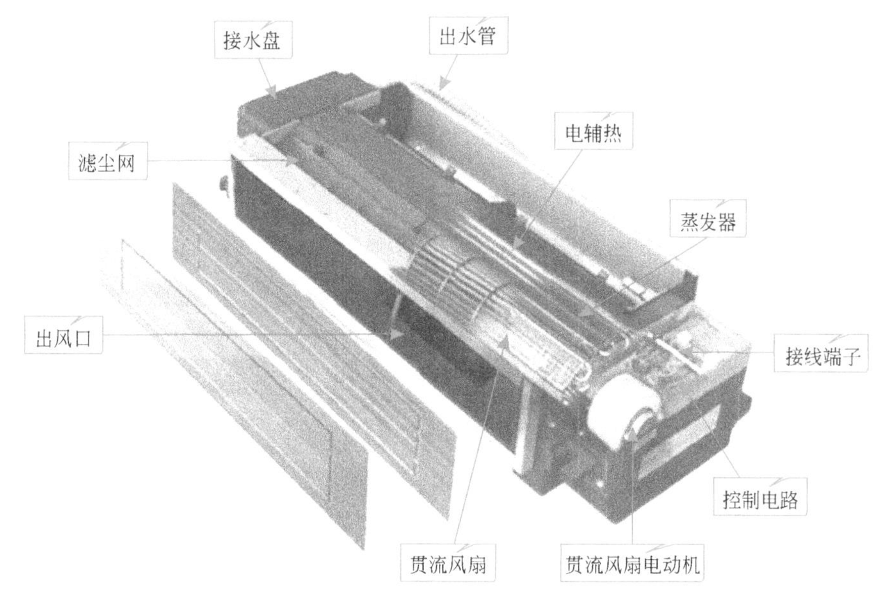

图1-11　风管式室内机的内部结构

④ 嵌入式室内机的结构　嵌入式室内机可以根据用户的需要嵌入在家庭、餐厅、卧室等各个房间相应的天花板内，前盖板外露于天花板外，其他部件均嵌入在天花板内，该类型室内机主要是由涡轮风扇电动机、涡轮风扇、蒸发器、接水盘、控制电路、排水泵、前面板、过滤网、过滤网外壳等构成，如图1-12所示。

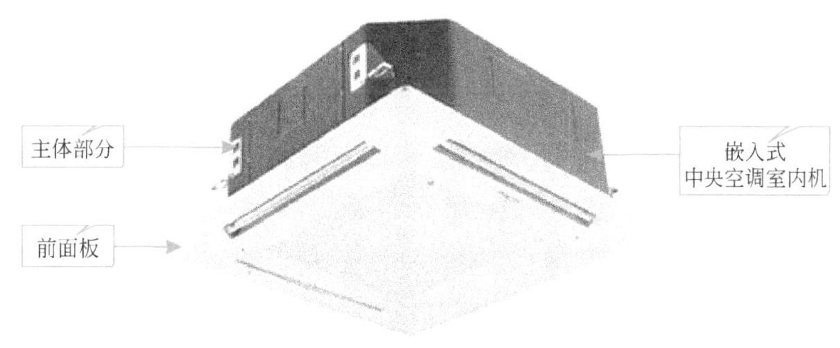

图1-12

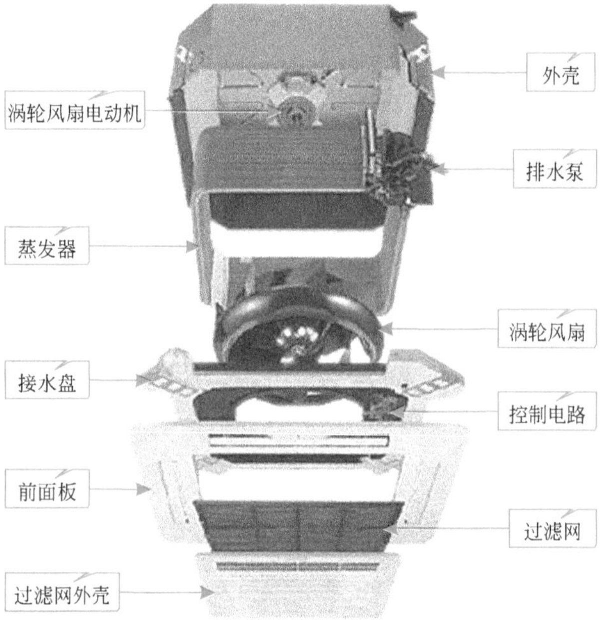

图1-12　嵌入式室内机的结构

（3）家用中央空调室外机的结构

家用中央空调室外机主要用来控制压缩机为制冷剂提供循环动力，与室内机配合，将室内的能量转移到室外，达到对室内制冷或制热的目的。通常家用中央空调的室外机都是根据用户需要的制冷循环系统的数量进行选择的，即根据内部容纳的压缩机组数量进行选择，每个压缩机组都是一个单独的循环系统。图1-13所示为不同外形结构的家用中央空调室外机。

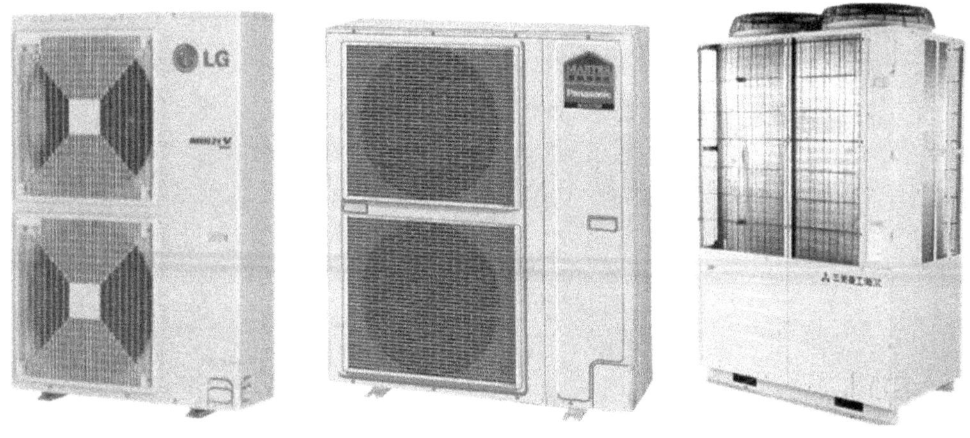

图1-13　不同外形结构的家用中央空调室外机

家用中央空调室外机的外部主要是由排风口、上盖、前盖、底座、截止阀、接线护盖等部分组成，如图1-14所示。

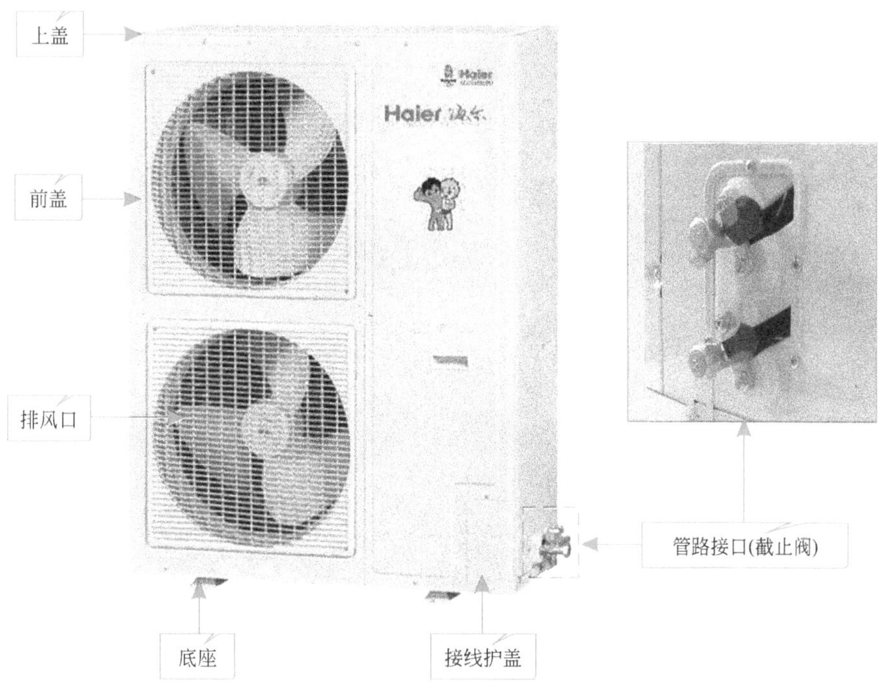

图1-14 典型变频空调器室外机的外部结构

将中央空调室外机的前盖拆下，即可看到内部各个组成部件，如冷凝器、轴流风扇组件、压缩机、电磁四通阀、毛细管和控制电路等部分，如图1-15所示。

特别提示

家用中央空调器的室外机中容纳压缩机组的个数，就意味着可以连接几套独立的制冷管路进行循环。如图1-16所示，该家用中央空调器的室外机有两个压缩机组，第一组压缩机通过制冷管路分别连接客厅和书房的室内机，构成第一组制冷循环。第二组压缩机通过制冷管路直接与卧室的室内机进行连接，构成第二组制冷循环。由于卧室与其他两个房间（客厅和书房）分别与不同的压缩机构成制冷循环，因此工作时，卧室和其他两个房间（客厅和书房）的温度可以独立控制。由于客厅和书房属于同一个制冷循环系统，因此工作时，这两个房间的温度调节统一受第一组压缩机控制，升温、降温必须统一调控。

特别提示

家用中央空调多采用一托多式的中央空调，以制冷剂作为冷媒，而在一些面积相对较大的家庭住宅、别墅、公寓等，采用水冷式的中央空调，该类型的家用中央空调结合了商用中央空调的便利、舒适等优势，是一种小型化的商用中央空调，具体结构会在下面的商用中央空调中做相应介绍。

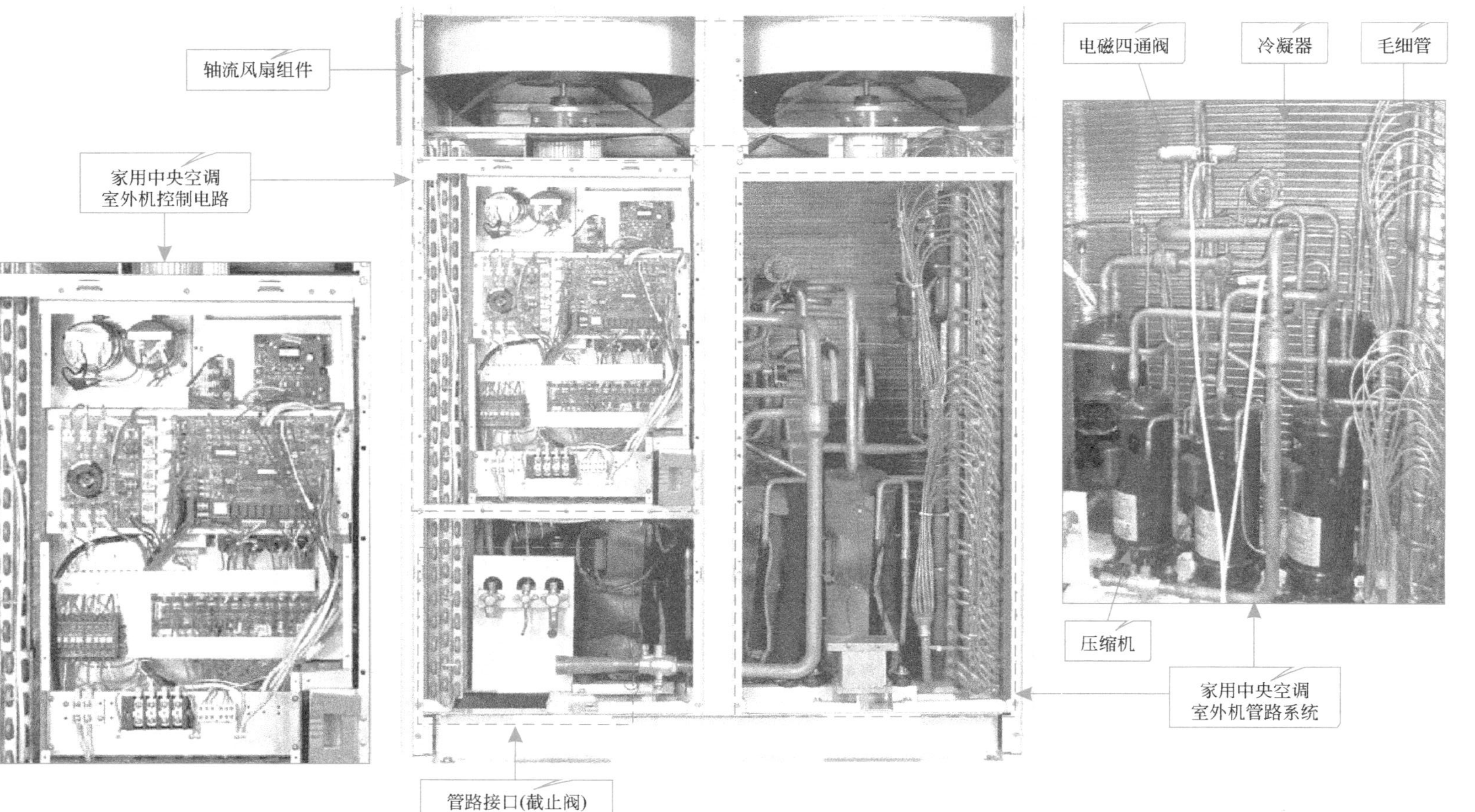

图1-15　家用中央空调器室外机的内部结构

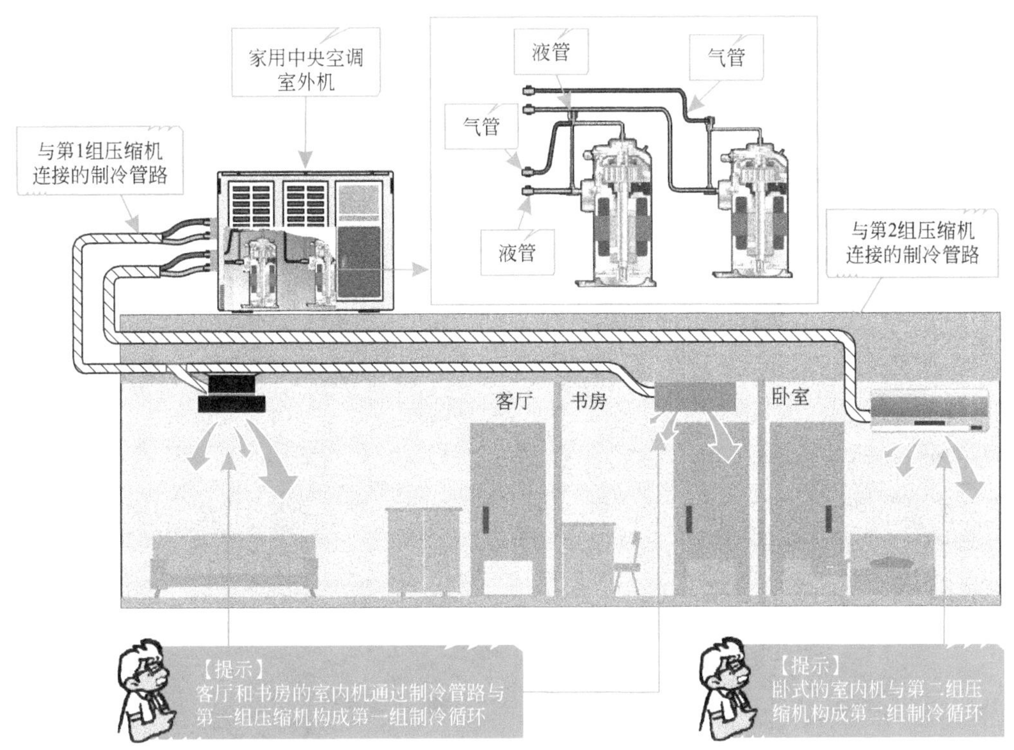

图1-16 家用中央空调制冷循环系统的控制

1.1.2 商用中央空调的结构特点

商用中央空调就是指应用于企业单位、宾馆、饭店等公共场所的中央空调系统，其结构多以一台或多台主机（室外机）通过风管或冷热水管连接多个末端出风口（室内机），将冷暖气流送到不同的区域，来实现制冷或制热的目的。图1-17所示为典型商用中央空调的结构特点。

商用中央空调具有体积庞大、结构复杂、经济节能、管理方便、节约空间等特点，根据制冷（制热）方式的不同，商用中央空调可分为风冷式商用中央空调和水冷式商用中央空调两种形式。

（1）风冷式商用中央空调

风冷式商用中央空调是指室外机借助空气流动（风）进行冷却的一类中央空调。根据室内实现供冷（或供热）循环介质的不同又可细分为风冷式风循环商用中央空调和风冷式水循环商用中央空调两种形式。

① 风冷式风循环商用中央空调　风冷式风循环商用中央空调是指室外机借助空气流动（风）对制冷管路中的制冷剂进行降温或升温处理，然后将降温或升温后的制冷剂经管路送至室内机（风管机）中，由室内机（风管机）将制冷（或制热）后的空气送入风道，经风道上的送风口（散流器）将降温或升温的空气送入各个房间或区域，从而改变室内温度，实现制冷或制热效果，如图1-18所示。

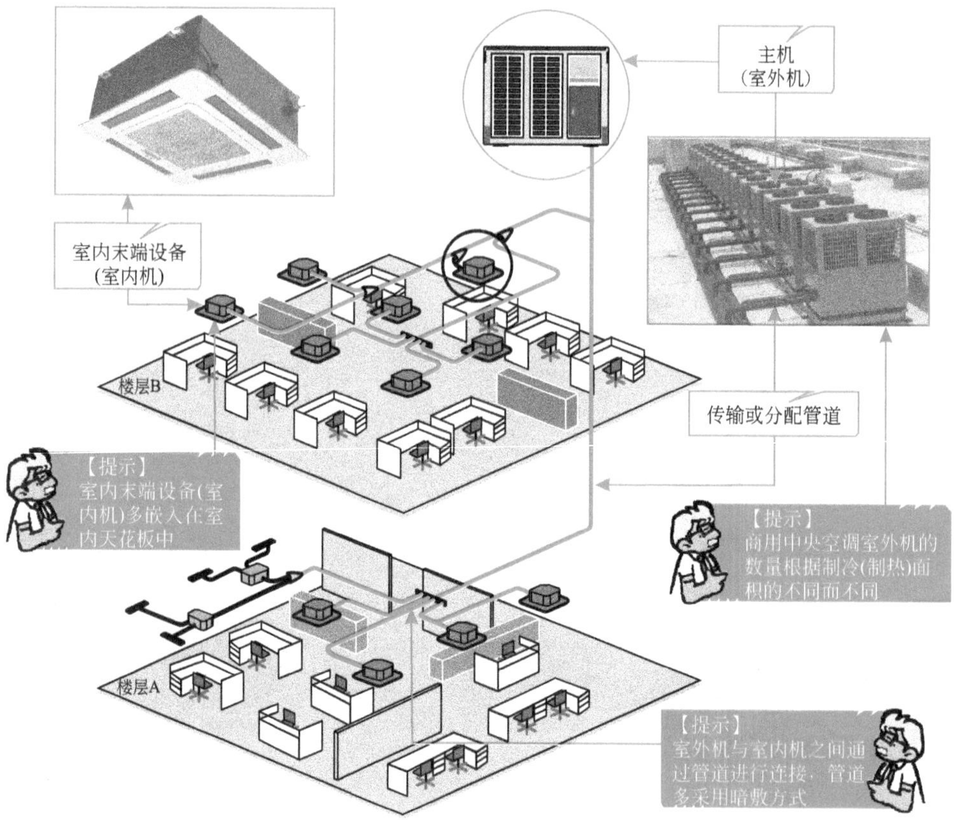

主机
(室外机)
室内末端设备
(室内机)
楼层B
传输或分配管道
【提示】
室内末端设备(室内机)多嵌入在室内天花板中
【提示】
商用中央空调室外机的数量根据制冷(制热)面积的不同而不同
楼层A
【提示】
室外机与室内机之间通过管道进行连接，管道多采用暗敷方式

图1-17　典型商用中央空调的结构特点

风冷式室外机
室内机(风管机)
新旧风
混合风道
回风口
新风口
送风口
送风风道
回风风道

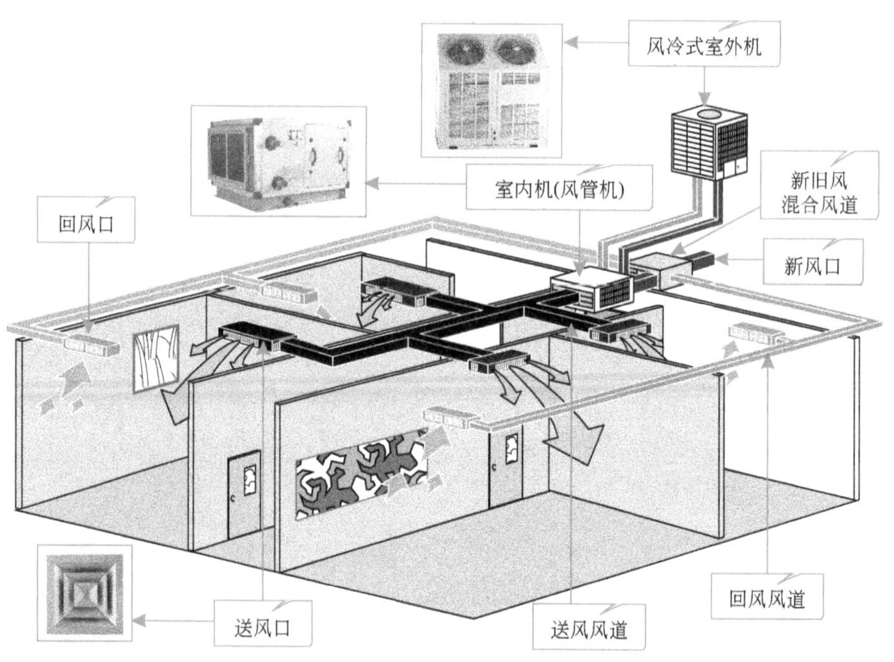

图1-18　风冷式风循环商用中央空调系统

特别提示

为确保空气的质量，许多风冷式风循环商用中央空调安装有新风口、回风口和回风风道。室内的空气由回风口进入风道与新风口送入的室外新鲜空气进行混合后再吸入室内，起到良好的空气调节作用。这种中央空调对空气的需求量较大，所以要求风道的截面积也较大，很占用建筑物的空间。除此之外，该系统的中央空调其耗电量较大，有噪声。多数情况下应用于有较大空间的建筑物中，例如，超市、餐厅以及大型购物广场等。

风冷式风循环商用中央空调系统主要是由风冷式室外机、风冷式室内机、送风口（散流器）、室外风机、风道连接器、过滤器、新风口、回风口、风道以及风道中的风量控制设备等构成，如图1-20所示。

a.风冷式室外机　风冷式风循环商用中央空调室外机为风冷式室外机，采用空气循环散热的方式对制冷剂降温，其结构紧凑，可以安装在楼顶、屋顶以及地面上，如图1-19所示。

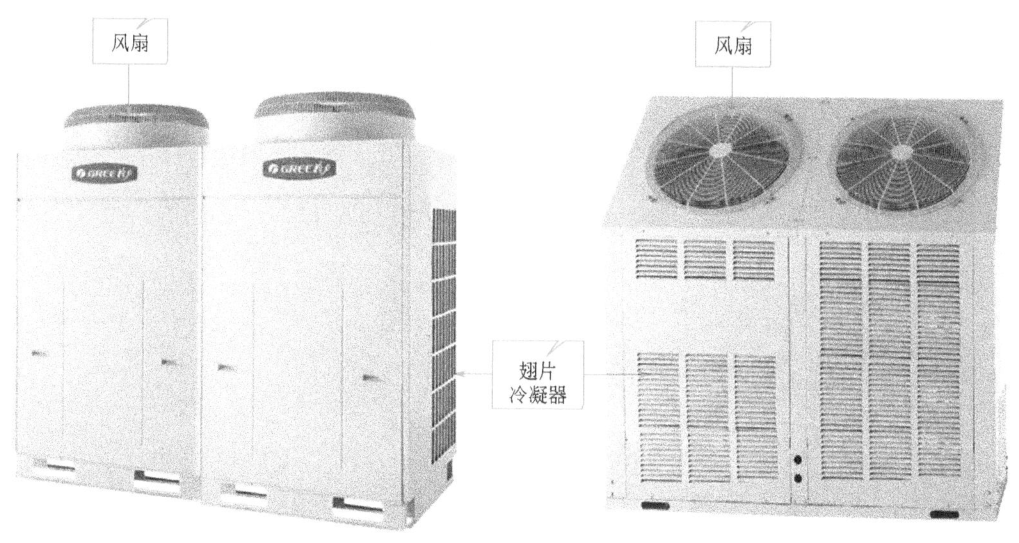

图1-19　风冷式室外机实物外形

特别提示

风冷式风循环商用中央空调系统的室外机大小随着需要制冷量的不同会有所不同，当需要的制冷量较大时，可以使用多台风冷式中央空调室外机进行串联、并联安装，使其输送的制冷量可以达到要求。

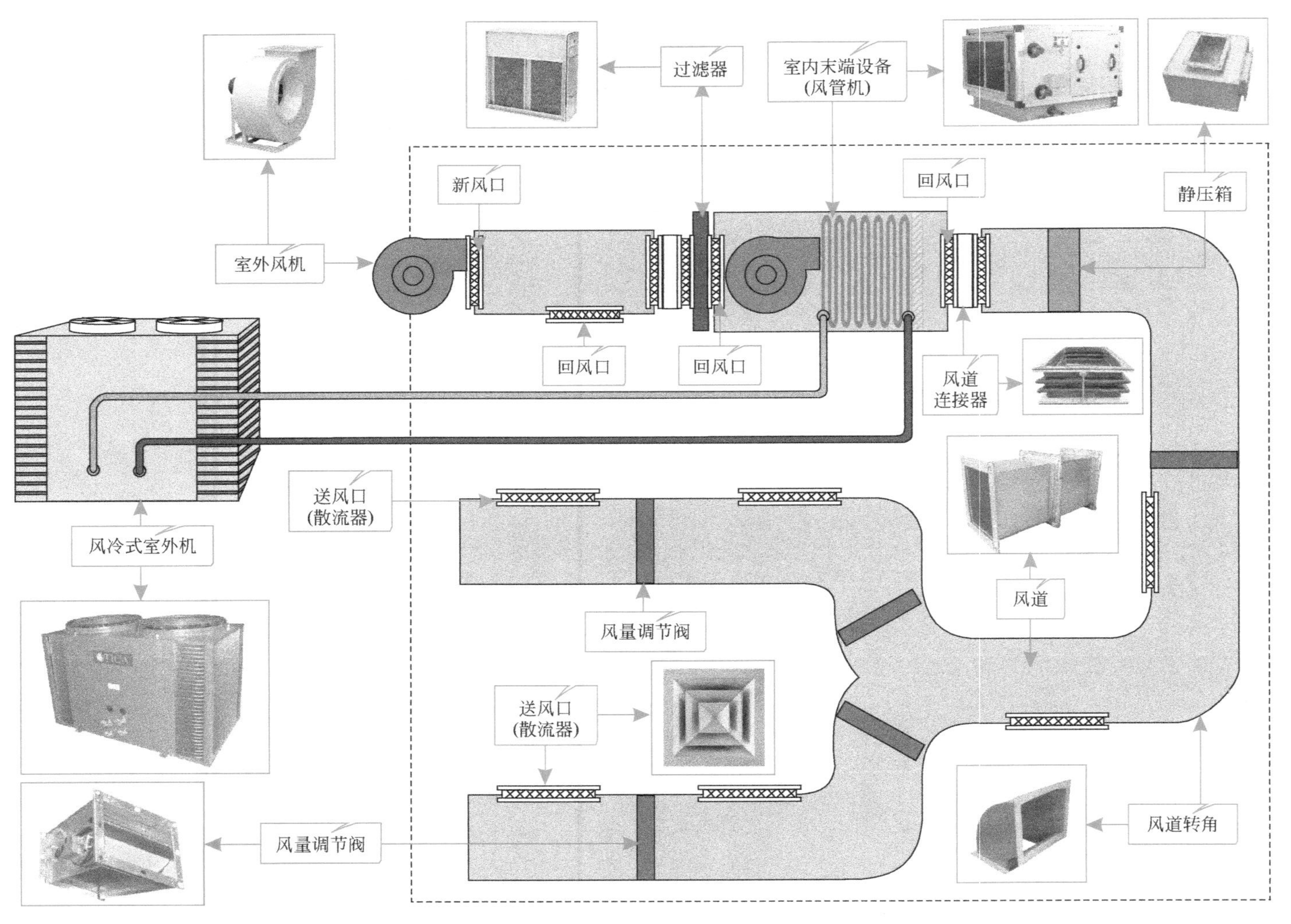

图1-20 风冷式风循环商用中央空调系统结构

b.风冷式室内机　风冷式风循环商用中央空调的室内机为风冷式室内机，多采用风管式结构（以下简称为风管机），如图1-21所示。风管机是由封闭的外壳将其内部风机、蒸发器以及空气加湿器等集成在一起，在其两端有回风口和送风口。由回风口将室内的空气或由新旧风混合的空气送入风管机中，由风机将其空气通过蒸发器进行热交换，再由风管机中的加湿器对空气进行加湿处理，最后由送风口将处理后的空气送入风道中。

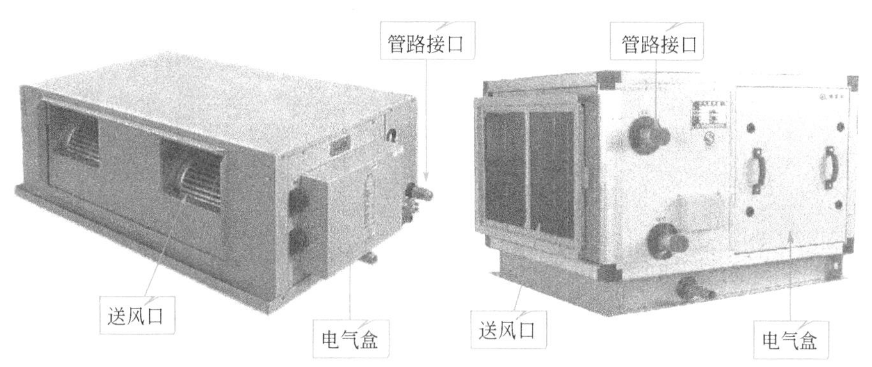

图1-21　风管机（室内机）实物外形

c.风道　风冷式风循环商用中央空调的风道分为两部分，一部分为新旧风混合风道，另一部分为送风风道。图1-23所示风冷式风循环商用中央空调的送风风道部分，由风管机（室内机）将升温或降温后的空气经送风口送入风道中，在风道中经风道中的静压箱进行降压，再经风量调节阀对风量进行调节后将热风或冷风经送风口（散流器）送入室内。

② 风冷式水循环商用中央空调　风冷式水循环商用中央空调是指室外机借助空气流动（风）对制冷管路中的制冷剂进行降温或升温处理，实现对冷冻管路中冷冻水的降温（或升温），然后将降温（或升温）后的水送入室内末端设备（风机盘管）中，由室内末端设备（风机盘管）与室内空气进行热交换后，从而实现对空气的调节，如图1-22所示。

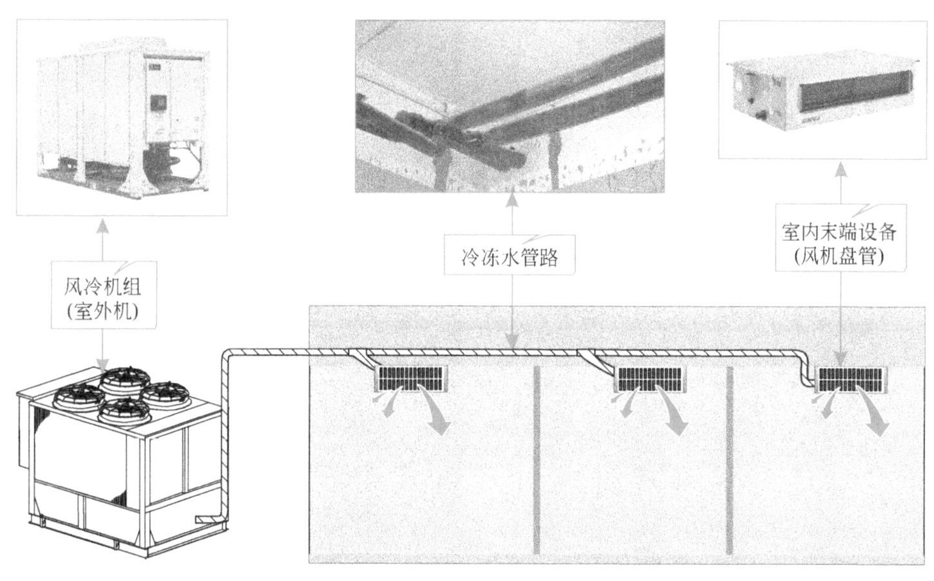

图1-22　风冷式水循环商用中央空调系统

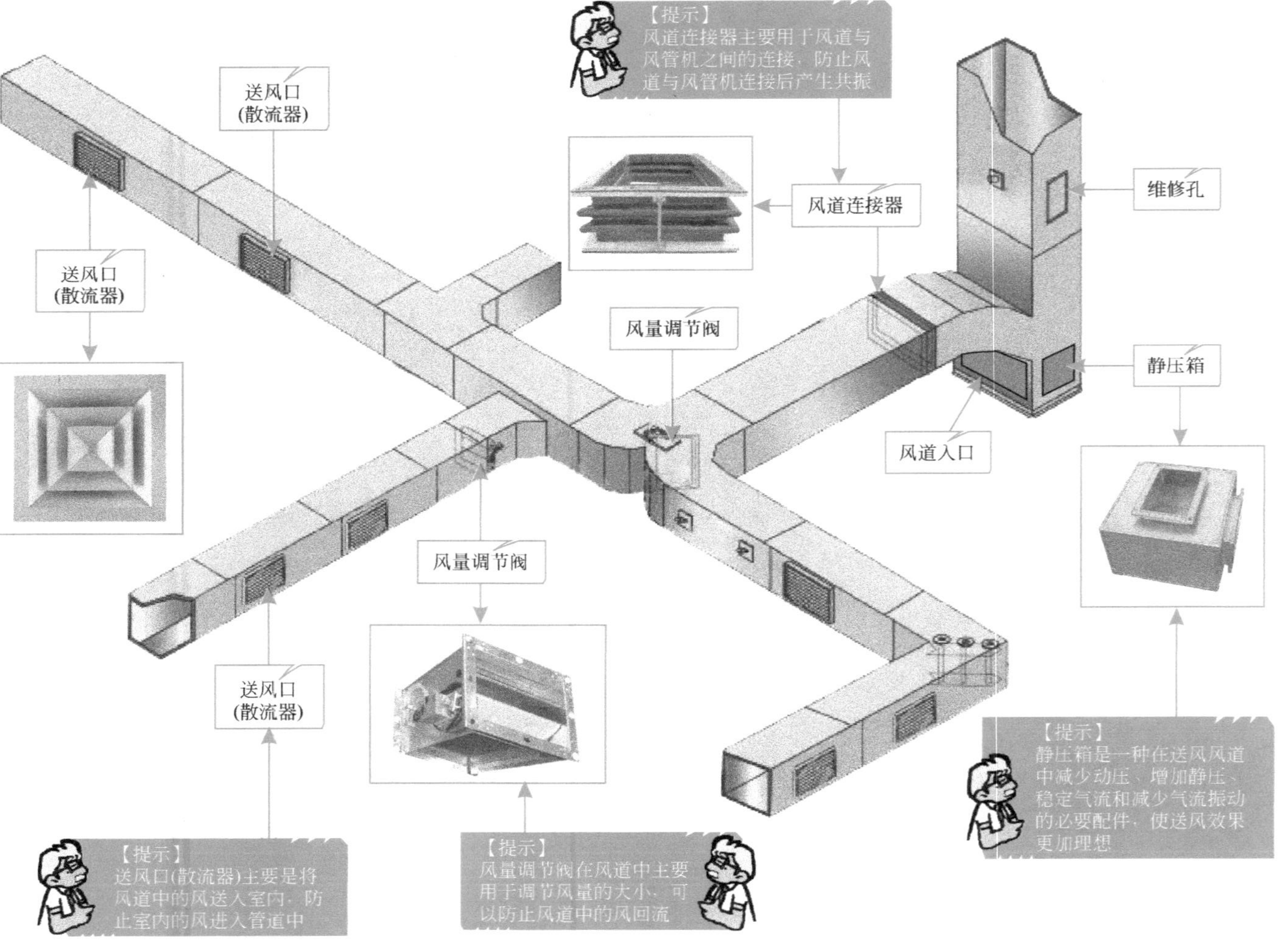

图1-23　风冷式风循环商用中央空调的送风风道部分

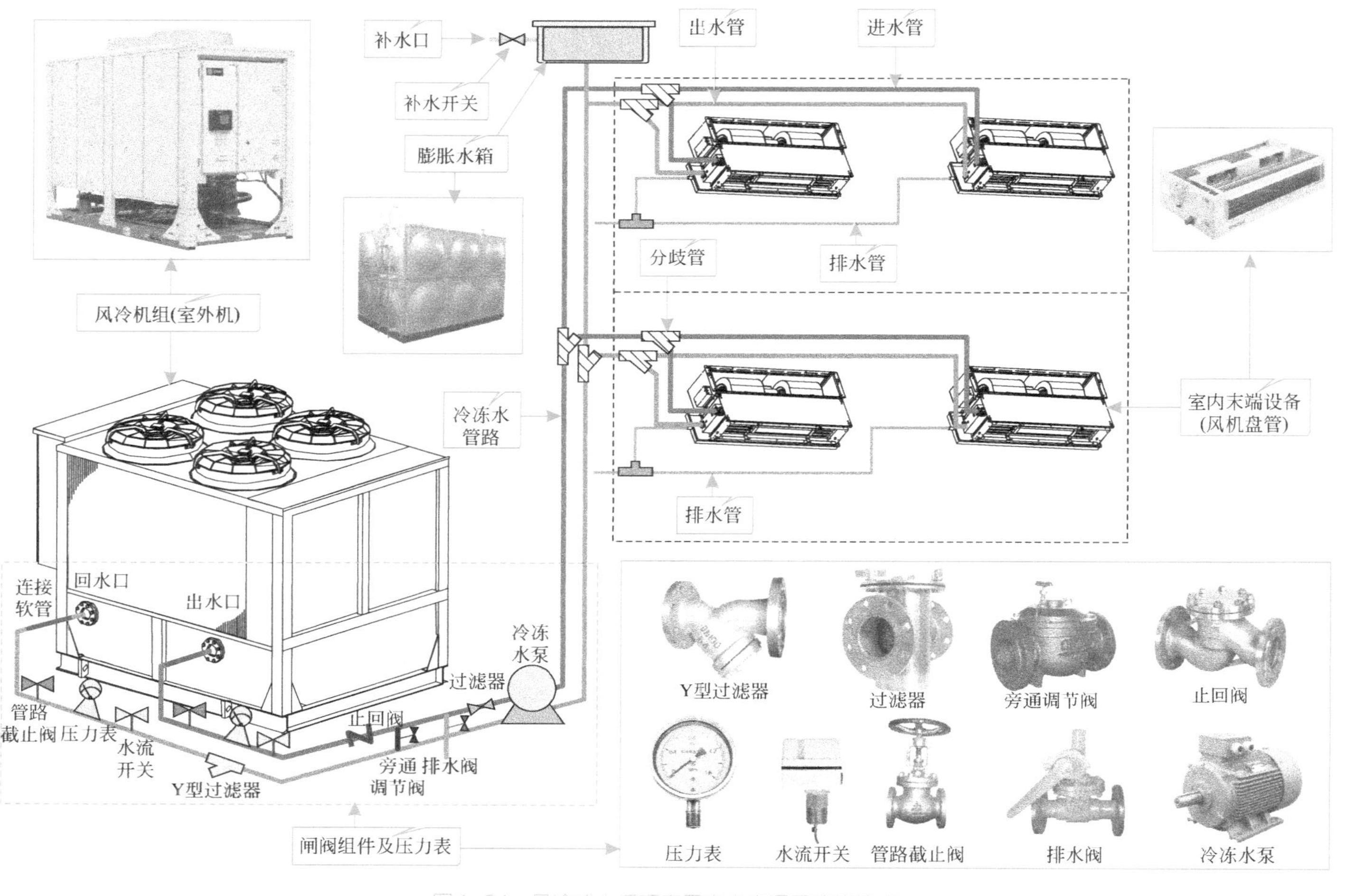

图1-24 风冷式水循环商用中央空调系统的结构

风冷式水循环商用中央空调系统主要是由风冷机组、室内末端设备（风机盘管）、膨胀水箱、制冷管路、冷冻水泵以及闸阀组件和压力表等构成。闸阀组件中主要包括Y形过滤器、过滤器、水流开关、止回阀、旁通调节阀以及排水阀等，如图1-24所示。

a.风冷机组（室外机） 风冷机组是风冷式水循环商用中央空调中非常重要的部件之一，它是以空气流动（风）作为冷（热）源，以水作为供冷（热）介质的中央空调机组，如图1-25所示。

图1-25 风冷机组实物外形

b.冷冻水泵 冷冻水泵连接在风冷机组的末端，主要用于对风冷机组降温的冷冻水加压后送到冷冻水管路中，如图1-26所示。

图1-26 冷冻水泵实物外形

c.风机盘管（室内机） 风机盘管是风冷式水循环商用中央空调的室内末端设备，主要是利用风扇作用，使空气与盘管中的冷水（热水）进行热交换，并将降温或升温后的空气输出。

如图1-27所示，风机盘管根据封装形式的不同，比较常见的主要有吊顶暗装风机盘管、吊顶明装风机盘管、立式暗装风机盘管、立式明装风机盘管以及卡式风机盘管等。

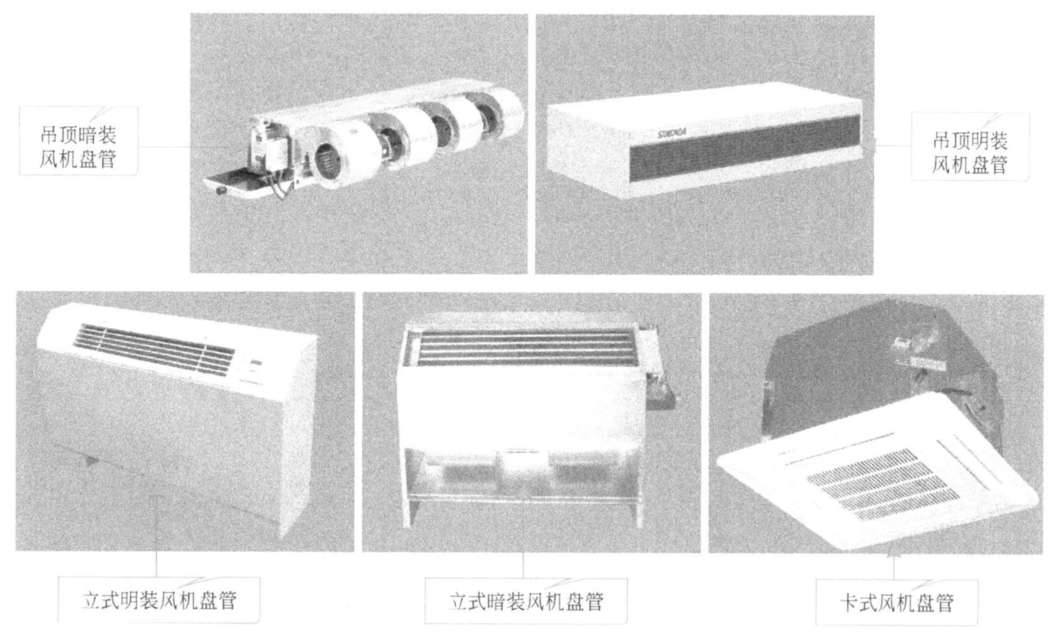

图1-27 风机盘管实物外形

如图1-28所示，风机盘管还可以分为两管制与四管制。两管制风机盘管是比较常见的中央空调末端设备，它在夏季可以流通冷水、冬季流通热水；而四管制风机盘管可以同时流通热水和冷水，使其可以根据需要分别对不同的房间进行制冷和制热，该类风机盘管多用于酒店等高要求的场所。

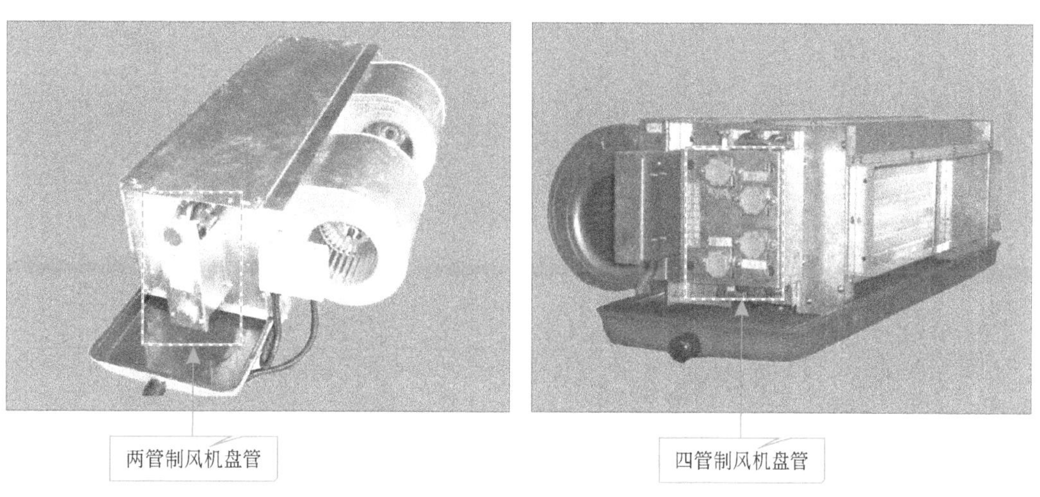

图1-28 两管制与四管制风机盘管实物外形

知识拓展

在风机盘管的上端一般会带有产品的标识，可以通过对标识的识读了解该风机盘管的相关参数信息，图1-29所示为风机盘管上的标识。可以根据表1-1对风机盘管上的标识进行解读。

FP	-	51	W	A	H	/	B
1		2	3	4	5		6

图1-29　风机盘管上的标识

表1-1　风机盘管标识含义

序号	代号描述	可选项
1	机组代号	FP-风机盘管
2	名义风量	数字 $\times 10m^3/h$
3	结构形式	L—表示立式；W—表示卧式；XD—表示吸顶式
4	安装形式	M—表示明装；A—表示暗装
5	机组静压	缺省—标准型；H—表示高静压
6	设计序号	设计序号：按A、B、C排列

d.膨胀水箱　膨胀水箱是风冷式水循环商用中央空调中非常重要的部件之一，主要作用是平衡水循环管路中的水量及压力，其实物外形如图1-30所示。

图1-30　膨胀水箱实物外形

（2）水冷式商用中央空调

水冷式商用中央空调是指通过冷却水塔、冷却水泵对冷却水进行降温循环从而对水冷机组中冷凝器内的制冷剂进行降温，使降温后的制冷剂流向蒸发器中，经蒸发器对循环的冷冻水进行降温，从而将降温后的冷冻水送至室内末端设备（风机盘管）中，由室内末端设备（风机盘管）与室内空气进行热交换后，从而实现对空气的调节，如图1-31所示。

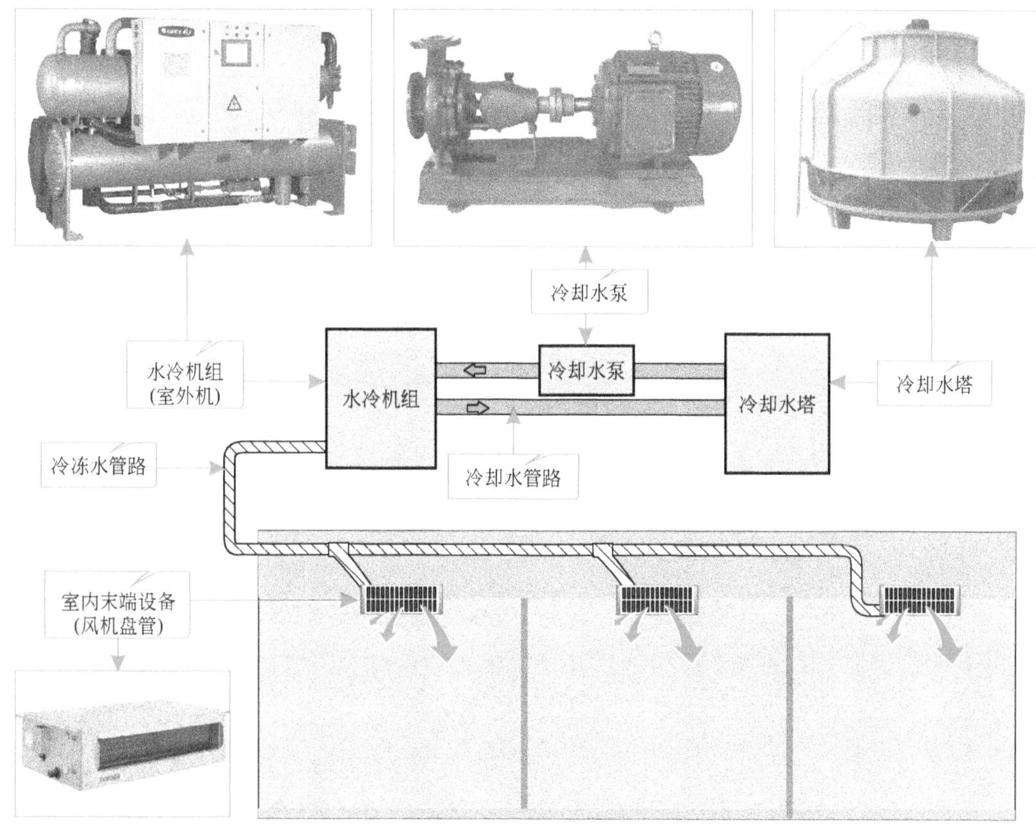

图1-31　水冷式商用中央空调系统

水冷式商用中央空调主要是由水冷机组、冷却水塔、风机盘管、膨胀水箱、冷冻水管路、冷却水泵、冷冻水泵以及闸阀组件和压力表等构成。闸阀组件中主要包括管路截止阀、Y型过滤器、过滤器、水流开关、单向阀以及排水阀等，如图1-32所示。

特别提示

水冷式商用中央空调系统主要是通过对水的降温处理，使室内末端设备可以进行热交换处理，对室内空气进行降温。若需要使用该系统制热时，需要在冷却水降温系统中添加锅炉等制热设备，可以对管路中的冷却水进行加温，水冷机组冷凝器中的制冷剂升温，经压缩机运转循环送入蒸发器中，由蒸发器将管路中的水升温，形成热水循环，再由室内末端设备进行热交换处理，对室内空气进行升温。

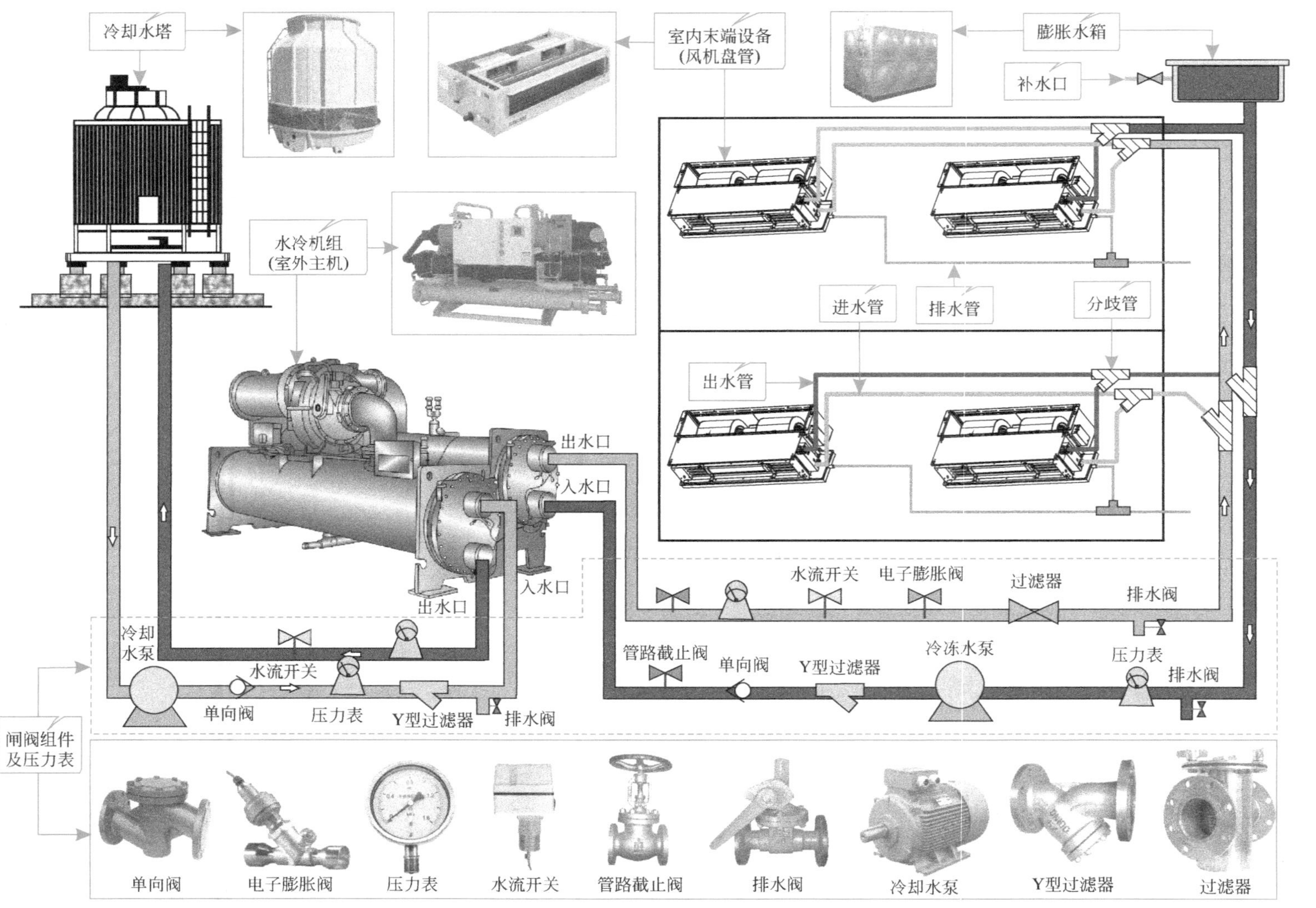

图1-32 水冷式商用中央空调系统的结构

① 冷却水塔　冷却水塔是集合空气动力学、热力学、流体学、化学、生物化学、材料学、静/动态结构力学以及加工技术等多种学科为一体的综合产物。它是一种利用水与空气的接触对水进行冷却，并将冷却的水经连接管路送入水冷机组中的设备，如图1-33所示。

图1-33　冷却水塔实物外形

冷却水塔的应用十分广泛，类型也多种多样。其中，在商用中央空调系统中主要有逆流式冷却水塔和横流式冷却水塔两种，如图1-34所示。

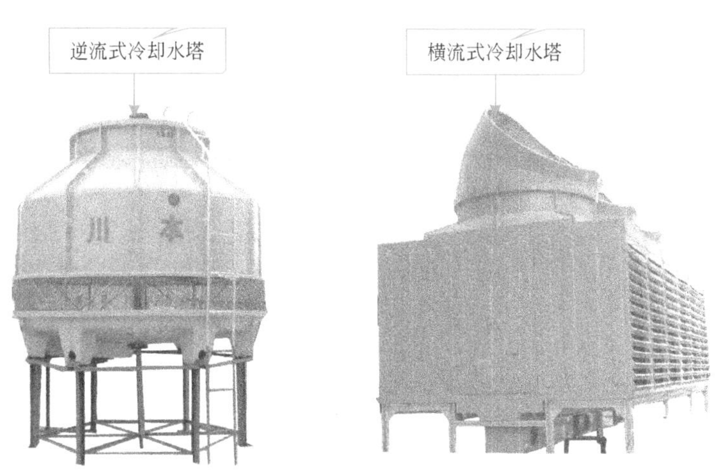

图1-34　逆流式冷却水塔和横流式冷却水塔实物外形

特别提示

逆流式冷却水塔和横流式冷却水塔主要区别于水和空气流动的方向。逆流式冷却水塔中的水自上而下进入淋水填料，空气为自下而上吸入，两者流向相反。该类型的水塔具有配水系统不易堵塞、淋水填料可以保持清洁不易老化、湿气回流小、防冻冰措施设置便捷、安装简便、噪声小等特点。

横流式冷却水塔中的水自上而下进入淋水填料，空气自塔外水平流向塔内，两者流向呈垂直正交。该类型的水塔一般需要较多的填料进行散热、填料易老化、布水孔易堵塞、防冻冰性能不良、湿气回流大，但其节能效果好、水压低、风阻小、无滴水噪声和风动噪声，可以安装在噪声要求严格的居民区内，淋水填料和配水系统检修便捷。

知识拓展

根据分类方式的不同，冷却水塔有多种类型，例如按照通风方式进行分类可以分为自然通风式冷却水塔、机械通风式冷却水塔、混合通风式冷却水塔；按照水域空气接触的方式可以分为湿式冷却水塔、干式冷却水塔以及干湿式冷却水塔；按照应用领域可以分为工业冷却水塔与中央空调冷却水塔；按照噪声级别可以分为普通式冷却水塔、低噪声式冷却水塔、超低噪声式冷却水塔、超静音式冷却水塔；按照形状可以分为圆形冷却水塔与方形冷却水塔；还可以分为喷流式冷却水塔、无风机式冷却水塔等。

② 水冷机组　水冷机组是水冷式中央空调系统的核心组成部件，一般安装在专门的空调机房内，如图1-35所示。它是一种靠制冷剂循环来达到冷凝效果，然后靠水循环来带走一定的冷量的空调机组。

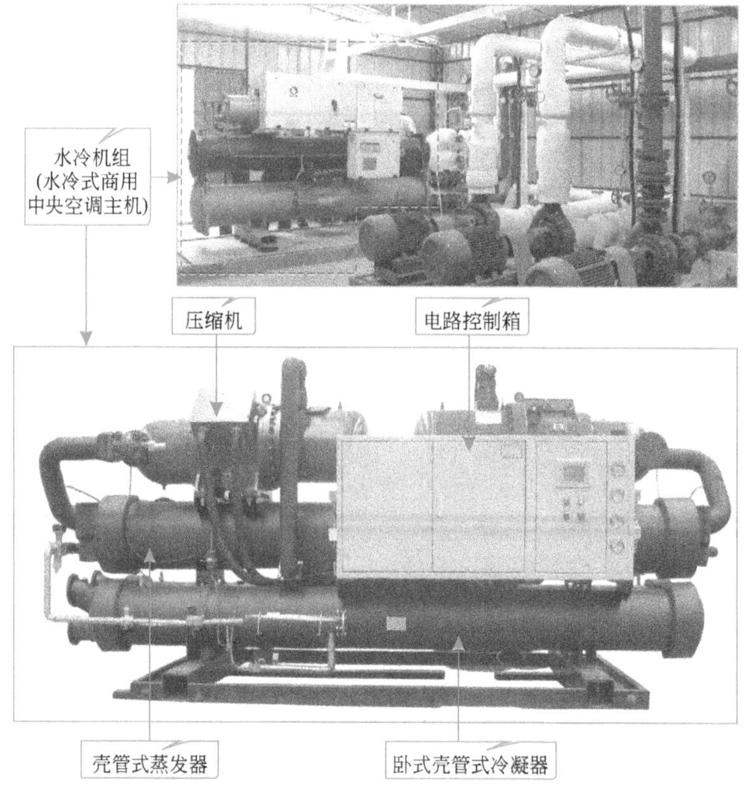

图1-35　水冷机组实物外形

水冷机组的应用十分广泛，类型也多种多样。其中，在商用中央空调系统中主要有螺杆式冷水机组和涡旋式冷水机组两种，如图1-36所示。

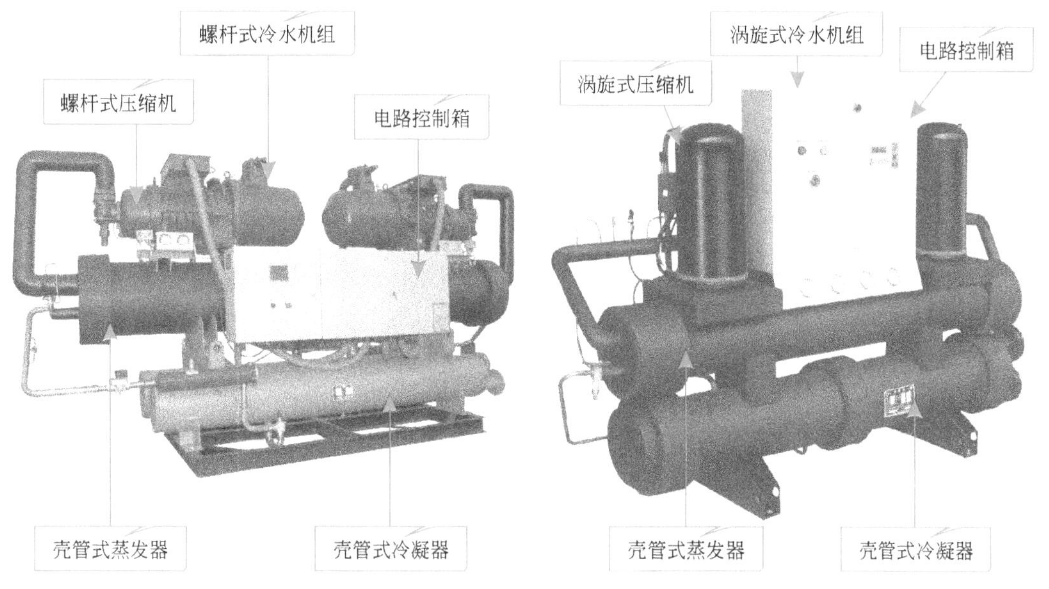

图1-36 螺杆式冷水机组和涡旋式冷水机组实物外形

③ 冷却水泵和冷冻水泵 冷冻水泵是用于冷冻水循环系统部件，用来循环冷冻水，从水冷机组流出的冷冻水由冷冻水泵加压送入到冷冻水管路，经风机盘管与各个房间（或区域）进行热交换，带走房间热量，实现制冷；冷却水泵是用于冷却水循环系统部件，用来循环冷却水，冷却水泵将升温后循环水经冷凝器后升温，再经冷却水塔降温后，送回到水冷机组。图1-37所示为冷却水泵和冷冻水泵的实物外形。

图1-37 冷却水泵和冷冻水泵实物外形

1.2 准备中央空调安装

1.2.1 中央空调的主要安装工具

学习中央空调的安装，必须要了解中央空调的常用安装工具。不同的工具有其特定的适用场合和使用特点。熟练掌握这些工具的特点和用法，对于中央空调安装人员非常重要。

(1) 管路加工工具

管路加工工具是指在中央空调安装过程中对管路连接部件进行加工处理，使其满足连接需要的一种加工工具。常用的管路加工工具主要有切管器、扩管组件、弯管器等。

① 切管器　切管器主要用于中央空调制冷铜管的切割，也常称其为割刀。在对中央空调进行安装时，经常需要使用切管器切割不同长度和不同直径的铜管，如图1-38所示。切管器主要由刮管刀、滚轮、刀片及进刀旋钮组成。

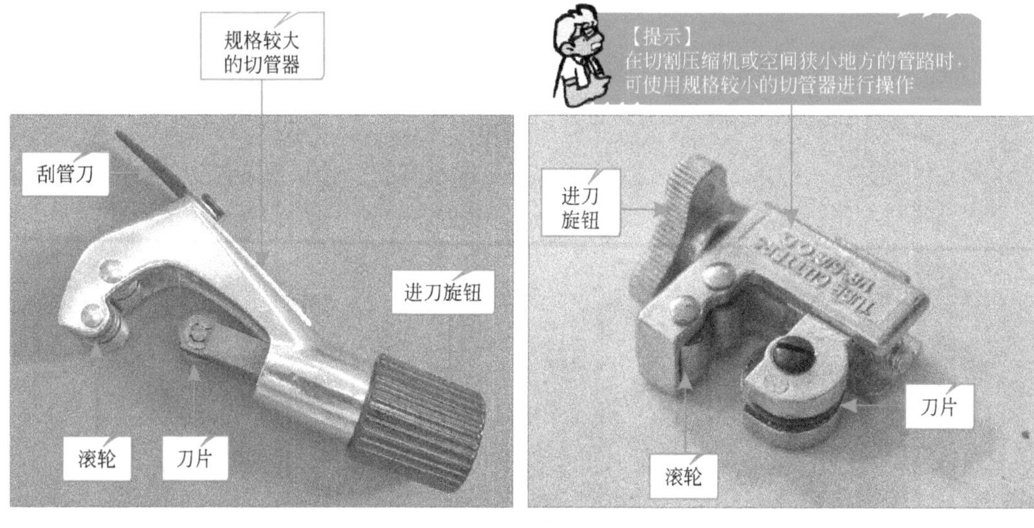

图1-38　切管器的实物外形

特别提示

由于中央空调制冷循环对管路的要求很高，杂质、灰尘和金属碎屑都会造成制冷系统堵塞，因此，对制冷铜管的切割要使用专用的设备，这样才可以保证铜管的切割面平整、光滑，且不会产生金属碎屑掉入管中阻塞制冷循环系统。

② 扩管组件　扩管组件主要用于对中央空调制冷铜管进行扩口操作。图1-39所示为扩管组件的实物外形，可以看到扩管组件主要包括顶压器、顶压支头和夹板。

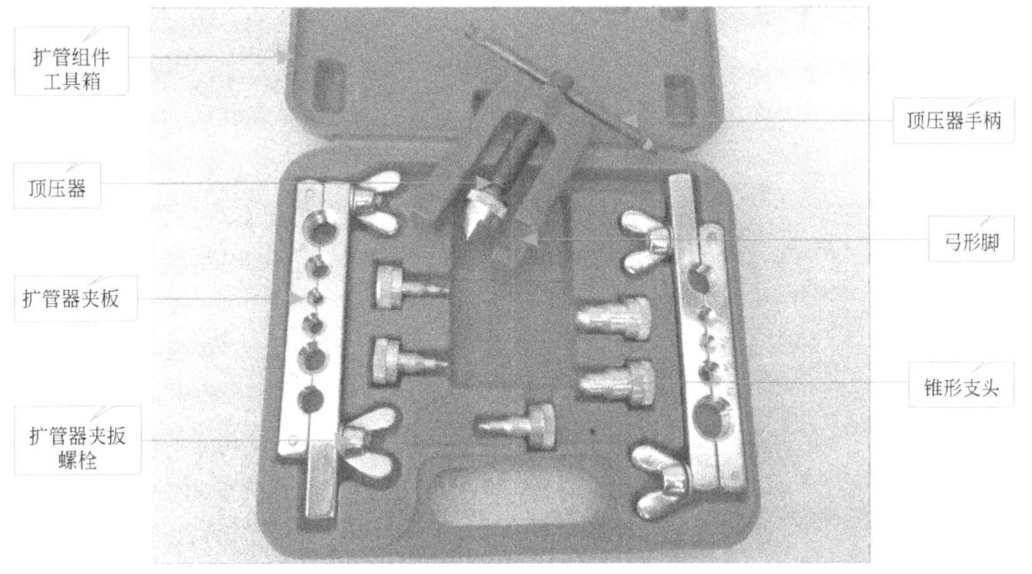

图1-39 扩管组件的实物外形

特别提示

在对中央空调的管路部件进行安装时，经常需要使用扩管组件对管路的管口进行扩口操作，以便实现中央空调器管路与管路、管路与部件的连接操作。

扩管组件主要用于将管口扩为杯形口和扩为喇叭口两种，如图1-40所示。两根直径相同的铜管需要通过焊接方式连接时，应使用扩管器将一根铜管的管口扩为杯形口；当铜管需要通过纳子或转接器连接时，需将管口进行扩喇叭口的操作。

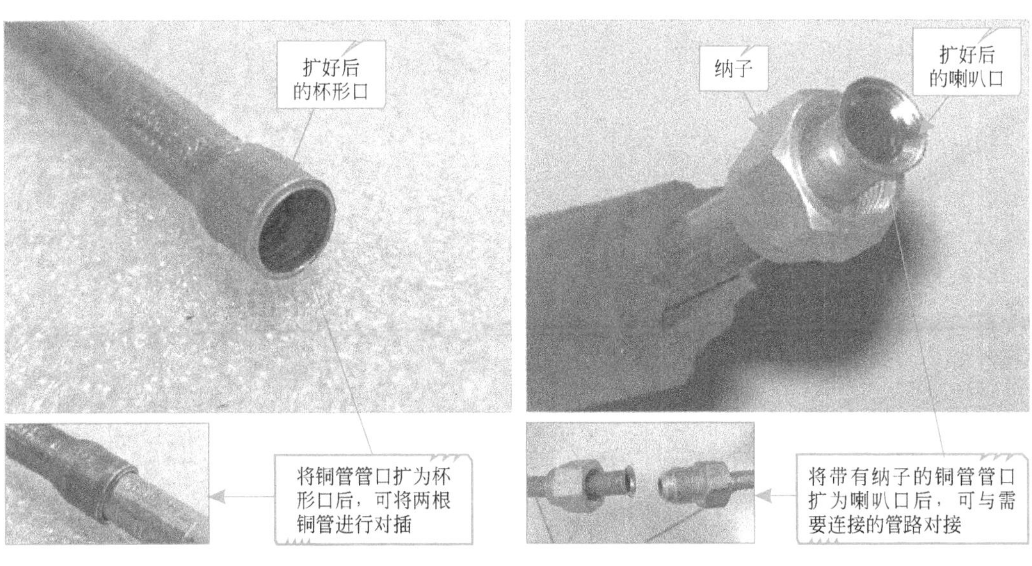

图1-40 使用扩管工具加工的管口

知识拓展

管路管口进行扩管处理后，应注意检查管口的质量，必须确保扩管后的管口合格，方可使用，图1-41所示为制冷铜管管口扩口质量对比。

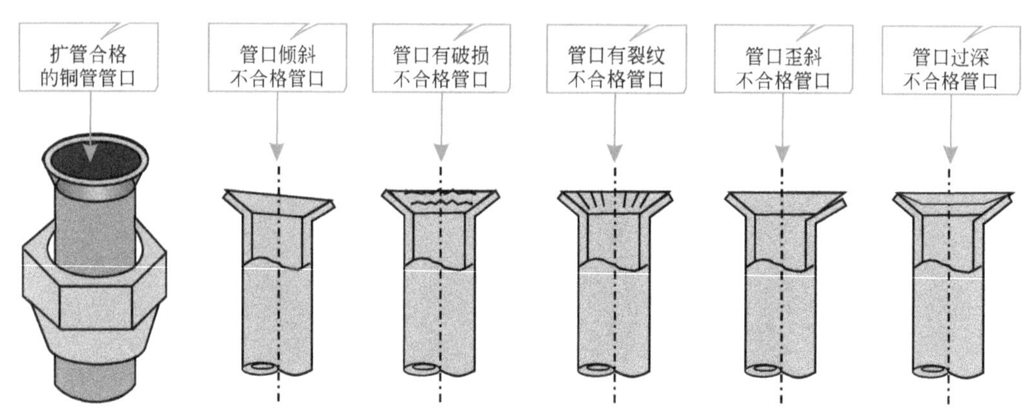

图1-41　制冷铜管管口扩口质量对比

③ 弯管器　弯管器是专门用于对铜管进行弯曲加工的工具，如图1-42所示。在安装中央空调的过程中，为了适应制冷铜管的安装需要，难免会对铜管进行弯曲，为了避免因弯曲而造成管壁有凹瘪的现象，一般使用弯管器进行操作，以保证制冷系统正常的循环效果。

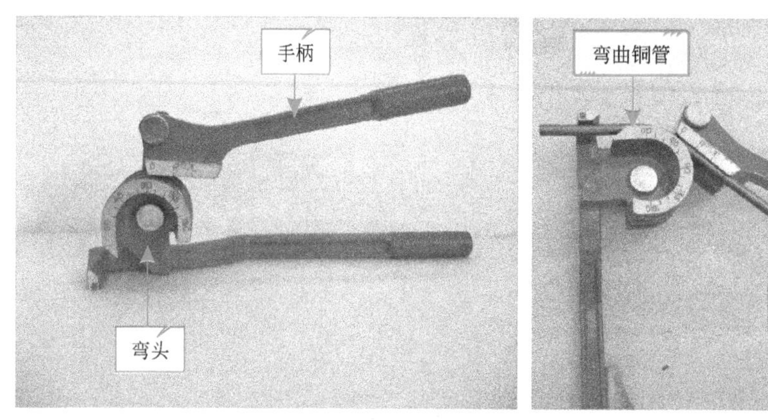

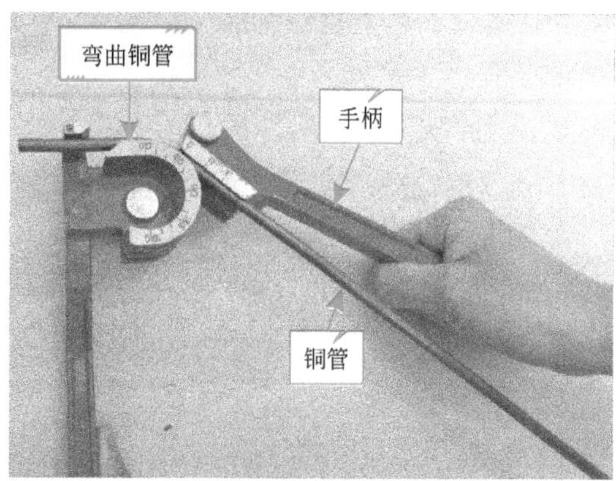

图1-42　常用弯管器实物外形

特别提示

对铜管的弯折可以分为手动弯管和机械弯管，手动弯管适合直径较细的铜管，通常直径在ϕ6.35 ~ ϕ12.7mm之间；机械弯管适用于直径在ϕ6.35 ~ ϕ44.45mm之间的铜管。管道弯管的弯曲半径应大于其直径的3.5倍，铜管弯曲变形后的短径与原直径之比应大于2/3。弯管后，铜管内侧不能起皱或变形，如图1-43所示；管道的焊接接口不应放在弯曲部位，接口焊缝距管道或管件弯曲部位的距离应不小于100mm。

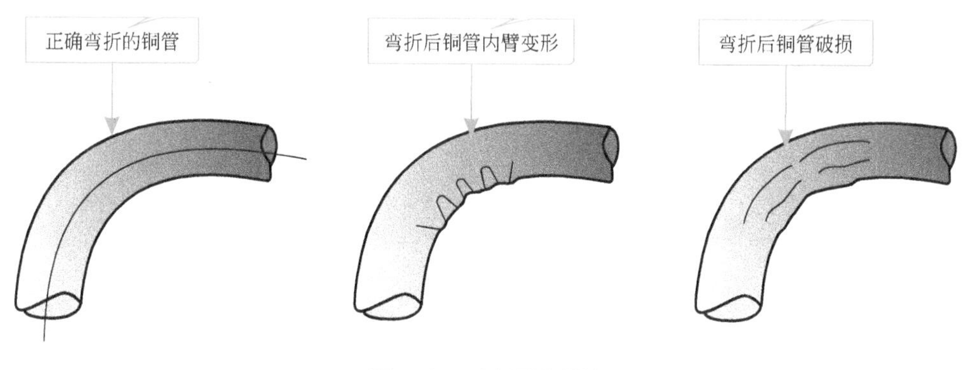

图1-43 弯折后的铜管

（2）焊接工具

在中央空调的安装过程中最常使用到的焊接工具主要有电焊设备、气焊设备两种。电焊设备主要用于水循环管路的焊接、气焊设备主要用于制冷剂铜管的焊接。

① 电焊设备 通常在安装水冷式商用中央空调和风冷式水循环商用中央空调时，需要使用电焊设备对其水循环管路进行焊接。如图1-44所示，电焊设备主要包括电焊机、电焊钳、焊条、接地夹等。

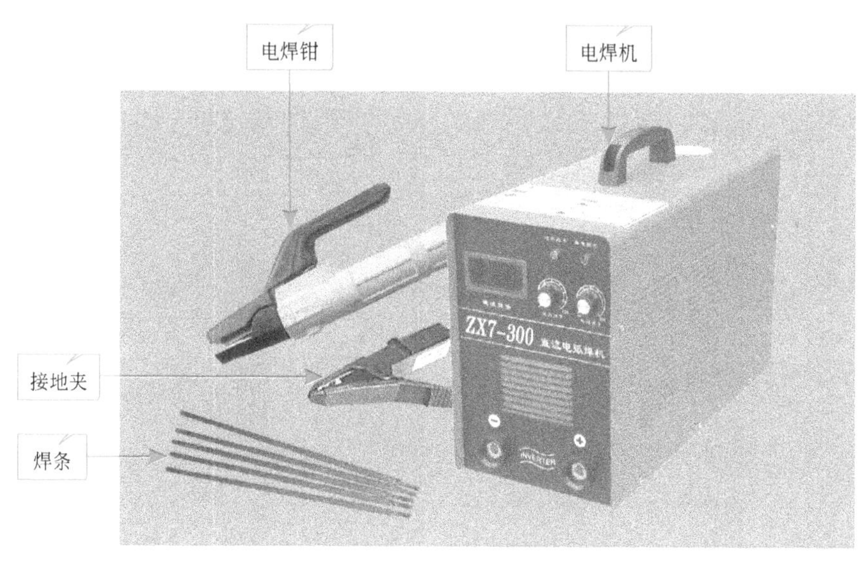

图1-44 电焊设备

a.电焊机 电焊机根据输出电压的不同，可以分为直流电焊机和交流电焊机，如图1-45所示，交流电焊机的电源是一种特殊的降压变压器，它具有结构简单、噪声小、价格便宜、使用可靠、维护方便等优点；直流电焊机电源输出端有正、负极之分，焊接时电弧两端极性不变。

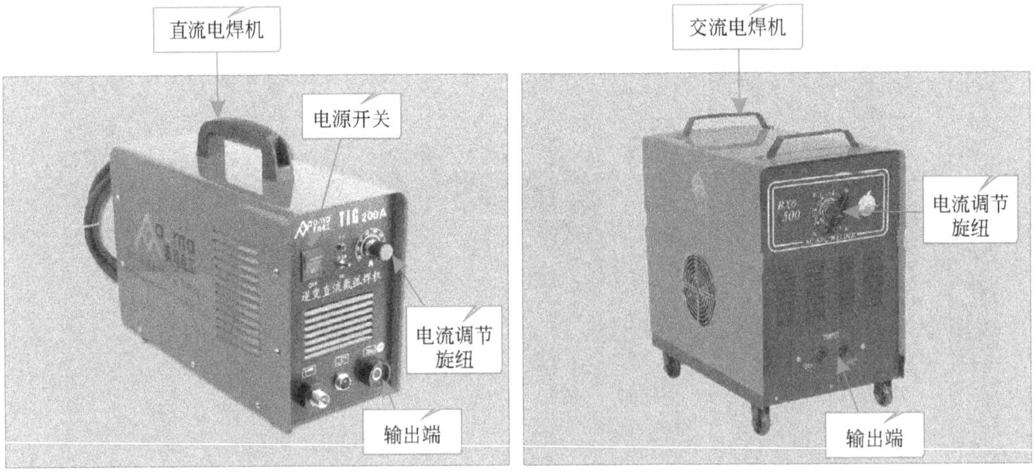

图1-45　电焊机的实物外形

特别提示

直流电焊机输出电流分正负极，其连接方式分为直流正接和直流反接，直流正接是将焊件接到电源正极，焊条接到负极；直流反接则相反，如图1-46所示。直流正接适合焊接厚焊件，直流反接适合焊接薄焊件。交流电焊机输出无极性之分，可随意搭接。

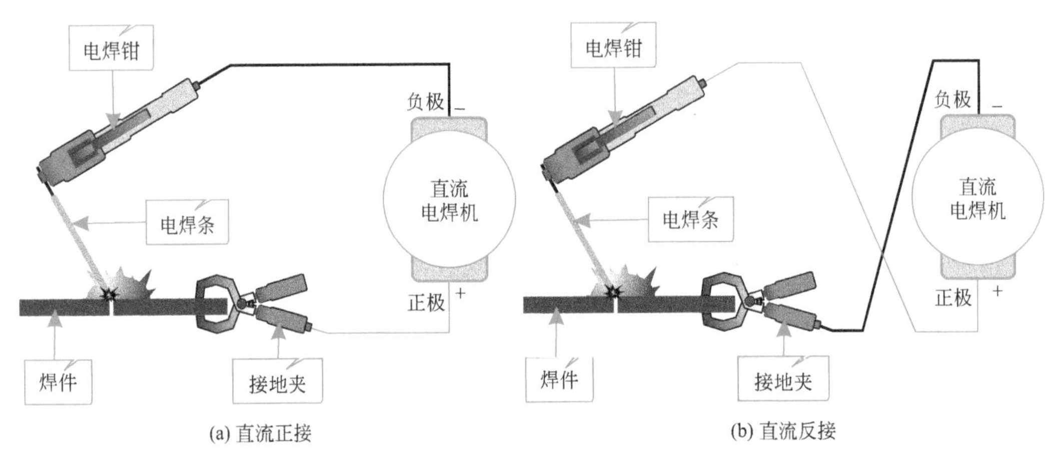

图1-46　直流正接和直流反接

知识拓展

随着技术的发展，有些电焊机将直流和交流集合于一体，既可以当作直流电焊机使用也可以当作交流电焊机使用，如图1-47所示，通常该类电焊机的功能旋钮相对较多，根据不同的需求可以调节相应的功能。

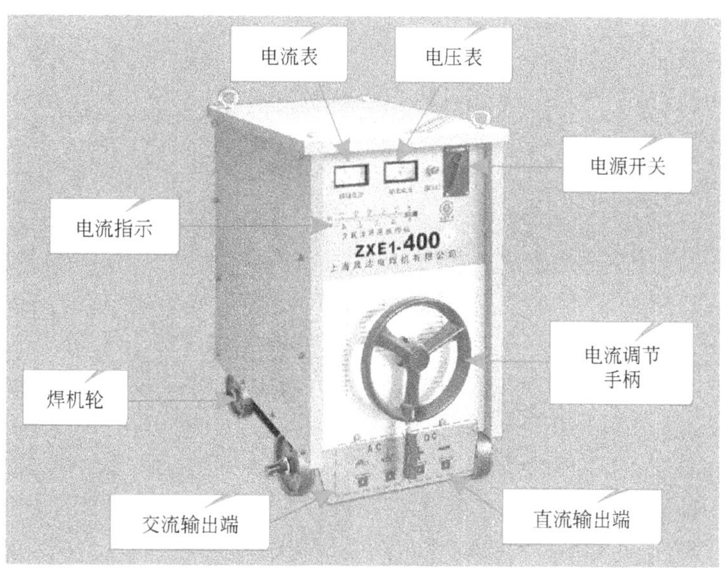

图1-47　交直流两用电焊机

b. 电焊钳　电焊钳需要结合电焊机同时使用，主要是用来夹持电焊条，在焊接操作时，用于传导焊接电流的一种器械。如图1-48所示，该工具的外形像一个钳子，其手柄通常是采用塑料或陶瓷进行制作，具有防护、防电击保护、耐高温、耐焊接飞溅以及耐跌落等多重保护功能；其夹子是采用铸造铜制作而成，主要是用来夹持或是操纵电焊条。

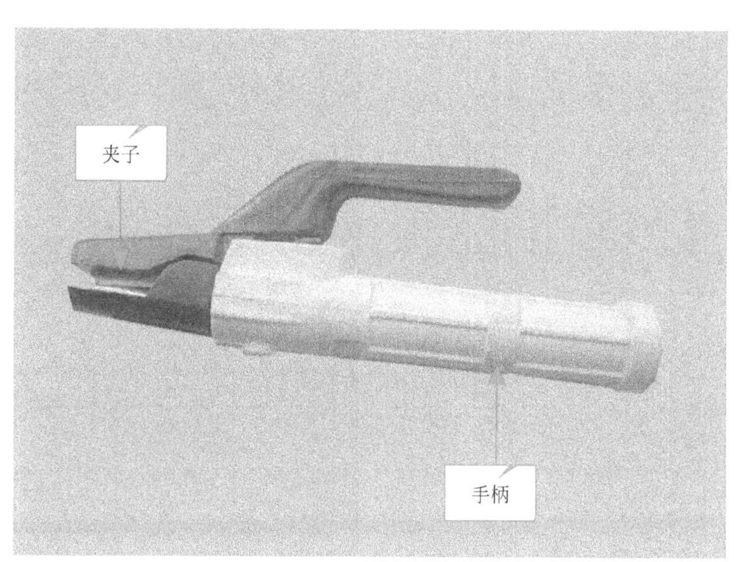

图1-48　电焊钳的实物外形

c. 电焊条　电焊条是指在金属焊芯的外层，涂有均匀的涂料（药皮）并向心地压涂在焊芯上。如图1-49所示，电焊条主要是由焊芯和药皮两部分构成的，其头部为引弧端，尾部有一段无涂层的裸焊芯，便于电焊钳夹持和利于导电，焊芯可作为填充金属实现对焊缝的填充连接；药皮具有助焊、保护、改善焊接工艺的作用。

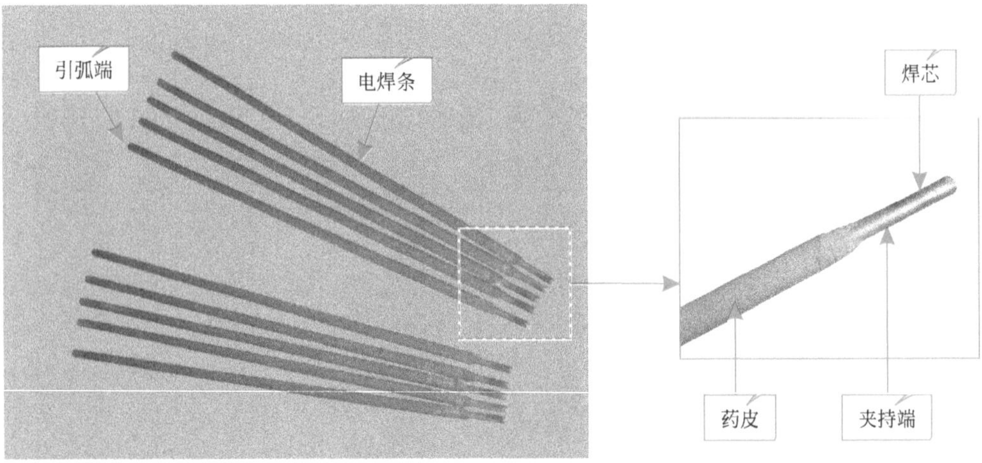

图 1-49　电焊条的实物外形

知识拓展

电焊条的种类、规格等可通过焊条包装上的型号和牌号进行识别，型号是国家标准中规定的各种系列品种的焊条代号，而牌号是焊条行业统一规定的各种系列品种的焊条代号，属于比较常用的叫法。例如型号 E4303 中，“E” 表示焊条；“43” 表示焊缝金属的抗拉强度等级；“0” 表示适用于全位置焊接；“03” 表示涂层为钛钙型，用于交流或直流正、反接。

例如牌号 J422 中，“J” 表示结构钢焊条；“42” 表示焊缝金属的抗拉强度大于或等于 420MPa；“2” 表示涂层为钛钙型，用于交流或直流正、反接。

选用电焊条时，需要根据焊件的厚度来选择适合大小的电焊条，选配原则见表 1-2 所列。

表 1-2　电焊条选配原则

焊件厚度/mm	2	3	4 ～ 5	6 ～ 12	＞12
电焊条直径/mm	2	3.2	3.2 ～ 4	4 ～ 5	5 ～ 6

特别提示

使用电焊设备对水循环制冷管路进行焊接时，应当佩戴好焊接防护工具，如图 1-50 所示，如防护面罩、防护手套、电焊服、防护眼镜以及绝缘橡胶鞋等。

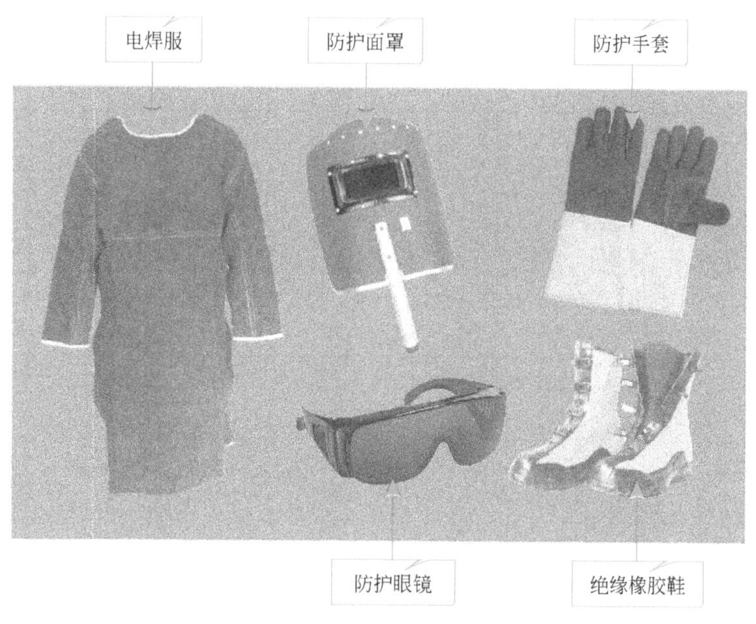

图1-50 焊接防护工具的实物外形

图1-51所示为电焊设备的使用方法，将电焊钳通过连接线与电焊机上电焊钳连接端口进行连接（通常带有标识），接地夹通过连接线与电焊机上的接地夹连接端口进行连接；电焊时将接地夹夹在水循环制冷管路上；然后用电焊钳夹持焊条即可进行电焊操作。

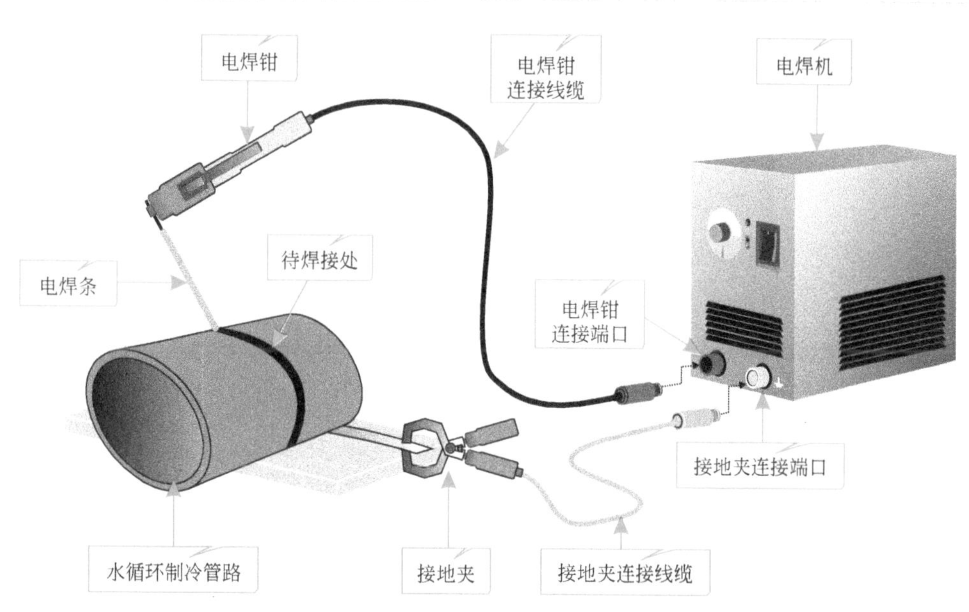

图1-51 电焊设备的使用方法

② 气焊设备　气焊设备是主要用于对中央空调管路系统进行焊接操作的专用设备，图1-52所示为气焊设备的实物外形，可以看到其主要是由氧气瓶、燃气瓶、焊枪和连接软管组成的。

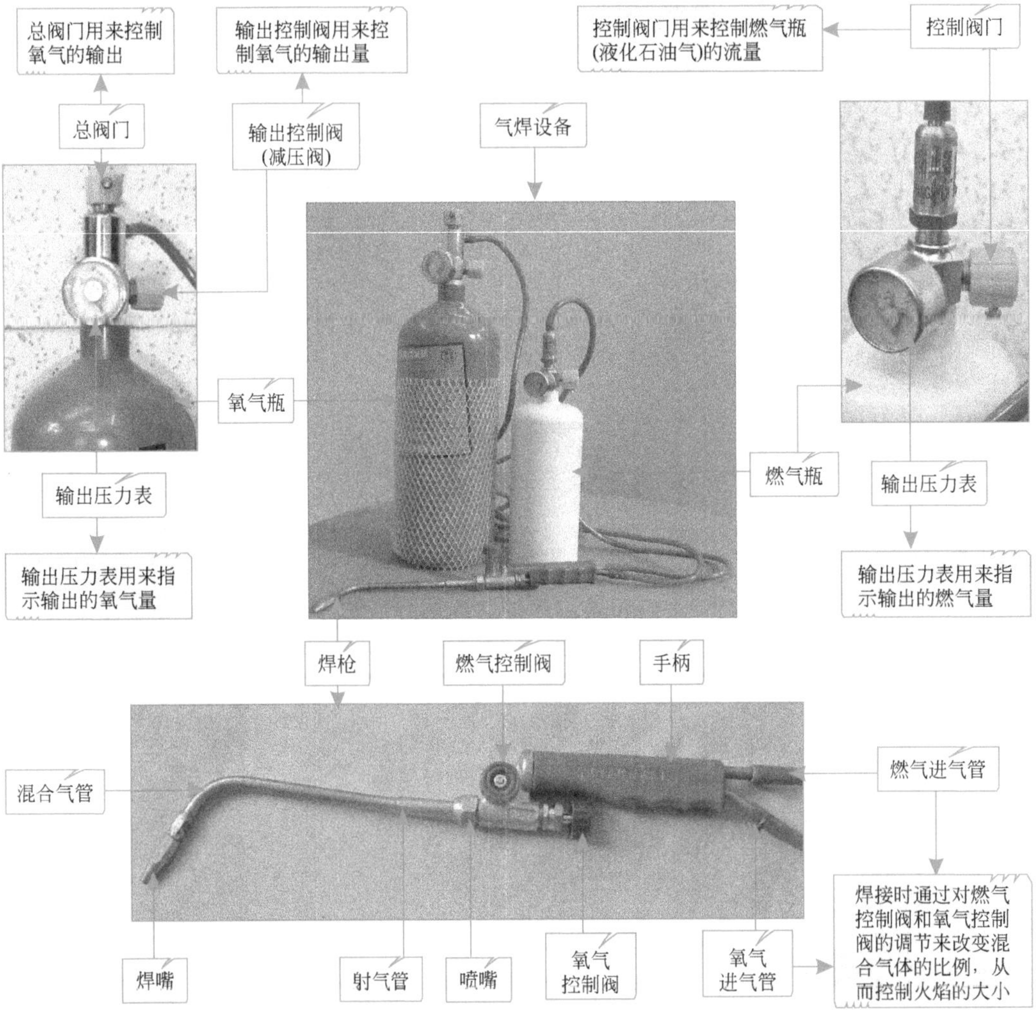

总阀门用来控制氧气的输出
总阀门
输出控制阀用来控制氧气的输出量
输出控制阀（减压阀）
气焊设备
控制阀门用来控制燃气瓶（液化石油气）的流量
控制阀门
氧气瓶
燃气瓶
输出压力表
输出压力表用来指示输出的氧气量
输出压力表
输出压力表用来指示输出的燃气量
焊枪
燃气控制阀
手柄
混合气管
燃气进气管
焊嘴
射气管
喷嘴
氧气控制阀
氧气进气管
焊接时通过对燃气控制阀和氧气控制阀的调节来改变混合气体的比例，从而控制火焰的大小

图1-52　气焊设备的实物外形

特别提示

在进行气焊时，除了上述的氧气瓶和燃气瓶外，还需借助氮气瓶中的氮气进行焊接，待焊接管路冷却后，再将氮气关闭。氮气主要用于防止铜管内侧产生氧化物。氧化物可能导致制冷管路的堵塞，严重时可能会导致压缩机烧毁等故障。图1-53所示为采用氮气保护焊接与未采用氮气保护焊接的对比效果图。

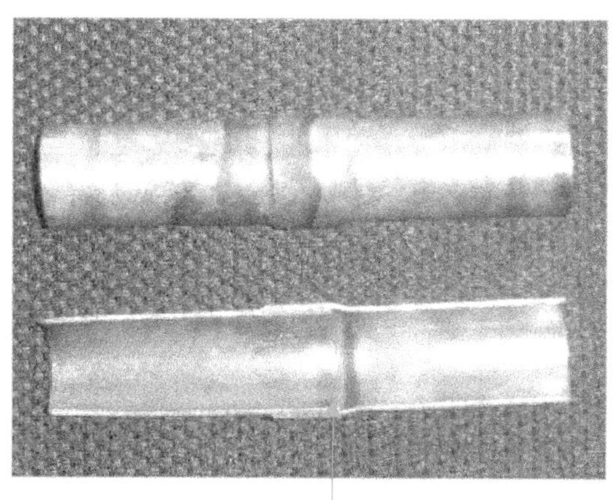

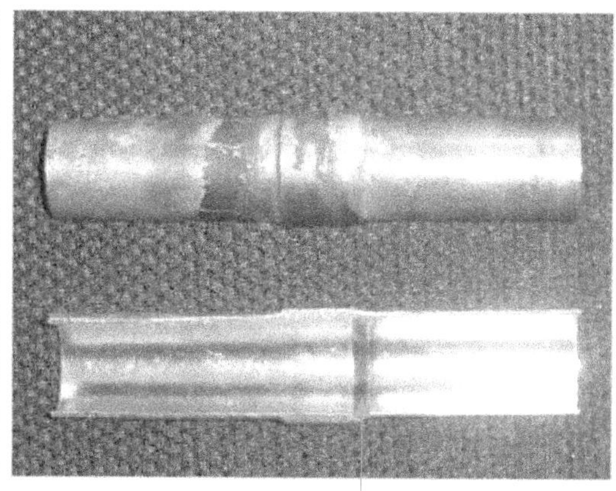

未充氮气保护焊接后的制冷铜管内发生氧化

充氮气保护焊接后的制冷铜管内光亮如新

图1-53 氮气保护焊接对比

知识拓展

在使用气焊设备在对中央空调的制冷管路进行焊接时，焊料也是必不可少的辅助材料，主要有焊条（铜铝焊条、铜铁焊条、铜焊条）、丁烷、铝焊粉、焊剂等，其实物外形及适用场合如图1-54所示。

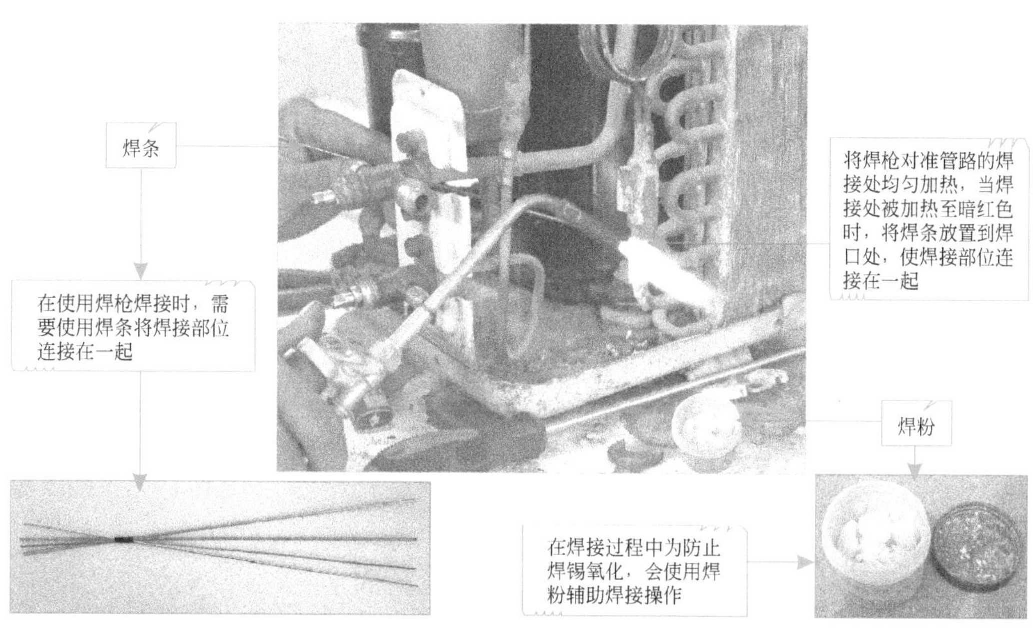

图1-54 焊料的实物外形及适用场合

（3）开凿工具

在中央空调安装操作中，常用的开凿工具主要有电锤和冲击钻，如图1-55所示。电锤和冲击钻是在安装中央空调时必备的工具。冲击钻主要使用普通钻头，用于安装室内机和室外机时钻孔以安装固定螺钉。电锤则通常使用薄壁钻头钻过墙孔，以方便室内机和室外机管路的贯穿连接。

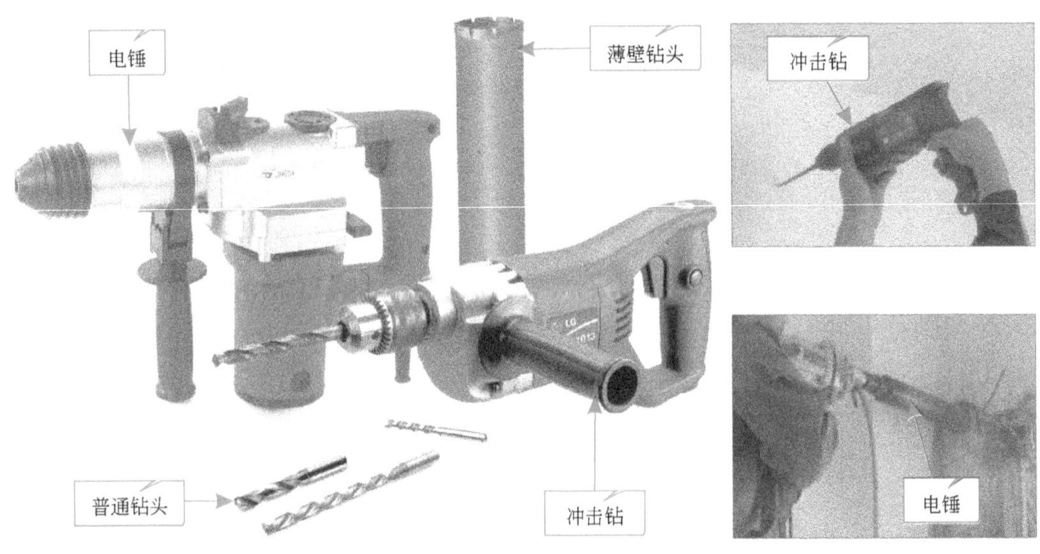

图1-55　开凿工具的实物外形

（4）安装辅助工具

在中央空调的安装过程中最常使用到的安装辅助工具主要为安装工具箱、内六角扳手、螺钉、胀管、水平尺、包扎带等，如图1-56所示。

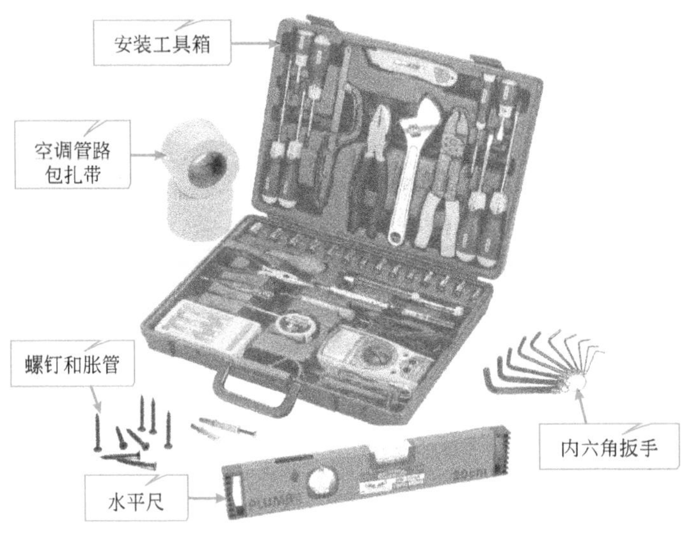

图1-56　安装辅助工具的实物外形

（5）人字梯和安全绳

人字梯是安装中央空调时用于攀高工作的重要工具，安全绳是为安装人员提供户外作业的安全保障。图1-57所示为人字梯和安全绳的实物外形及使用环境。

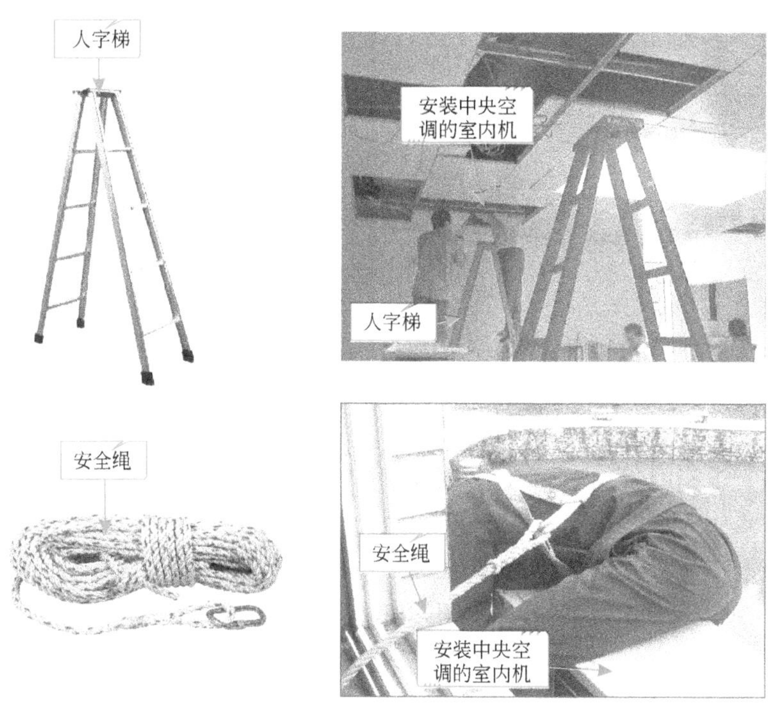

图1-57 人字梯和安全绳的实物外形及使用环境

（6）真空泵

中央空调安装完成后，需要使用真空泵对制冷剂管路系统进行抽真空处理，用以排除制冷剂管路中的空气，有效防止空气及空气中的水分对制冷剂管路的影响，图1-58所示为真空泵的实物外形，在使用真空泵时，应对其加装电子止回阀，防止真空泵中的机油回流。

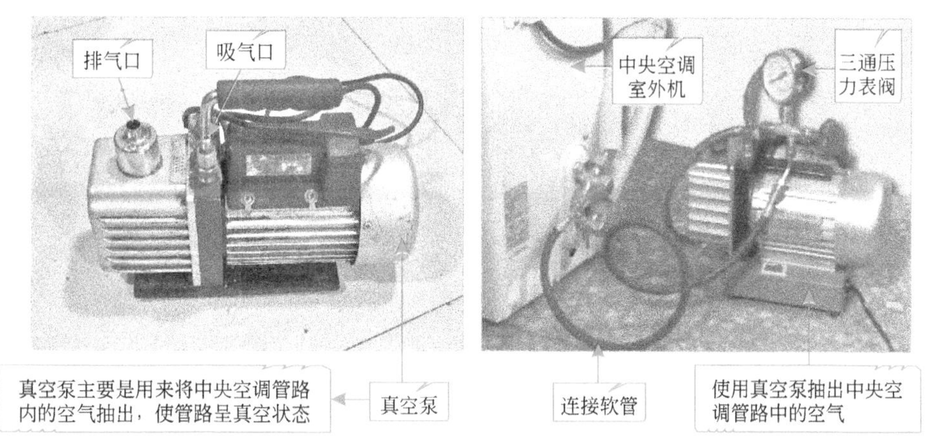

图1-58 真空泵的实物外形及适用场合

（7）压力表阀

中央空调安装完成后，一般还需要连接压力表阀对空调的运行压力进行测试。压力表阀是中央空调管路安装、检修中的重要工具之一，主要有三通压力表阀和五通压力表阀，如图1-59所示。

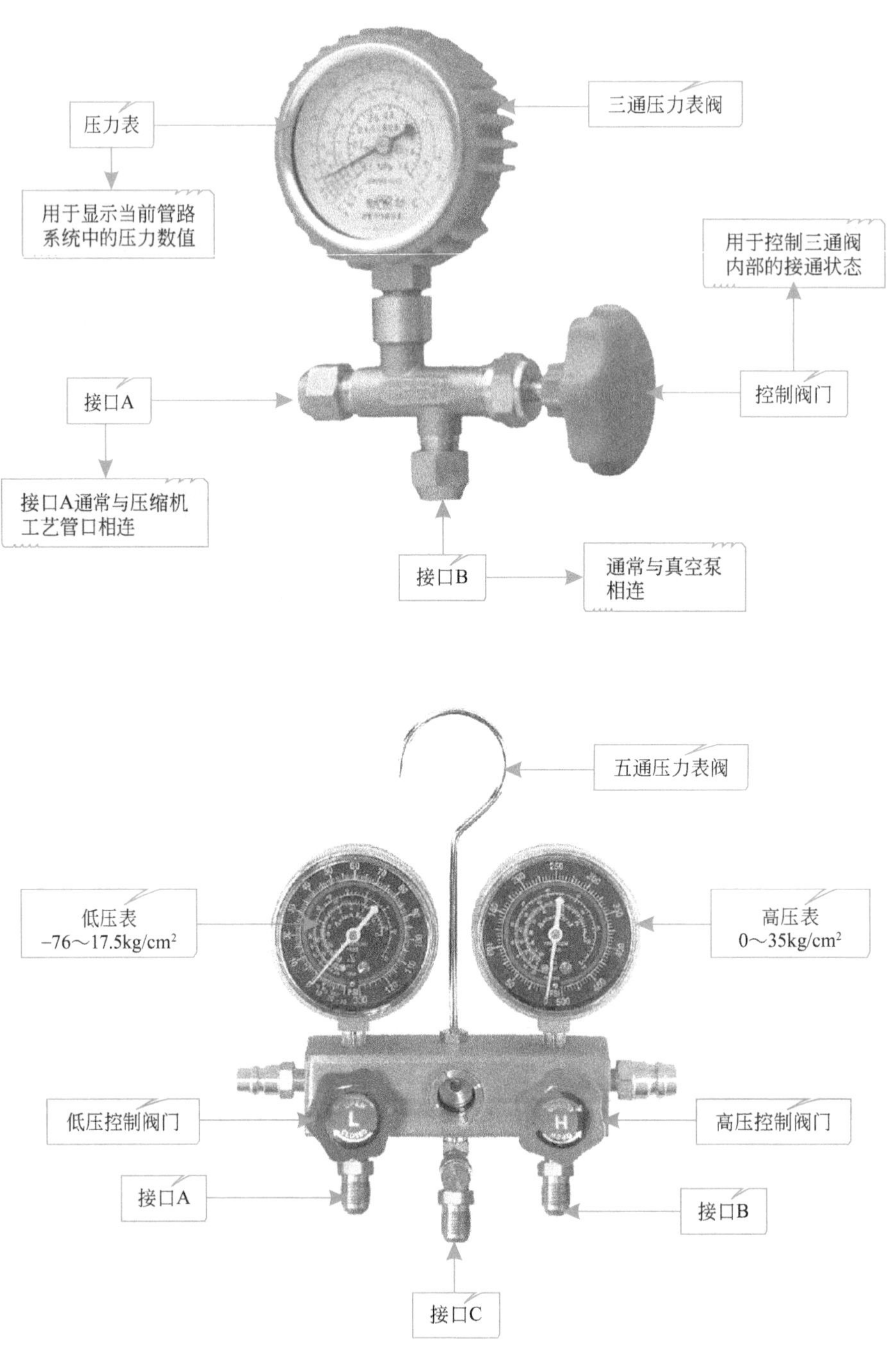

图1-59　压力表阀的实物外形

（8）吊车和绳索

由于中央空调室外机组的体积较大，在安装时，常需借助吊车以及绳索对室外机进行搬运，这样能安全又可靠地将中央空调的室外机组放置在所要安装的位置，图1-60所示为安装中央空调室外机组时用到的吊车以及绳索。

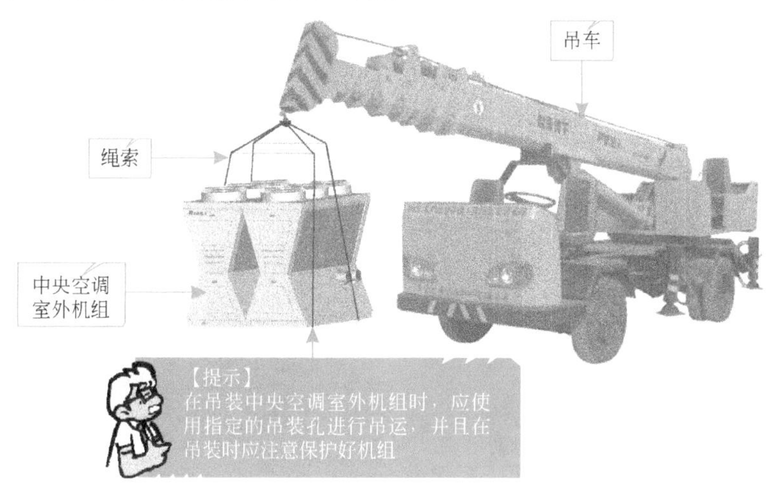

图1-60 安装中央空调室外机时用到的吊车以及绳索

当需要在较低的空间中对中央空调主机进行移动时，可以使用叉车运输中央空调的主机或是较重而且不方便移动的组件，如图1-61所示。

图1-61 使用叉车运送中央空调室外机组

1.2.2 中央空调的主要检修设备

学习中央空调的维修，必须要了解中央空调的常用维修工具。不同的工具有其特定的适用场合和使用特点。熟练掌握这些工具的特点和用法，对中央空调维修人员非常重要。

（1）检修仪表

① 万用表　万用表是检测中央空调电气系统的主要仪表。电路是否存在断路或短路故障，电路中的元器件性能是否良好，供电条件是否满足等，都可以通过万用表来进行检测判断，维修中常用的万用表主要有指针式万用表和数字式万用表两种，其实物外形如图1-62所示。

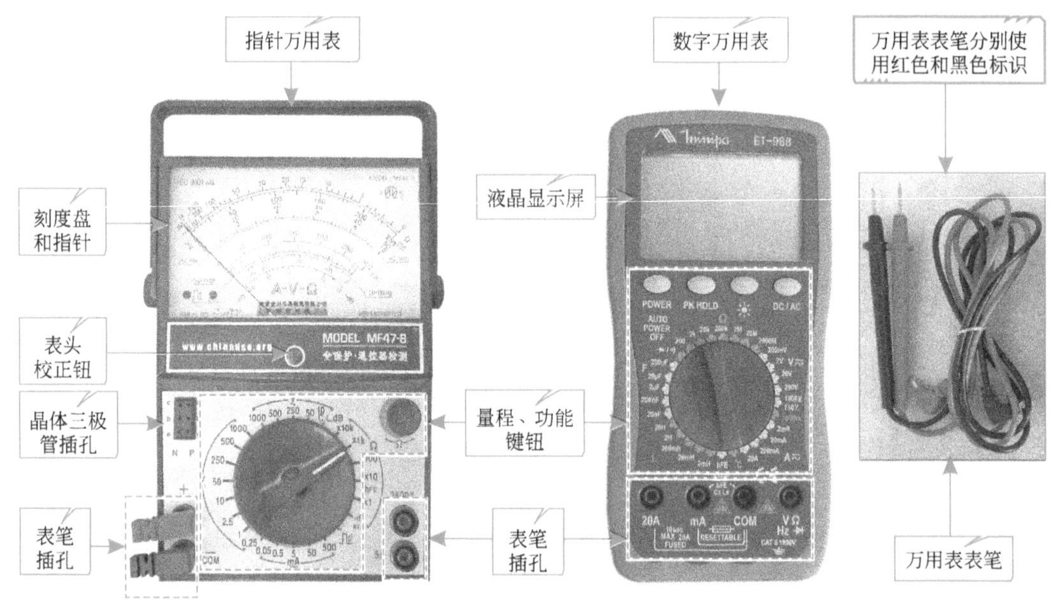

图1-62　万用表的实物外形

② 钳形表　钳形表也是检修中央空调电气系统时的常用仪表，钳形表特殊的钳口设计，可在不断开电路的情况下，方便的检测电路中的交流电流，如中央空调整机的启动电流和运行电流，以及压缩机的启动电流和运行电流等。钳形表实物外形及实际应用如图1-63所示。

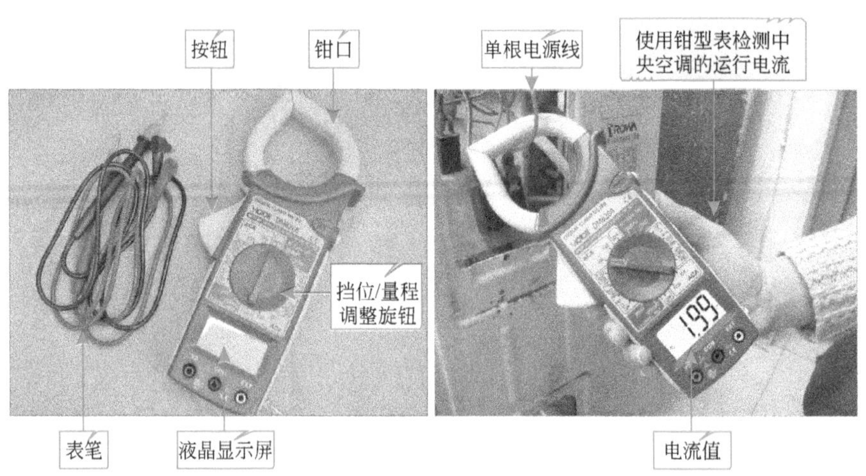

图1-63　钳形表实物外形及实际应用

③ 兆欧表　兆欧表在中央空调检修过程中主要用于对绝缘性能要求较高的部件或设备进行检测，用以判断被测部件或设备中是否存在短路或漏电情况等，图1-64所示为兆欧表的实物外形及实际应用。

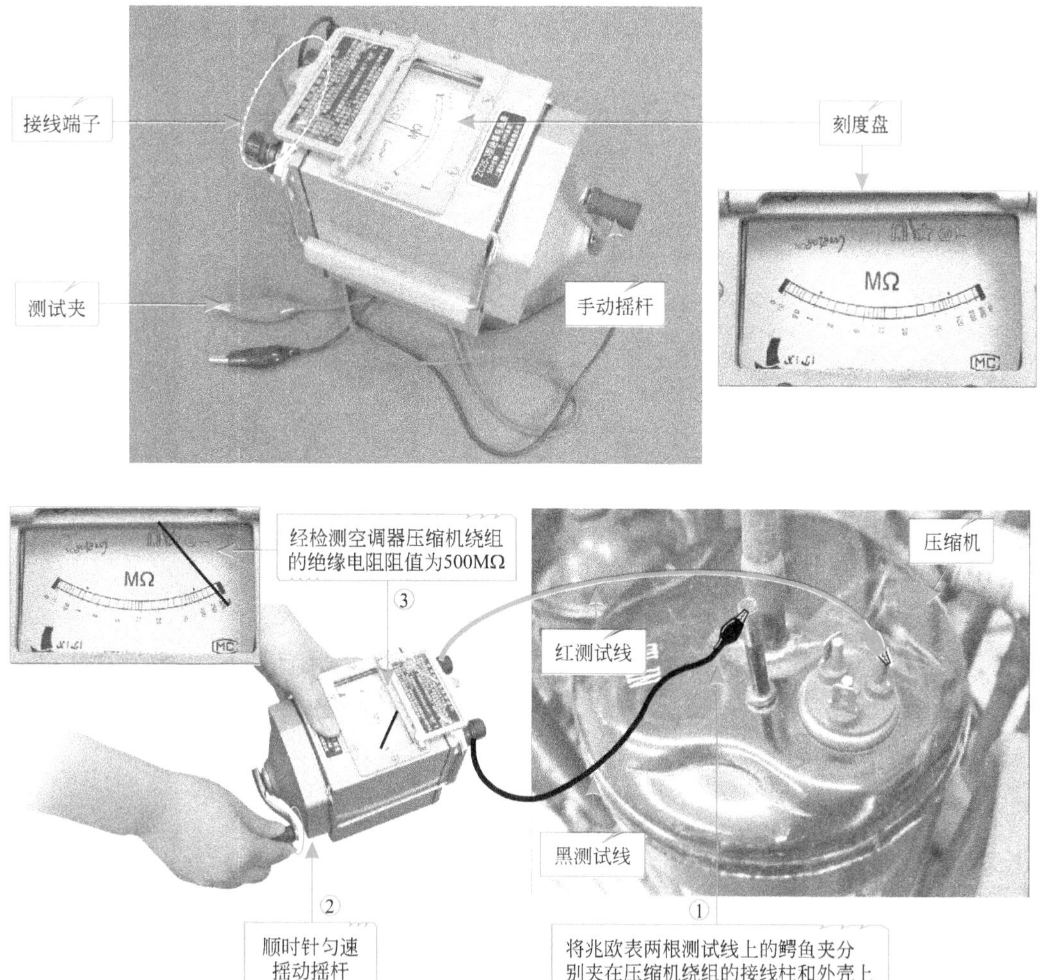

图1-64　兆欧表的实物外形及实际应用

④ 电子温度计　电子温度计主要是用来检测中央空调进风口或出风口的温度，可根据测得温度来判断中央空调的制冷或制热是否正常。典型电子温度计的实物外形及实际应用如图1-65所示。

⑤ 噪声检测仪　中央空调进行检修时，通常也会通过声音来初步判断中央空调的故障范围。噪声检测仪主要是用来倾听压缩机或风机等设备在运转时候的声音，如图1-66所示。

液晶显示屏
液晶显示屏显示的温度值
中央空调室内机
Indoor Outdoor Thermometer
CLEAR MAX/MIN
操作按键
温度检测仪
将电子温度计的感温探头放置于室内机的出风口处

图1-65 电子温度计的实物外形及实际应用

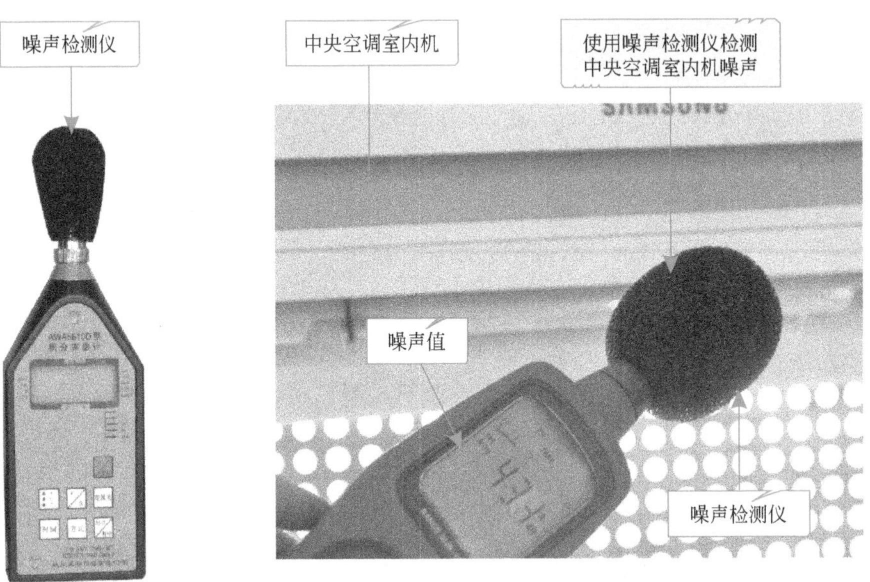

图1-66 噪声检测仪的实物外形及实际应用

特别提示

正常情况下，在中央空调的嵌入式室内机2m处，几乎听不到空调器风机运转声，这时噪声大约在35 ~ 40dB；而在分体式室内机的2.5m处几乎听不到室内机的运转声，这时噪声大约在40 ~ 45dB。一旦噪声值超出这个范围或更高，则判断压缩机和风机等为超噪声运行，应对其进一步进行检测。此外，噪声检测仪也常用来对中央空调的安装效果进行检查以测试电器噪声是否符合安装设计要求。

(2)专用检修工具

维修中央空调时，除了以上检修仪表和安装工具，还需要一部分专用工具用于中央空调管路系统的清洁、试压、检漏以及充注制冷剂等操作。

① 氮气及氮气钢瓶　氮气钢瓶是盛放氮气的高压钢瓶。在对中央空调进行检修时，经常会使用氮气对管路进行清洁、试压、检漏等操作。

氮气通常压缩在氮气钢瓶中，如图1-67所示，由于氮气钢瓶中的压力较大，在使用氮气时，在氮气瓶阀门口通常会连接减压器，并根据需要调节氮气瓶的排气压力。

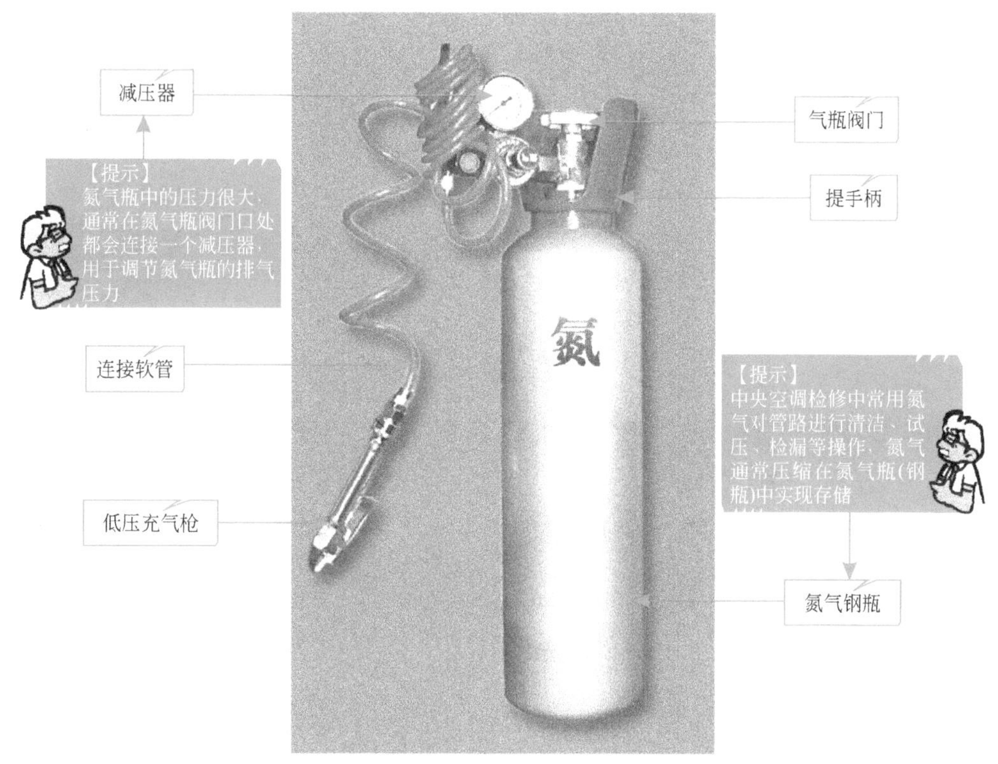

图1-67　氮气及钢瓶的实物外形

特别提示

减压器是一种对经过的气体进行降压的设备。减压器通常安装在高压钢瓶（氧气瓶或氮气瓶）的出气端口处，主要用于将钢瓶内的气体压力降低后输出，确保输出后气体的压力和流量稳定。图1-68所示为减压器的实物外形及适用场合。

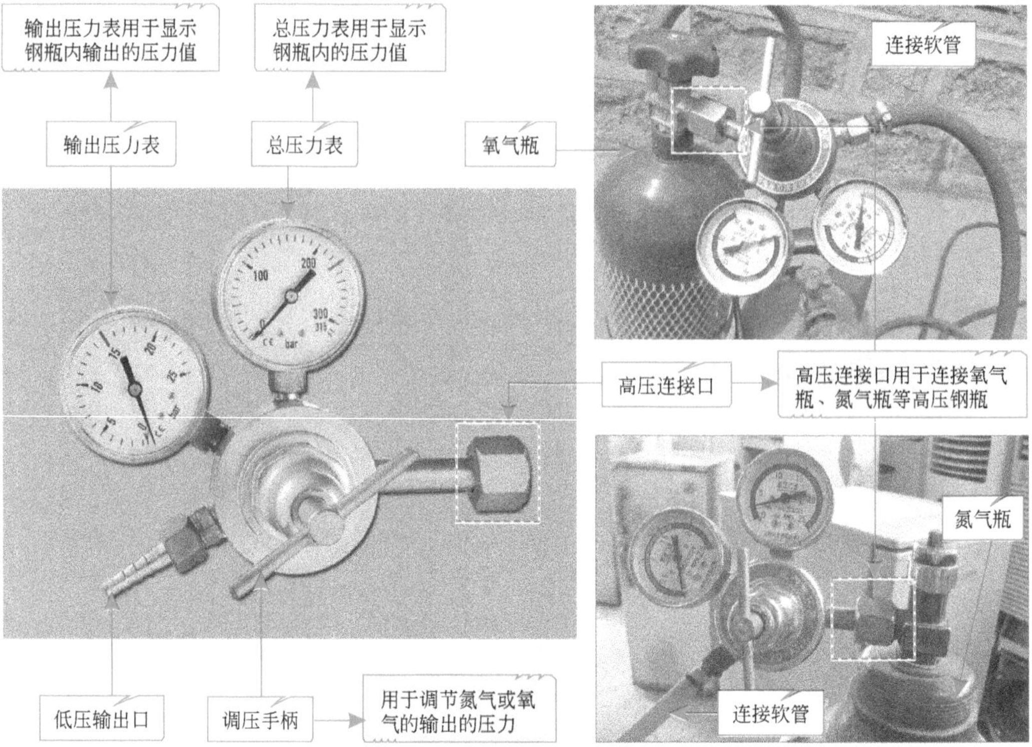

输出压力表用于显示钢瓶内输出的压力值
总压力表用于显示钢瓶内的压力值
输出压力表
总压力表
氧气瓶
连接软管
高压连接口
高压连接口用于连接氧气瓶、氮气瓶等高压钢瓶
氮气瓶
低压输出口
调压手柄
用于调节氮气或氧气的输出的压力
连接软管

图1-68　减压器

② 制冷剂钢瓶　制冷剂是中央空调管路系统中完成制冷循环的介质，在冲入中央空调管路系统前，存放于制冷剂钢瓶中，如图1-69所示。充注制冷剂时，制冷剂的流量大小主要通过制冷剂钢瓶上的控制阀门进行控制，在不进行充注制冷剂时，一定要将阀门拧紧，以免制冷剂泄漏污染环境。

阀门
用于控制制冷剂的释放和关闭
REFRIGERANT
22
R407C
410A
R22
制冷剂钢瓶
R407C
制冷剂钢瓶
R410A
制冷剂钢瓶

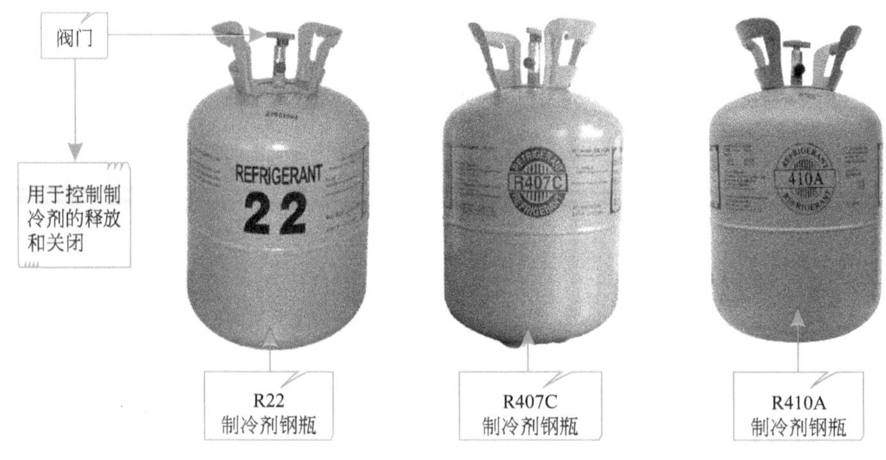

图1-69　制冷剂钢瓶

（3）辅助检修工具

在检修中央空调的过程中，还会用到一些辅助工具，如肥皂水、强力胶和自动喷漆等。

① 肥皂水　检修中央空调时，若怀疑管路有泄露故障，为了快速便捷找到故障点，可以使用肥皂水进行检查，将装有冷水的碗内倒入一点洗洁精或洗衣粉，使用毛刷进行调制，如图1-70所示。将肥皂水调制完成后，便使用毛刷将其涂抹在需要进行检漏的管路部位，若有冒泡现象，即是故障点。

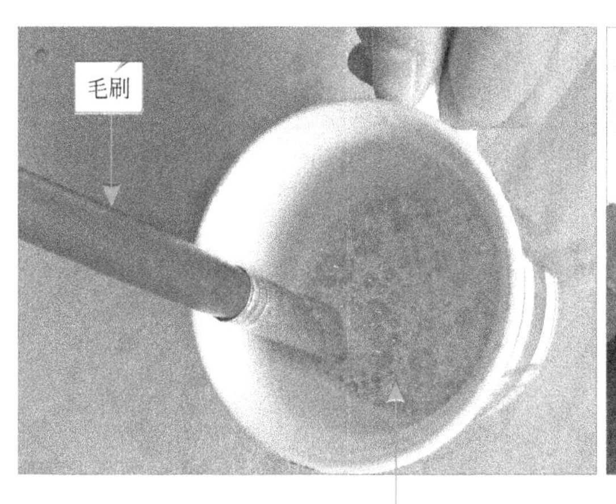

图1-70　肥皂水的调制

② 强力胶　强力胶主要用于中央空调管路中漏点的修补及中央空调外壳的粘合，图1-71所示为常用双管胶实物图及使用方法。将不同管内的胶水混合一起后，并进行均匀的搅拌，调节好后，即可以对漏点或漏洞处进行修补。

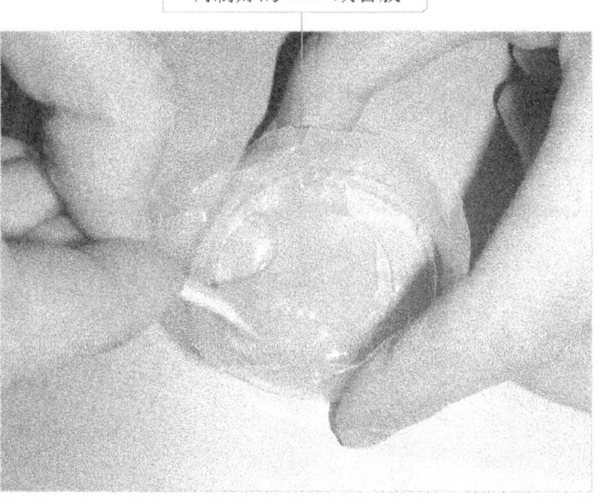

图1-71　常用双管胶实物图及使用方法

③ 自动喷漆　根据中央空调使用时间的长短以及其使用周围环境的限制，可以定期使用自动喷漆对中央空调的机组部分进行喷涂，防止其外壳有腐蚀现象，如图1-72所示。该类喷漆不仅可以使中央空调的机组美观，还可以达到防腐的作用。

图1-72　自动喷漆的实物外形

第2章

家用中央空调的安装技能

2.1 搞清家用中央空调的工作原理

在学习家用中央空调安装操作之前，首先要搞清家用中央空调的工作原理，一般来说，家用中央空调主要应用于面积较大或房间较多的住宅范围。

目前常见的家用中央空调系统主要是由一个室外机与多个室内机组成，并通过制冷管道相互连接构成一拖多的形式。室外机工作从而带动多个室内机完成空气的制冷/制热循环，最终实现对各个房间（或区域）的温度调节。

2.1.1 家用中央空调的制冷过程

家用中央空调的种类较多，其外形结构和功能也有所差异，但工作原理是基本相同的，图2-1所示为典型家用中央空调的制冷原理示意图。

由图中可以看到典型家用中央空调的制冷原理如下。

ⓐ 制冷剂在每台压缩机中被压缩，将原本低温低压的制冷剂气体压缩成高温高压的过热蒸气后，由压缩机的排气管口排出。高温高压气态的制冷剂从压缩机排气管口排出后，通过电磁四通阀的A口进入。在制冷的工作状态下，电磁四通阀中的阀块在B口至C口处，所以高温高压制冷剂气体经电磁四通阀的D口送出，送入冷凝器中。

ⓑ 高温高压制冷剂气体进入冷凝器中，由轴流风扇对冷凝器进行降温处理，冷凝器管路中的制冷剂进行降温后送出低温高压液态的制冷剂。

ⓒ 低温高压液态的制冷剂经冷凝器送出后，经管路中的单向阀1后，经干燥过滤器1滤除制冷剂中多余的水分，再经毛细管、进行节流降压，变为低温低压的制冷剂液体，再经分接接头1分别送入室内机的管路中。

ⓓ 低温低压液态的制冷剂经管路后，分别进入三条室内机的蒸发器管路中，在蒸发器中进行吸热气化，使得蒸发器外表面及周围的空气被冷却，最后冷量再由室内机的贯流风扇从出风口吹出。

ⓔ 当蒸发器中的低温低压液态制冷剂经过热交换工作后，变为低温低压的气态制冷剂，经制冷管路流向室外机，经分接接头2后汇入室外机管路中，通过电磁四通阀B口进入，由C口送出，再经压缩机吸气孔返回压缩机中，再次进行压缩，如此周而复始，完成制冷循环。

特别提示

在家用中央空调系统中，室外机内部的冷凝器与室内的蒸发器之间安装有单向阀，它是用来控制制冷剂流向的，具有单向导通、反向截止的特性。

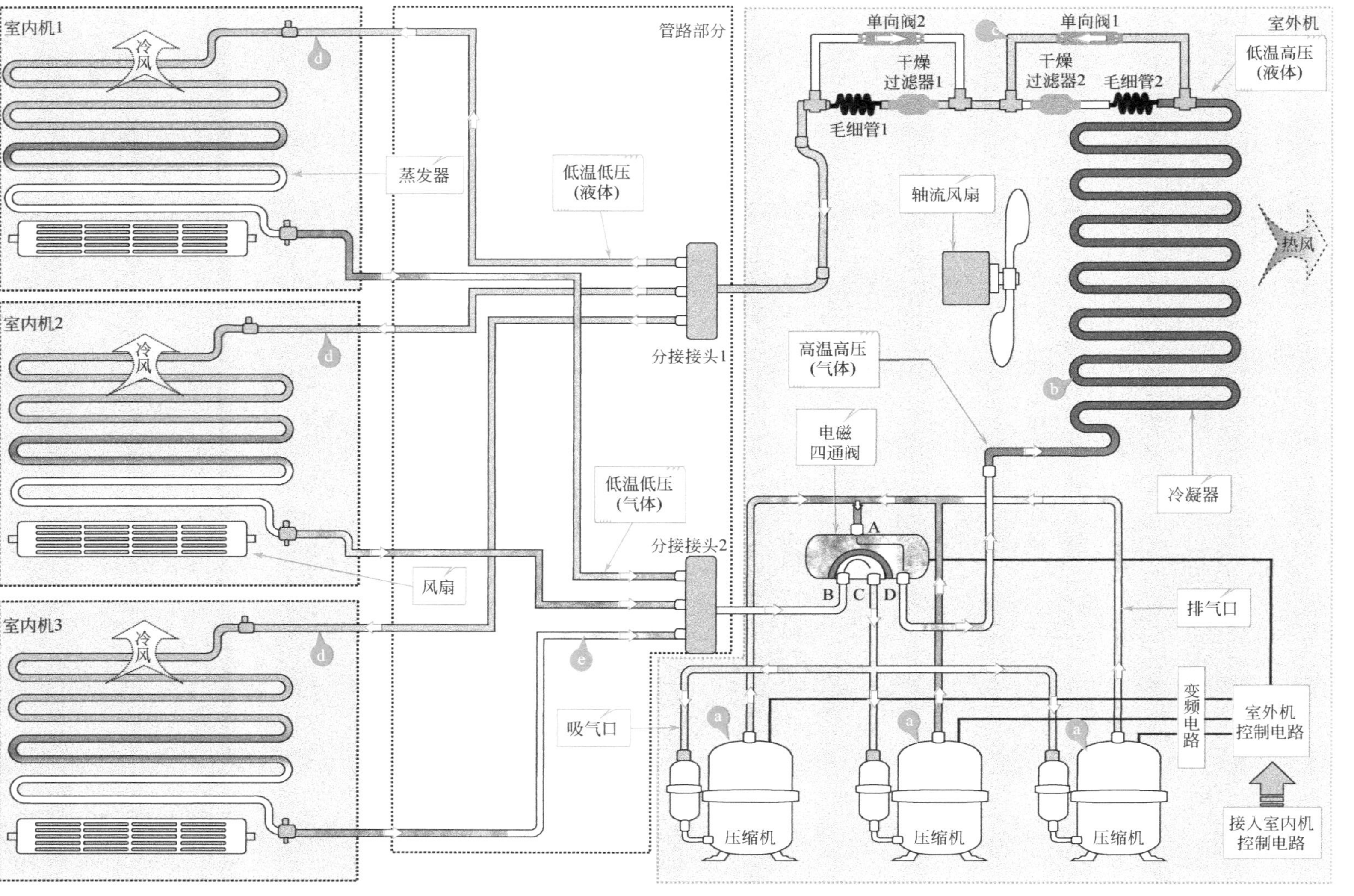

图2-1 典型家用中央空调的制冷原理示意图

2.1.2 家用中央空调的制热过程

通常家用空调也带有制热功能，家用中央空调的制热原理与制冷原理基本相同，不同的是通过电路系统控制电磁四通阀中的阀块进行换向，从而改变制冷剂的流向。图2-2所示为家用中央空调的制热原理。

由图中可以看到典型家用中央空调的制冷原理如下。

ⓐ 制冷剂经压缩机处理后变为高温高压气体，由压缩机的排气口排出。当家用中央空调进行制热时，电磁四通阀由电路控制内部的阀块由B口、C口移向C口、D口。此时高温高压气态的制冷剂经电磁四通阀的A口送入，再由B口送出，经分接接头2送入各室内机的蒸发器管路中。

ⓑ 高温高压气态的制冷剂进入室内机蒸发器后，过热的蒸气通过蒸发器散热，散出的热量由贯流风扇从出风口吹入室内，热交换后的制冷剂转变为低温高压液态，通过分接接头1汇合，送入室外机管路中。

ⓒ 低温高压液态的制冷剂进入室外机管路后，经管路中的单向阀2、干燥过滤器2以及毛细管2对其进行节流降压后，将低温低压液态的制冷剂送入冷凝器中。

ⓓ 低温低压的制冷剂液体在冷凝器中完成气化过程，制冷剂液体向外界吸收大量的热，重新变为气态，并由轴流风扇将冷气由室外机吹出。

ⓔ 低温低压的气态制冷剂经电磁四通阀的D口流入，由C口送出，最后经压缩机吸气孔返回压缩机中，使其再次进行制热循环。

特别提示

由上可以看出，家用中央空调的制热循环和制冷循环的过程正好相反。在制冷循环中，室内机的热交换设备起蒸发器的作用，室外机的热交换设备起冷凝器的作用，因此制冷时室外机吹出的是热风，室内机吹出的是冷风。而制热时，室内机的热交换设备起冷凝器的作用，而室外机的热交换设备则起蒸发器的作用，因此制热时室内机吹出的是热风，而室外机吹出的是冷风。

知识拓展

家用中央空调器的室内机可以根据家庭的装修风格以及室内美观效果进行选择，可以选择壁挂式室内机、风机盘管室内机以及吊顶式室内机，虽然其外形各异，但制冷/制热的原理相同。

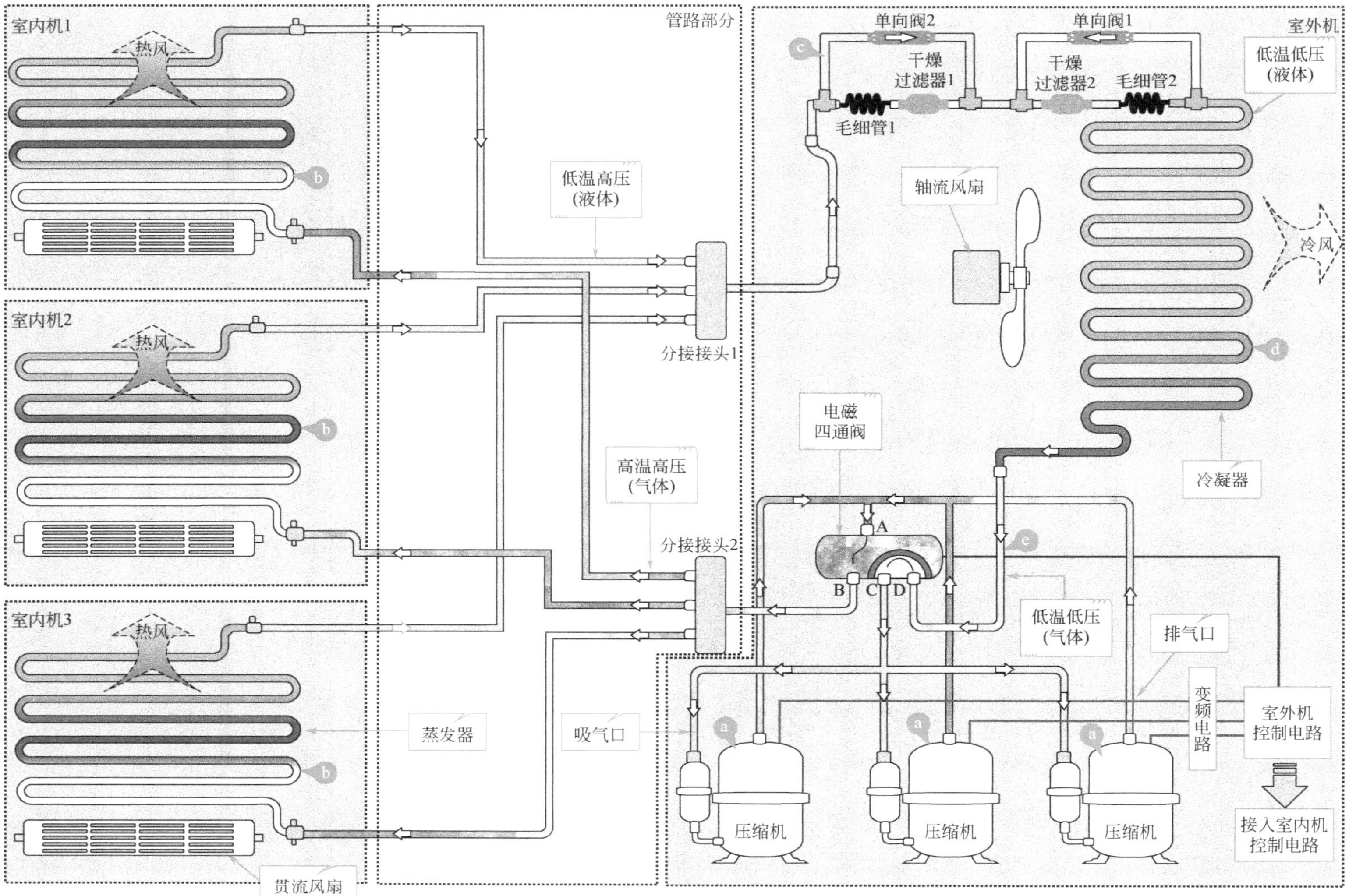

图2-2　家用中央空调的制热原理

2.2 掌握家用中央空调的管路加工技能

对家用中央空调管路系统进行安装或检修时，首先需要了解并掌握家用中央空调的管路加工技能。家用中央空调的管路加工技能主要包括管路的加工方法、管路与管路之间的连接方法以及管路的敷设方法。

2.2.1 家用中央空调管路的加工方法

在对管路安装之前，应当对需要使用的制冷管路和排水管等进行加工。通常制冷管路会采用铜管，对于铜管的加工主要是管路的切割以及管路的保温工作等。

知识拓展

家用中央空调中可以根据采用的制冷剂、所需要管路承载的压力等，选择合适尺寸的铜管，如表2-1所示为制冷剂铜管的选择。

表2-1 制冷剂铜管选择

制冷剂型号	公称尺寸/in	外径/mm	壁厚/mm	设计压力/MPa	耐压压力/MPa
R22	1/4	6.35（±0.04）	0.6（±0.05）	3.15	9.45
	3/8	9.52（±0.05）	0.7（±0.06）		
	1/2	12.70（±0.05）	0.8（±0.06）		
	5/8	15.88（±0.06）	10（±0.08）		
R410a	1/4	6.35（±0.04）	0.8（±0.05）	4.15	12.45
	3/8	9.52（±0.05）	0.8（±0.06）		
	1/2	12.70（±0.05）	0.8（±0.06）		
	5/8	15.88（±0.06）	10（±0.08）		

（1）铜管的切割方法

家用中央空调的管路系统是一个封闭的循环系统，在对家用中央空调器中的管路进行安装或对部件进行检修时，经常需要对管路中部件的连接部位、过长的管路或不平整的管口等进行切割，以便实现家用中央空调管路的安装及部件的代换、检修或焊接。

切管工具（切管器）的初步调整和准备方法如图2-3所示。

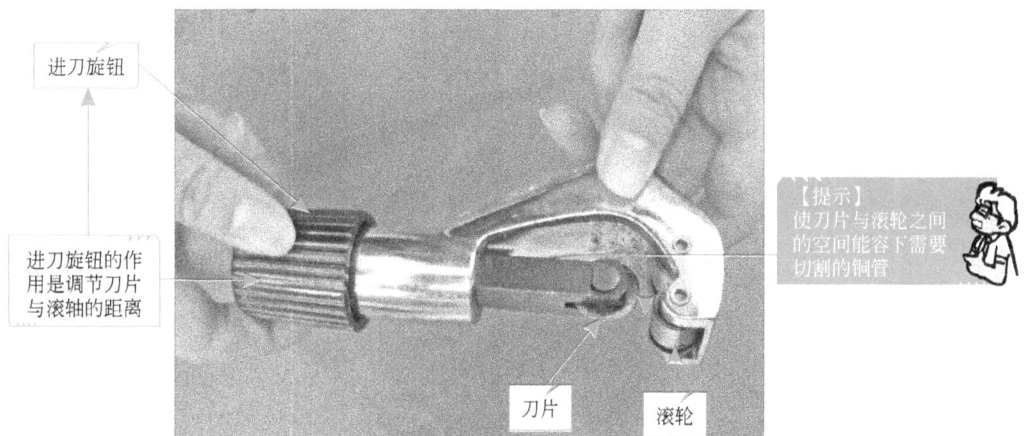

图2-3 切管工具（切管器）的初步调整和准备方法

接下来，将需要切割的管路放置在切管工具中并进行位置的调整，调整时应注意切管工具的刀片垂直并对准管路，使刀片接触被切管的管壁。

放置需要切割的管路并调整的方法如图2-4所示。

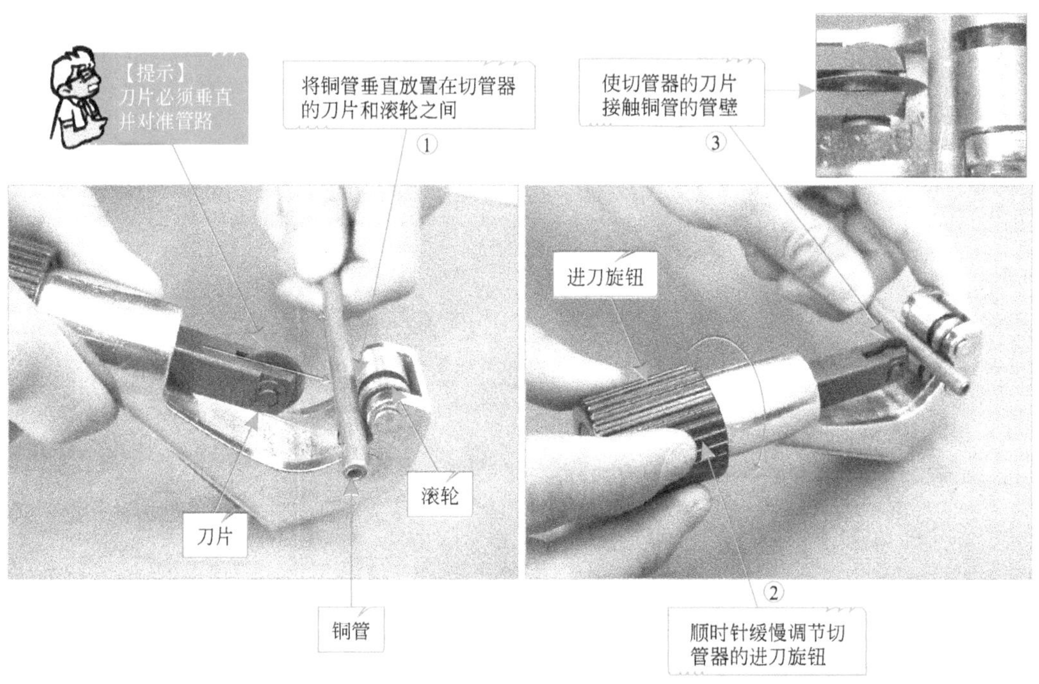

图2-4 放置需要切割的管路并进行调整

将被切割管路的位置调整完成后，则需要对其采用具体的切管方法，在切管过程中，应始终保持切管工具中滚轮与刀片垂直压向管路，一只手捏住管路，另一只手顺时针方向转动切管工具。

演示图解

切管的具体方法如图2-5所示。

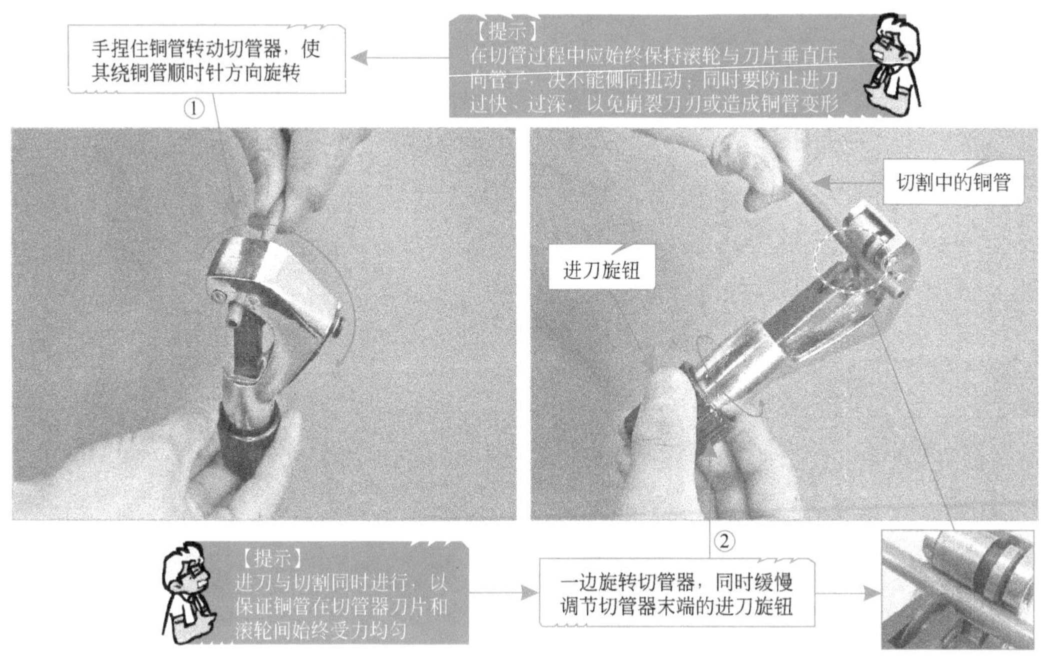

图2-5 切管的具体方法

特别提示

在转动切管工具时，应通过进刀旋钮适当调节进刀的速度，不可以进刀过快、过深，以免崩裂刀刃或造成管路变形。

在切管过程中，直到管路被完全切割断开，即完成了切管的操作，正常切管完成后管路的切割面应平整无毛刺。

演示图解

切管操作完成如图2-6所示。

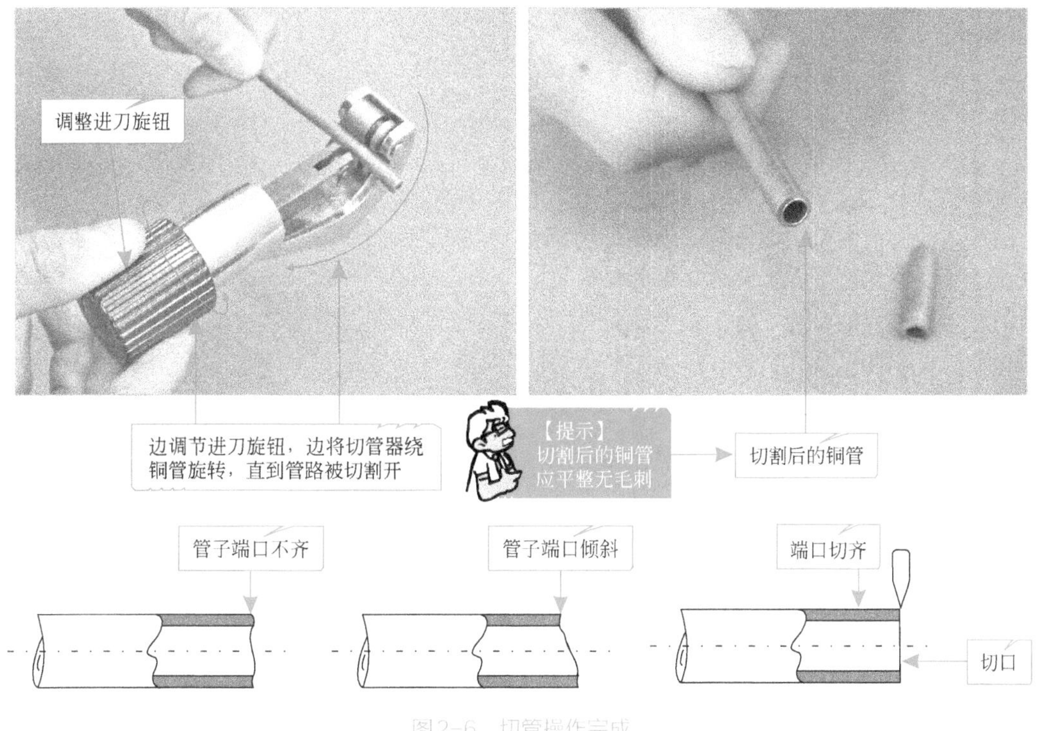

图2-6 切管操作完成

（2）铜管的保温加工方法

铜管切割后，需要将铜管穿入保温材料管中，使用维尼龙胶带将其进行缠绕，对管路进行保温处理。铜管的保温处理可以防止制冷管路上形成冷凝水，也可以保证家用中央空调的制冷和制热效果，图2-7所示为铜管和保温材料管。

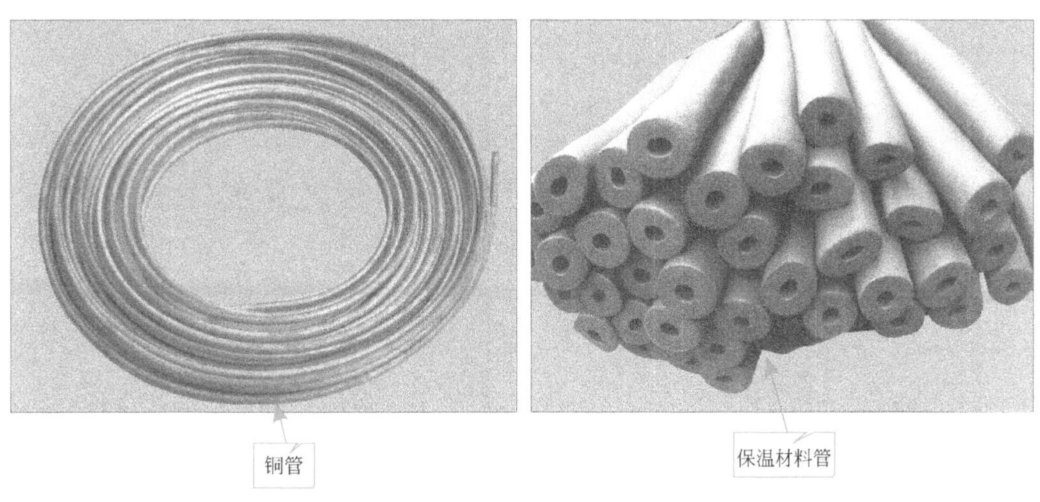

图2-7 铜管和保温材料管

图2-8所示为铜管保温的加工处理方法。

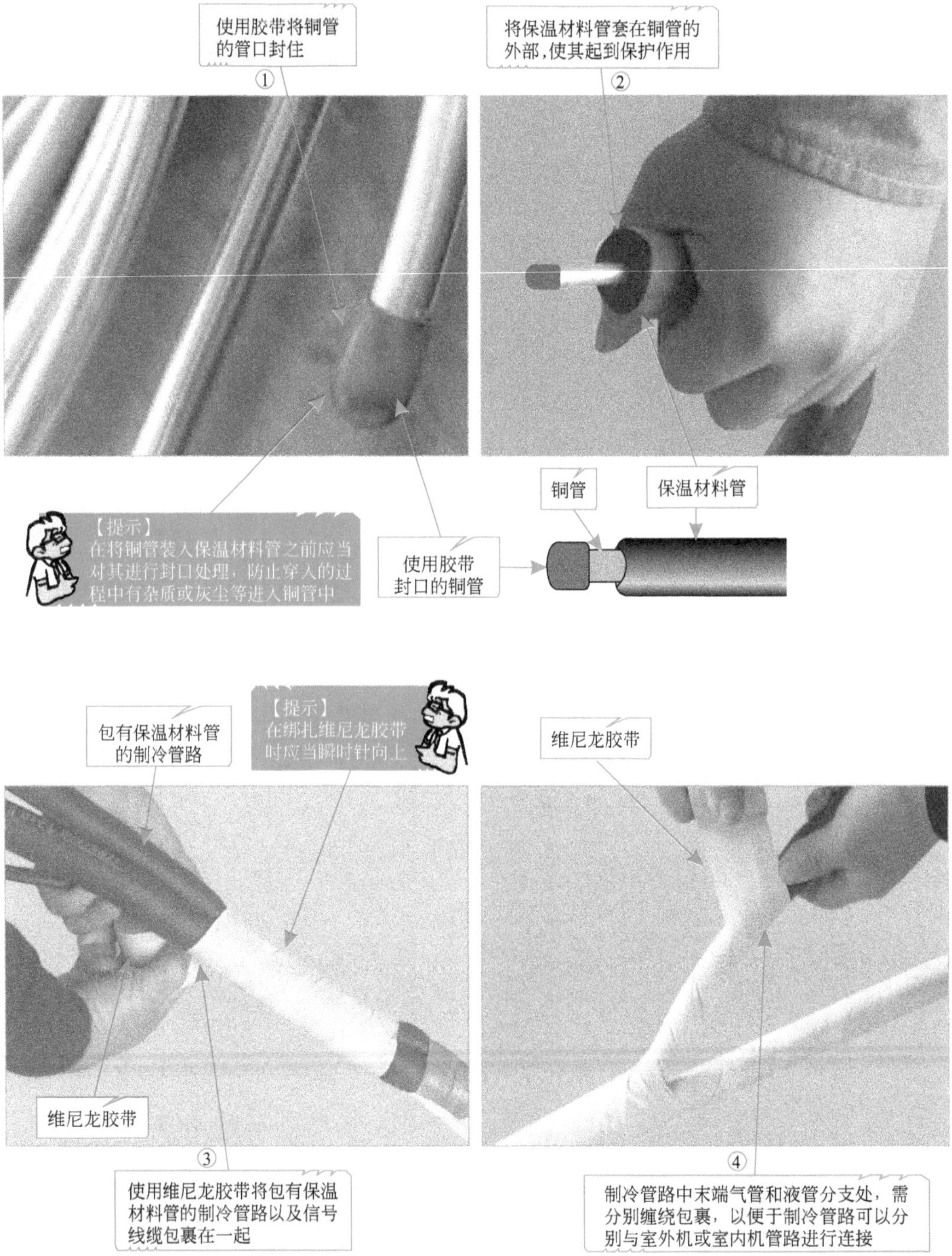

使用胶带将铜管的管口封住

①

将保温材料管套在铜管的外部，使其起到保护作用

②

铜管

保温材料管

【提示】
在将铜管装入保温材料管之前应当对其进行封口处理，防止穿入的过程中有杂质或灰尘等进入铜管中

使用胶带封口的铜管

包有保温材料管的制冷管路

【提示】
在绑扎维尼龙胶带时应当瞬时针向上

维尼龙胶带

维尼龙胶带

③

使用维尼龙胶带将包有保温材料管的制冷管路以及信号线缆包裹在一起

④

制冷管路中末端气管和液管分支处，需分别缠绕包裹，以便于制冷管路可以分别与室外机或室内机管路进行连接

图2-8　铜管保温加工方法

（3）铜管管口的加工方法

制冷管路中的铜管在进行连接前，通常需要对管口进行加工，可以将管口加工为杯形口和喇叭口，其中，采用焊接方式连接管路口，一般需扩杯形口，而采用纳子连接方式时，需扩为喇叭口，下面分别对这两种管口的加工方法进行介绍。

① 扩杯形口的加工方法 两根直径相同的铜管需要通过焊接方式连接时，应使用扩管器将一根铜管的管口扩为杯形口，以便另一根管路能够插入管口中，保证连接封闭性。

对管路进行扩杯形口操作时，可参照图2-9所示的示意图进行操作。

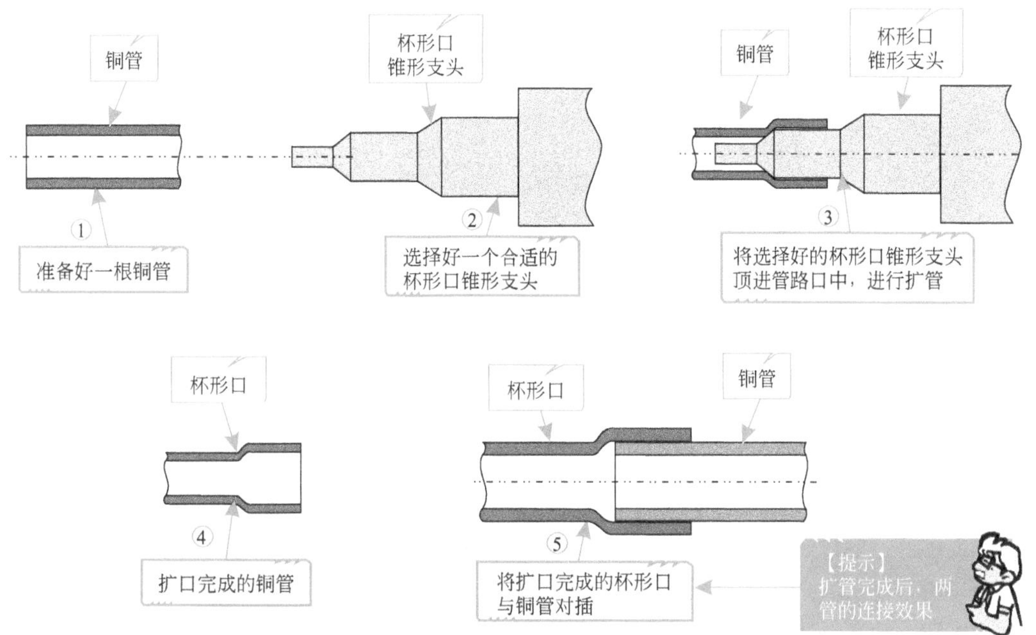

图2-9 扩杯形口的操作方法示意图

进行杯形口的扩管操作前，应先选择合适的扩管器夹板并将待扩铜管放置在扩管器夹板中。

选择合适的扩管器夹板如图2-10所示。

选择好合适的扩管器后，将顶压器固定在夹板上，并沿顺时针方向旋转顶压器的手柄，使锥形支头顶进管路口中，进行扩管。

扩管的具体操作方法如图2-11所示。

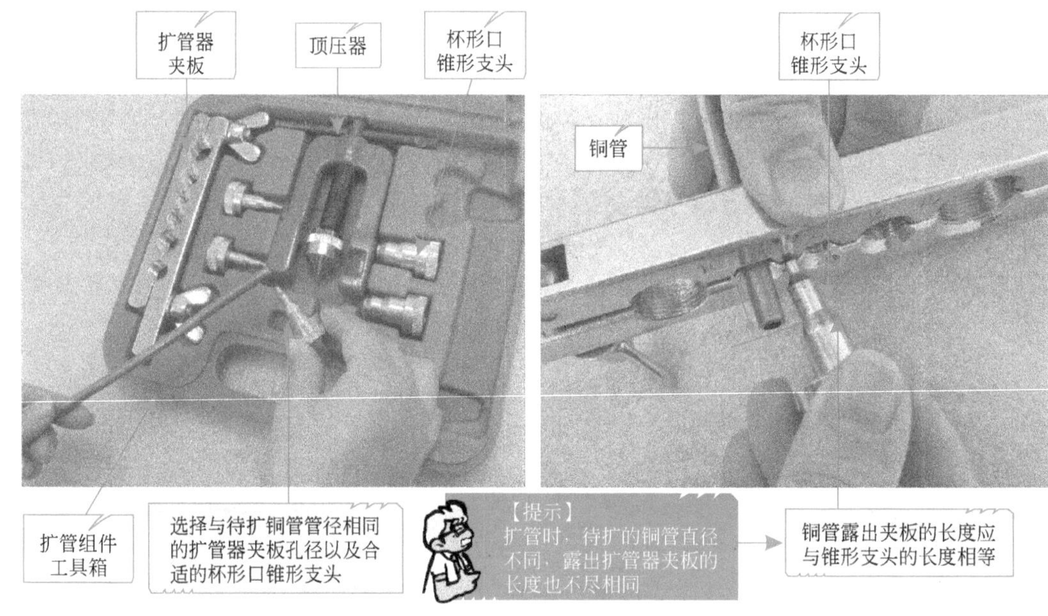

图2-10　选择合适的扩管器夹板并将待扩铜管放置在扩管器夹板中

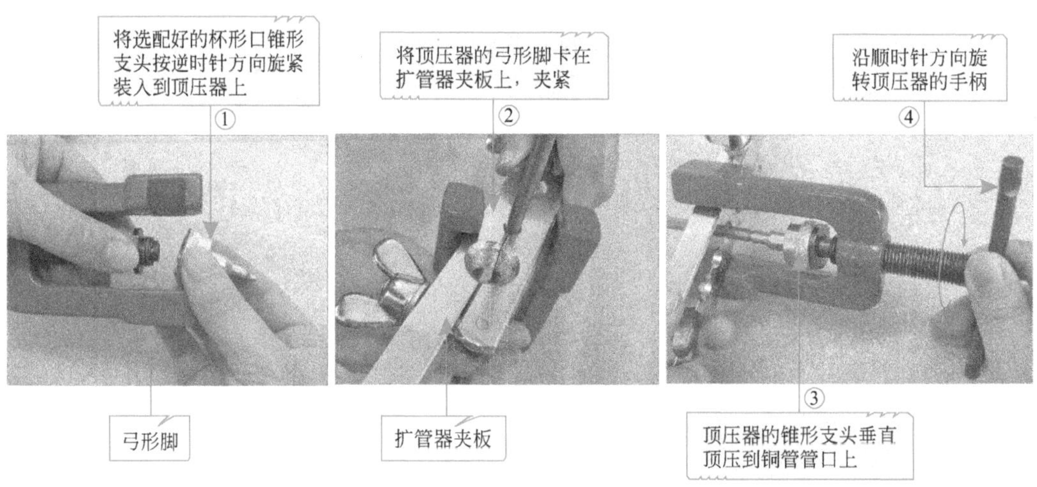

图2-11　进行扩管的具体操作

将管路的管口扩成杯形口后，接下来就是分离扩管器夹板与顶压器。逆时针旋转顶压器上的手柄，使顶压器的锥形支头与管路分离，取出顶压器。

演示图解

分离扩管器夹板与顶压器的方法如图2-12所示。

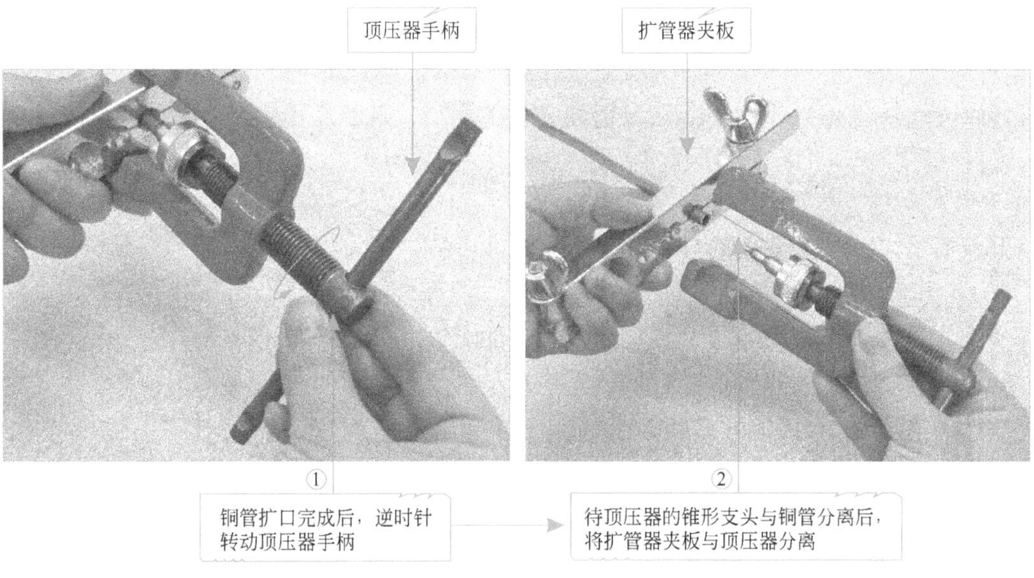

图2-12　分离扩管器夹板与顶压器

取下顶压器后，将管路从扩管器夹板中取下，并对完成的扩管进行检查。

取下扩口完成的铜管并进行检查的方法如图2-13所示。

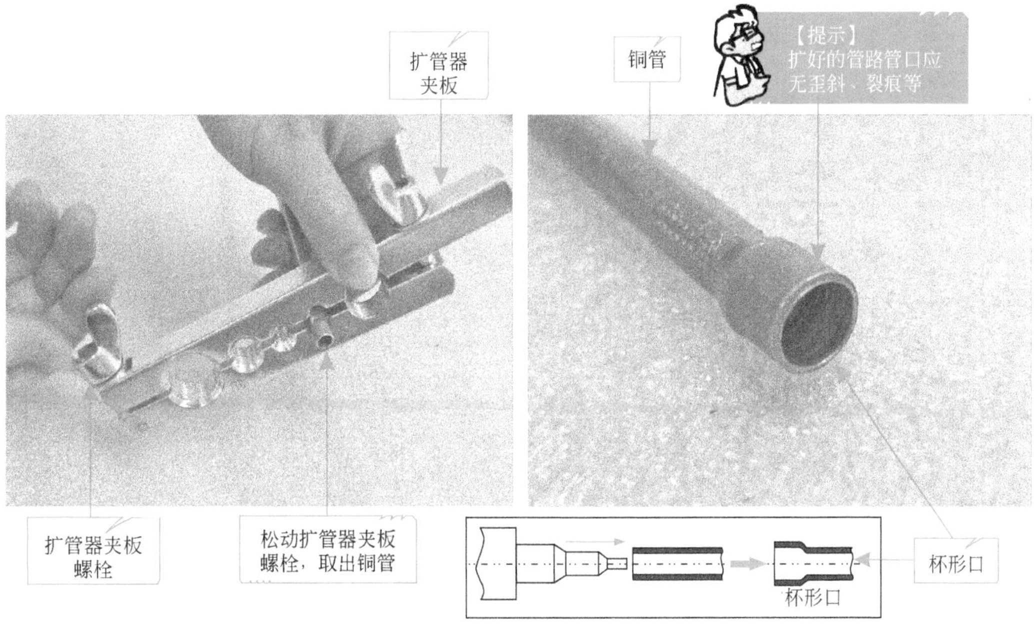

图2-13　取下扩口完成的铜管并进行检查

② 扩喇叭口的加工方法　当两根铜管需要通过纳子或转接器连接时，则需要将管口加工成喇叭口。喇叭口与用于室内机或室外机上的连接管口进行连接。

喇叭口的扩管操作与杯形口的扩管操作基本相同，只是在选配组件时，应选择扩充喇叭口的锥形支头。

演示图解

使用扩管器将铜管管口扩为喇叭口的方法如图2-14所示。

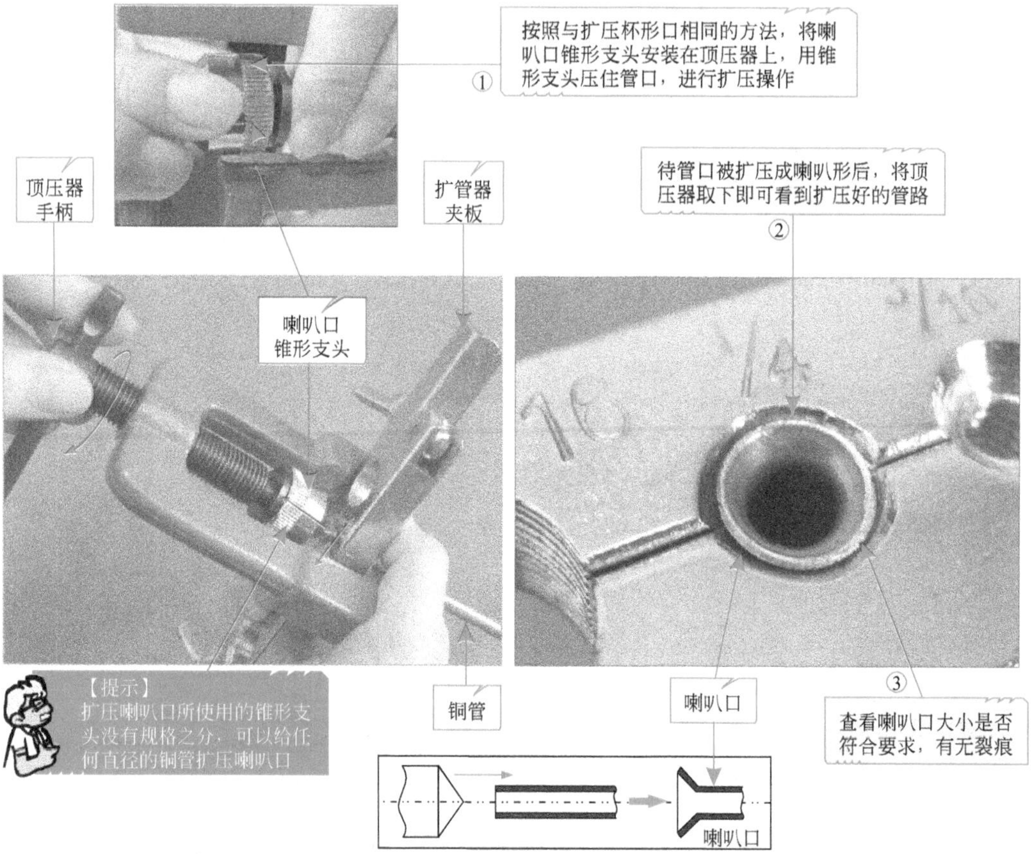

① 按照与扩压杯形口相同的方法，将喇叭口锥形支头安装在顶压器上，用锥形支头压住管口，进行扩压操作

顶压器手柄

扩管器夹板

喇叭口锥形支头

② 待管口被扩压成喇叭形后，将顶压器取下即可看到扩压好的管路

【提示】扩压喇叭口所使用的锥形支头没有规格之分，可以给任何直径的铜管扩压喇叭口

铜管

喇叭口

③ 查看喇叭口大小是否符合要求，有无裂痕

喇叭口

图2-14　使用扩管器将铜管管口扩为喇叭口

特别提示

在进行扩管操作时，要始终保持顶压支头与管口垂直，施力大小要适中，以免造成管口开裂、歪斜等问题，如图2-15所示。

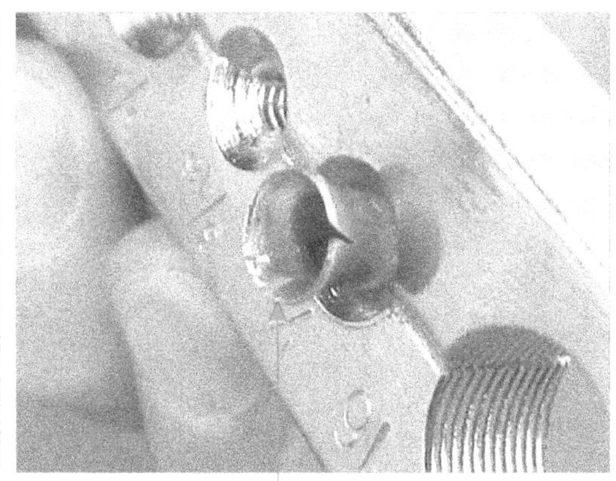

图2-15　管口开裂、歪斜

2.2.2　家用中央空调管路的连接方法

（1）制冷管路之间的连接方法

当需要将制冷管路分为两路时，可在制冷管路之间加装分歧管，如图2-16所示。在将分歧管连接管路之前，应当先对分歧管的管口进行扩管，并且在对其连接完成后，应对其进行保温处理。

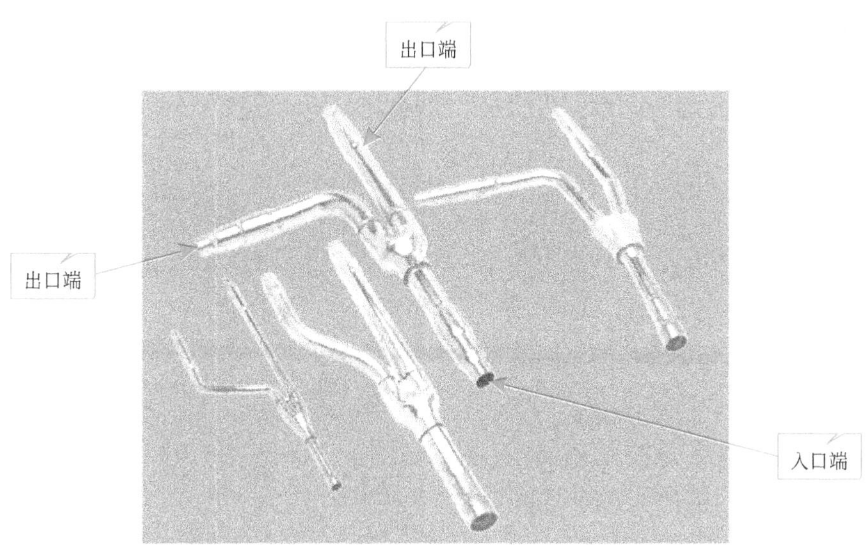

图2-16　分歧管

演示图解

使用分歧管将管路与管路之间进行连接的方法如图2-17所示。

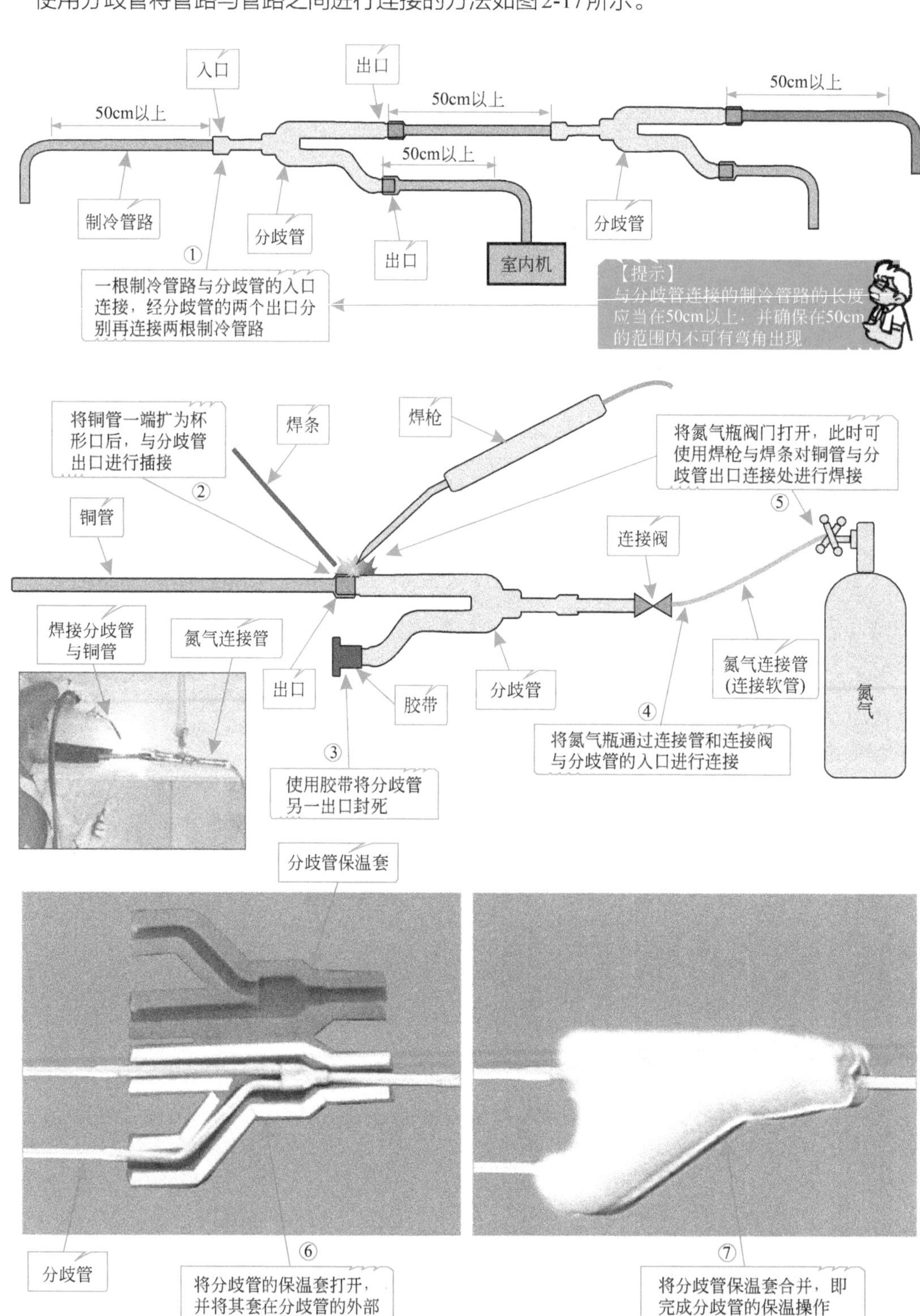

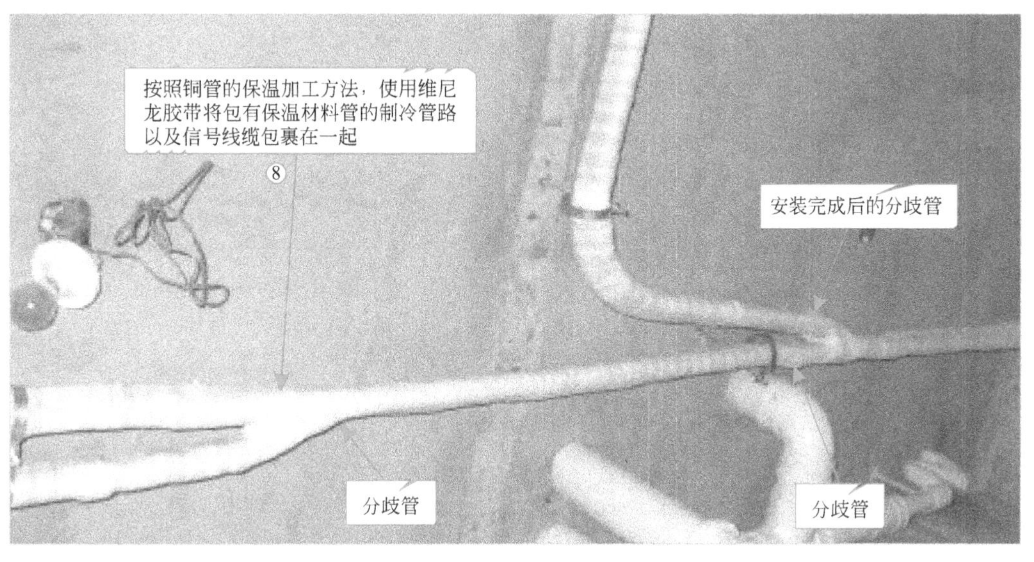

图2-17 管路与管路之间的连接

特别提示

安装分歧管时，两出口一定保持水平位置，不可将两出口垂直；并且分歧管两出口之间的水平距离不应相差过大，如图2-18所示。在安装分歧管时，应当根据中央空调的品牌、型号，选择专用的分歧管。并且在安装前，应当区分液管（铜管）与气管（铜管）上的分歧管，安装在液管（铜管）上的分歧管较细，气管（铜管）上的分歧管较粗，不可混装。

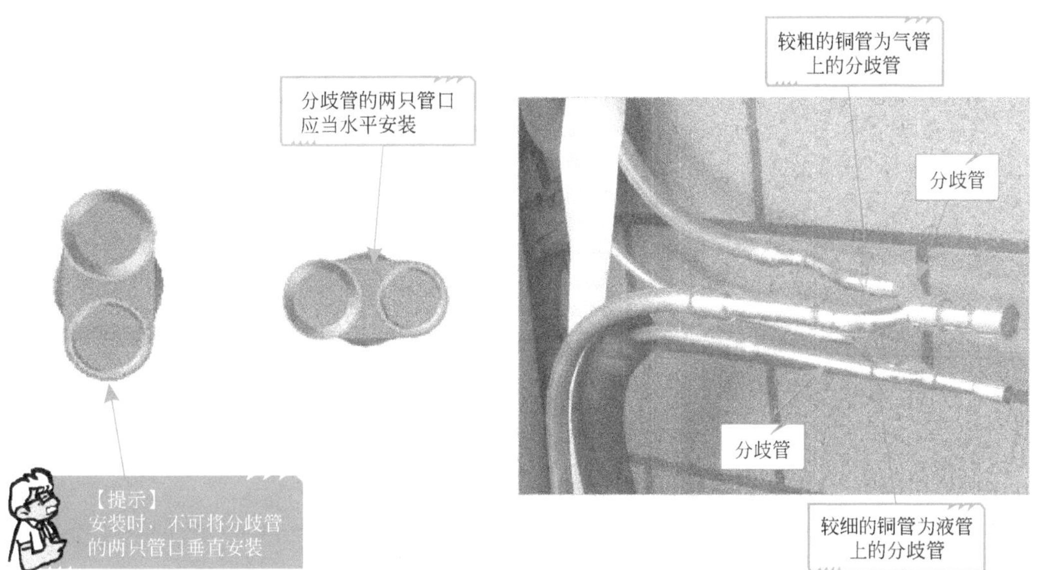

图2-18 分歧管安装的注意事项

（2）排水管之间的连接方法

家用中央空调中的排水管进行连接时，可以利用三通连接，但不可以将排水管连接成T形。当排水管路长度超过3米之后，应当在排水管上加装排气孔，防止排水管中压力过大，冷凝水无法流出。

排水管之间的连接方法如图2-19所示。

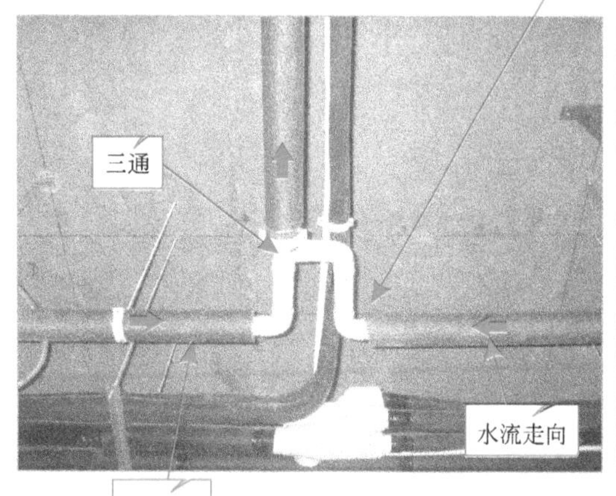

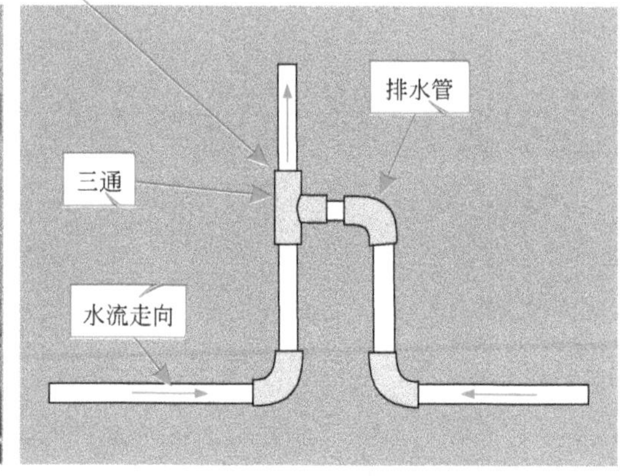

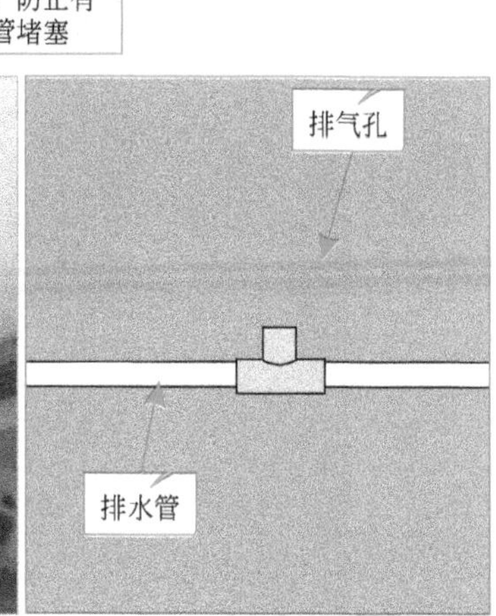

图2-19　排水管之间的连接方法

在对风机盘管的排水管进行安装时，应注意管路的安装要求，如图2-20所示。自然排水时，排水管应当向下50mm以后形成存水弯，并且存水弯的高度为排水管向下一半的距离，可以在存水弯管处设置塞子，也可在存水弯上端的管路设置塞子，便于对管路的维护和清理。采用提水泵进行排水的风机盘管，应当在300mm以内将管路向上，防止提水泵反复工作。

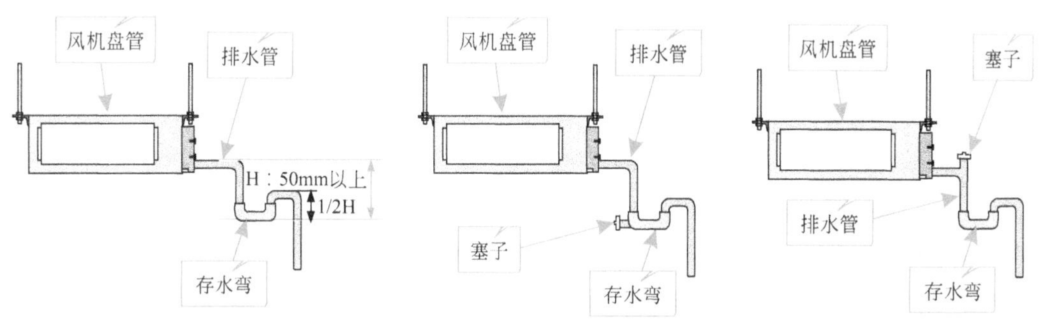

(a) 自然排水时，冷凝水管的安装要求

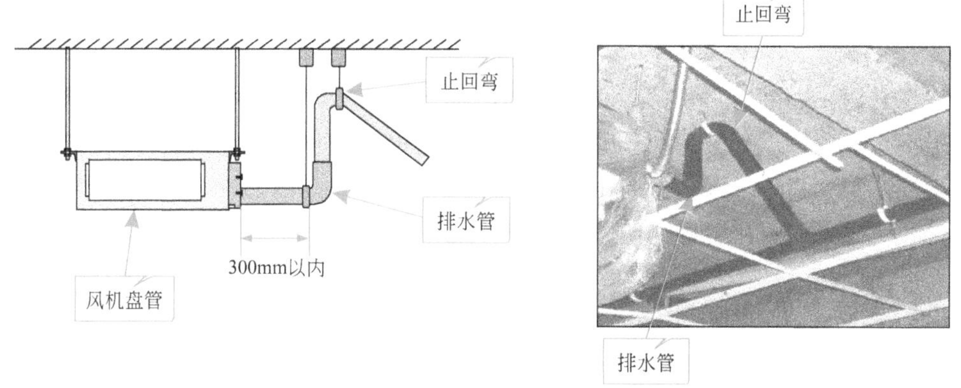

(b) 采用提水泵排水时，冷凝水管的安装要求

图2-20 风机盘管的冷凝水管安装要求

2.2.3 家用中央空调管路的安装敷设方法

（1）墙面开孔

管路加工完成后，接下来需要对管路进行敷设。管路的敷设可以分为墙面开孔和管路的固定与吊装。

家用中央空调室内机与室外机之间的联机管路和线缆通过墙面上的穿墙孔穿出。穿墙孔的开凿也有一定的要求，如图2-21所示。

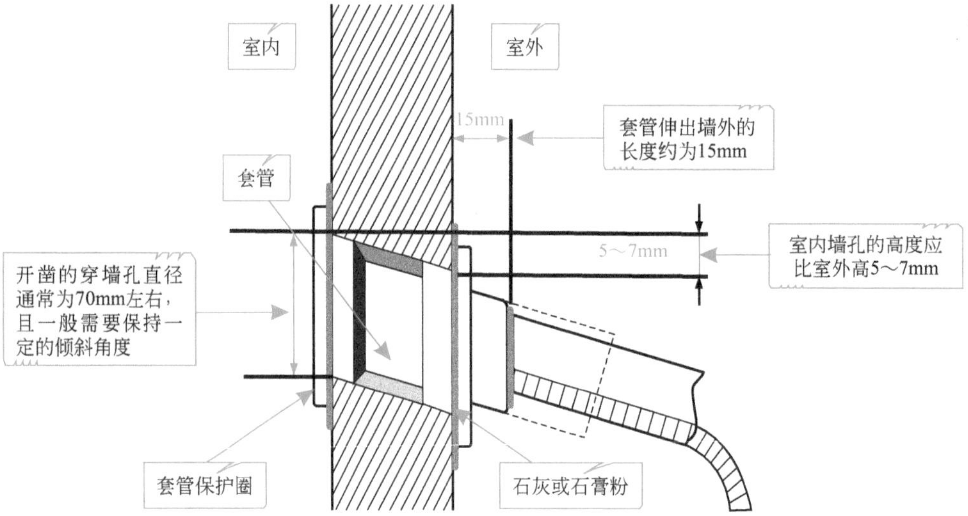

室内
室外
15mm
套管伸出墙外的长度约为15mm
套管
5～7mm
室内墙孔的高度应比室外高5～7mm
开凿的穿墙孔直径通常为70mm左右，且一般需要保持一定的倾斜角度
套管保护圈
石灰或石膏粉

图2-21　家用中央空调器穿墙孔的开凿要求

穿墙孔的要求为：

① 穿墙孔直径为70mm；

② 为了使排水管道通畅，穿墙孔的角度并非水平，而是由室内向室外向下倾斜，室内墙孔的高度应比室外墙孔高5～7mm；

③ 为防止家用中央空调制冷管路和线缆在墙体中受到磨损，在穿墙孔内应插入套管，并将套管保护圈固定在套管上，套管伸出墙外的长度为15mm；

④ 穿墙孔与套管安装完成后，应用石膏粉或者石灰将套管与墙面之间的缝隙封住。

图2-22所示为墙面开孔的方法。

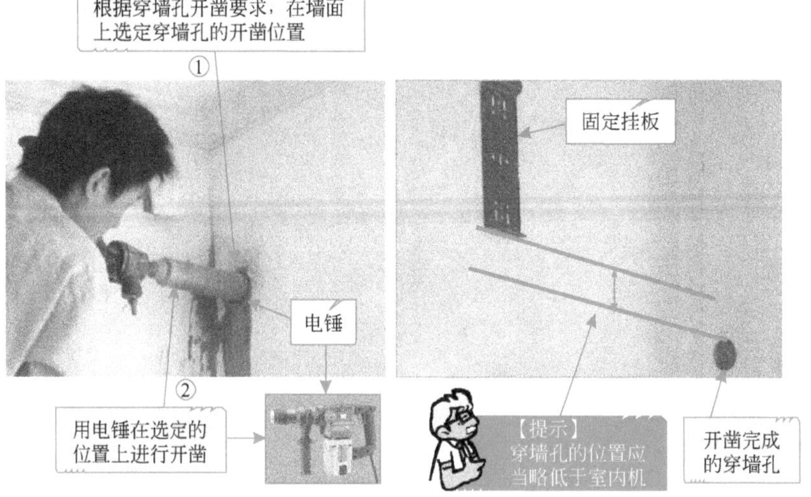

图2-22　墙面开孔的方法

用电锤钻穿墙孔，为便于排水，不仅使穿墙孔本身向室外倾斜，而且要确保室内机的安装位置要略高于穿墙孔，使得冷凝水由中央空调器排水口流出时有一个高度落差，从而使水顺利排出室外。

（2）管路的固定与吊装

通常可以将管路直接固定在墙壁上，也可将其水平或垂直进行吊装。在对管路进行固定和吊装前，应当测量需要固定管路的长度，在对制冷管路与排水管分别进行固定时，制冷管路通常在1.2 ～ 1.5m设置一个固定点，排水管通常在0.8 ～ 1m设置一个固定点；在对制冷管路和排水管路一同进行吊装时，两吊架之间的距离不能＞2.5m。对管路进行固定，可以使用金属卡箍；对管路进行吊装时，应当使用吊杆和吊架。在对排水管进行固定时，应当使排水管按照1 ∶ 100的角度向下倾斜。

家用中央空调管路固定和吊装方法如图2-23所示。

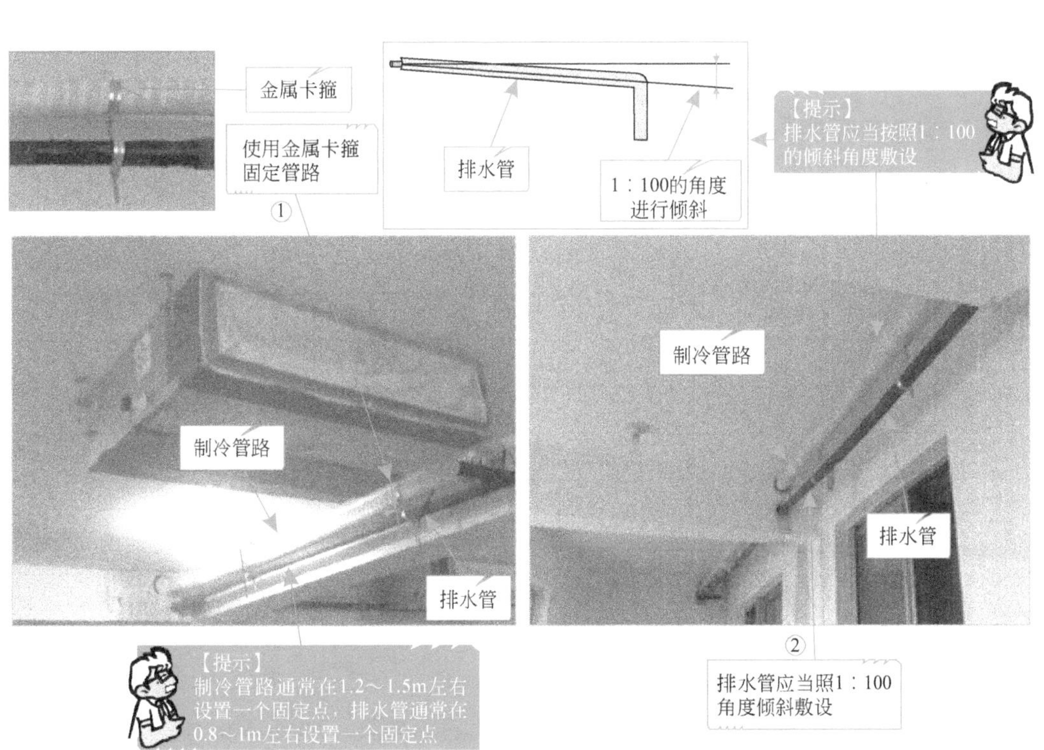

图2-23

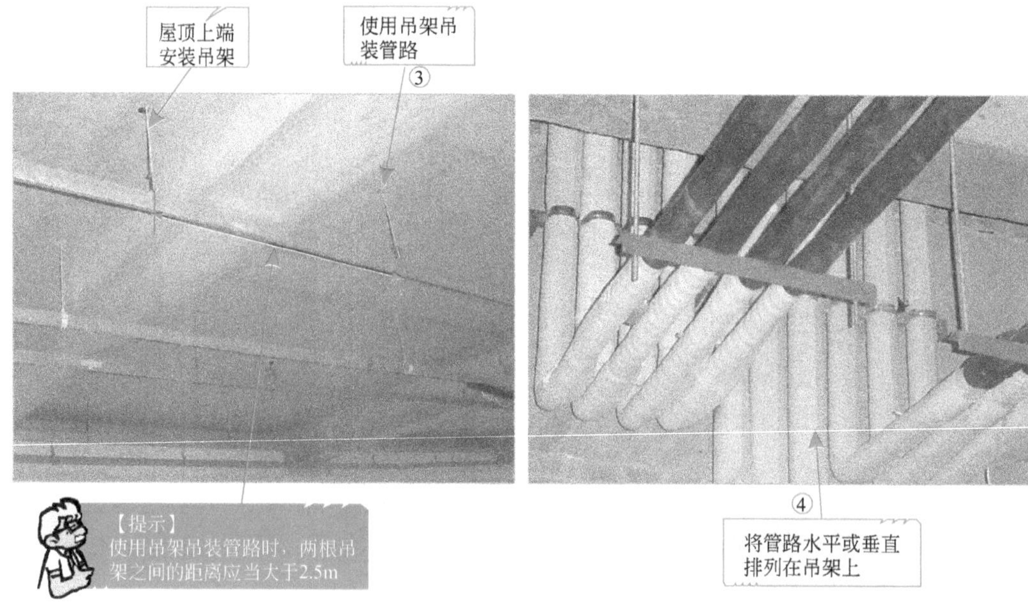

【提示】
使用吊架吊装管路时，两根吊架之间的距离应当大于2.5m

图2-23　家用中央空调管路的固定与吊装方法

知识拓展

① 使用吊架吊装管路的距离　由于家用中央空调的管路的直径不同，两吊架之间的距离也会随着管路直径的不同改变，如表2-2所示。

② 管路弯制半径　在对铜管进行弯折时，应当注意弯角的半径，若当半径过小时，可能导致制冷剂无法正常流动，如表2-3所列为弯折半径。

表2-2　吊架吊装管路的距离

管路直径/mm		15	20	25	32	40	50	70	80	100	125	150	200	250	300
支架最大距离/m	L1	1.5	2.0	2.5	3.0	3.0	4.0	4.0	5.0	5.0	5.5	6.5	7.5	8.5	9.5
	L2	2.5	3.0	4.0	4.5	5.0	6.0	6.5	7.0	6.5	7.0	8.0	9.0	9.5	10.5
	对于大于300mm直径的管道可参照300mm直径管道														

注：1. L1用于保温管道，L2用于不保温管道，保温材料密度≤200kg/m³。
2. 系统工作压力≤2.0MPa。

表2-3　弯管的半径

公称尺寸/in	外径/mm	正常半径/mm	最小半径/mm
1/4	6.35	大于100	大于30
3/8	9.52	大于100	大于30
1/2	12.70	大于100	大于30

2.3 精[illegible]

精通家用中央空调的安装技能是中央空调器维修人员应具备的基本技能之一，家用中央空调器的安装质量是保证家用中央空调器正常使用的重要环节。

家用中央空调器根据产品型号、规格以及功能的不同，对安装的要求也有所不同，因此，在安装家用中央空调之前，必须仔细阅读随机附带的安装使用说明书，说明书中都详细记载了家用中央空调器随机附带的零部件、安装操作规程。实际操作时，遵循一定的安装顺序和规范，对于高效、准确的完成安装工作十分有帮助。

下面以较常见的家用中央空调为例，详细介绍一下家用中央空调的基本安装操作技能。图2-24所示为目前市场上常见由一台室外机带三台室内机的典型“一拖三”结构的家用中央空调。

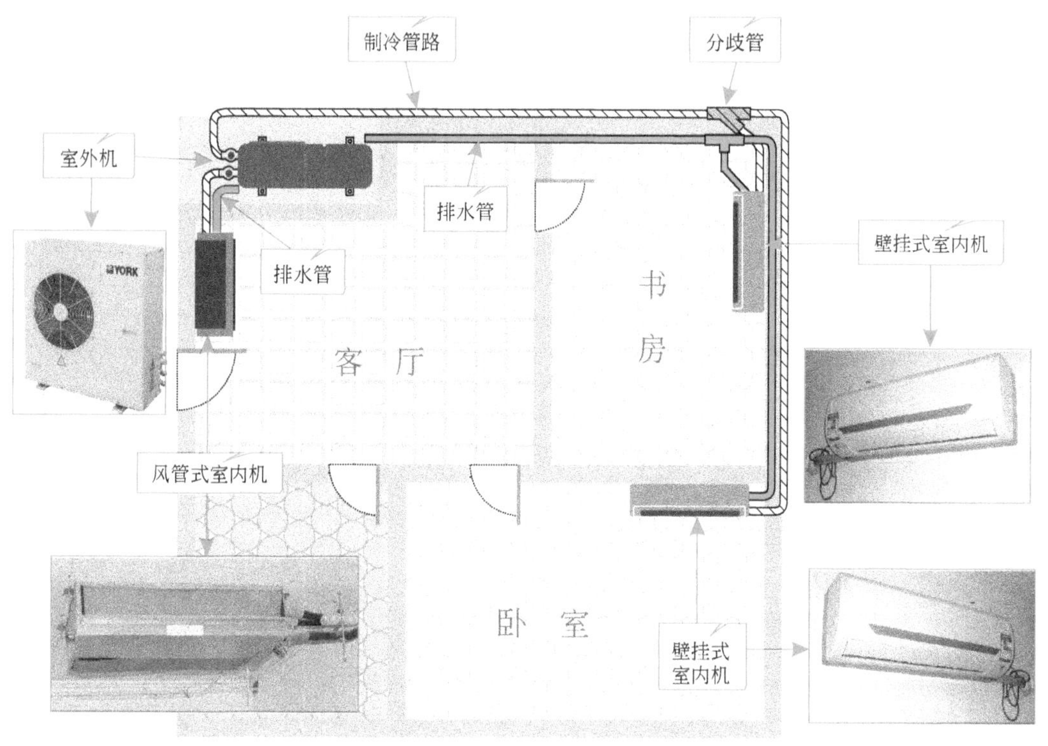

图2-24 典型的“一拖三”结构的家用中央空调风管式室内机

根据该家用中央空调的规划，可以将家用中央空调的安装分为室内机的安装以及室外机的安装两大部分。

家用中央空调器的安装操作应严格按照安装说明书要求进行，否则可能由于安装问题而导致家用中央空调器故障或缩短使用寿命。下面以家用中央空调室外机和室内机为例介绍一下家用中央空调的基本安装方法。

“一拖三”结构的家用中央空调分为三台室内机和一台室外机两部分，在安装前首先要确定这两个部分的安装位置。

家用中央空调安装的位置得当，不仅会增强制冷效果，而且会在很大程度上延长家用中央空调的使用寿命。一般情况下，若室外机安装位置位于室内机的上部，其（气管）最大高度差不应超过21m；若室外机安装位置位于室内机下部，其（液管）最大高度不应超过15m。图2-25所示为家用中央空调的整体安装规范示意图。

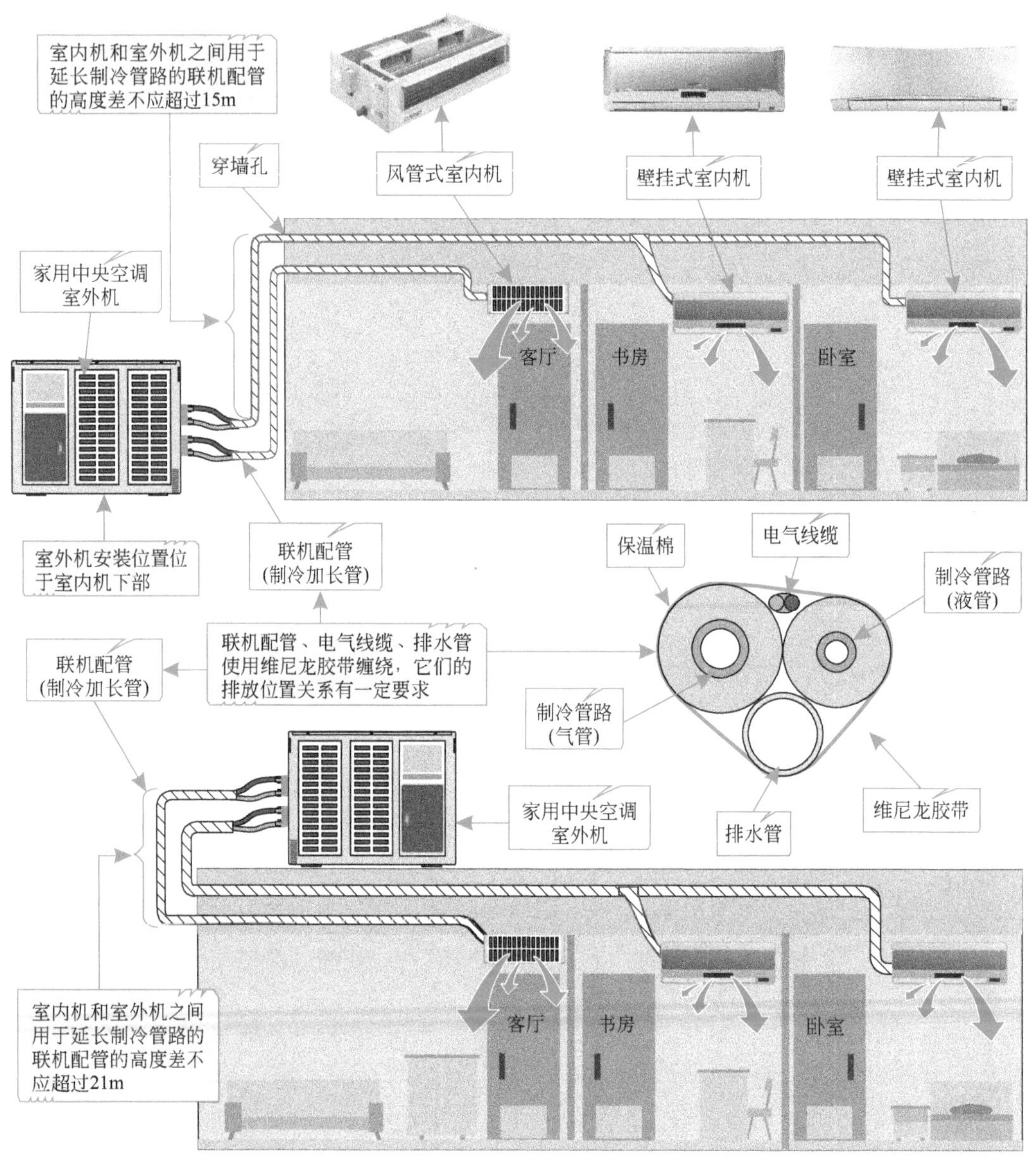

图2-25　家用中央空调的整体安装规范示意图

家用中央空调安装时有一定的顺序要求，参照正确的安装流程操作，对快速、准确安装好家用中央空调器十分有帮助。图2-26所示为家用中央空调基本的安装流程示意图。

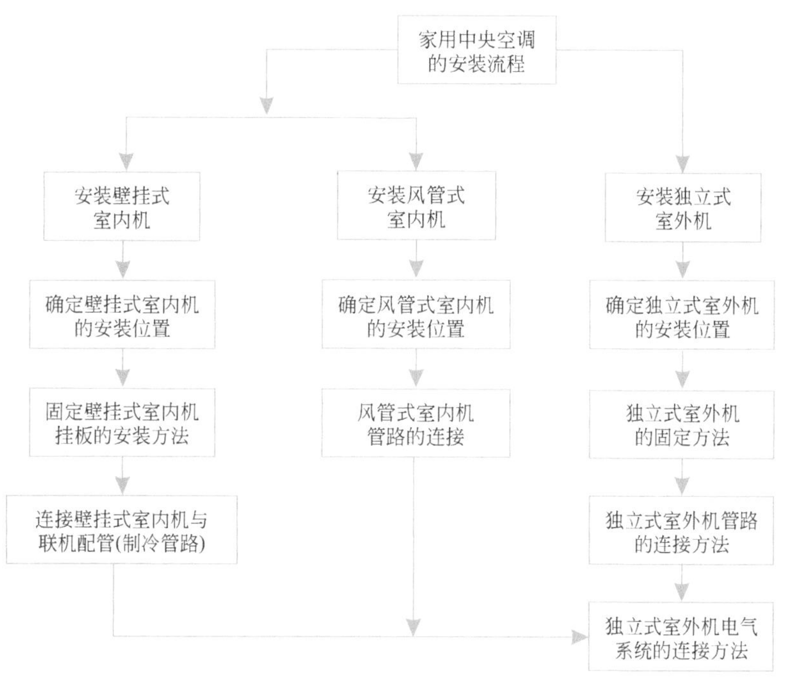

图2-26 家用中央空调基本的安装流程示意图

可以看到，家用中央空调的安装分为室内机的安装和室外机的安装两部分。

2.3.1 家用中央空调室内机的安装方法

目前，家用中央空调使用的室内机主要有壁挂式室内机、风管式室内机、嵌入式室内机、柜式室内机等几种。下面就以壁挂式室内机和风管式室内机为例，介绍这两种室内机的安装方法。

（1）壁挂式室内机的安装方法

① 壁挂式室内机的安装位置 安装壁挂式室内机前，首先需要确定壁挂式室内机安装位置，图2-27所示为壁挂式室内机的安装位置规范示意图。其安装位置要求如下：

a.壁挂式室内机的安装高度要高于地面150cm以上；

b.壁挂式室内机与上方天花板和左右两侧墙壁之间要留有5cm以上的空间；

c.壁挂式室内机距离门窗应大于5cm以上，以免冷气损失过大。

特别提示

壁挂式室内机安装的注意事项如下。

a.壁挂式室内机应选择室内气流循环良好的位置，室内可形成合理的空气对流。

b.尽量将壁挂式室内机安装在房屋的中间区域，使冷风、热风能送到室内各个角落。

c.进风口和送风口处不能有障碍物，否则会影响变频空调器的制冷效果。

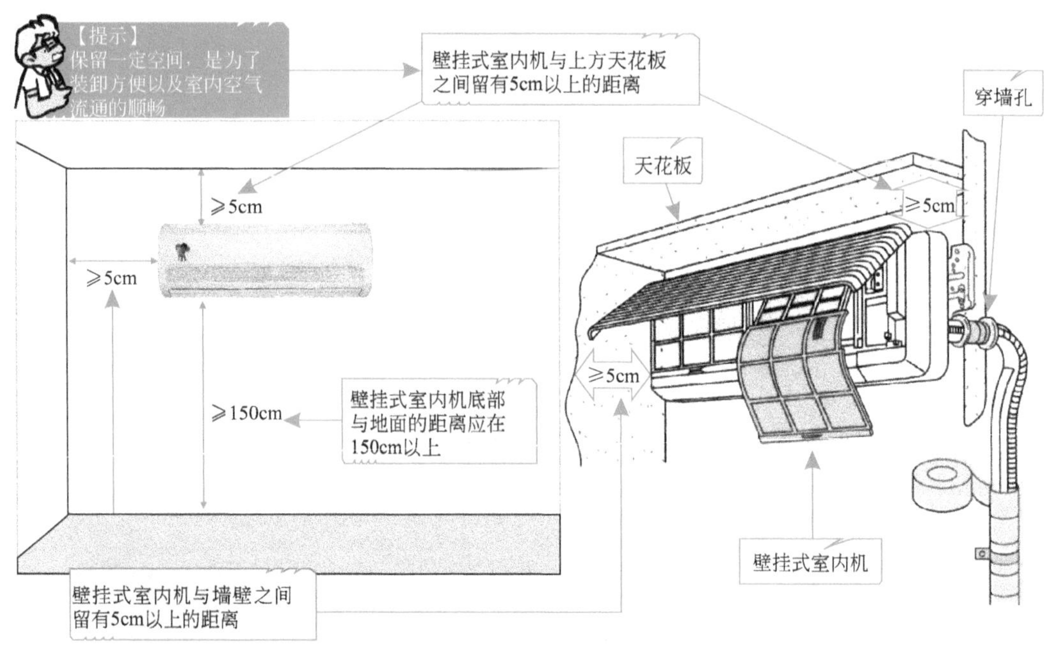

图2-27　壁挂式室内机的安装位置

d.壁挂式室内机安装的高度要高于目视距离，距地面障碍物0.6m以上。

e.要注意避免阳光直射到机体上，并且附近不能有热源或者水蒸气。

f.安装的位置要尽可能缩短与室外机之间的连接距离，并减少管路弯折数量，确保排水系统的畅通。

g.要选择噪声小、干扰小的环境，尽量远离其他电气设备。

h.确保安装墙体的牢固性，避免机器运行产生震动。

② 壁挂式室内机固定挂板的安装方法　根据规范要求，确定好室内机的安装位置后，首先需要对固定挂板进行安装。固定挂板通常可以分为整体挂板和分体挂板两种，虽然形式不同，但其安装方法相似，如图2-28所示。

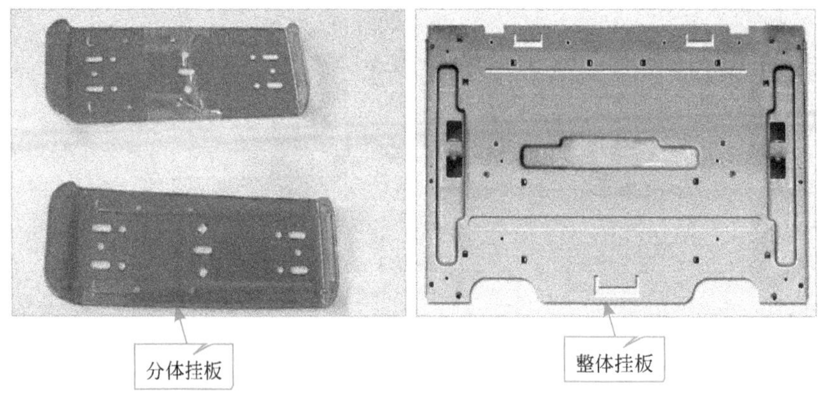

图2-28　固定挂板的实物外形

演示图解

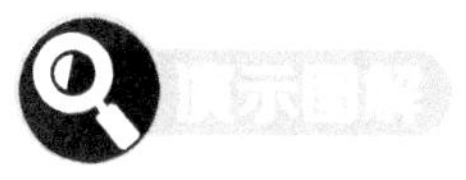

壁挂式室内机固定挂板的安装固定方法如图2-29所示。

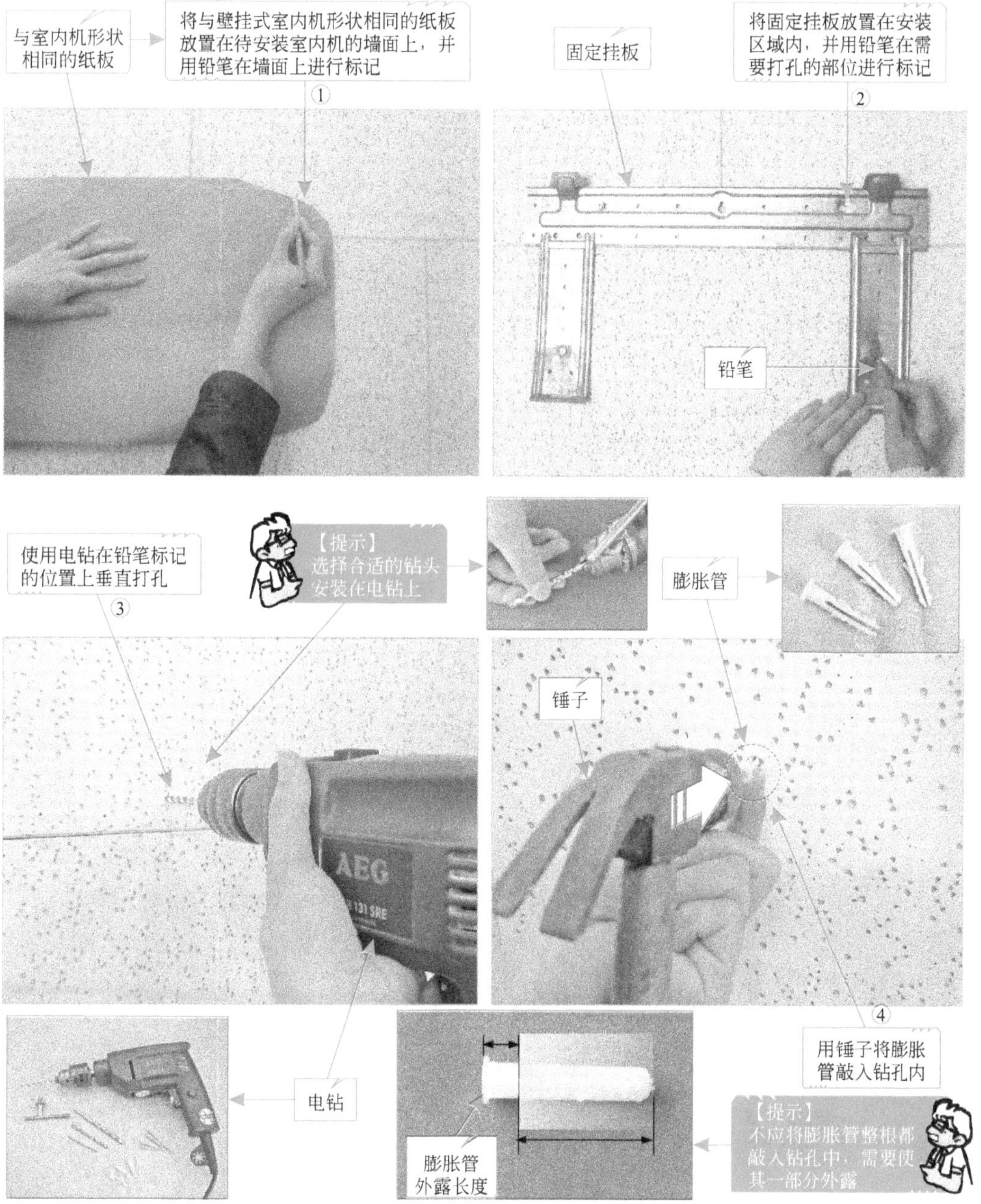
与室内机形状相同的纸板
将与壁挂式室内机形状相同的纸板放置在待安装室内机的墙面上，并用铅笔在墙面上进行标记
①
固定挂板
将固定挂板放置在安装区域内，并用铅笔在需要打孔的部位进行标记
②
铅笔
使用电钻在铅笔标记的位置上垂直打孔
③
【提示】
选择合适的钻头安装在电钻上
膨胀管
锤子
AEG
电钻
膨胀管外露长度
④
用锤子将膨胀管敲入钻孔内
【提示】
不应将膨胀管整根都敲入钻孔中，需要使其一部分外露

图2-29

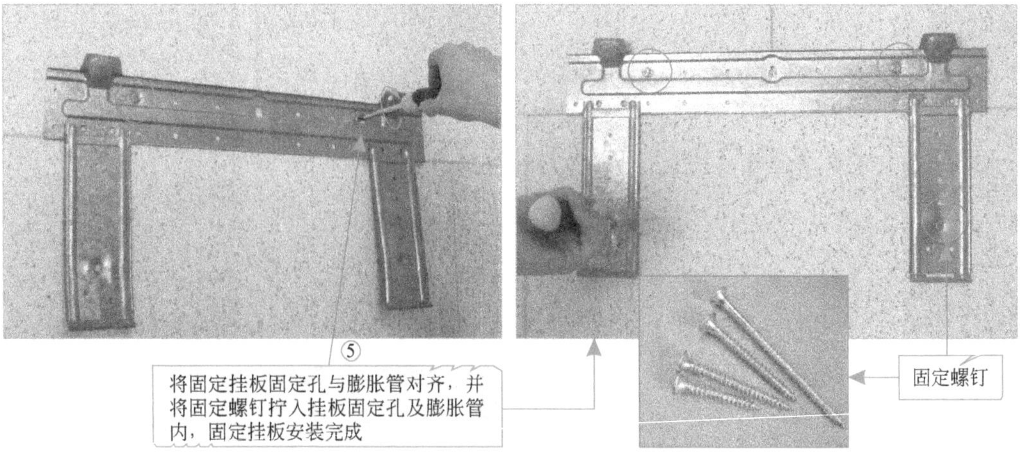

⑤
将固定挂板固定孔与膨胀管对齐，并将固定螺钉拧入挂板固定孔及膨胀管内，固定挂板安装完成

固定螺钉

图2-29　壁挂式室内机固定挂板的安装方法

③ 壁挂式室内机与联机配管（制冷管路）的连接　壁挂式室内机的固定挂板安装完成，并穿凿好穿墙孔后，在固定室内机之前，需要先将室内机与联机配管（延长制冷管路）进行连接。

将壁挂式室内机翻转过来，如图2-30所示。这时可以看到，壁挂式室内机的制冷管路从背部引出且很短，如果要与室外机连接，就必须通过联机配管使制冷管路得以延长。

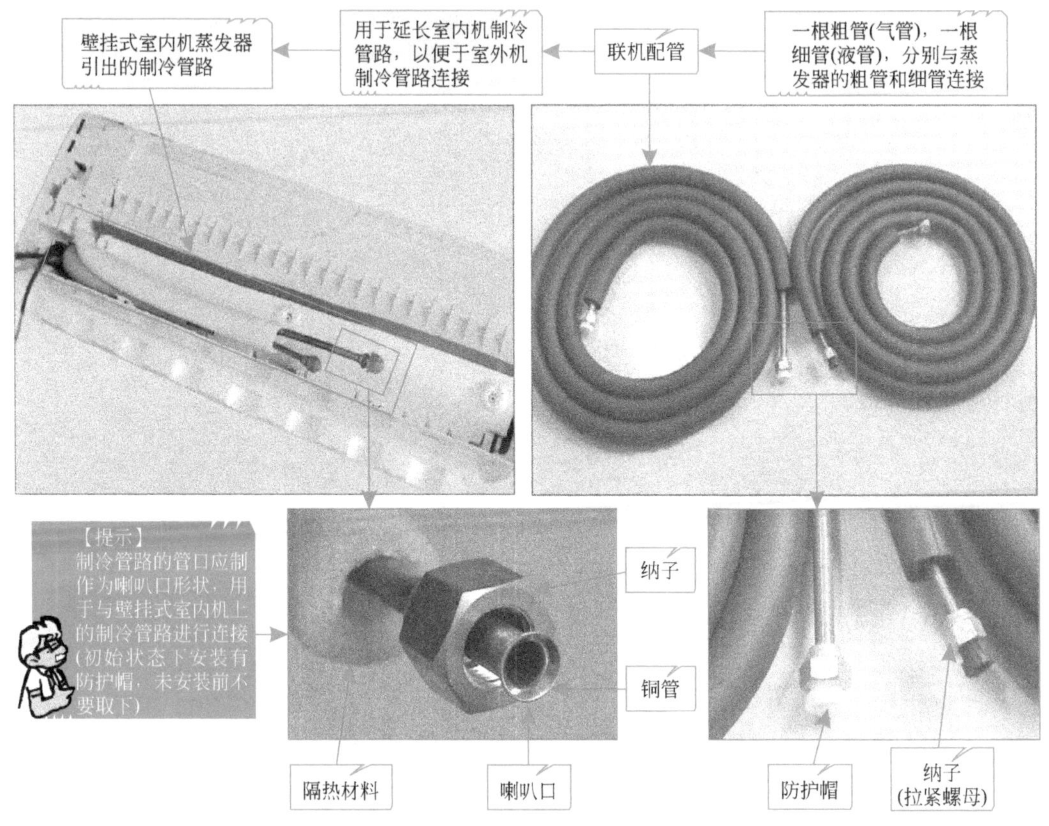

图2-30　壁挂式室内机制冷管路与联机配管的连接

壁挂式室内机与联机管路的连接方法如图2-31所示。

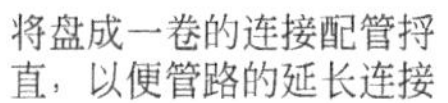

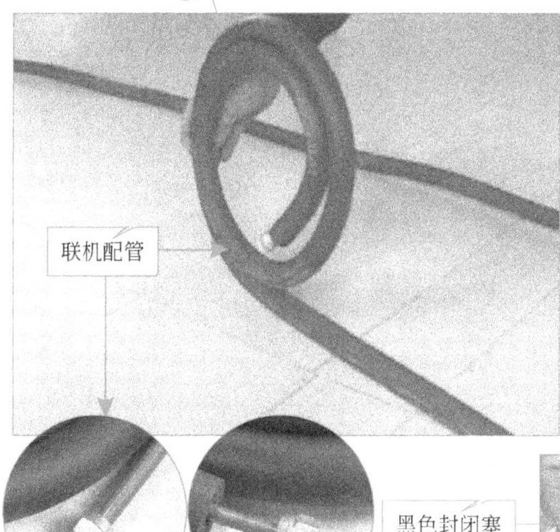

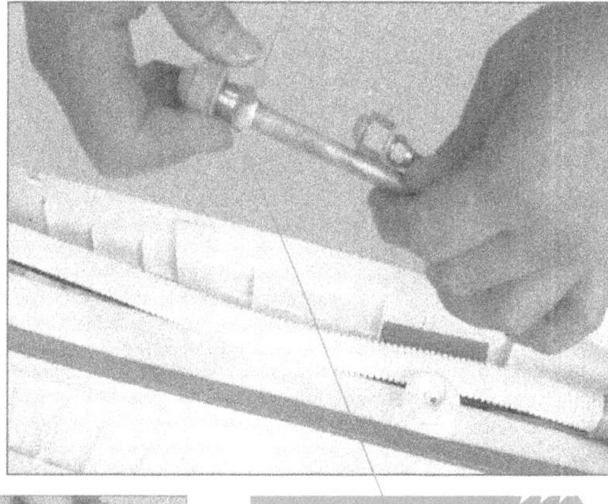

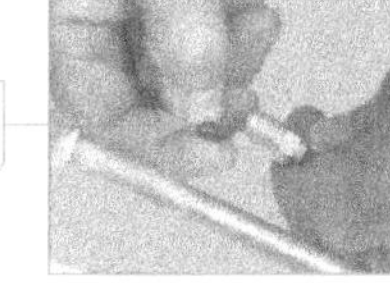

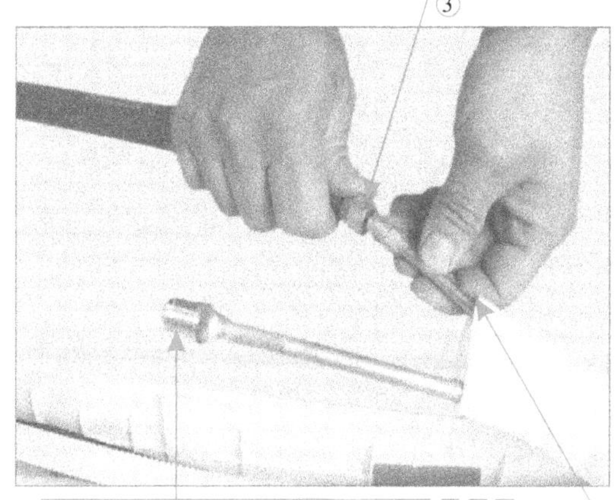

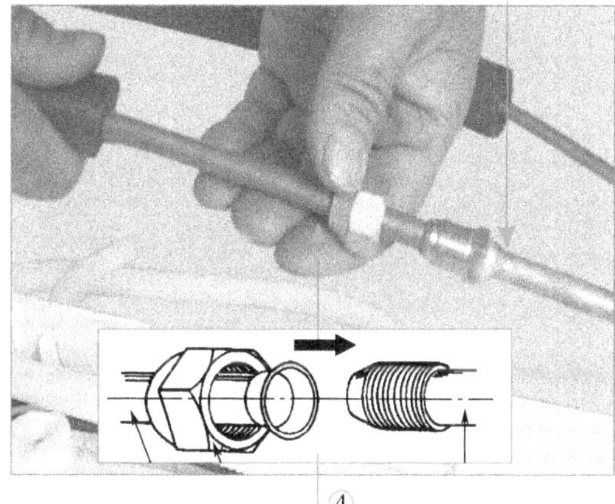

图2-31

图2-31　壁挂式室内机与联机管路的连接方法

相关链接

由于家用中央空调使用的制冷剂有所不同，因此其配管的喇叭口尺寸也有所不同，表2-4所列为不同制冷剂配管喇叭口的扩管尺寸以及拉紧螺母的尺寸。

表2-4　喇叭口的扩管尺寸以及拉紧螺母的尺寸

制冷剂型号	管径/in	外径/mm	喇叭口尺寸/mm	拉紧螺母尺寸/mm
R22	1/4	6.35	9.0	17
	3/8	9.52	13.0	22
	1/2	12.70	16.2	24
	5/8	15.88	19.4	27
R410a	1/4	6.35	9.1	17
	3/8	9.52	13.2	22
	1/2	12.70	16.6	27
	5/8	15.88	19.7	29

壁挂式室内机的制冷管路与联机配管连接完成后，接下来需要对连接接口部分进行防潮、防水处理。

演示图解

壁挂式室内机的制冷管路与联机配管连接接口的防潮、防水处理如图2-32所示。

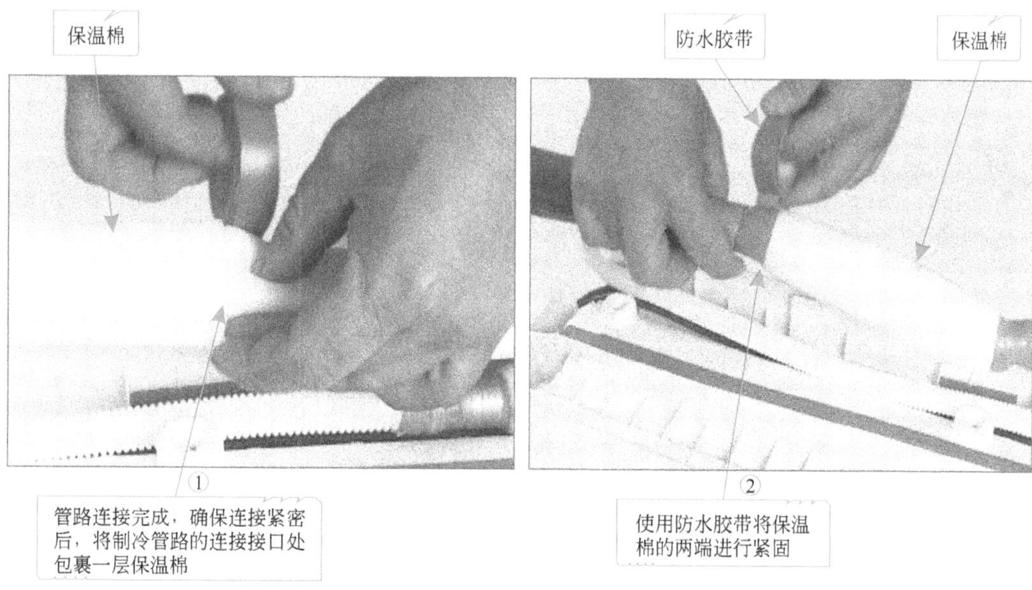

图2-32 壁挂式室内机的制冷管路与联机配管连接接口的防潮、防水处理方法

壁挂式室内机排水管的长度通常也不足以连接到室外，因此，对制冷管路进行延长连接后还要对排水管进行加长连接。

壁挂式室内机排水管路的加长连接方法如图2-33所示。

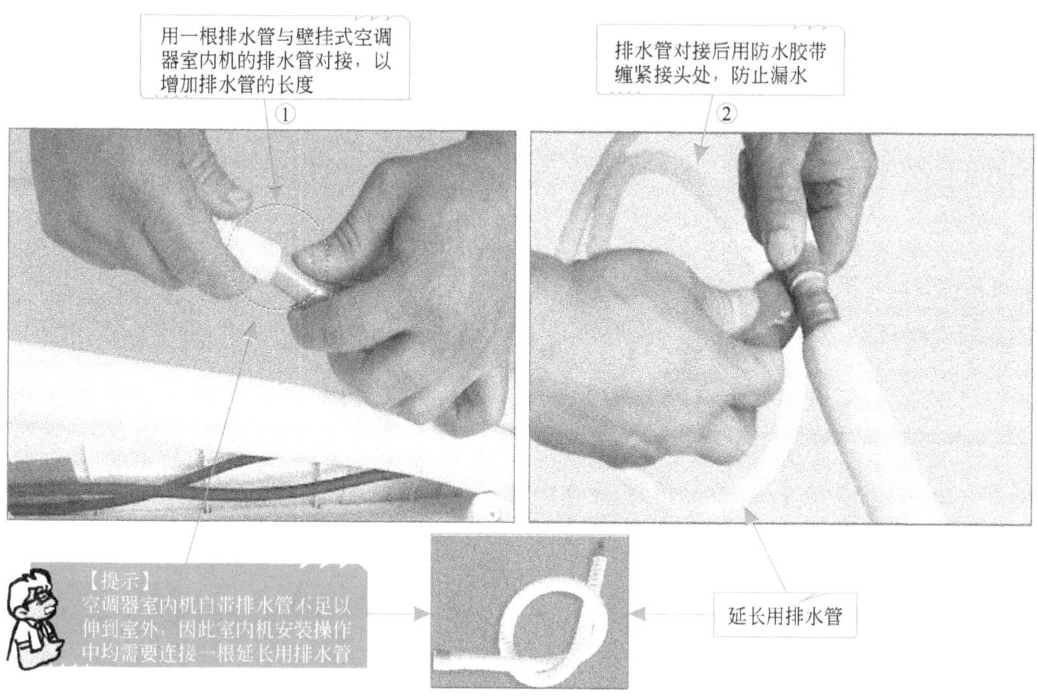

图2-33 室内机排水管路的加长连接方法

接着，对壁挂式室内机延长后的制冷管路、排水管路以及壁挂式室内机标配的电气线缆进行处理。

制冷管路、排水管路、电气线缆的处理方法如图2-34所示。

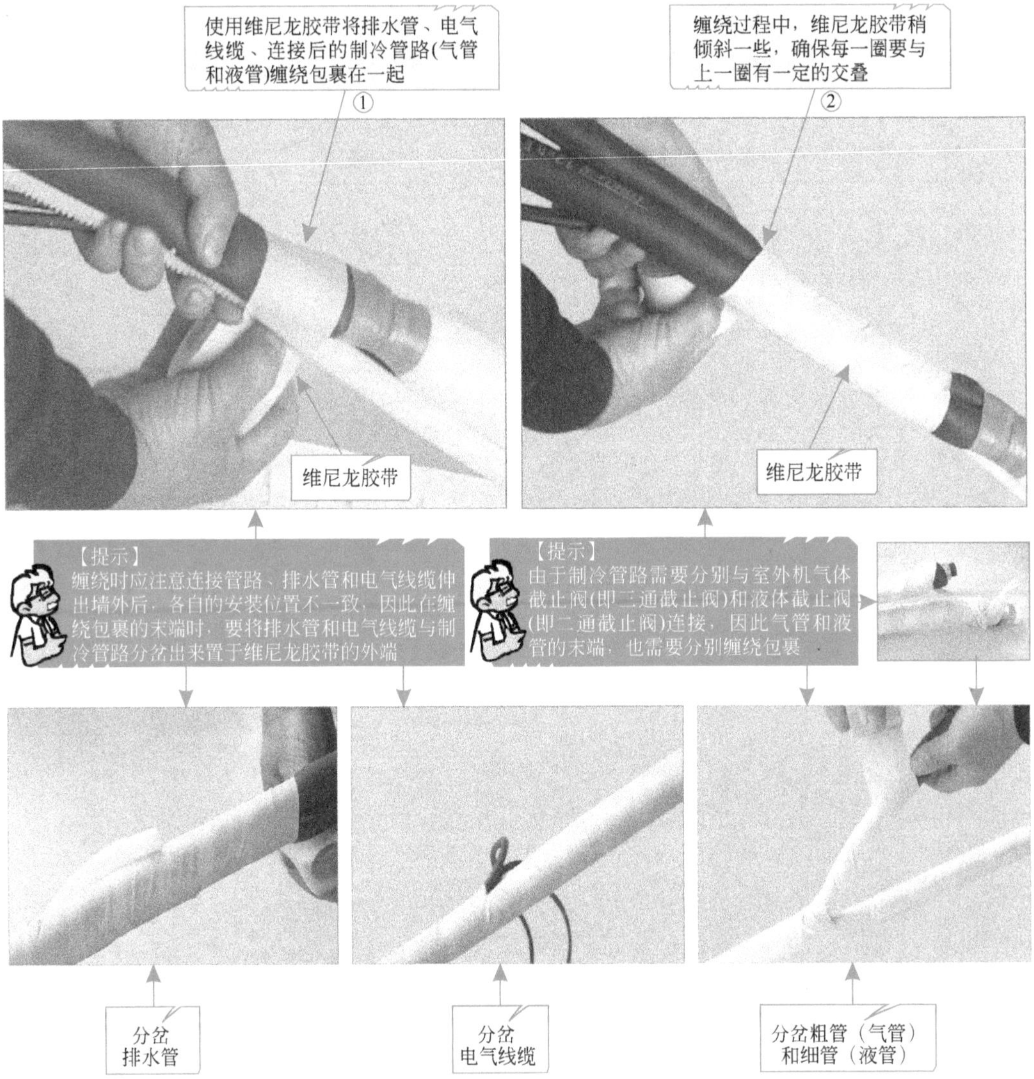

使用维尼龙胶带将排水管、电气线缆、连接后的制冷管路(气管和液管)缠绕包裹在一起 ①

维尼龙胶带

缠绕过程中，维尼龙胶带稍倾斜一些，确保每一圈要与上一圈有一定的交叠 ②

维尼龙胶带

【提示】
缠绕时应注意连接管路、排水管和电气线缆伸出墙外后，各自的安装位置不一致，因此在缠绕包裹的末端时，要将排水管和电气线缆与制冷管路分岔出来置于维尼龙胶带的外端

【提示】
由于制冷管路需要分别与室外机气体截止阀(即三通截止阀)和液体截止阀(即二通截止阀)连接，因此气管和液管的末端，也需要分别缠绕包裹

分岔排水管

分岔电气线缆

分岔粗管（气管）和细管（液管）

图2-34　制冷管路、排水管路、电气线缆的处理方法

制冷管路、电气连接线缆以及排水管使用维尼龙胶带缠绕时，应注意它们的排放位置，如图2-35所示。

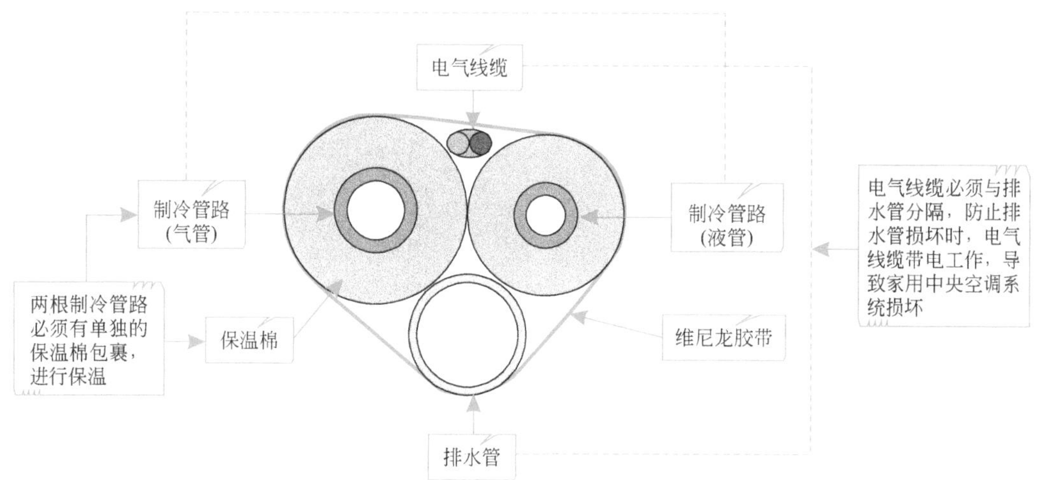

图2-35 制冷管路、电气连接线缆以及排水管包裹时的位置

最后，将连接好的联机管路从壁挂式室内机的配管口中引出。

从壁挂式室内机配管口引出连接好的联机管路如图2-36所示。

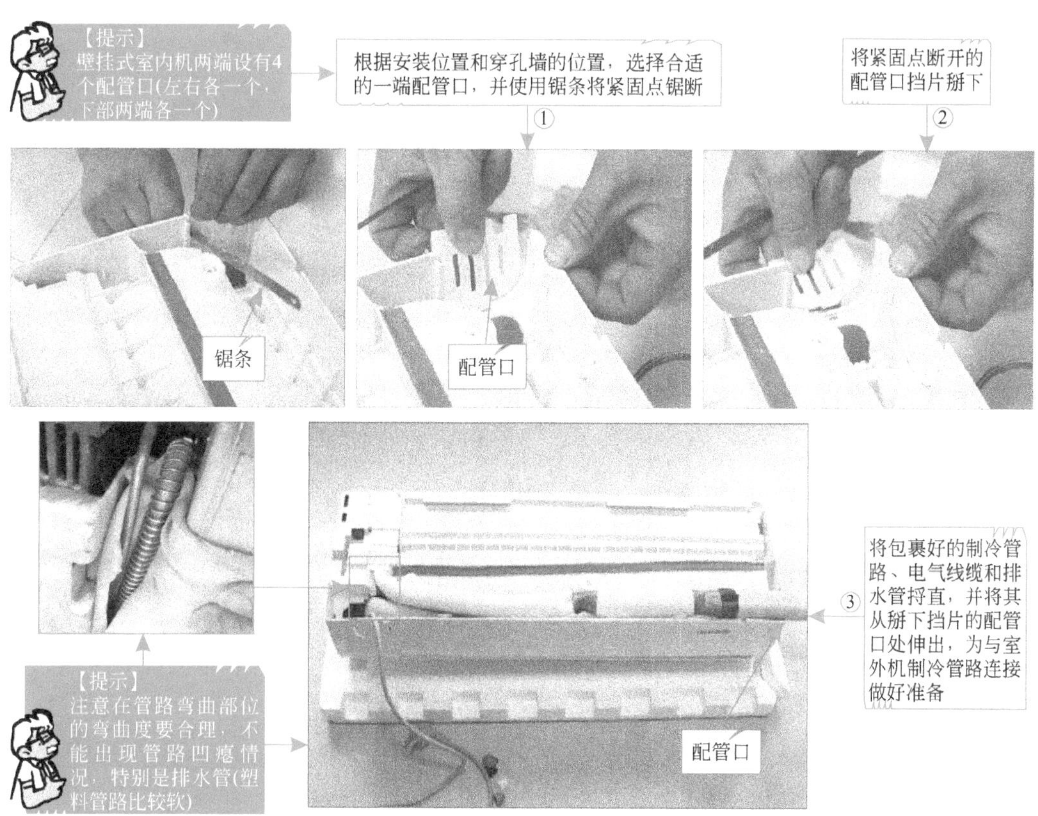

图2-36 引出连接好的联机管路

④ 壁挂式室内机的固定方法　所有准备工作就绪后，接下来就要将缠绕包裹好的管路由穿墙孔传出墙外，然后将壁挂式室内机进行固定。

穿出联机管路并固定壁挂式室内机的方法如图2-37所示。

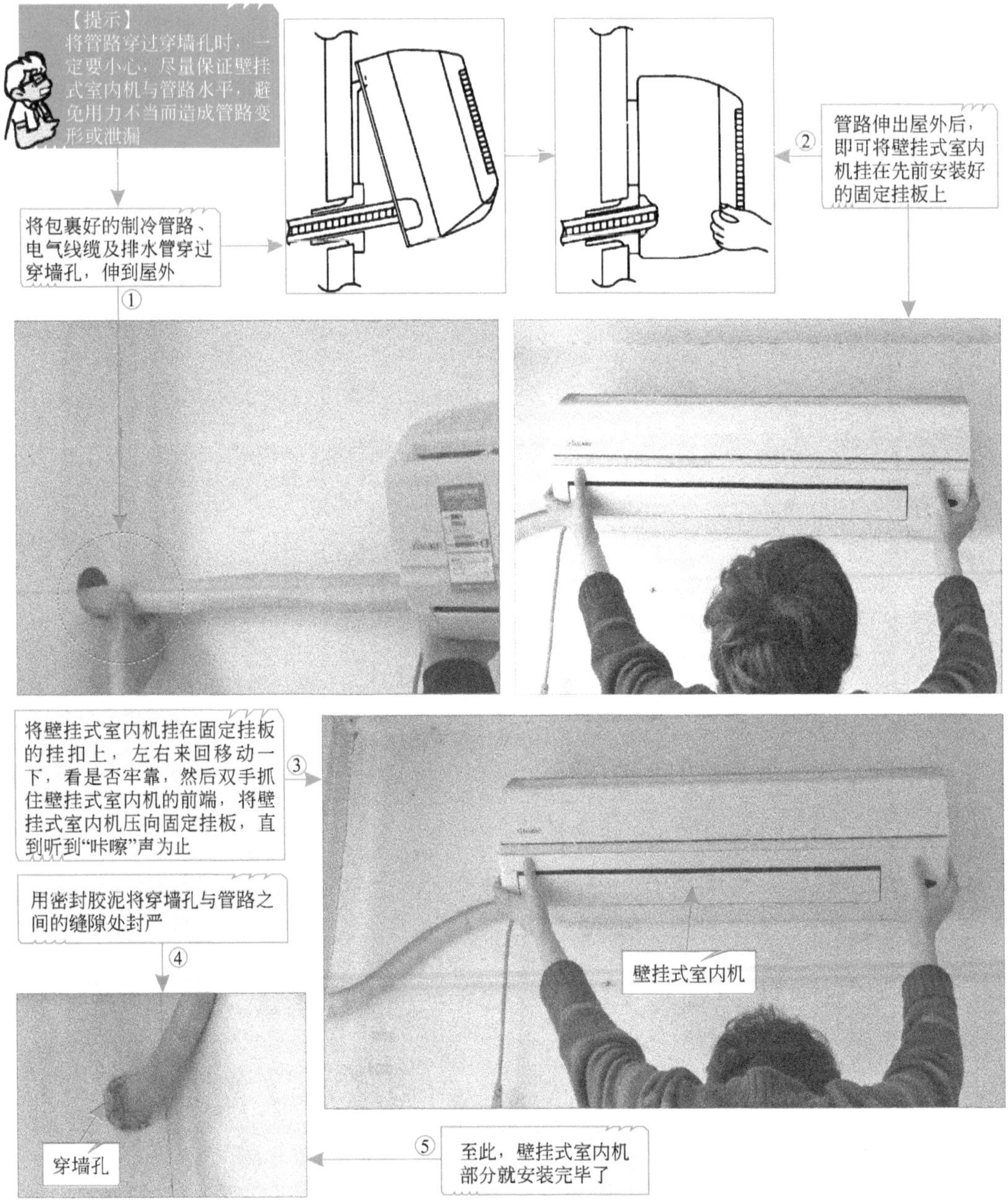

【提示】
将管路穿过穿墙孔时，一定要小心，尽量保证壁挂式室内机与管路水平，避免用力不当而造成管路变形或泄漏

① 将包裹好的制冷管路、电气线缆及排水管穿过穿墙孔，伸到屋外

② 管路伸出屋外后，即可将壁挂式室内机挂在先前安装好的固定挂板上

③ 将壁挂式室内机挂在固定挂板的挂扣上，左右来回移动一下，看是否牢靠，然后双手抓住壁挂式室内机的前端，将壁挂式室内机压向固定挂板，直到听到“咔嚓”声为止

壁挂式室内机

④ 用密封胶泥将穿墙孔与管路之间的缝隙处封严

⑤ 至此，壁挂式室内机部分就安装完毕了

穿墙孔

图2-37　穿出联机管路并固定壁挂式室内机

至此，壁挂式室内机的安装基本完成，接下来安装风管式室内机。

（2）风管式室内机的安装方法

① 风管式室内机的安装位置　安装风管式室内机前，首先需要确定风管式室内机安装位置，图2-38所示为风管式室内机的安装位置规范示意图。其安装位置要求如下：

a. 风管式室内机的电气盒与墙面之间的距离应当大于30cm；

b. 风管式室内机另一侧距离墙面应当大于15cm；

c. 另外，风管式室内机的吊装高度可以根据房屋高度进行调节。

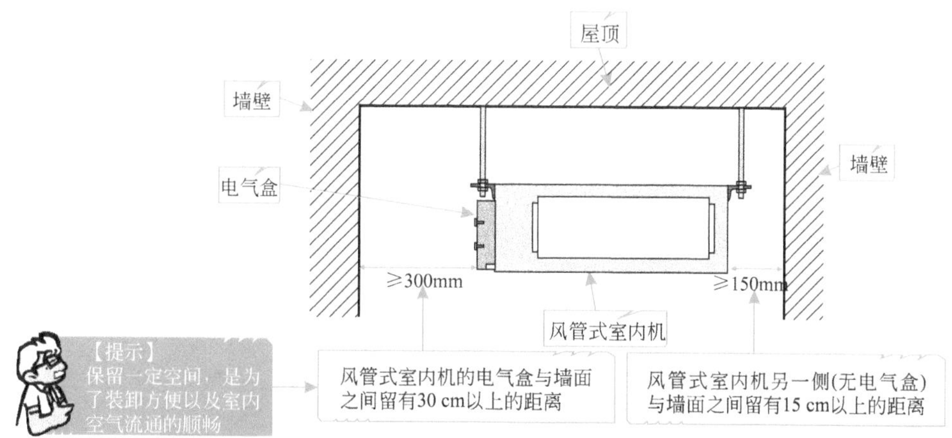

图2-38　风管式室内机的安装位置规范示意图

② 风管式室内机的吊装方法　根据规范要求，风管式室内机通常需要使用全螺纹吊杆进行吊装，确定好风管式室内机的安装位置后，首先需要对风管式室内机进行吊装。

风管式室内机的吊装方法如图2-39所示。

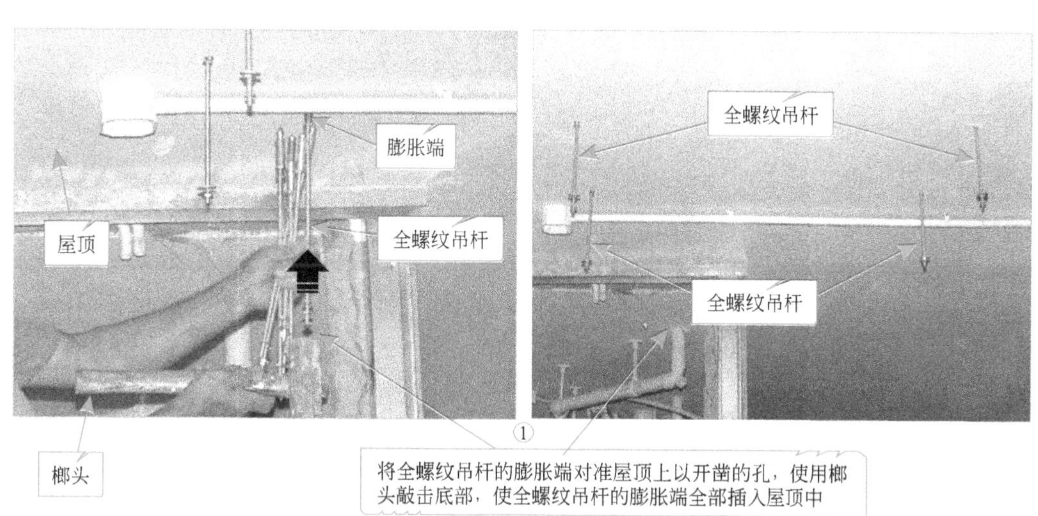

图2-39

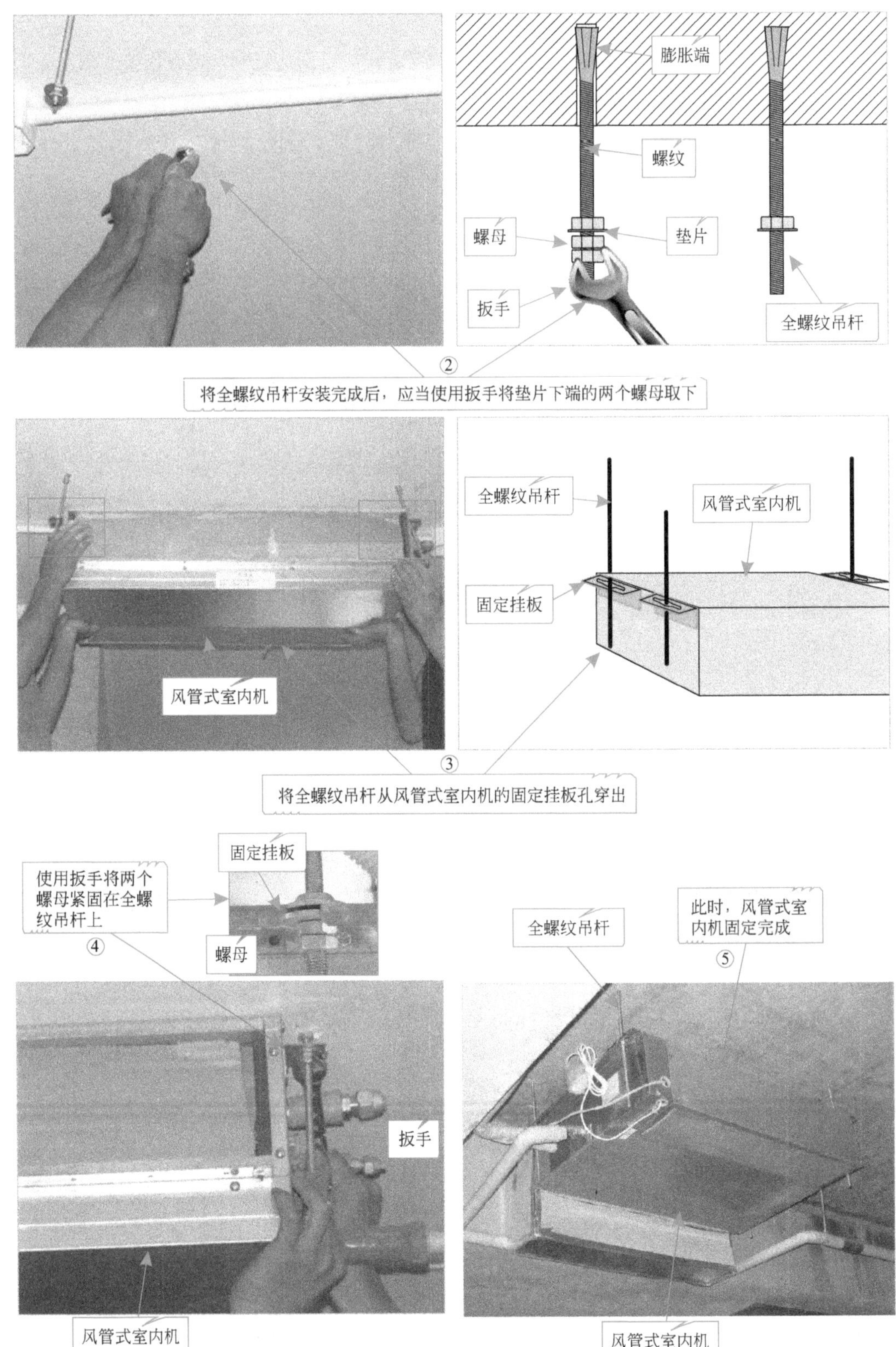

图2-39　风管式室内机的吊装方法

③ 风管式室内机管路的连接　风管式室内机吊装完成，并穿凿好穿墙孔后，需要对风管式室内机与联机配管（延长制冷管路）进行连接。连接时，应首先将室内管路中的液管连接至风管式室内机的液管连接口，室内管路中的气管连接至风管式室内机的气管连接口，室内管路中的排水管连接风管式室内机的排水孔。

风管式室内机管路的连接方法如图2-40所示。

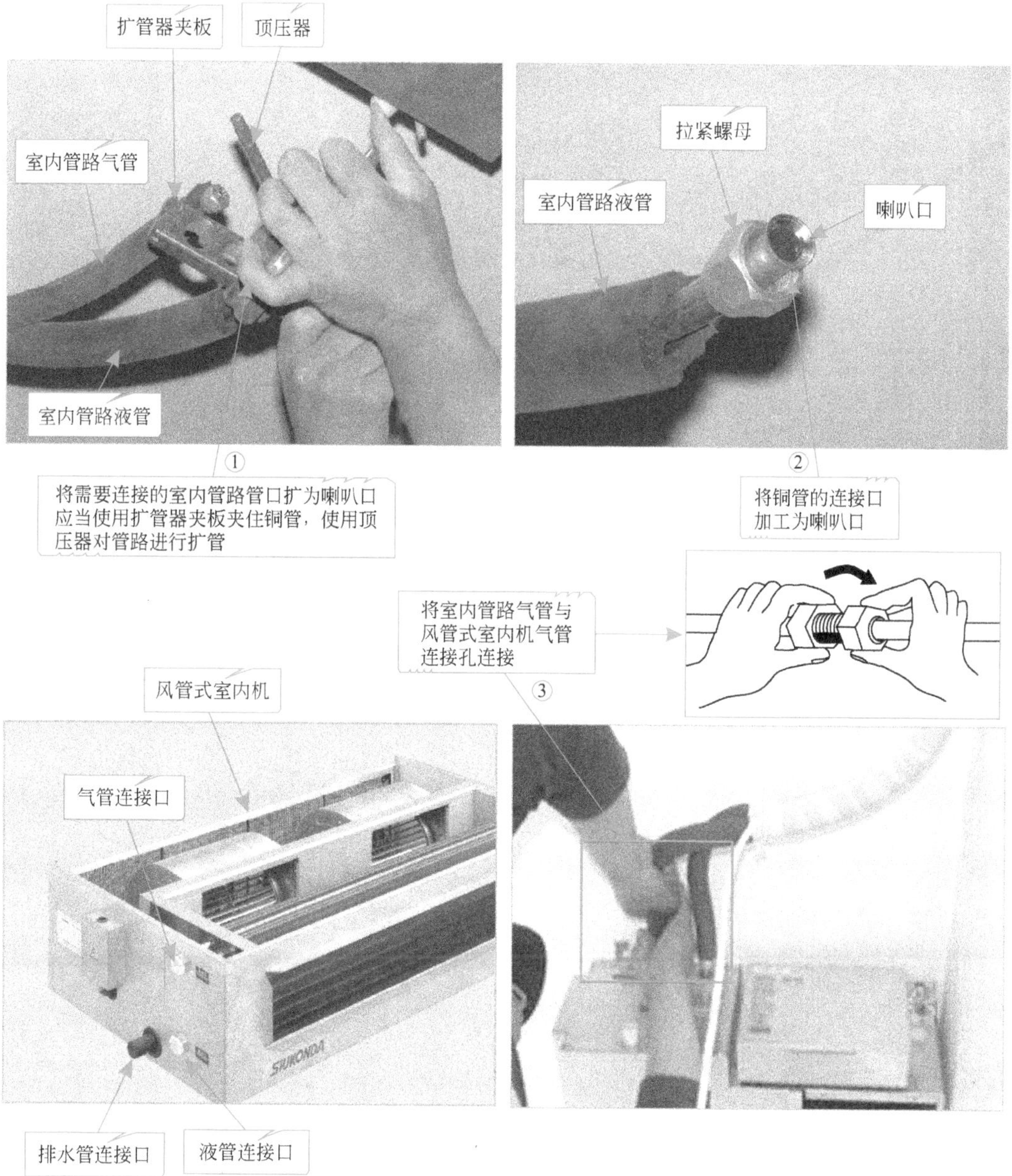

扩管器夹板
顶压器
室内管路气管
室内管路液管
①
将需要连接的室内管路管口扩为喇叭口应当使用扩管器夹板夹住铜管，使用顶压器对管路进行扩管

拉紧螺母
室内管路液管
喇叭口
②
将铜管的连接口加工为喇叭口

将室内管路气管与风管式室内机气管连接孔连接
③

风管式室内机
气管连接口
排水管连接口
液管连接口

图2-40

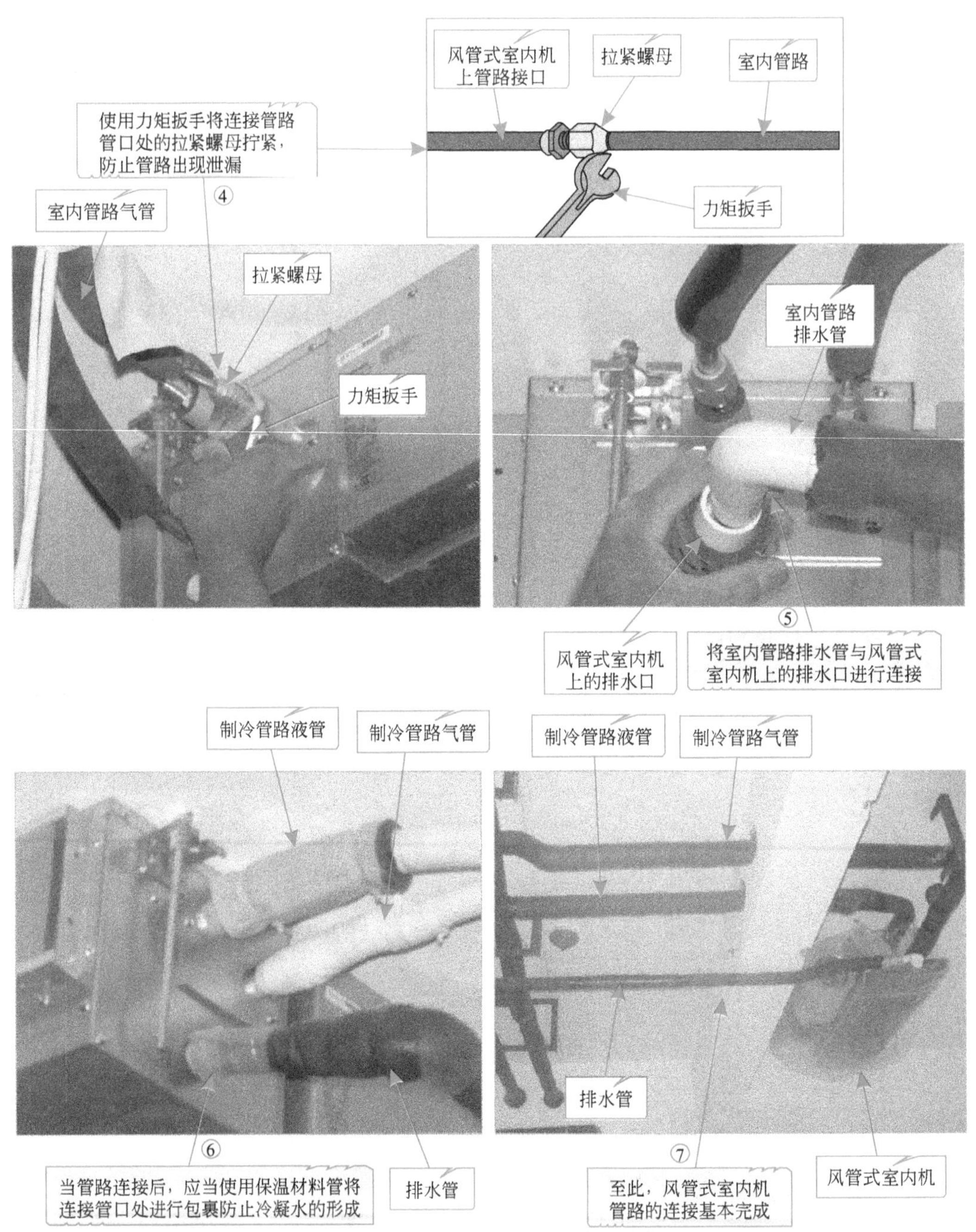

图2-40　风管式室内机管路的连接方法

知识拓展

当风管式室内机的管路系统安装完成后，应当对其供电电路以及控制电路进行连接，如图2-41所示。

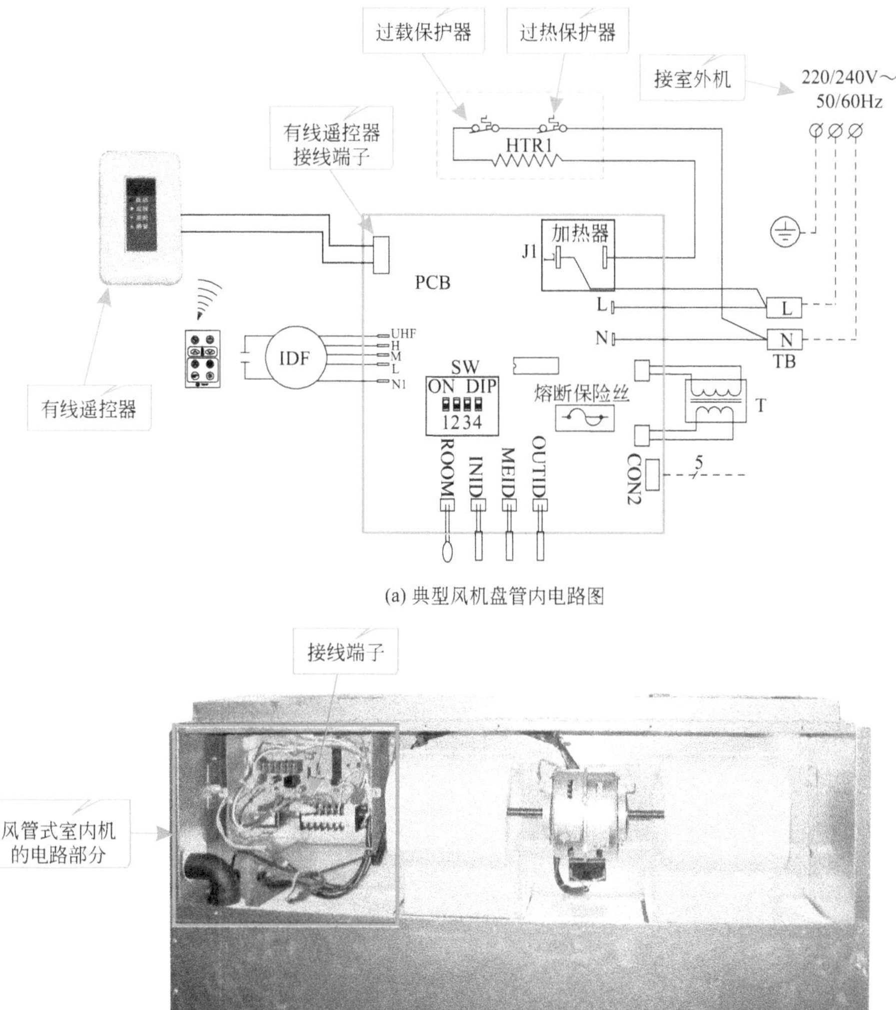

(a) 典型风机盘管内电路图

(b) 风机盘管上的电路部分

图2-41 将有线遥控器与风管式室内机接线盒中的控制电路板连接

2.3.2 家用中央空调室外机的安装方法

家用中央空调的室外机主要可以分为独立式室外机的安装方法以及多台室外机的安装方法。下面以独立式为例进行介绍。

(1)独立式室外机的安装位置

家用中央空调室外机安装位置直接决定换热效果的好坏，并对家用中央空调高性能的发挥也起着关键的作用。为避免由于家用中央空调室外机安装位置不当造成的不良后果，对室外机的安装位置也有一定要求。图2-42所示为独立式室外机的安装位置规范示意图。

其安装位置要求：

① 首先应保证室外机安装在水平位置上，应将室外机垫起15～30cm；

② 室外机距离正前方（出风侧）120cm的距离内不应有障碍物；

③ 室外机背面（进风侧）距墙面的距离应大于等于20cm左右；

④ 室外机顶盖板距离上方障碍物必须在20cm以上；

⑤ 室外机没有截止阀的一面（进风侧）距离障碍物必须在30cm以上；

⑥ 有截止阀的一侧（维修侧）应留出较大的空间，便于对制冷管路的检修。

以上的要求保证室外机周围的空气可以正常循环。底部可以使用木头垫起，也可使用混凝土浇筑底座。

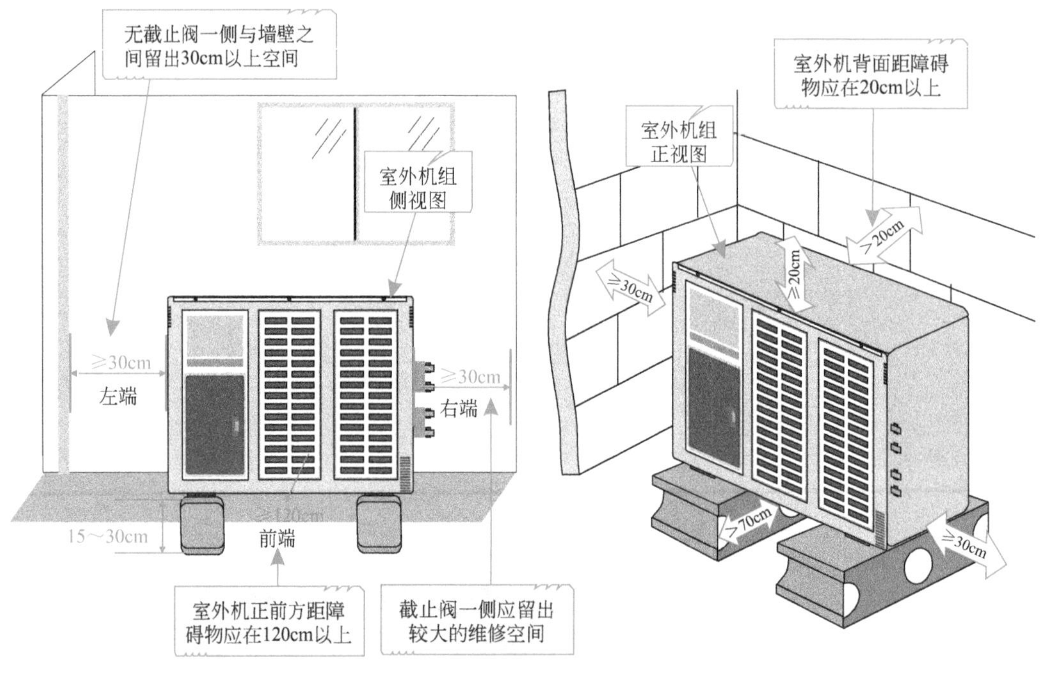

图2-42　独立式室外机的安装位置规范示意图

知识拓展

在安装独立式室外机前应该注意以下几点要求。

a. 安装室外机时要确保机体的稳固，不易受到外界的损害和干扰。

b. 室外机的周围要留有一定空间，以利于排风、散热及安装和维修。如果有条件，在确保与室内机保持最短距离的同时，尽可能避免阳光的照射和风吹雨淋（可选择背阴处并加盖遮挡物）。

c. 避开可燃性气体、腐蚀性气体、热源和蒸气源（如厨房）等复杂的环境，如果是一楼，安装的高度最好不要接近地面（与地面保持1m以上的距离为宜）。排出的风、冷凝水以及发出的噪声不应影响邻居的生活起居。

d. 安装位置应不影响他人，如空调器排出的风和排水管排出的冷凝水不要给他人带来不便。

e. 室外机较重，应安装在建筑物结实的地方，地面或楼顶上。如果将室外机安装在一楼地面，底部必须使用混凝土浇筑底座。另外，需要增加必要的防护罩，确保设备及人身安全。

f. 由于室外机露天放置，因此应设置一个遮阳防雨罩，也应避强风直吹室外机排风口，影响室外机向外散热，尽量将室外机的排风口与风向呈90度放置。

g. 安装室外机时电源设备尽量安装在室外机侧面。

h. 由于室外机露天放置，因此应设置一个遮阳防雨罩，也应避强风直吹室外机排风口，影响室外机向外散热，尽量将室外机的排风口与风向呈90° 放置。

i. 若室外机安装在楼顶上，楼顶承重能力大于300kg/m^2。

j. 安装室外机时，应注意不得破坏建筑物的安全保障结构。

k. 高层建筑物楼顶安装施工时，操作人员应注意人身安全，需要正确佩戴安全带和护带，并确保安全带的金属自锁钩一端固定在坚固可靠的固定端。

特别提示

上述要求和注意事项均是对独立式室外机安装位置的最低要求。由于受环境或需求影响，家用中央空调室外机的安装情况多种多样，例如：独立式室外机安装（仅前方有格栅，其他为墙面）、多台室外机（上下排列、左右排列等）安装等。

不同安装环境、不同类型家用中央空调室外机（功率大小有区别），具体的安装要求也有所不同，实际安装时应结合实际环境，严格按照安装说明书并参考国家《家用和类似用途空调器安装规范》要求进行操作。

（2）独立式室外机的固定方法

根据用户建筑物特点，这里选择室外机平台固定的方式进行安装。

演示图解

独立式室外机的固定方法如图2-43所示。

特别提示

家用中央空调室外机在平台上固定时，如果安装在接近地面且较容易碰触到的位置时，当将室外机固定好后，还需要安装防护栏，如图2-44所示，加强设备防护，并有效避免因儿童靠近造成意外伤害。

室外机
空调器底座
螺母
螺栓孔
支架
水泥
钩状螺栓
①
根据室外机地脚的位置，在混凝土底座上的固定孔处放入钩状螺栓，使用水泥进行浇注，将螺栓固定在底座上
②
将室外机的地脚对准螺栓孔放置在混凝土底座上，使用扳手拧紧螺母进行固定
混凝土平台

图2-43　室外机在混凝土平台上的固定方法

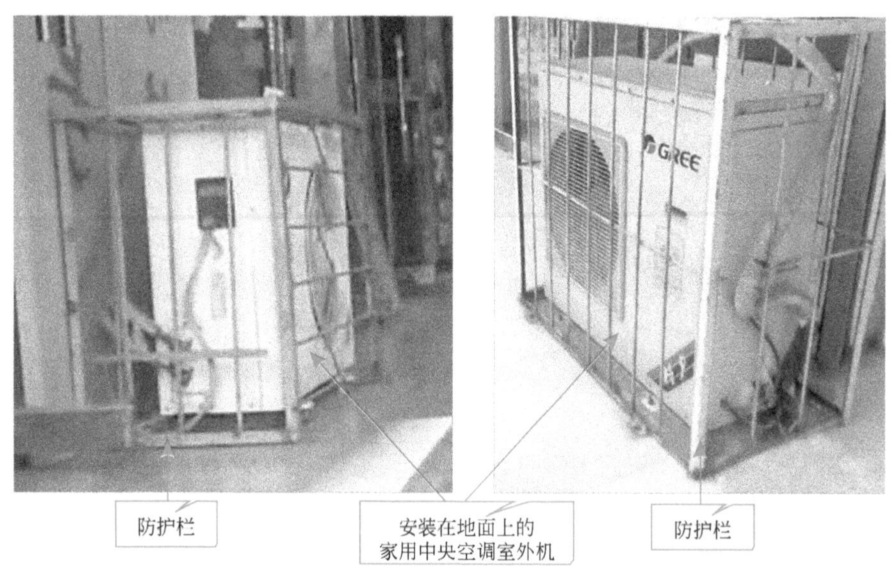

图2-44　家用中央空调室外机的防护栏

（3）独立式室外机管路的连接方法

家用中央空调室外机固定完成后，接下来应将室内机送出的联机管路与独立式室外机上的管路接口（液体截止阀和气体截止阀）进行连接。

室内机与独立式室外机之间管路的连接方法如图2-45所示。

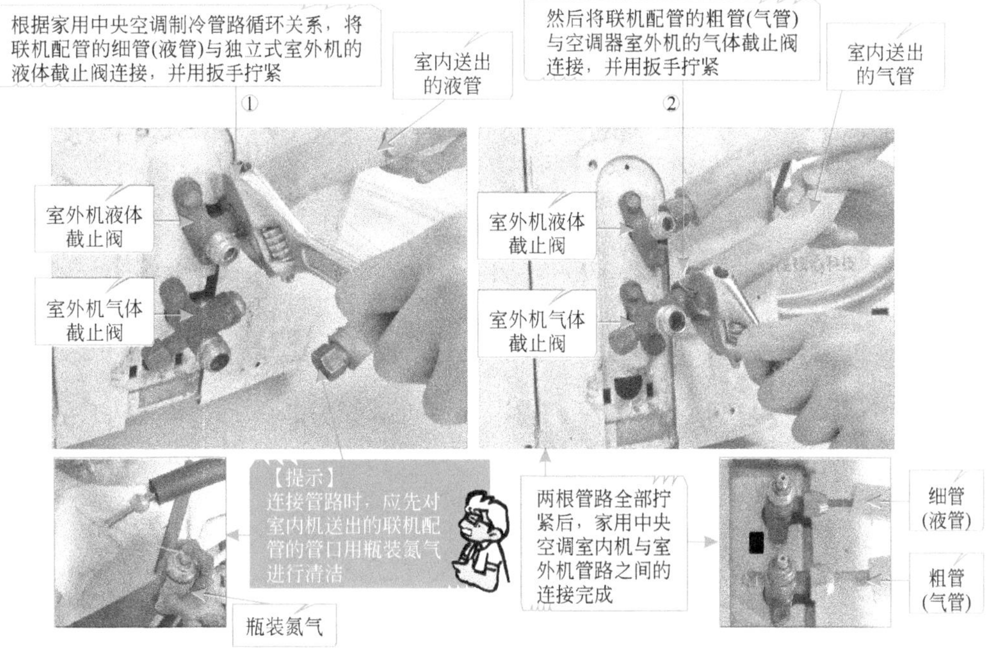

图2-45 室内机与独立式室外机之间管路的连接方法

知识拓

不同型号的室外机连接的方式也有不同，如图2-46所示。室外机需要连接交流380V电源为其进行供电，室外机通过通信线缆分别与对应的室内机进行连接，室外机的高压阀与室内机的高压阀口连接、室外机的低压阀与室内机的低压阀口进行连接。室内机是由交流220V电源为其供电。

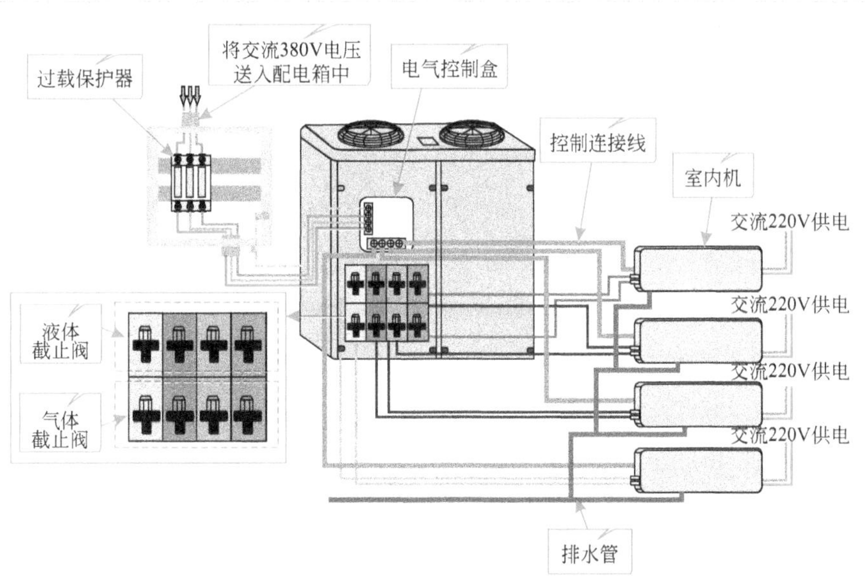

图2-46 中央空调室内外机连接示意图

（4）独立式室外机电气系统的连接方法

家用中央空调器独立式室外机管路部分连接完成后，就需要对其电气线缆进行连接了。中央空调独立式室外机与室内机之间的信号连接是有极性和顺序的。连接时，应参照中央空调室外机外壳上电气接线图上的标注顺序，将室内机送出的线缆进行连接，切勿混乱接线。

独立式室外机与室内机之间的电气线缆的连接方法如图2-47所示。

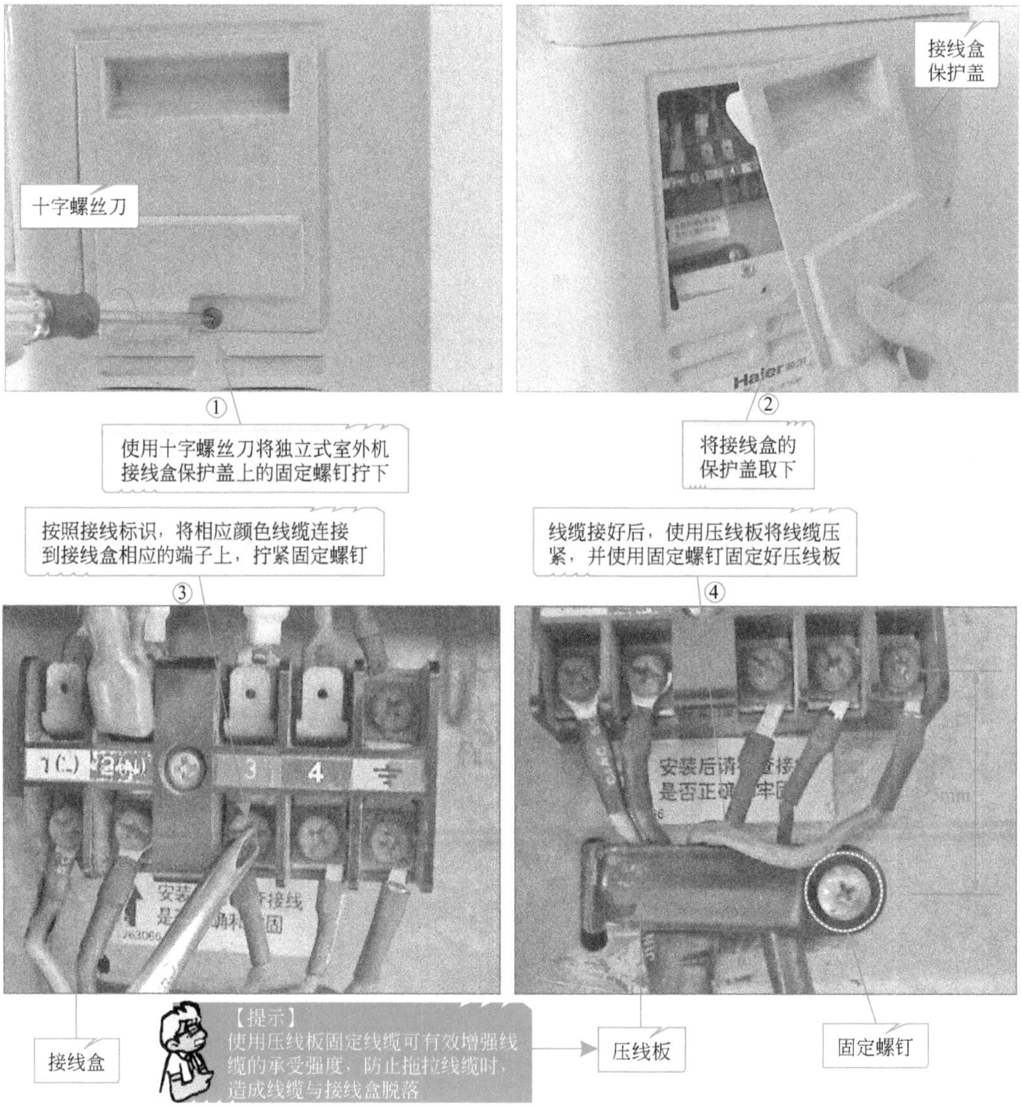

十字螺丝刀

接线盒保护盖

① 使用十字螺丝刀将独立式室外机接线盒保护盖上的固定螺钉拧下

② 将接线盒的保护盖取下

③ 按照接线标识，将相应颜色线缆连接到接线盒相应的端子上，拧紧固定螺钉

④ 线缆接好后，使用压线板将线缆压紧，并使用固定螺钉固定好压线板

接线盒

【提示】
使用压线板固定线缆可有效增强线缆的承受强度，防止拖拉线缆时，造成线缆与接线盒脱落

压线板

固定螺钉

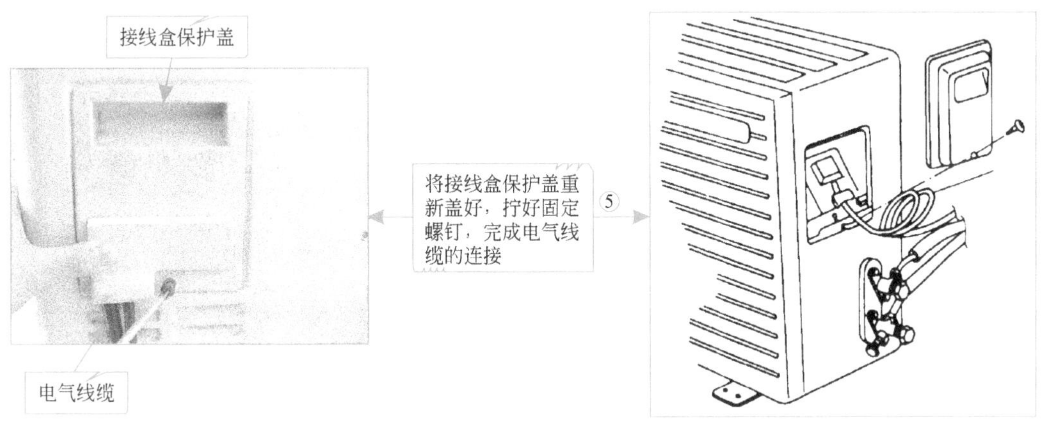

图2-47　独立式室外机与室内机之间的电气线缆的连接方法

特别提示

中央空调室内机、室外机接线完毕后，一定要再次仔细检查室内机、室外机接线板上的编号和颜色是否与导线对应，两个机组中编号与颜色相同的端子一定要用同一根导线连接。如果接线错误，将使家用中央空调器不能正常运行，甚至会损坏家用中央空调。

另外，室内机和室外机的连接电缆要有一定的余量，且室内机和室外机的地线端子一定要可靠接地。

知识拓展

不同厂家对于家用中央空调室外机电源线的配置有所不同，可根据需要按照厂家的规定使用合适的配线进行连接。表2-5所列为家用中央空调室外机电源选材标准。

表2-5　家用中央空调室外机电源选材标准

<table>
<tr><th rowspan="2">项目</th><th rowspan="2">机型</th><th rowspan="2">电源</th><th colspan="3">电源线最小线径（mm^2）
金属管合成树脂管配线</th><th colspan="2">手动开关/A</th><th rowspan="2">漏电保护器</th></tr>
<tr><th colspan="2">线径（mm^2）/长度（m）</th><th>接地线/m</th><th>容量</th><th>保险丝</th></tr>
<tr><td colspan="2">HDV-252（8）W/S-830</td><td rowspan="3">380V
3N-50Hz</td><td rowspan="3">6/（20）</td><td rowspan="3">10/（50）</td><td rowspan="3">6</td><td rowspan="3">60</td><td rowspan="3">50</td><td rowspan="5">100mA
0.1s以下</td></tr>
<tr><td colspan="2">HDV-280（10）W/S-830</td></tr>
<tr><td colspan="2">HDV-252（12）W/S-830</td></tr>
<tr><td colspan="2">HDV-252（14）W/S-830</td><td rowspan="2">380V
3N-50Hz</td><td rowspan="2">10/（20）</td><td rowspan="2">16/（50）</td><td rowspan="2">6</td><td rowspan="2">80</td><td rowspan="2">70</td></tr>
<tr><td colspan="2">HDV-252（16）W/S-830</td></tr>
</table>

相关链接

独立式室外机可以控制多台室内机，需要对电源线以及与各室内机之间的信号线进行连接，图2-48所示为美的MDV-240W/dPS中央空调器线路连接图。

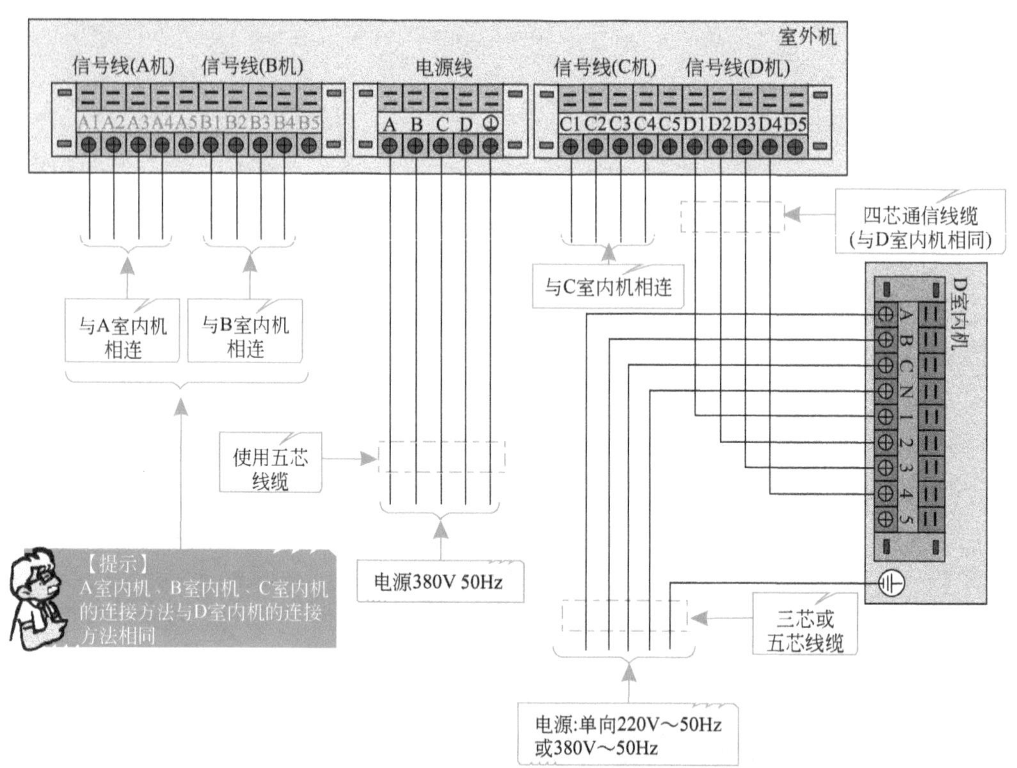

图2-48　美的MDV-240W/dPS中央空调器线路连接图

第3章

商用中央空调的安装技能

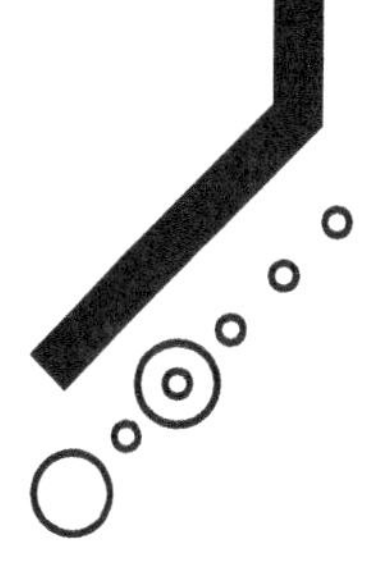

3.1 搞清商用中央空调的工作原理

商用中央空调是应用于大空间范围，能够对多个区域（或房间）进行集中控温的大型中央空调系统。目前，常用的商用中央空调可以分为风冷式和水冷式两大类。这两种商用中央空调的设备组成不同，制冷/制热的过程也各不相同。

搞清不同商用中央空调的工作原理是掌握商用中央空调安装的首要任务。

3.1.1 风冷式商用中央空调的工作原理

根据制冷/制热原理的不同，风冷式商用中央空调可以分为风冷式风循环商用中央空调和风冷式水循环商用中央空调两大类，下面分别学习该两类商用中央空调的工作原理。

（1）风冷式风循环商用中央空调的工作原理

① 风冷式风循环商用中央空调的制冷工作原理　风冷式风循环中央空调的种类繁多，结构和功能也有所差异，但其制冷的原理是基本相同的，图3-1所示为典型风冷式风循环商用中央空调制冷原理示意图。

由图3-1可以看到典型风冷式风循环商用中央空调的制冷原理如下。

ⓐ 当风冷式风循环商用中央空调开始进行制冷时，制冷剂在压缩机中经压缩，将低温低压的制冷剂气体压缩为高温高压的气体，由压缩机的排气口送入电磁四通阀中，由电磁四通阀的D口进入，A口送出，电磁四通阀的A口直接与冷凝器管路进行连接，高温高压气态的制冷剂，进入冷凝器中，由轴流风扇对冷凝器中的制冷剂进行散热，制冷剂经降温后转变为低温高压的液态，经单向阀1后送入干燥过滤器1中滤除水分和杂质，再经毛细管1进行节流降压输出低温低压的液态制冷剂，将低温低压液态制冷剂送往蒸发器的管路中。

ⓑ 低温低压液态制冷剂经管路送入室内风管机蒸发器中，为空气降温进行准备。

ⓒ 室外风机将室外新鲜空气由新风口送入，与室内回风口送入的空气在新旧风混合风道中进行混合。

ⓓ 混合后的空气经过滤器将杂质滤除送至风管机的回风口处，并由风管机中的风机吹动空气，使空气经过蒸发器，与蒸发器进行热交换处理，经过蒸发器后的空气变为冷空气，再经风管机中的加湿段进行加湿处理，由出风口送出。

ⓔ 经室内风管机出风口送出的冷空气经风道连接器进入风道中，经静压箱对冷空气进行静压处理。

ⓕ 经过静压处理后的冷空气在风道中流动，经过风道中的风量调节阀，可以对冷空气的量进行调节。

ⓖ 调节后的冷空气经排风口后送入室内，对室内温度进行降温。

ⓗ 蒸发器中低温低压液态制冷剂，通过与空气进行热交换后变为低温低压气态的制冷剂，经管路送入室外机中，经电磁四通阀的C口进入，由B口将其送入压缩机中，再次对制冷剂进行制冷循环。

② 风冷式风循环商用中央空调的制热的工作原理　风冷式风循环商用中央空调的制热原理与制冷原理相似，其中不同的只是室外主机中压缩机、冷凝器与室内机中蒸发器的功能由产生冷量变为产生热量。图3-2所示为典型风冷式风循环商用中央空调制热原理示意图。

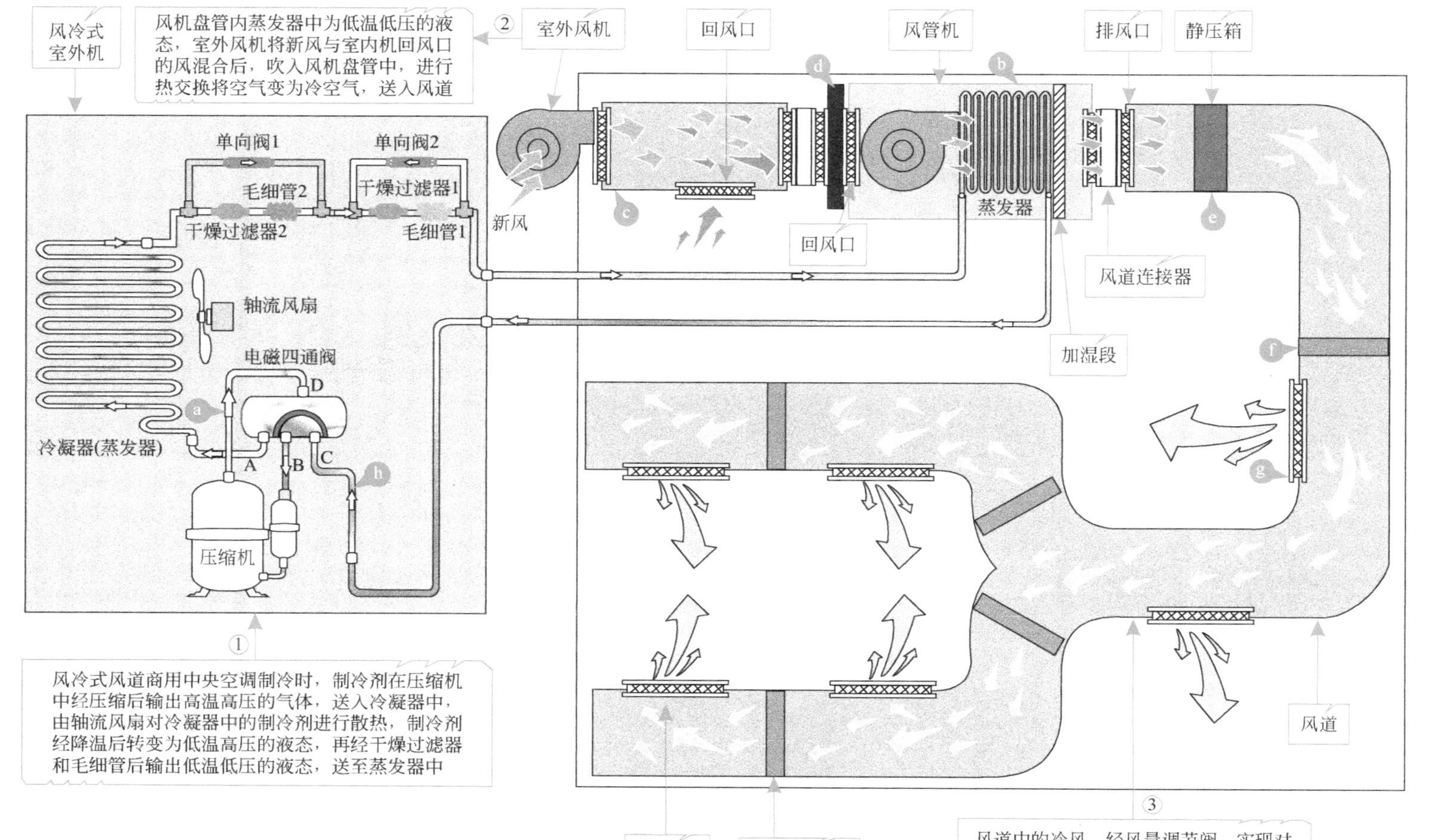

图3-1 典型风冷式风循环中央空调制冷原理示意图

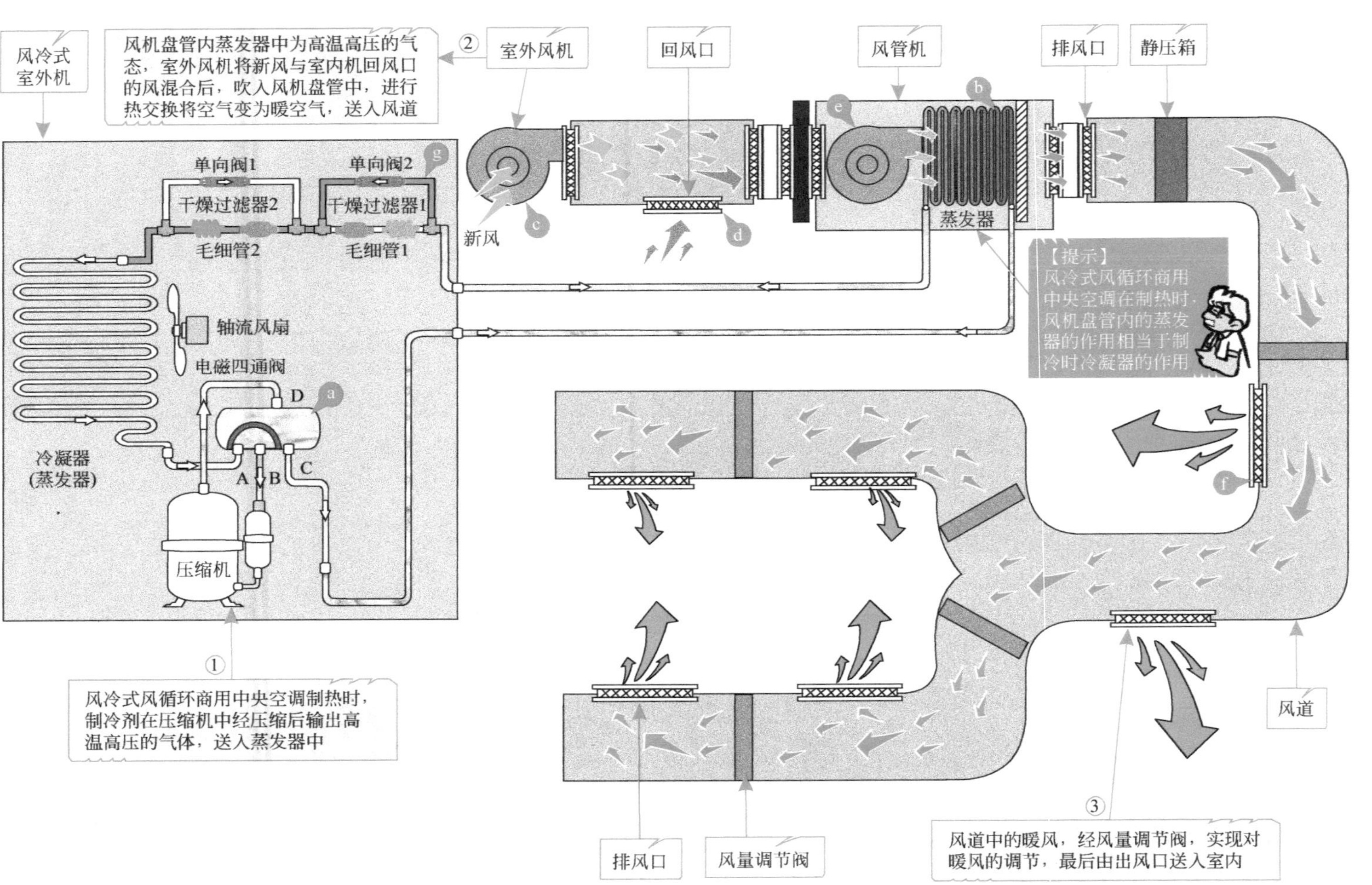

图3-2 典型风冷式风循环商用中央空调制热原理示意图

由图3-2可以看到典型风冷式风循环中央空调的制热原理如下。

a 当风冷式风循环商用中央空调开始进行制热时，室外机中的电磁四通阀通过控制电路控制，使其内部滑块由B、C口移动至A、B口；此时压缩机开始运转，将低温低压的制冷剂气体压缩为高温高压的过热蒸气，由压缩机的排气口送入电磁四通阀的D口，再由C口送出，电磁四通阀的C口与室内机的蒸发器进行连接。

b 高温高压气态的制冷剂经管路送入蒸发器中，为空气升温进行准备。

c 室内控制电路对室外风机进行控制，使室外风机开启送入适量的新鲜空气，使其进入新旧风混合风道。因为冬季室外的空气温度较低，若送入大量的新鲜空气，可能导致风冷式中央空调的制热效果下降。

d 由室内回风口将室内空气送入，室外送入的新鲜空气与室内送入的空气在新旧风混合风道中进行混合。再经过滤器将杂质滤除送至风管机的回风口处。

e 滤除杂质后的空气经回风口送入风管机中，由风管机中的风机将空气吹动，空气经过蒸发器后，与蒸发器进行热交换处理，经过蒸发器后的空气变为暖空气，再经风管机中的加湿段进行加湿处理，由出风口送出。

f 经室内机风机盘管出风口送出的暖空气经过风道连接器进入风道中，同样在风道中经过静压箱静压，然后经过风量调节阀后，再由排风口送入室内，对室内温度进行升温。

g 蒸发器中的制冷剂与空气进行热交换后，制冷剂转变为低温高压的液体进入室外机中，经室外机中单向阀2后送入干燥过滤器2滤除水分和杂质，再经毛细管2对其进行节流降压，将低温低压的液体送入冷凝器中，轴流风扇转动，使冷凝器进行热交换后，制冷剂转变为低温低压的气体经电磁四通换向阀的A口进入，由B口将其送回压缩机中，再次对制冷剂进行制热循环。

特别提示

根据风冷式风循环商用中央空调系统使用空气来源的不同，主要有直流式系统、封闭式系统、回风系统三种类型，图3-3所示为不同类型的空气循环图。

直流式系统：这种系统使用的空气全部来自室外，经处理后送入室内吸收余热、余湿，然后全部排到室外，如图3-3（a）所示。这种系统能量损失大，适用于空气有一定污染以及对空气品质要求较高的空调房间。

封闭式系统：与直流式系统刚好相反。封闭式系统全部使用室内再循环的空气，如图3-3（b）所示。因此，这种系统最节能，但是卫生条件也是最差，它只能使用于无人操作、只需保持空气温、湿度场所。

回风式系统：该系统使用的空气一部分为室外机新风，另一部分为室内回风，如图3-3（c）所示。这种系统具有既经济又符合卫生要求的特点，使用比较广泛。在工程上根据使用回风的次数的多少又分为一次回风系统和二次回风系统。

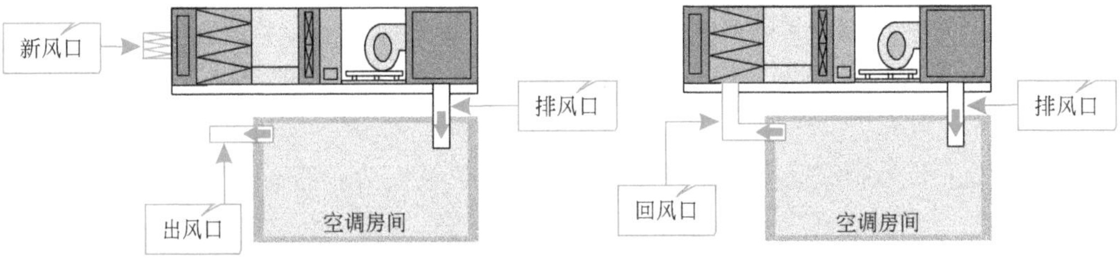

(a) 直流式系统

(b) 封闭式系统

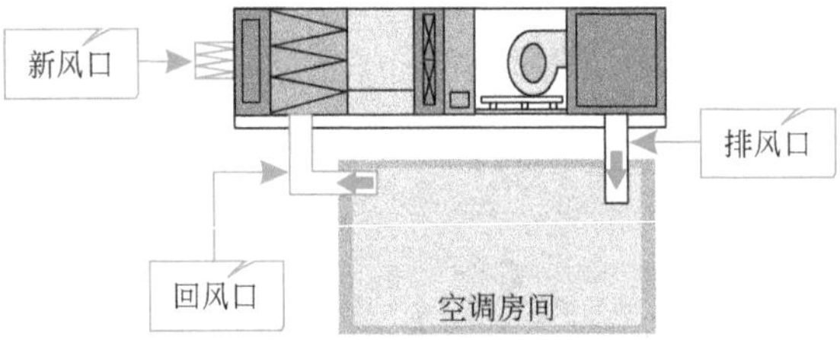

(c) 回风式系统

图3-3　不同类型的空气循环图

（2）风冷式水循环商用中央空调的工作原理

风冷式水循环商用中央空调的制冷/制热原理与水冷式商用中央空调器的原理基本相同，只是在冷凝器的冷却方式上，风冷式水循环商用中央空调取消了冷却水降温系统，不需安装冷却水塔等设备，而是采用冷凝风机（散热风扇）对冷凝器进行冷却。

① 风冷式水循环商用中央空调的制冷工作原理　风冷式水循环商用中央空调因其自身优势，应用领域比较广泛，根据不同的应用环境特点，其结构组成有所差异，但基本的制冷原理是相同的，如图3-4所示为典型风冷式水循环商用中央空调制冷原理示意图。

由图3-4可以看到典型风冷式水循环商用中央空调制冷原理如下。

ⓐ 风冷式水循环商用中央空调制冷时，由室外机中的压缩机对制冷剂进行压缩，将制冷剂压缩为高温高压的气体，由电磁四通阀的A口进入，经D口送出。

ⓑ 高温高压气态制冷剂经制冷管路，送入翅片式冷凝器中，由冷凝风机（散热风扇）吹动空气，对翅片式冷凝器中的制冷剂进行降温，制冷剂由气态变成低温高压液态。

ⓒ 低温高压液态制冷剂由翅片式冷凝器流出进入制冷管路，制冷管路中的电磁阀关闭，截止阀打开后，制冷剂经制冷管路中的储液罐、截止阀、干燥过滤器、液视镜后形成低温低压的液态制冷剂。

ⓓ 低温低压的液态制冷剂进入壳管式蒸发器中，与冷冻水进行热交换，由壳管式蒸发器送出低温低压的气态制冷剂，再经制冷管路，进入电磁四通阀的B口中，由C口送出，进入气液分离器后送回压缩机，由压缩机再次对制冷剂进行制冷循环。

ⓔ 壳管式蒸发器中的制冷管路与循环的冷冻水进行热交换，冷冻水经降温后由壳管式蒸发器的出水口送出，冷冻水进入送水管道中经管路截止阀、压力表、水流开关、止回阀、过滤器以及管道上的分歧管后，分别将冷冻水送入各个室内风机盘管中。

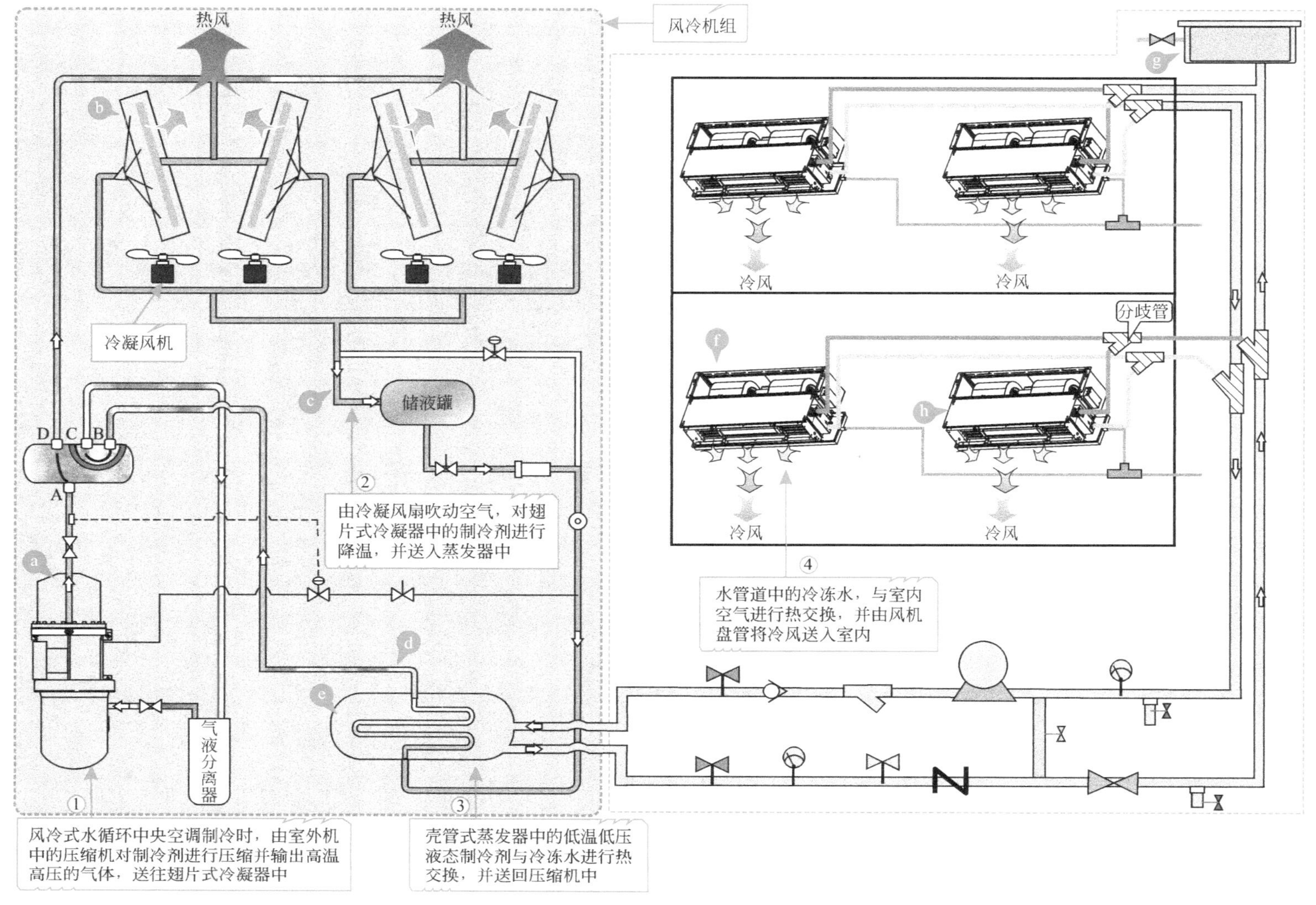

图3-4 典型风冷式水循环商用中央空调制冷原理示意图

ⓕ 由室内风机盘管与室内空气进行热交换，从而对室内进行降温。冷冻水经风管机进行热交换后，经过分歧管循环进入回水管道，经压力表冷冻水泵、Y型过滤器、单向阀以及管路截止阀后，经壳管式蒸发器的入水口送回壳管式蒸发器中，再次进行热交换循环。

ⓖ 在送水管道中连接有膨胀水箱，防止管道中的水由于热胀冷缩而导致管道破损，在膨胀水箱上设有补水口，当冷冻水循环系统中的水量减少时，可以通过补水口为该系统进行补水。

ⓗ 室内机风机盘管中的制冷管路在进行热交换的过程中，会形成冷凝水，由风机盘管上的冷凝水盘盛放，经排水管将其排出室内。

② 风冷式水循环商用中央空调的制热工作原理　风冷式水循环商用中央空调的制热原理与制冷原理相似，其中不同的只是室外机的功能由制冷循环转变为制热循环。如图3-5所示为典型风冷式水循环商用中央空调的制热原理示意图。

由图3-5可以看到该典型风冷式水循环商用中央空调的制热原理如下。

ⓐ 风冷式水循环中央空调制热工作时，制冷剂在压缩机中被压缩，将原来低温低压的制冷剂气体压缩为高温高压的气体，电磁四通阀在控制电路的控制下，将内部阀块由C、B口移动至C、D口，此时高温高压气体的制冷剂由压缩机送入电磁四通阀的A口，经电磁四通阀的B口进入制热管路中。

ⓑ 高温高压气体的制冷剂进入制热管路后，送入壳管式蒸发器中，与冷冻水进行热交换，使冷冻水的温度升高。

ⓒ 高温高压气体的制冷剂经壳管式蒸发器进行热交换后，转变为低温高压的液态制冷剂进入制热管路中，此时制热管路中的电磁阀开启、截止阀关闭，制冷剂经电磁阀后转变为低温低压的液体，继续经管路进入翅片式冷凝器中，由冷凝风机对翅片式冷凝器进行升温，制冷剂经翅片式冷凝器后转变为低温低压的气体。

ⓓ 低温低压气态的制冷剂经电磁四通阀D口进入，经C口送入气液分离器中，进行气液分离后，送入压缩机中，由压缩机再次对制冷剂进行制热循环。

ⓔ 壳管式蒸发器中的制热管路与循环冷冻水进行热交换，冷冻水经升温后由壳管式蒸发器的出水口送出，冷冻水进入送水管道后经管路截止阀、压力表、水流开关、止回阀、过滤器以及管道上的分歧管后，分别将冷冻水送入各个室内风机盘管中。

ⓕ 由室内风机盘管与室内空气进行热交换，从而实现室内升温，冷冻水经风机盘管进行热交换后，经过分歧管进入回水管道，经压力表、冷冻水泵、Y型过滤器、单向阀以及管路截止阀后，经壳管式蒸发器的入水口回到壳管式蒸发器中，再次与制冷剂进行热交换循环。

ⓖ 在送水管道中连接有膨胀水箱，由于管路中的冷冻水升温，可能会发生热涨的效果，所以此时涨出的冷冻水进入膨胀水箱中，防止管道压力过大而破损，在膨胀水箱上设有补水口，当冷冻水循环系统中的水量减少时，可以通过补水口为该系统进行补水。

ⓗ 当室内机风机盘管进行热交换时，管路中可能会形成冷凝水，此时由风机盘管上的冷凝水盘盛放，经排水管将其排出室内，防止对室内环境造成损害。

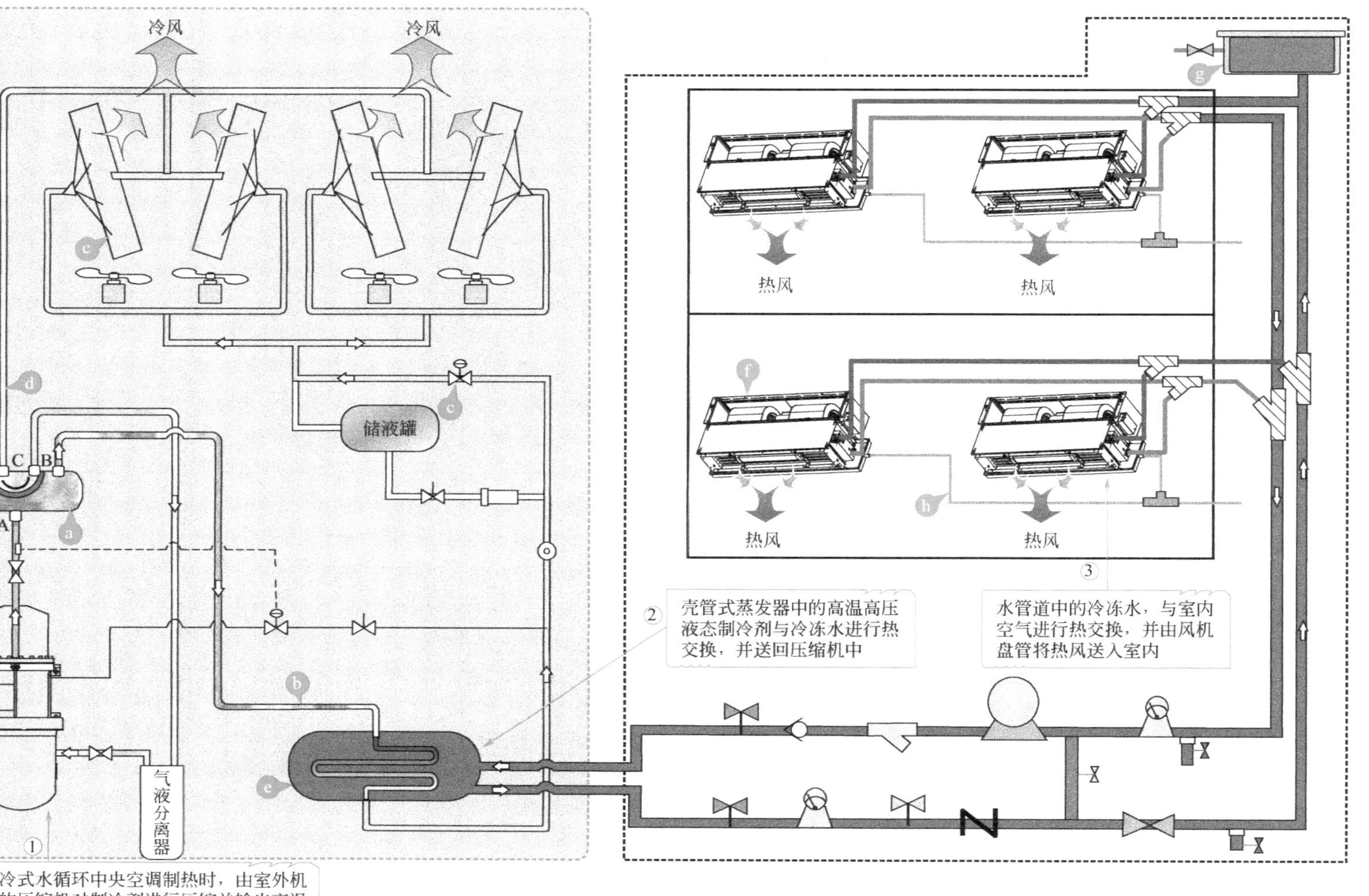

图3-5 典型风冷式水循环商用中央空调的制热原理示意图

特别提示

根据上述介绍几种商用中央空调的制冷制热原理不难看出，无论其结构形式和方式如何变化，中央空调系统中最基本的制冷剂循环系统基本相同，都是由压缩机、蒸发器和冷凝器等构成的，系统的制冷和制热模式也均是通过电磁四通阀控制制冷剂的流向来实现的，这些基本的过程与普通家用空调器制冷剂循环的过程和原理均是相同的，读者在了解其核心部分原理之后，不难发现，看似庞大复杂的中央空调系统，实质上也是在普通空调器的基础之上，对其功能、结构、能效和效率进行拓展。

3.1.2 水冷式商用中央空调的工作原理

水冷式商用中央空调通常可以用于制冷，若需要其进行制热时，需要在室外机循环系统中加装制热设备，对管路中的水进行制热处理。在这里主要对水冷式商用中央空调的制冷原理进行介绍。

水冷式商用中央空调采用压缩机、蒸发器和冷凝器并结合制冷剂进行制冷。水冷式商用中央空调的蒸发器、冷凝器及压缩机均安装在水冷机组，其中，冷凝器采用的冷却方式为冷却水循环冷却方式进行冷却，图3-6所示为水冷式商用中央空调的制冷原理示意图。

由图3-6可以看到典型水冷式商用中央空调制冷原理如下。

ⓐ 水冷式商用中央空调制冷时，水冷机组的压缩机将制冷剂进行压缩，将其压缩为高温高压气体送入壳管式冷凝器中，等待冷却水降温系统对壳管式冷凝器进行降温。

ⓑ 冷却水降温系统进行循环，由壳管式冷凝器送出温热的水，进入冷却水降温系统的管道中，经过压力表和水流开关后，进入冷却水塔，由冷却水塔对水进行降温处理，再经冷却水塔的出水口送出，经冷却水泵、单向阀、压力表以及Y型过滤器后，进入壳管式冷凝器中，实现对冷凝器的循环降温。

ⓒ 送入壳管式冷凝器中的高温高压的制冷剂气体，经过冷却水降温系统的降温后，送出低温高压液体状态的制冷剂，制冷剂经过管路循环进入壳管式蒸发器中，低温低压液体状态的制冷剂在蒸发器管路中吸热气化，变为低温低压制冷剂气体，然后进入压缩机中，再次进行压缩，进行制冷循环。

ⓓ 壳管式蒸发器中的制冷剂管路与壳管中的冷冻水进行热交换，将降温后的冷冻水由壳管式蒸发器的出水口送出，进入送水管道中经过管路截止阀、压力表、水流开关、电子膨胀阀以及过滤器在送水管道中循环。

ⓔ 经降温后的冷冻水经送水管道送入室内风机盘管中，冷冻水在室内风机盘管中进行循环，与室内空气进行热交换处理，从而降低室内温度。进行热交换后的冷冻水循环至回水管道中，经压力表、冷冻水泵、Y型过滤器、单向阀以及管路截止阀后，经入水口送回壳管式蒸发器中。由壳管式蒸发器再次对冷冻水进行降温，使其循环。

ⓕ 在送水管道中连接有膨胀水箱，防止管道中的冷冻水由于热胀冷缩而导致管道破损，膨胀水箱上带有补水口，当冷冻水循环系统中的水量减少时，也可以通过补水口为该系统进行补水。

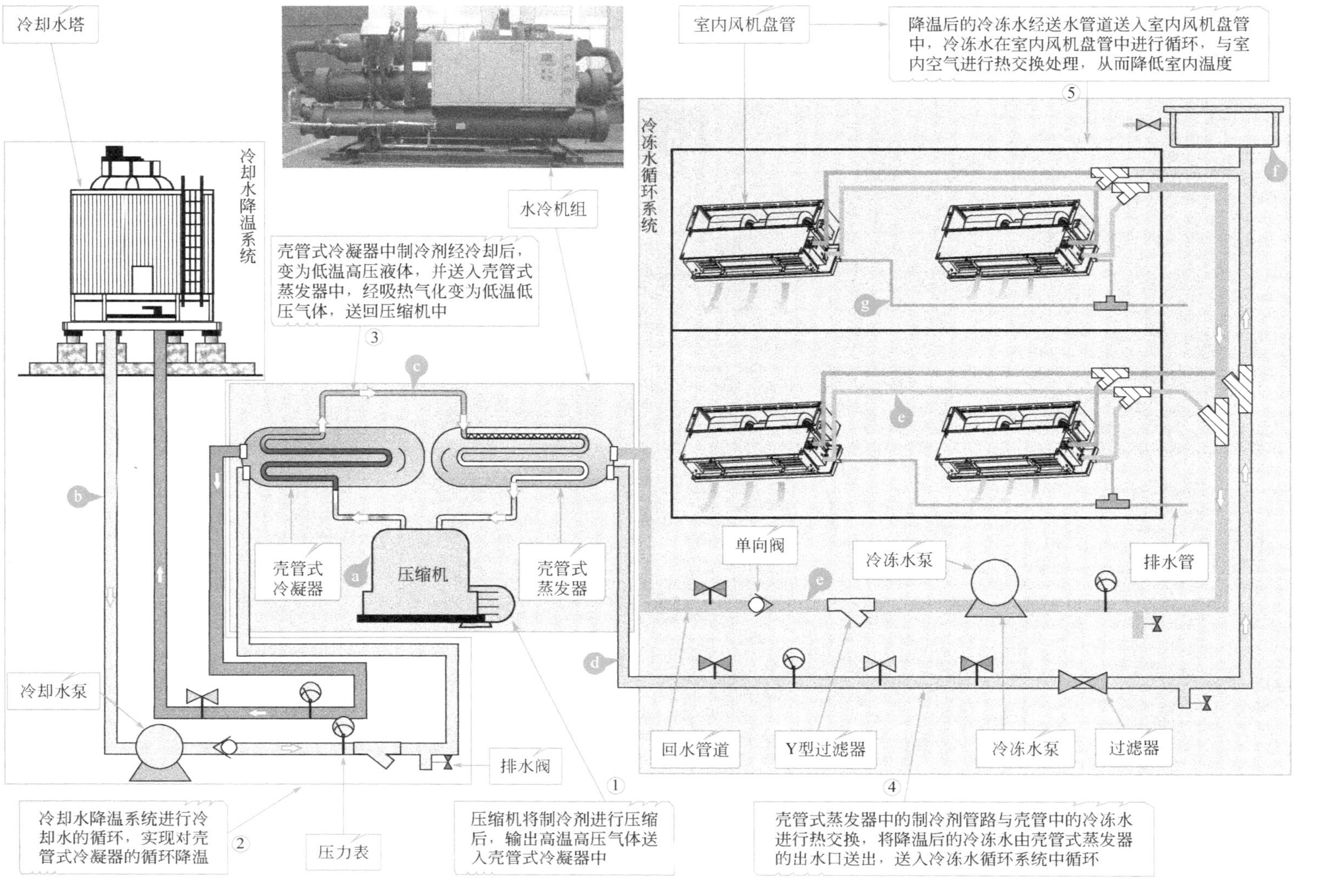

图3-6 水冷式商用中央空调的制冷原理示意图

g 室内机风机盘管中的制冷管路在进行热交换的过程中，会形成冷凝水，冷凝水由风机盘管上的冷凝水盘盛放，经排水管将其排出室内。

3.2 掌握商用中央空调的安

对于商用中央空调的安装，首先要了解不同商用中央空调的安装连接关系。目前商用中央空调主要分为风冷式风循环商用中央空调、风冷式水循环商用中央空调和水冷式商用中央空调三大类。

图3-7所示为风冷式风循环商用中央空调的安装连接关系示意图。风冷式风循环商用中央空调是由室外机、室内末端设备以及风管道连接而成。

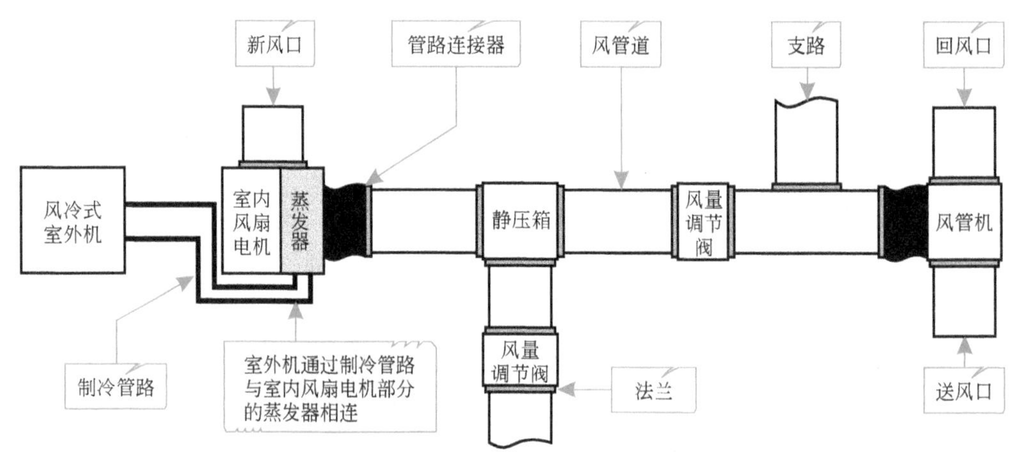

图3-7 风冷式风循环商用中央空调的安装连接关系示意图

图3-8所示为风冷式水循环中央空调的安装连接关系示意图。从图中可以了解到风冷式水循环中央空调室外机、水管道、风机盘管以及闸阀、仪表等设备之间的连接关系。

知识拓展

水冷式中央空调安装有大型的冷却水塔，冷却水塔与室外机组之间通过管路连接，并且管路中接有多种管路设备。图3-9所示为冷却水塔与室外机组之间水路系统的示意图。

为了便于讲解，现将商用中央空调的安装技能分成室外机的安装、连接管道的安装连接、室内末端设备的安装连接三部分进行介绍。另外，值得说明的是商用中央空调系统的结构比较复杂，而且安装连接方式与建筑物的整体相关，安装时要注意整个特点。

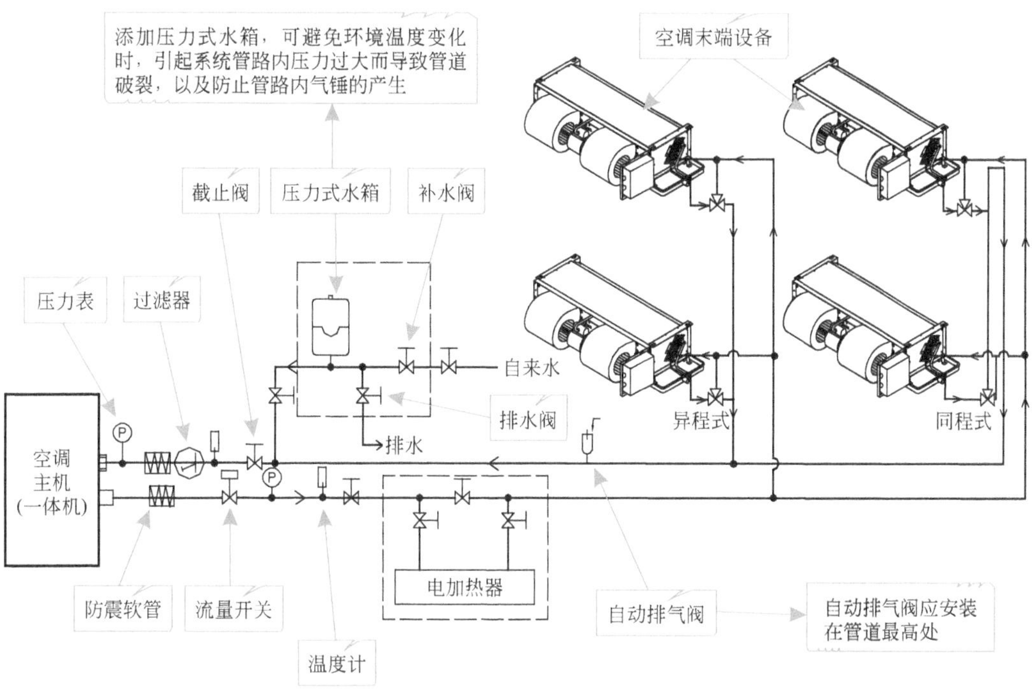

图3-8　风冷式水循环中央空调的安装连接关系示意图

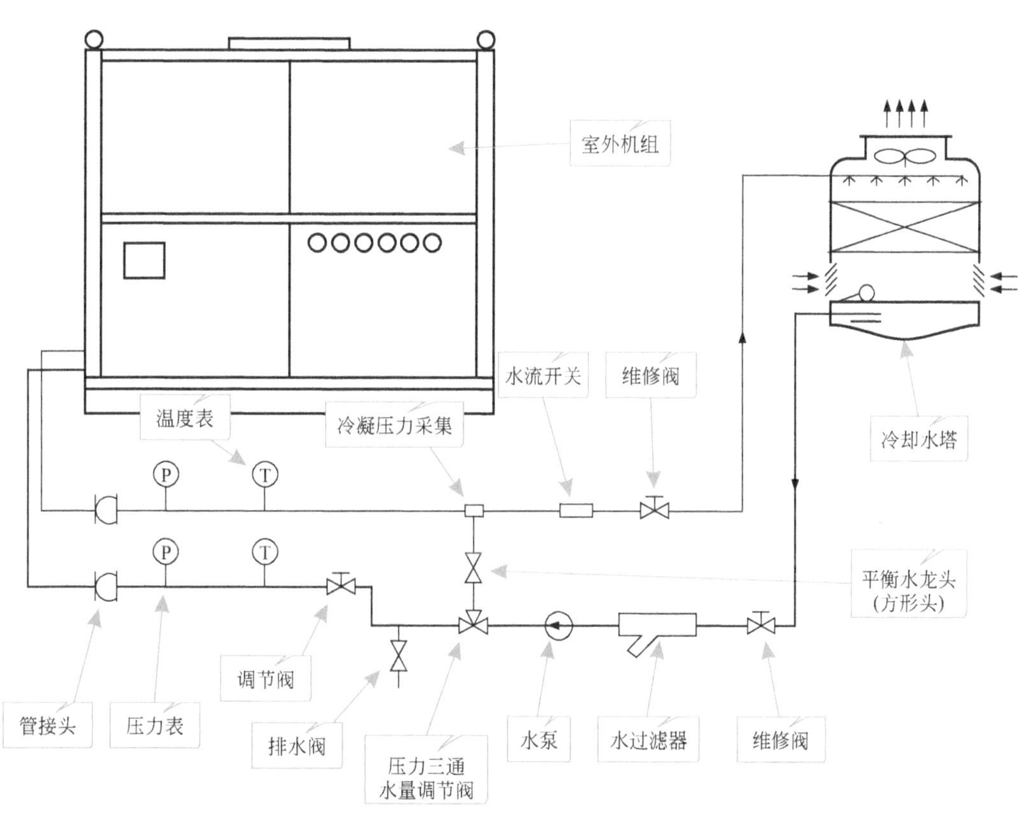

图3-9　冷却水塔与室外机组之间水路系统的示意图

3.2.1 室外机的安装

室外机在安装之前要对机器进行仔细核查、验收。首先，检查机器表面是否有损伤，然后，核查机器的型号、规格是否与设计规划中的设备型号、规格参数相对应。以风冷式中央空调为例，检查无误后，再进一步按照操作说明书（安装手册）清点附件，如图3-10所示。

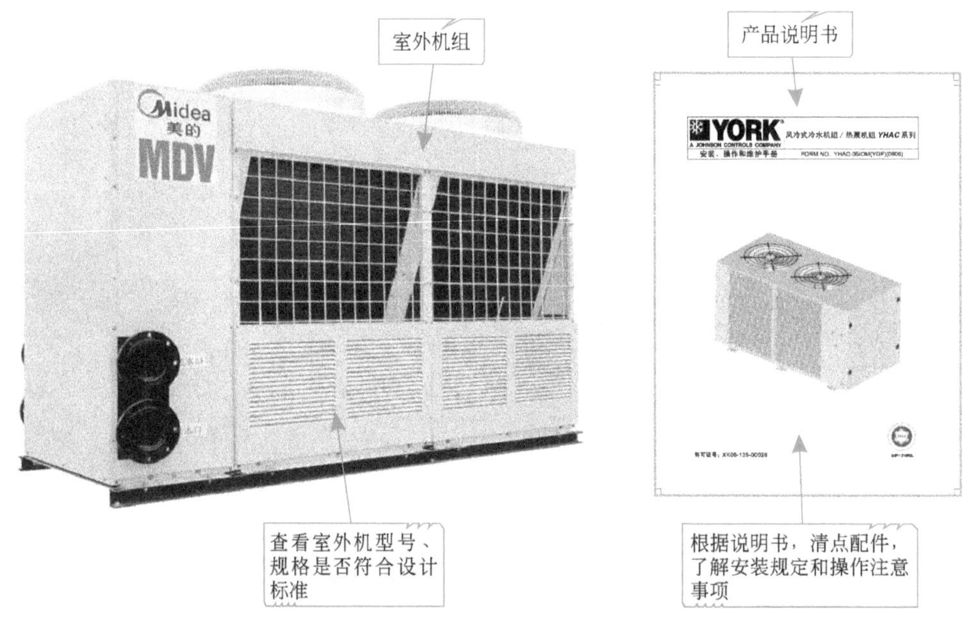

图3-10 核查、验收室外机组

（1）空调室外机的安装规定

在对风冷式商用中央空调室外机实施安装作业之前，要根据规定选择合适的安装位置。安装位置的选择规划在中央空调器的安装过程中非常重要，室外机安装位置是否合理将直接影响整个中央空调的工作效果。

选择安装位置时尽可能选择离室内机较近、通风良好且干燥的地方，注意避开阳光长时间直射、高温热源直接辐射或环境脏污恶劣的区域。同时也要注意室外机的噪声及排风不要影响周围居民的生活及通风。

① 室外机安装底座的要求　通常，风冷式中央空调室外机应安装在坚实、水平的水泥（混凝土）基座上。最好用水泥（混凝土）制作距地面至少10cm厚的基础。若室外机需要安装在道路两侧，其底部距离地面的高度至少不低于1m。

中央空调室外机一般用φ10mm的膨胀螺栓紧固在室外机安装基础（或支架）上，为减小机器振动，在室外机与基础之间应按设计规定安装隔振器或减振橡胶垫。整个室外机组的安装倾斜角要小于3°。

风冷式中央空调室外机安装高度的要求如图3-11所示。

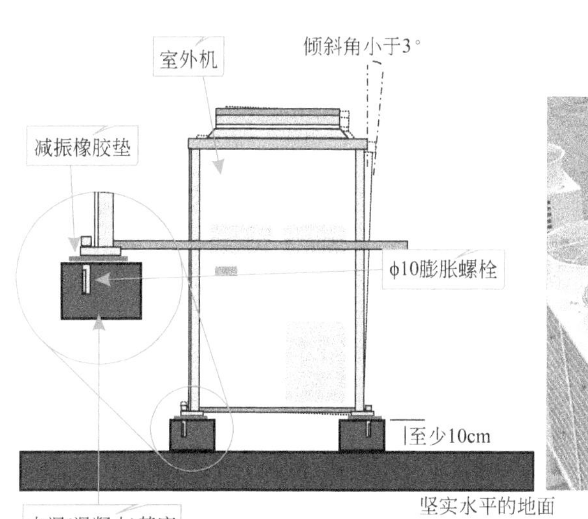

图3-11 中央空调室外机安装高度的要求

特别提示

考虑到中央空调室外机噪声的影响，中央空调室外机的排风口不得朝向相邻方的门窗，其安装位置距相邻门窗的距离随中央空调室外机制冷额定功率的不同而不同。具体如表3-1所列。

表3-1 中央空调室外机排风口距相邻方门窗的距离与室外机制冷额定功率的关系

中央空调室外机制冷额定功率	室外机排风口距相邻方门窗的距离
制冷额定功率≤2kW	至少相距3m
2kW＜制冷额定功率≤5kW	至少相距4m
5kW＜制冷额定功率≤10kW	至少相距5m
10kW＜制冷额定功率≤30kW	至少相距6m

室外机除安装减振橡胶垫外，如果有特殊需要，还需加装压缩机消音罩，以降低室外机噪声。同时，要确认在室外机的排风口处不要有任何障碍物。若室外机安装位置位于室内机的上部，其（气管）最大高度差不应超过21m。

若室外机比室内机高出1.2m时，气管要设一只集油弯头，以后每隔6m要设一只集油弯头。

若室外机安装位置位于室内机下部，其（液管）最大高度差不应超过15m，气管在靠近室内机处设置回转环。

② 室外机进、送风口位置的要求　在安装高度上，为确保工作良好，中央空调室外机的进风口至少要高于周围障碍物80cm。

演示图解

中央空调室外机安装高度的要求如图3-12所示。

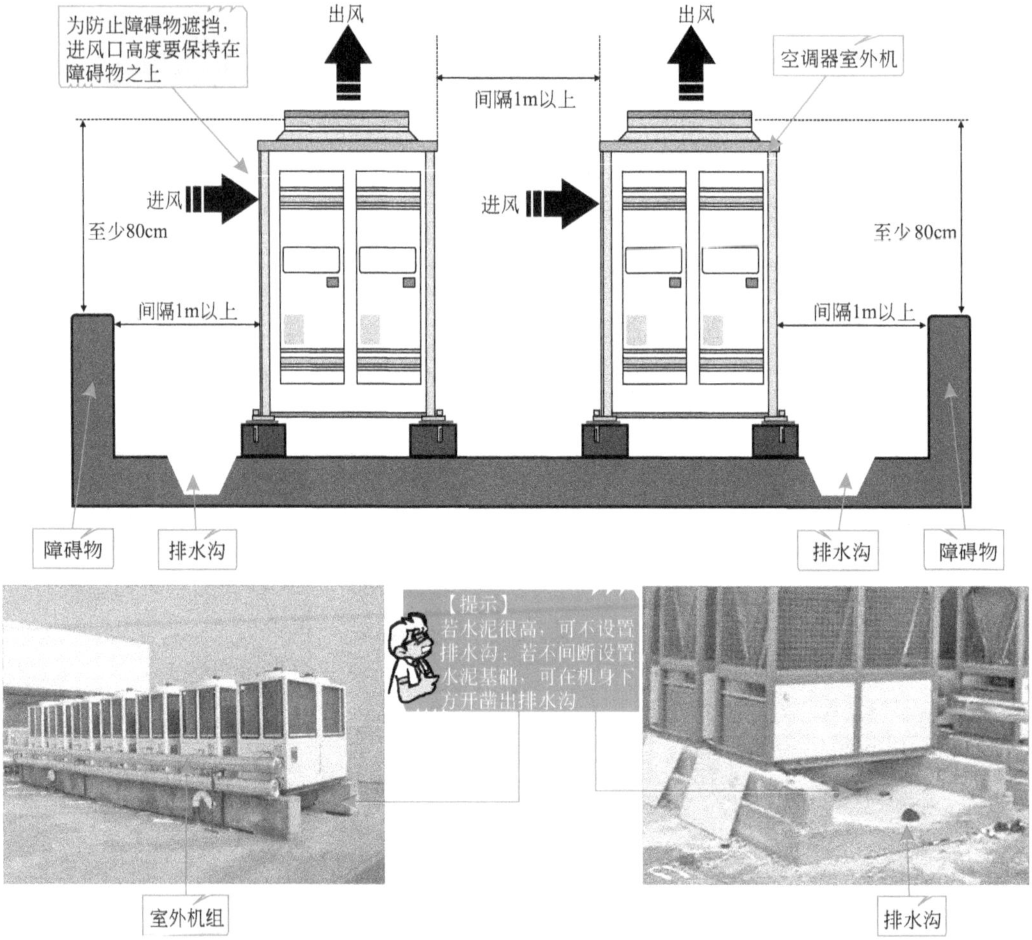

图3-12　中央空调室外机安装高度示意图

特别提示

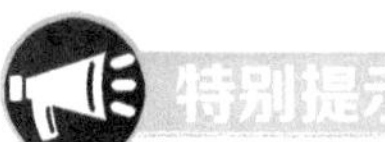

若受环境所限，室外机周围有障碍物且室外机很难按照设计要求达到规定高度时，为防止室外热空气串气，影响散热效果。可在室外机散热出风罩上加装导风罩以利于散热，如图3-13所示。

③ 多台室外机的安装规定　如果需要安装多台室外机组，除考虑维修空间外，每台室外机组之间也要保留一定的间隙，以确保机组能够良好工作。

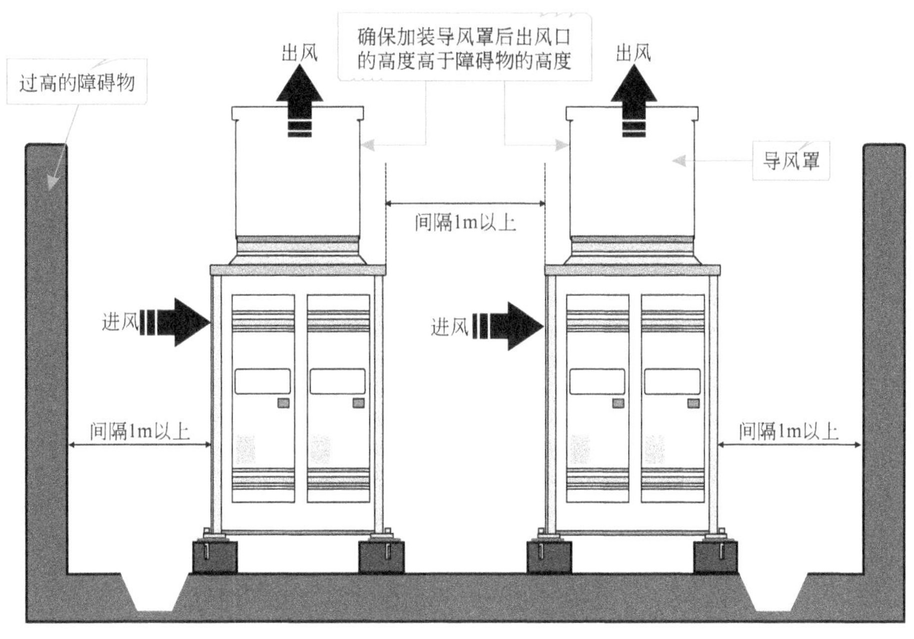

图3-13 加装导风罩

a.室外机组单排安装的位置要求 多台机组单排安装时，应确保室外机组与障碍物之间的间隔距离在1m以上，每台室外机组之间的间隙要保持在20～50cm。

多台室外机组单排安装的位置要求，如图3-14所示。

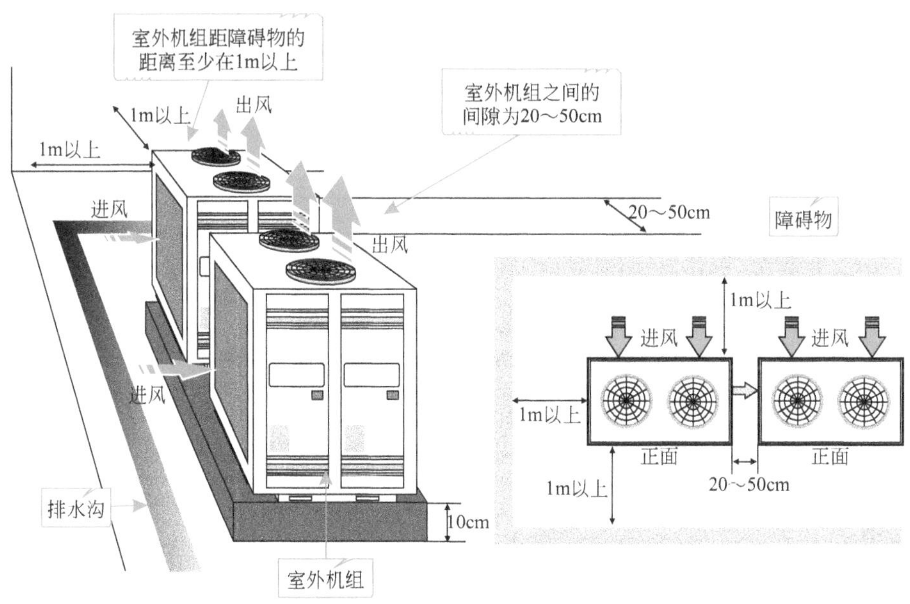

图3-14 多台室外机组单排安装位置示意图

b.室外机组多排安装的位置要求　多台机组多排安装时，除确保靠近障碍物的室外机组与障碍物间隔距离在1m以上外，相邻两排机组的间隔也要在1m以上，单排中室外机组之间的安装间隔要保持20～50cm。

多台室外机组多排安装的位置要求，如图3-15所示。

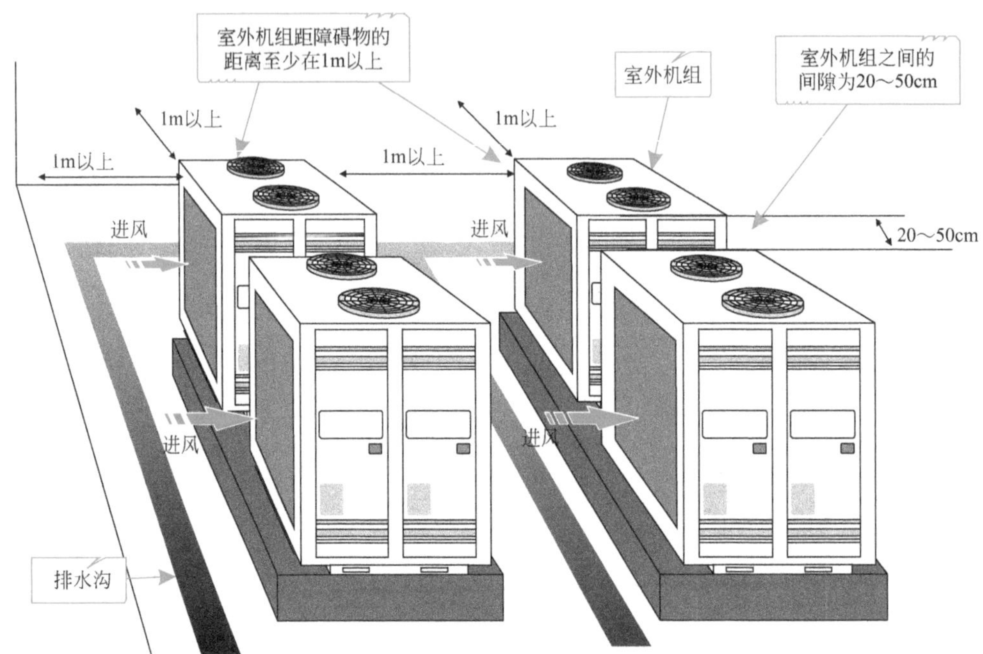

(a) 多台室外机多排安装立体效果图

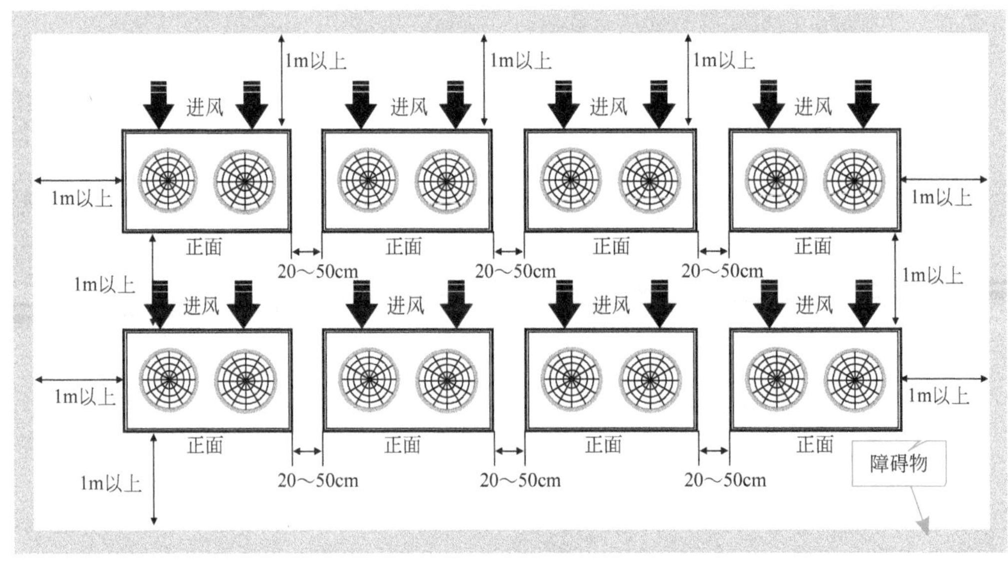

(b) 多台室外机多排安装平面效果图

图3-15　多台室外机组多排安装

多台室外机安装同样需要将其安装在水泥或钢筋的水平平面上，并且应确保可以承受多台室外机的重量。图3-16所示为多台室外机中每台室外机底座的固定方式。

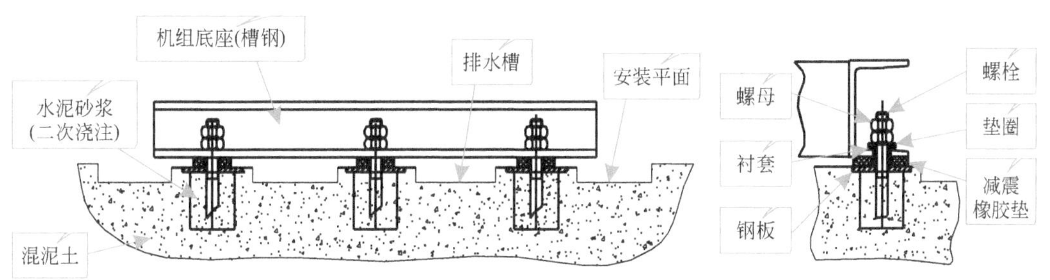

图3-16 多台室外机中每台室外机底座的固定方法

④ 室外机排水沟的位置要求　中央空调室外机在安装时要确保室外机维修空间，另外，在室外机基座的周围应设置排水沟，以排除设备周围的积水。

中央空调室外机的实际安装效果如图3-17所示。

图3-17 中央空调室外机的实际安装效果

（2）空调室外机的安装方法

安装室外机时使用适当吨数的叉车或吊车搬运，调运时应使用帆布吊带，把帆布吊带绕过机组底座并捆紧。

室外机的吊装，如图3-18所示。

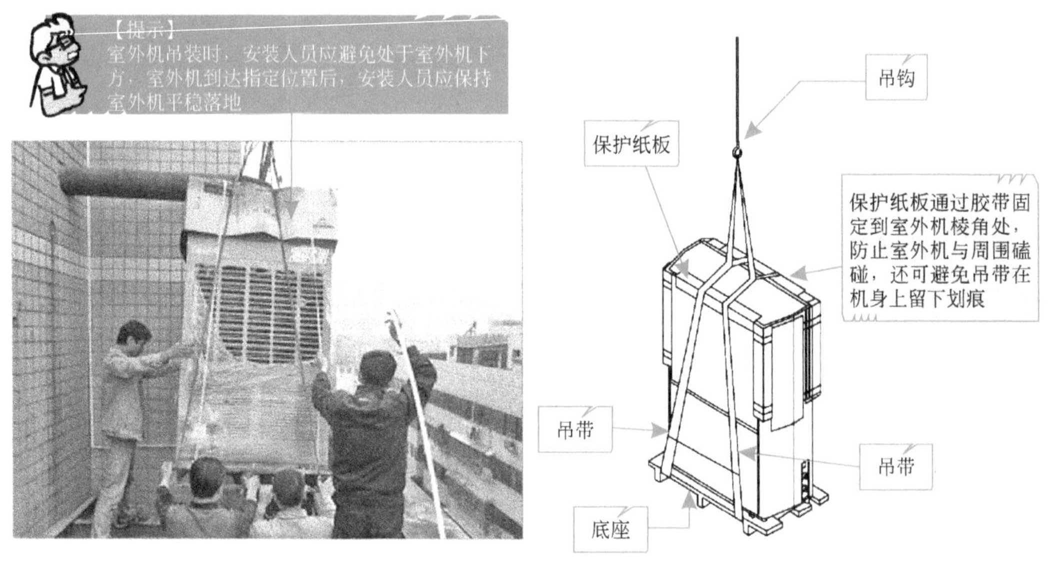

图3-18　室外机的吊装

特别提示

水冷式中央空调的室外机组比较庞大，必须使用大型吊车进行运送和吊装，如图3-19所示。

风冷式中央空调的室外机组吊装到位后，将其放置到预先浇注好的水泥基座上，机身四角通过螺栓固定到水泥基座上，然后对螺栓进行水泥浇注，完成室外机的安装。

风冷式室外机的安装效果如图3-20所示。

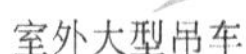

图3-19 水冷机组的吊装

图3-20 风冷式室外机的安装效果

3.2.2 连接管道的安装

商用中央空调室外机与室内末端设备通过管道连接，通过管道输送冷风或冷冻水对室内进行制冷。风道和水管由于外形结构，连接方式不同，具体的安装方法也不相同。下面先来了解一下风道的安装方法。

图3-21所示为风冷式风循环商用中央空调的风道安装示意图。安装之前需要了解中央空调室外机、连接管道、风道设备之间的连接关系与布局，根据需要准备好所需的安装工具、相关连接部件及材料。

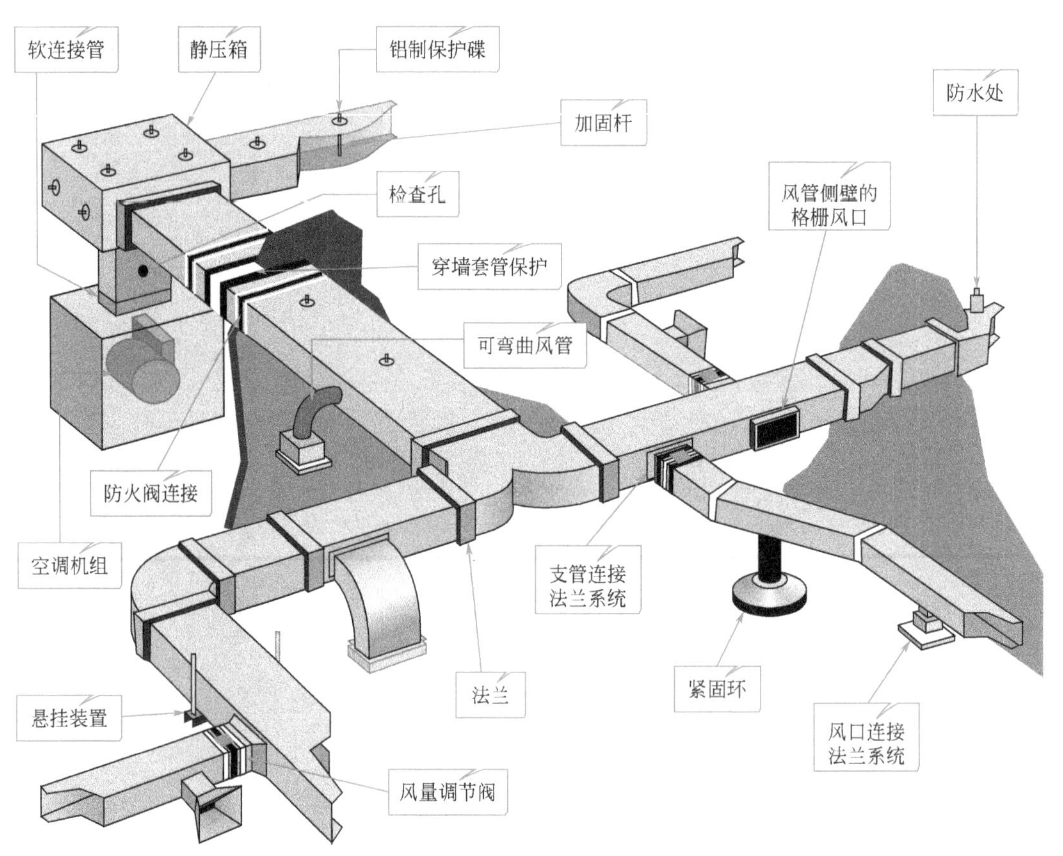

图3-21 风冷式风循环商用中央空调的风道安装示意图

（1）风道的制作和安装连接方法

风道是风冷式风循环商用中央空调主要的送风传输通道，在进行风道安装连接时，首先要根据安装环境进行实地测量和规划。按照要求制作出一段一段的风管，然后依据设计规划，将一段一段的风管接在一起，并与相应的风道设备连接组合、固定在室内上方。

因此，对于风道的制作、安装连接可以分成风管的加工制作、风管的连接、风道设备与风管的连接、风道的安装四部分内容。

① 风管的加工制作　风管是中央空调器送风的管道系统。通常，在进行中央空调安装过程中，风管的制作都采用现场丈量、加工，然后通过咬口连接、铆接和焊接等方式加工

成型并连接。

因此，在制作风管前，一定要根据设计要求对风管的长度和安装方式进行核查，并结合实际安装环境，结合仔细的丈量结果做出周密的风管制作方案。接下来，便根据实际丈量尺寸，确定风管的大小和数量并核算板材。

目前，风管按照制作的材料主要有金属材料风管和复合材料风管两种。其中，以金属材料的风管最为常见，许多商用中央空调中都采用镀锌钢板为材料。这种材料的风管在加工制作时首先按照规定尺寸下料，进行剪板和倒角。

a. 镀锌钢板的剪裁和倒角　对于镀锌钢板的切割多采用剪板机，将需要裁切的尺寸直接输入电脑，剪板机便会自动根据输入的尺寸完成精确的切割。

镀锌钢板的剪切和倒角如图3-22所示。

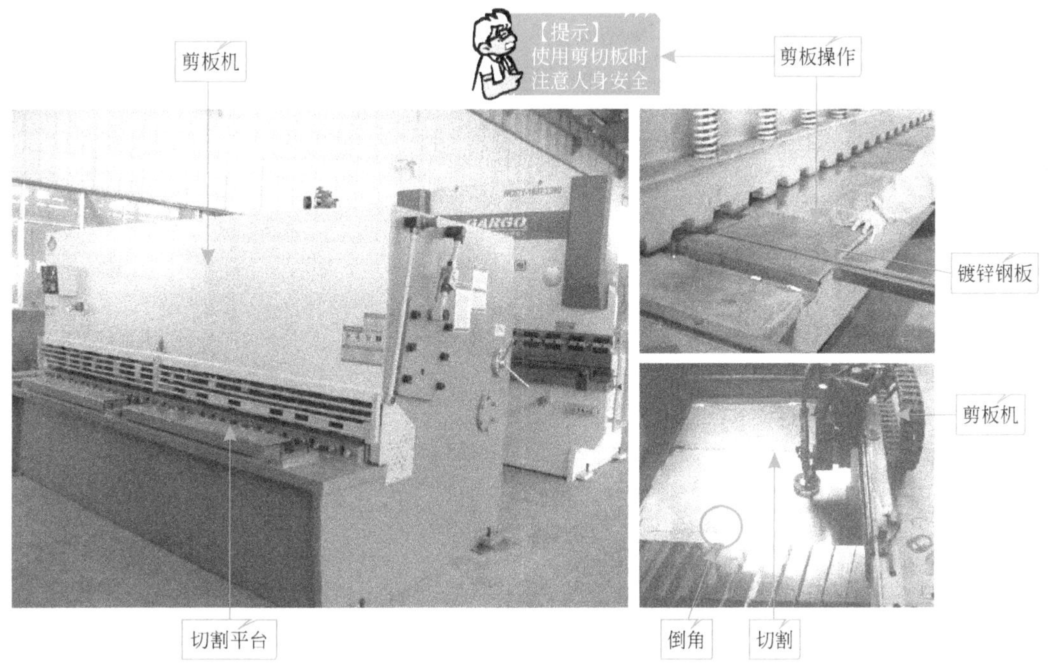

图3-22　镀锌钢板的剪切和倒角

在进行剪板/倒角操作时，一定要注意人身安全，手严禁伸入到切割平台的压板空隙中。在剪板操作时，手尽可能远离刀口（最近距离不得少于5cm），如果是使用脚踏式剪板机，在调整板料时，脚不要放在踏板上。图3-23所示为脚踏式剪板机的实物外形。

【提示】
调整材料位置时脚要从踏板上移开，以免误操作割伤手指或材料

刀口
脚踏式剪板机
切割平台
踏板

图3-23　脚踏式剪板机的实物外形

b.镀锌钢板咬口方法　剪板/倒角完成，接下来就要对切割成型的镀锌钢板进行咬口操作。咬口也称咬边（或辘骨），主要用于板材边缘的加工，使板材便于连接。镀锌钢板常见的咬口连接方式主要有按扣式咬口连接，联合角（东洋骨）咬口连接，转角咬口（驳骨）连接，单咬口（勾骨）连接，立咬口（单/双骨）和抽条咬口（剪烫骨）连接。

镀锌钢板常见的咬口连接方式如图3-24所示。

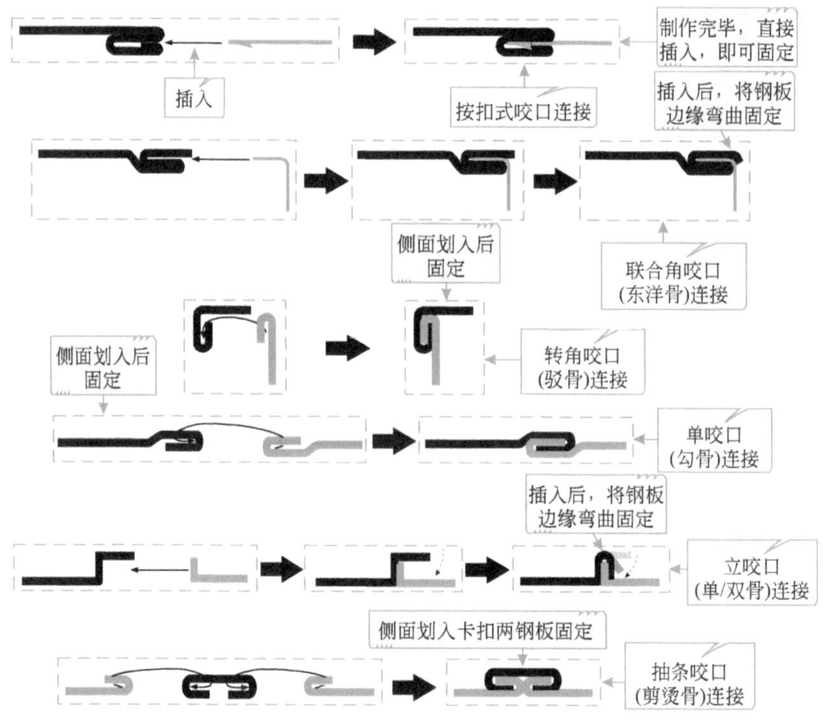

图3-24　镀锌钢板常见的咬口连接形式

通常，镀锌钢板的咬口是由咬口机完成的，咬口机种类多样，主要可分为专项功能咬口机和多功能咬口机两大类。专项功能咬口机往往只能对应一种咬口形式，而多功能咬口机则可以完成多种形式的咬口操作。如图3-25所示为多功能咬口机的实物外形。

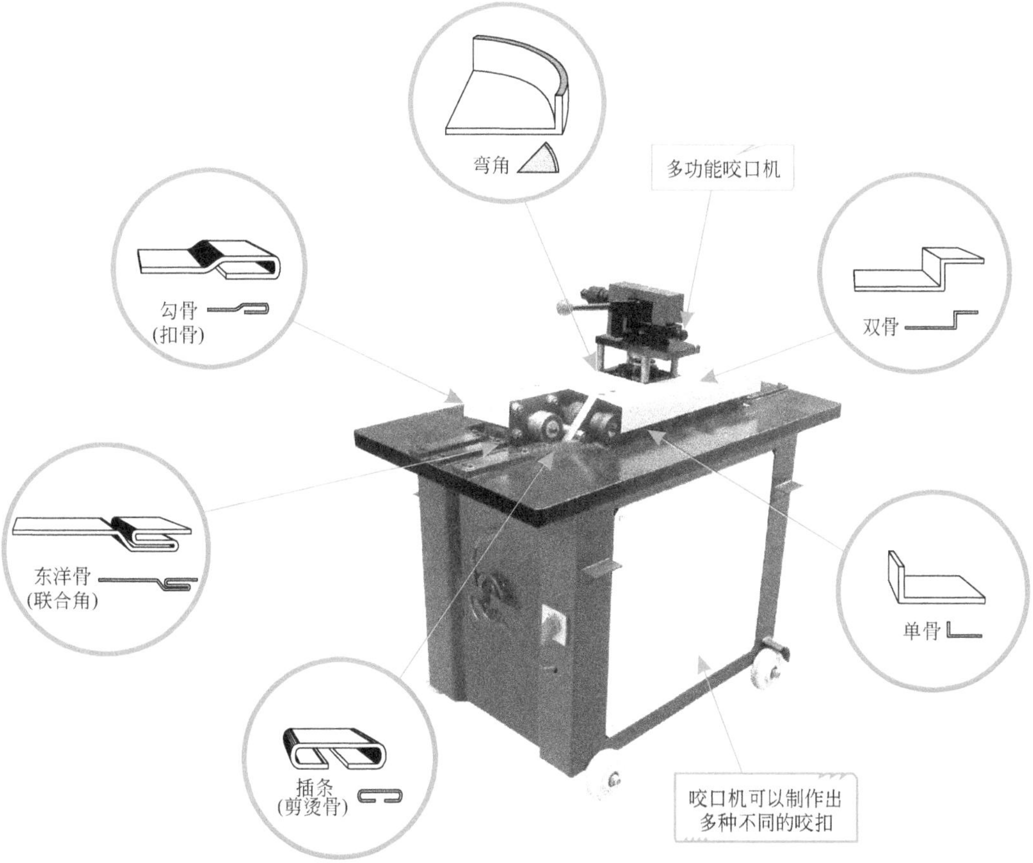

图3-25 咬口机的实物外形

c.镀锌钢板折方（或圈圆）的方法 咬口操作完成后，便可以根据设计规划，对咬口成型的镀锌钢板进行折方（或圈圆）操作。通常，常见的风管形状主要有矩形和圆形。如果需要制作矩形风管，则利用折方机对加工好的镀锌钢板进行弯折，使其折成矩形。若需要制作圆形风管，则可利用圈圆机进行圈圆操作。

镀锌钢板折方（或圈圆）的操作演示如图3-26所示。

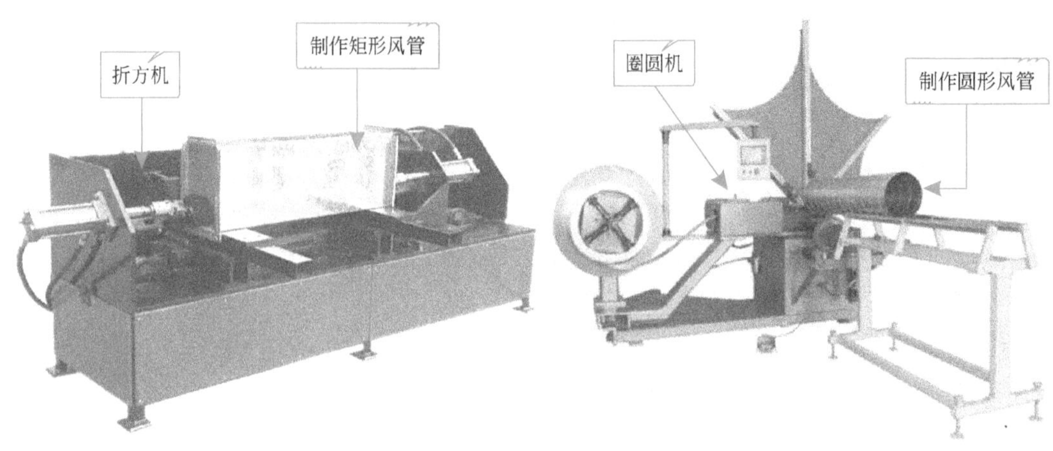

图3-26　折方（或圈圆）操作

特别提示

折方时，操作人员应相互配合，并与折方机保持一定的距离，以免被翻转的钢板或配重碰伤。

制作圆形风管时，将咬口两端圈成圆弧状放在圈圆机上圈圆，并按风管设计要求调整圆径。操作时，严禁用手直接推送钢板。

知识拓展

图3-27所示为复合材料风管的折方方法。复合材料的板材可切成不同的样式，然后再进行拼接。矩形风管的拼接可采用一片法、U形两片法、L形两片法和四片法。

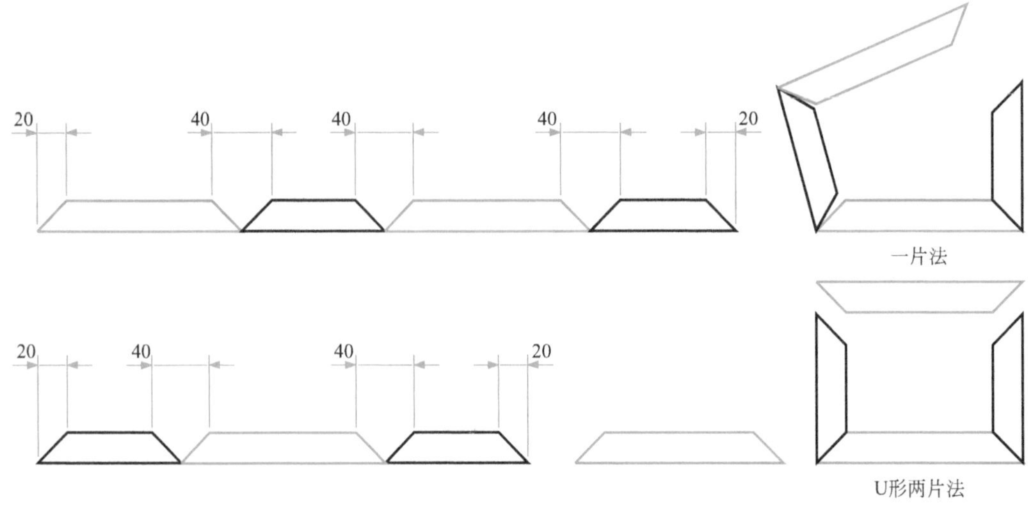

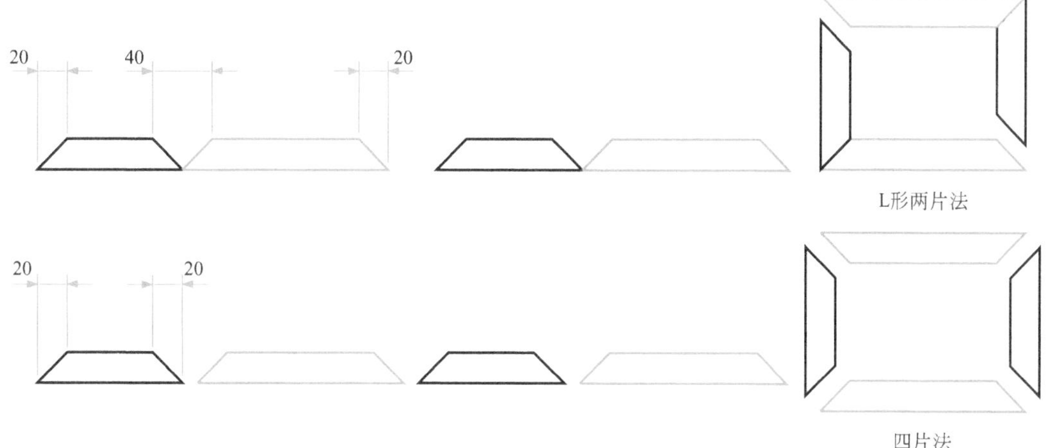

图3-27 复合材料风管的折方操作

d.风管合缝处理方法　风管折制成方形（或圈成圆形）后，要对风管进行合缝处理，使之最终成型。

通常，使用专用的合缝机完成合缝操作，风管的合缝处理如图3-28所示。

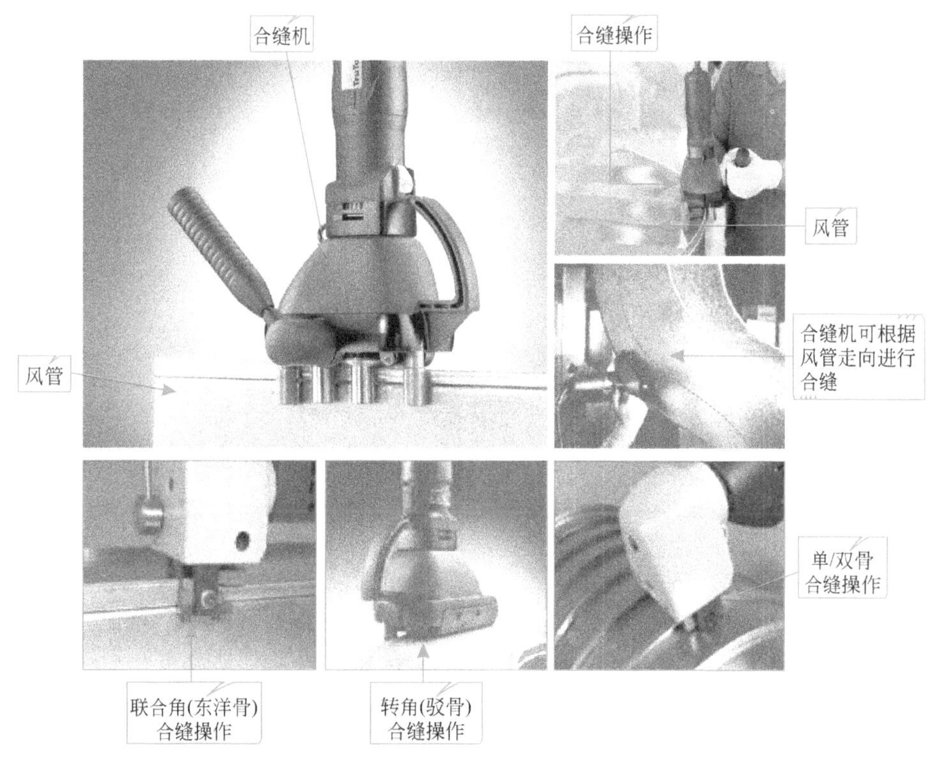

图3-28 合缝操作

② 风管的连接　通常，风管依据实际需要和板材规格，其长度控制在1.8～4m。因此，在现场安装时，常需要将多段风管进行连接，以符合实际需要。图3-29所示为商用中央空调风管的连接效果。

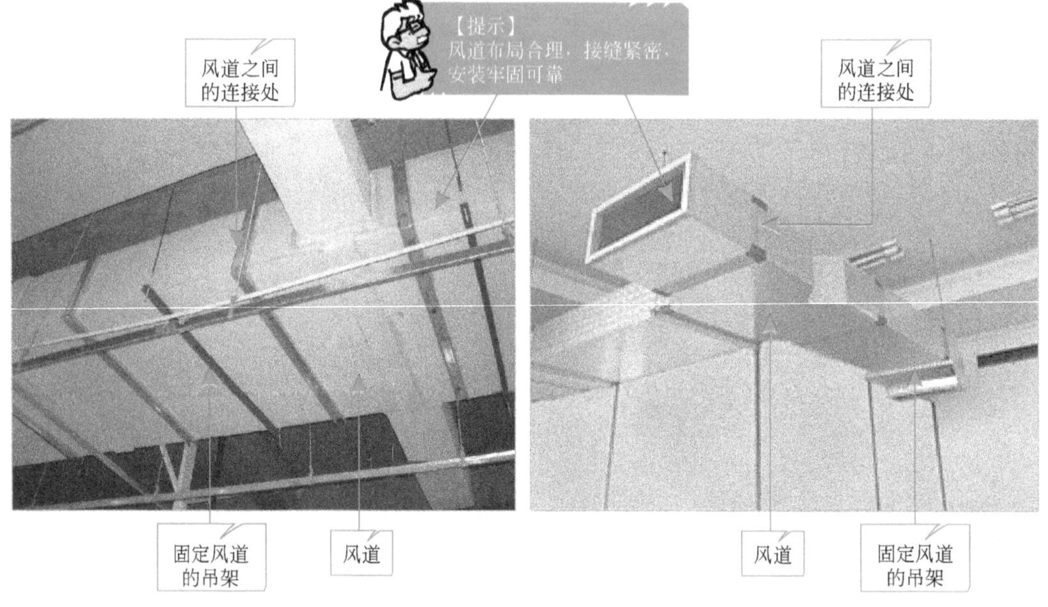

图3-29　风冷式风循环中央空调风道的安装效果图

演示图解

金属材料的风管通常采用法兰角连接及铆接的方法进行连接。具体连接方法如图3-30所示。

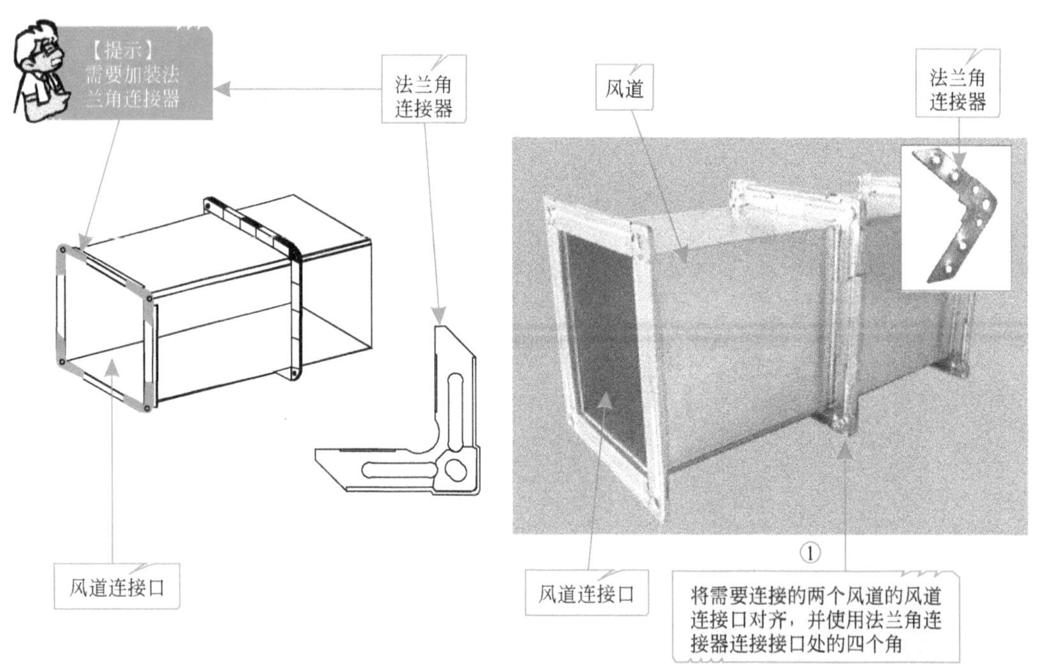

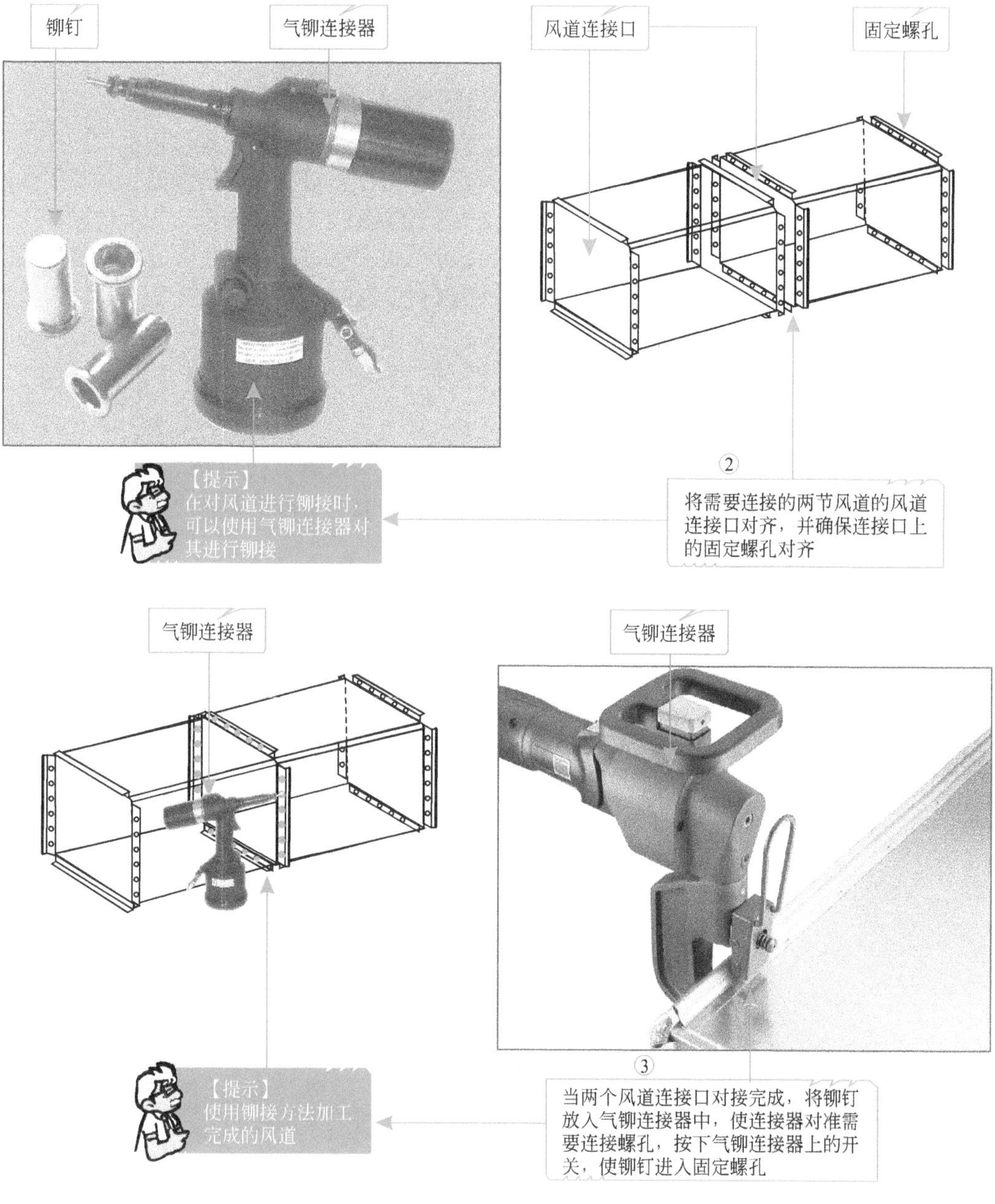

铆钉

气铆连接器

风道连接口

固定螺孔

【提示】
在对风道进行铆接时，可以使用气铆连接器对其进行铆接

②
将需要连接的两节风道的风道连接口对齐，并确保连接口上的固定螺孔对齐

气铆连接器

气铆连接器

【提示】
使用铆接方法加工完成的风道

③
当两个风道连接口对接完成，将铆钉放入气铆连接器中，使连接器对准需要连接螺孔，按下气铆连接器上的开关，使铆钉进入固定螺孔

图3-30　使用铆接方法连接风道

知识拓展

玻镁复合风道可以采用错位无法兰插接式连接，将风道的连接插口对齐，将专用的黏合剂涂抹在风道连接口上，将其对接插入即可，如图3-31所示。

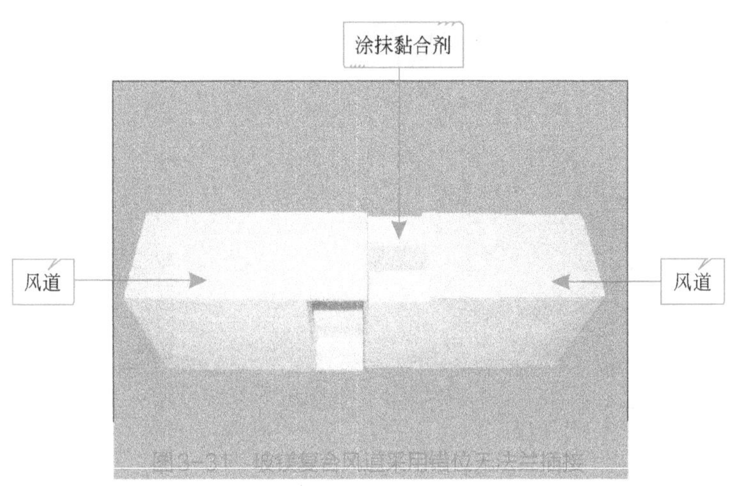

③ 风道设备与风管的连接　风道的安装除了风道与风道之间的连接，还包括静压箱与风道的连接、风量调节阀与风道的连接。图3-32所示为风量调节阀与静压箱，由图中可以看出风量调节阀与静压箱上都带有连接法兰角连接器，与风道之间的连接方式基本相同。

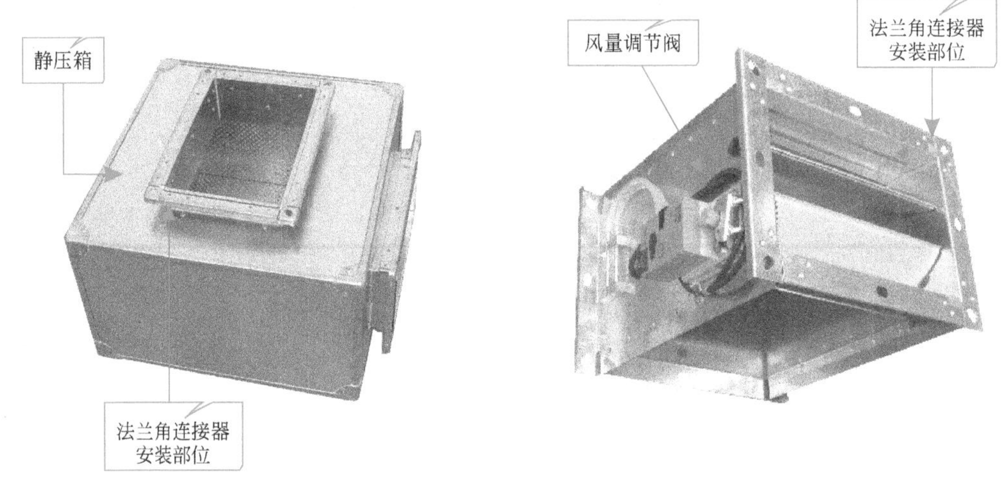

图3-32　风量调节阀与静压箱

a. 静压箱与风道之间的连接

静压箱与风道之间使用法兰角连接器进行连接如图3-33所示。

b. 风量调节阀与风道之间的连接

风量调节阀与风道之间采用通过插接法兰条与勾码连接的方法，如图3-34所示。

静压箱接口
风道连接口
风道
静压箱
①
在将静压箱与风道进行连接前，首先应确定静压箱接口与风道连接口的尺寸匹配
螺母
法兰角连接器
风道连接口
静压箱接口
法兰角连接器
法兰垫片
螺栓
②
将法兰角连接器以及螺栓、螺母、法兰垫片按照顺序与接口进行连接

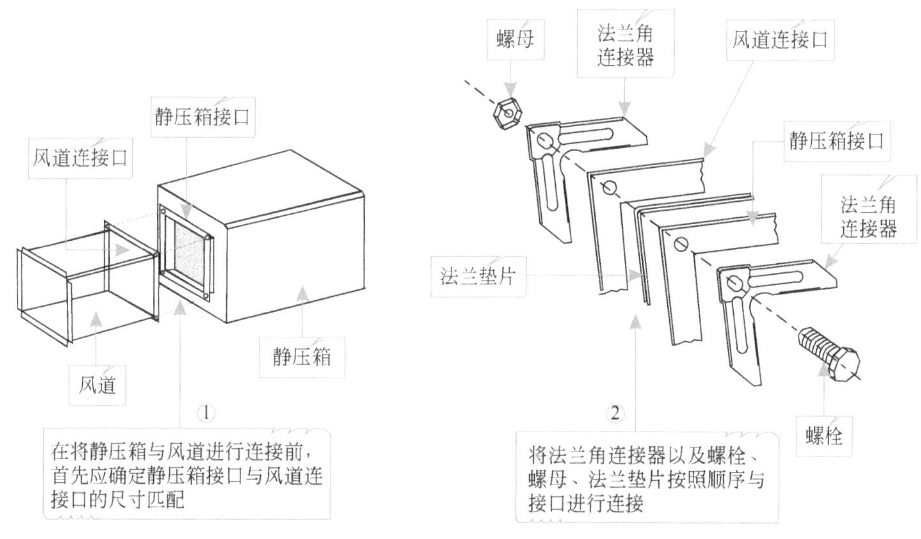

图3-33 静压箱与风道之间使用法兰角连接器进行连接

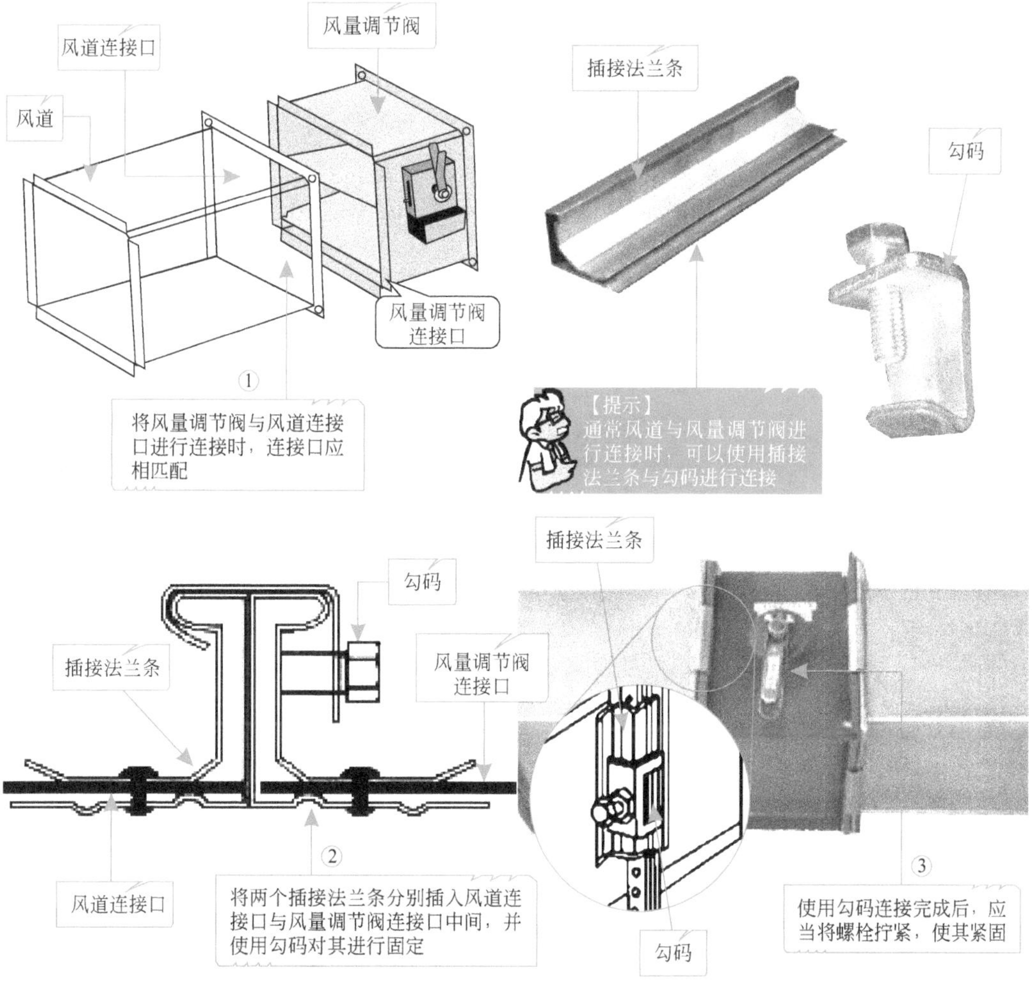

风量调节阀
风道连接口
风道
风量调节阀连接口
①
将风量调节阀与风道连接口进行连接时，连接口应相匹配
插接法兰条
勾码
【提示】
通常风道与风量调节阀进行连接时，可以使用插接法兰条与勾码进行连接
勾码
插接法兰条
风量调节阀连接口
风道连接口
②
将两个插接法兰条分别插入风道连接口与风量调节阀连接口中间，并使用勾码对其进行固定
插接法兰条
勾码
③
使用勾码连接完成后，应当将螺栓拧紧，使其紧固

图3-34 风量调节阀与风道之间通过插接法兰条与勾码连接

④ 风道的安装　风道的安装多采用吊装的方法，吊装时应先根据风道的宽度选择合适的钢筋吊架，然后在确定的安装位置上，使用电钻打孔，并将全螺纹吊杆安装在打好的孔中。

风道的吊装方法如图3-35所示。

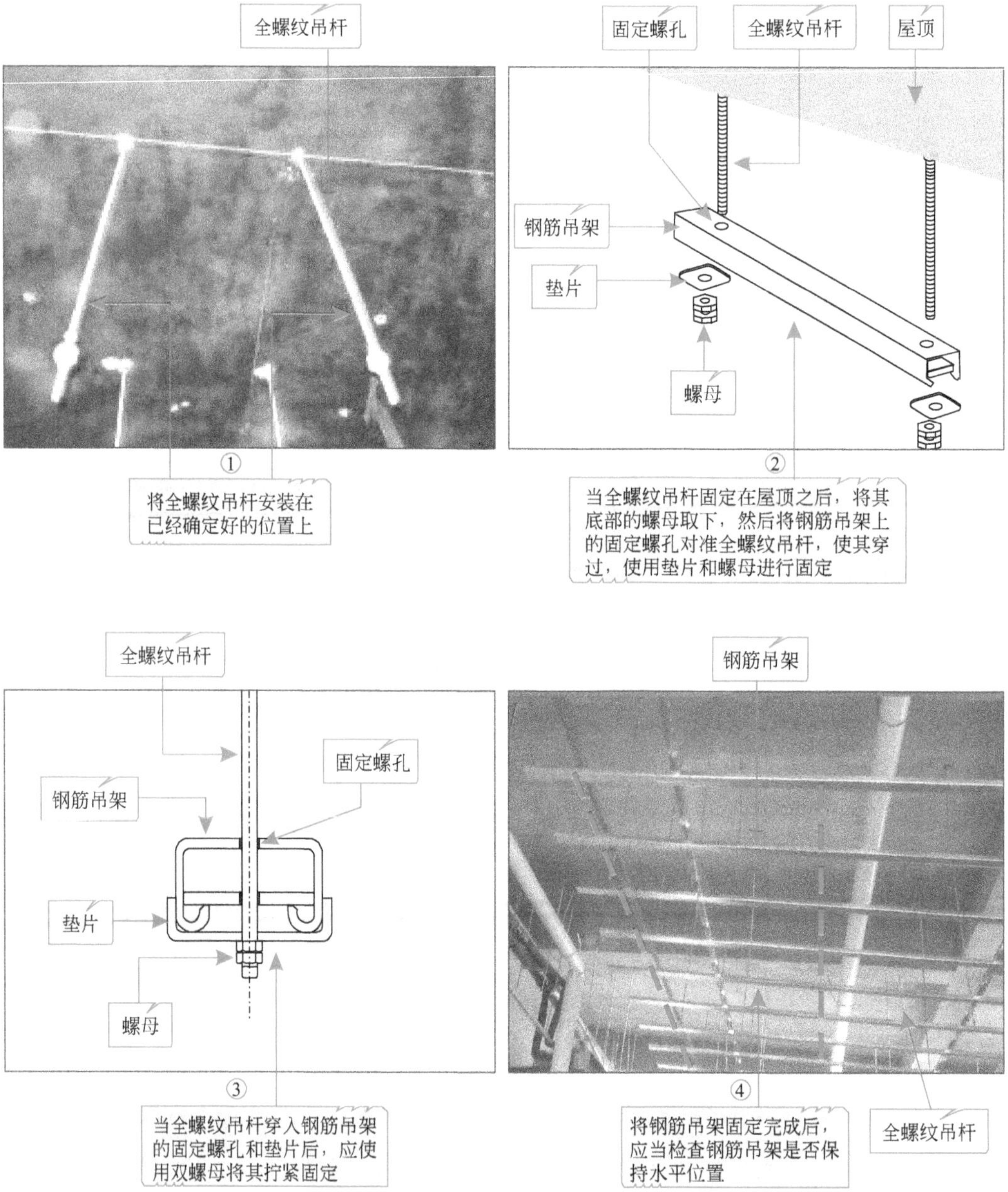

全螺纹吊杆

①

将全螺纹吊杆安装在已经确定好的位置上

固定螺孔
全螺纹吊杆
屋顶
钢筋吊架
垫片
螺母

②

当全螺纹吊杆固定在屋顶之后，将其底部的螺母取下，然后将钢筋吊架上的固定螺孔对准全螺纹吊杆，使其穿过，使用垫片和螺母进行固定

全螺纹吊杆
固定螺孔
钢筋吊架
垫片
螺母

③

当全螺纹吊杆穿入钢筋吊架的固定螺孔和垫片后，应使用双螺母将其拧紧固定

钢筋吊架

④

将钢筋吊架固定完成后，应当检查钢筋吊架是否保持水平位置

全螺纹吊杆

图3-35 风道的吊装方法

为提高制热（制冷）效果，风道通常会采用一定的保温措施，图3-36所示为风道的保温处理，对其加装锡箔纸。

图3-36 风道进行保温处理

（2）水管的安装连接方法

风冷式水循环商用中央空调器的水管道连接与风管道类似，在进行安装连接时，首先要根据安装环境进行实地测量和规划，按照要求制作出一段一段的水管，然后依据设计规划，将一段一段的水管以及闸阀组件接在一起，固定在建筑的顶部或墙壁上。

风冷式水循环商用中央空调器的室外机安装好后，可根据安装图对室外机的管路进行连接。单个室外机与室内部分只有进水管路和回水管路相连，多组室外机则需要从一台主室外机中引出管路，其他机组再与管路并联。

风冷式水循环商用中央空调器室外机水管道的连接示意图，如图3-37所示。

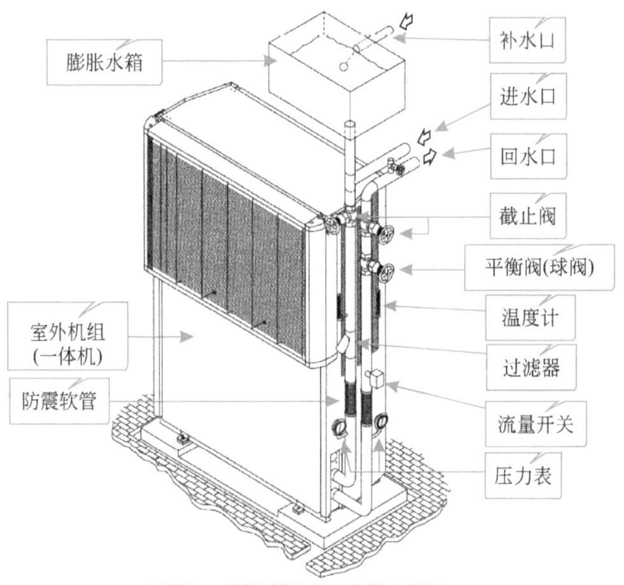

(a) 室外机(一体机)管路部分连接示意图

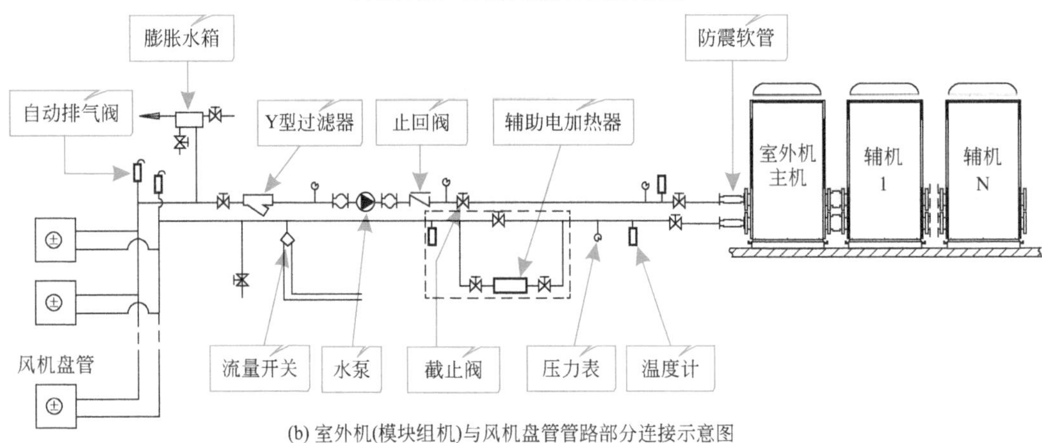

(b) 室外机(模块组机)与风机盘管管路部分连接示意图

图3-37　室外机管道的连接示意图

① 水泵的安装　水泵需要安装在水泥基座上，水平校正后，再固定好地脚螺栓。配管时，泵体接口和管道连接不得强行组合。

水管道与水泵的安装连接，如图3-38所示。

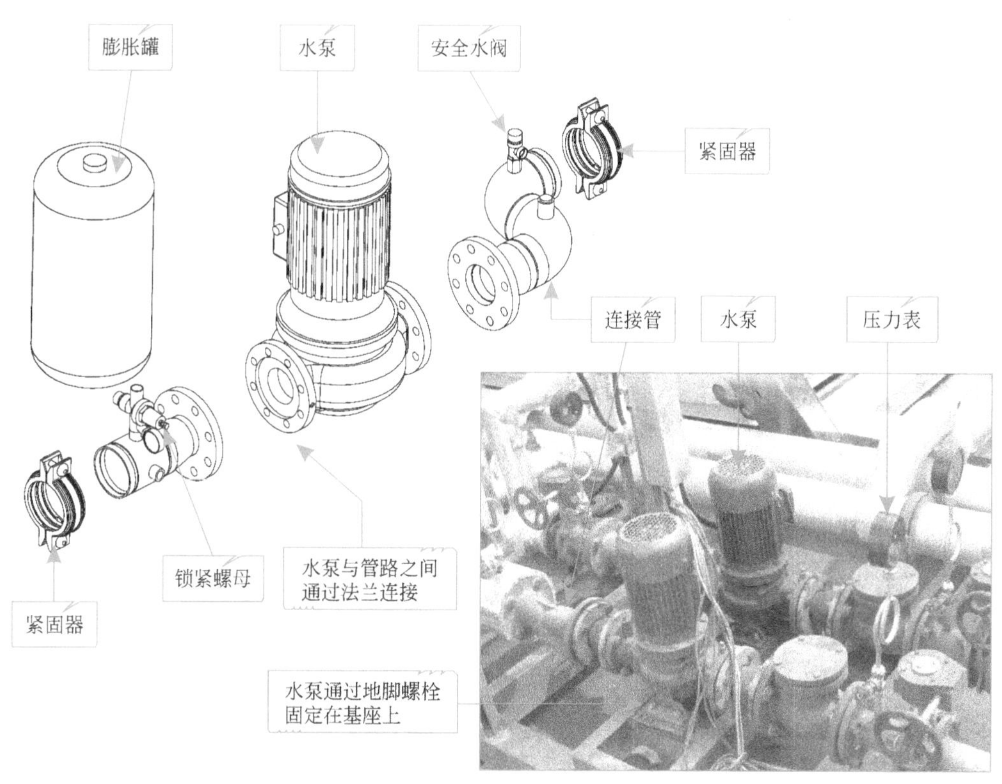

图3-38　水管道与水泵的安装连接

② 自动排气阀和排水阀的安装　自动排气阀应设置在水管系统最高点、分区分段水平干管、布置有局部上凸的地方。管路的最低端应设置排水管和排水阀。

自动排气阀和排水阀的安装连接，如图3-39所示。

③ 过滤器的安装　过滤器应设置在主机和水泵之前，保护主机和水泵不进入杂质、异物，过滤器前后应设有阀门（可与其他设备共用），以便检修、拆卸、清洗，安装位置须留有拆装和清洗操作空间，便于定期清洗。过滤器应尽量安装在水平管道中，水泵入口过滤器多安装在主管上，介质的流动方向必须与外壳上标明的箭头方向相一致。

自动排气阀

排水阀安装于管路的最低处

自动排气阀安装于管路的最高处，便于排出管路中空气

排水阀

图3-39　自动排气阀和排水阀的安装连接

过滤器的安装连接，如图3-40所示。

图3-40　过滤器的安装连接

④ 水流开关的安装　水流开关是一种检测部件，在冷水流量不足或缺水情况下，水流开关动作使主机停止工作。水流开关要求安装在主机出水主管水平管段上，前后必须有不小于5倍管径的平直管道，外壳箭头方向应与水流方向一致，切勿装错。水流开关控制线应接在主机对应接线端子上，安装前应检查端子的通断情况，以免接错。

水流开关安装完毕后，其下部的簧片长度应达到管道直径的2/3处，且能活动自如，不应出现卡住或摆动幅度小的现象，以免误动作。

水流开关的安装连接，如图3-41所示。

图3-41 水流开关的安装连接

3.2.3 室内末端设备的安装与连接

中央空调器的室内末端设备以风机盘管最为常见，风管机内有蒸发器和风扇，蒸发器与水管道相连，风管机的两个接口与室内送风口和回风口相连，对于风管机的安装连接主要包括风管机的安装，风管机与风道的连接。

（1）风管机的安装

风管机通常可采用吊装的方式进行安装，与安装风道吊架的方法基本相同，当确定风管机的安装位置后，应当在确定的安装位置进行打孔，并将通丝吊杆进行固定，然后将吊架固定在通丝吊杆上，再将风管机固定在吊架上即可。

如图3-42所示为商用中央空调风管机的安装方式。

（2）风管机与风道的连接

如图3-43所示，风管机与风道的连接主要分为风管机送风口与风道的连接和风管机回风口与风道的连接两道工序。

【提示】
风管机较重，要保证吊架有一定的承重能力，工作人员要使用人字梯进行安装

吊架
全螺纹吊杆
风管机
将风管机固定在吊架上
风管机

图3-42　商用中央空调风管机的安装方式

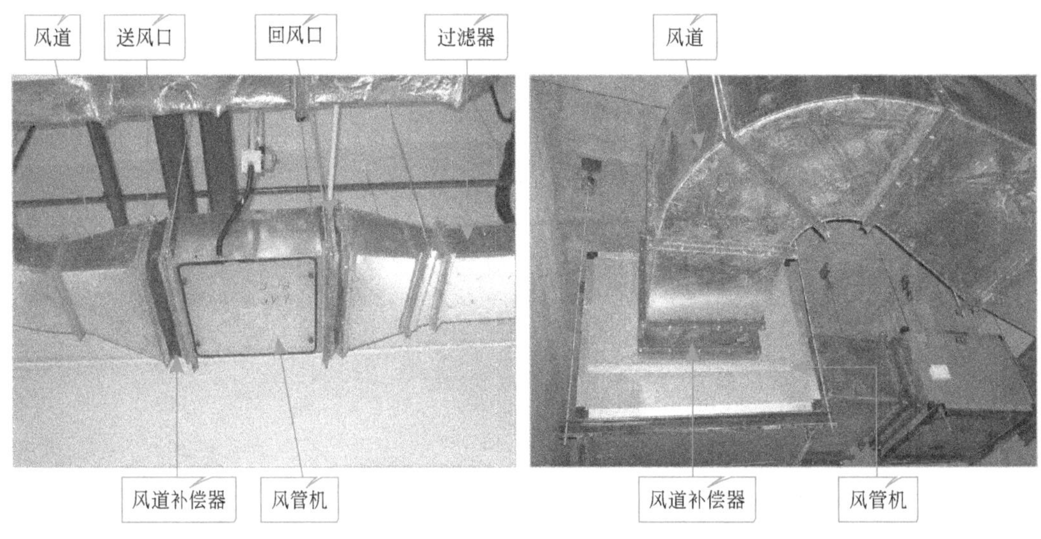

图3-43　风管机与风道连接的方法

风管机在与风道进行连接时，需要使用风道补偿器或帆布软管等进行连接。由于风管机工作时，可能产生震动，若安装有风道补偿器或帆布软管，可有效减小风道与风管机同时产生震动的可能，如图3-44所示为风道补偿器与帆布软管。

① 风管机送风口与风道连接的方法　当风管机与风道吊装完成后，风管机的送风口与风道之间的连接方法可以使用风道补偿器进行连接，将风道补偿器的一端与风管机送风口连接，另一端与风道连接。

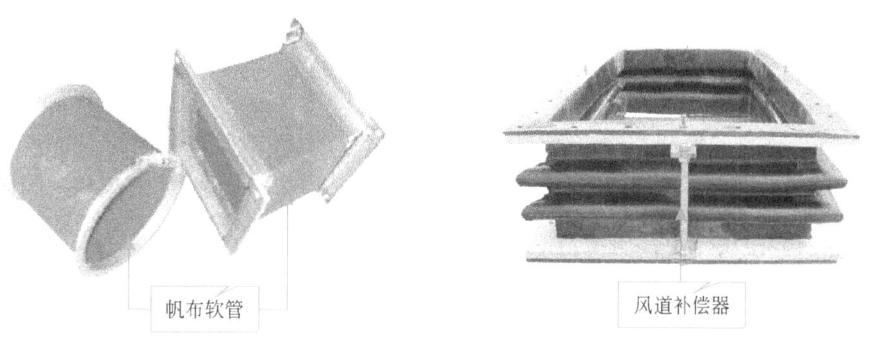

帆布软管
风道补偿器

图3-44 风道补偿器与帆布软管

演示图解

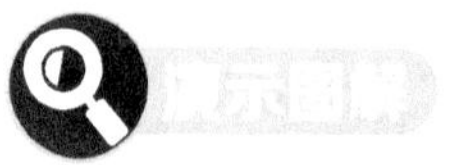

风管机送风口与风道连接的方法，如图3-45所示。

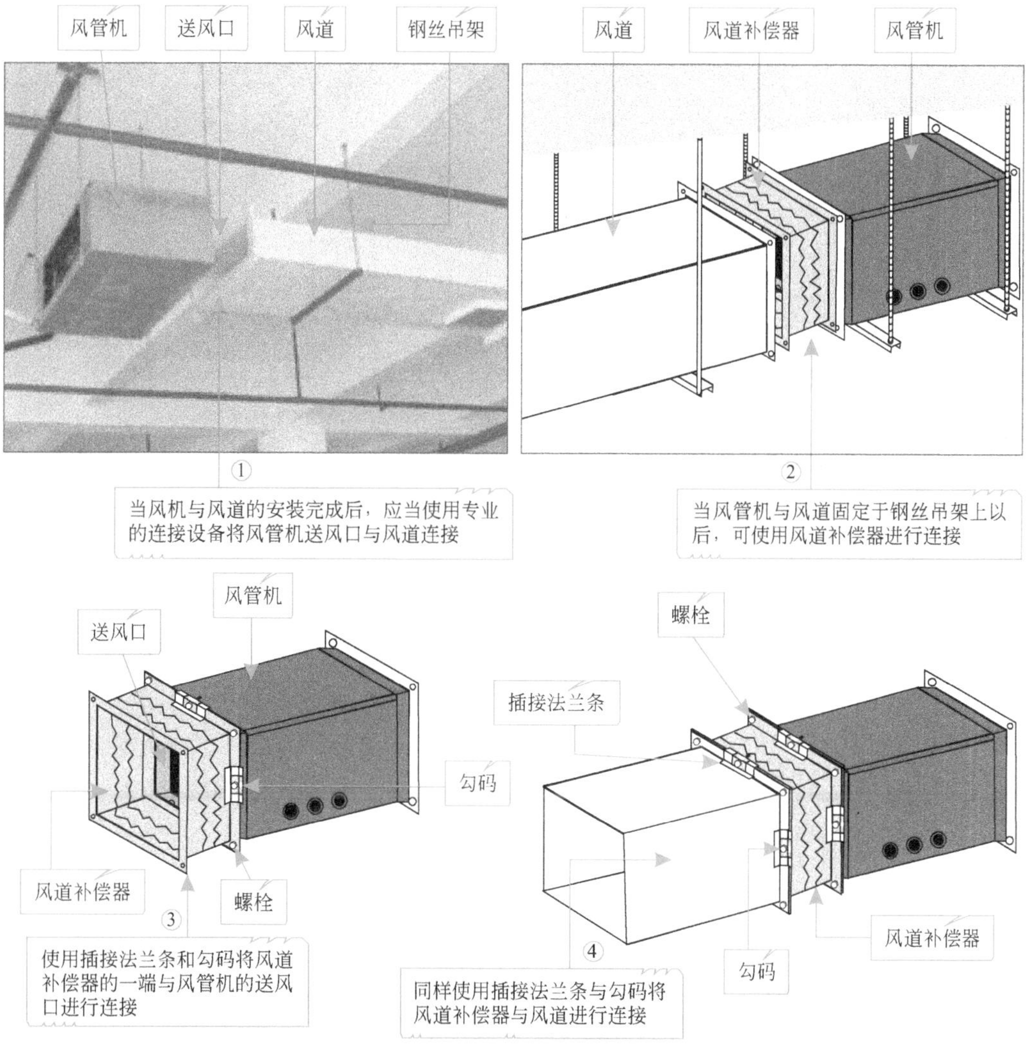

风管机
送风口
风道
钢丝吊架
风道
风道补偿器
风管机
①
当风机与风道的安装完成后，应当使用专业的连接设备将风管机送风口与风道连接
②
当风管机与风道固定于钢丝吊架上以后，可使用风道补偿器进行连接
风管机
送风口
勾码
风道补偿器
螺栓
③
使用插接法兰条和勾码将风道补偿器的一端与风管机的送风口进行连接
螺栓
插接法兰条
风道补偿器
勾码
④
同样使用插接法兰条与勾码将风道补偿器与风道进行连接

图3-45 风管机送风口通过风道补偿器与风道连接

② 风管机回风口与过滤器的连接方法　风管机回风口需要通过过滤器与风道进行连接，如图3-46所示。通常过滤器的安装方式与风管机的安装方式相同（采用吊装方式），其主要用于商用中央空调对回风混合风道送回的风进行过滤处理。

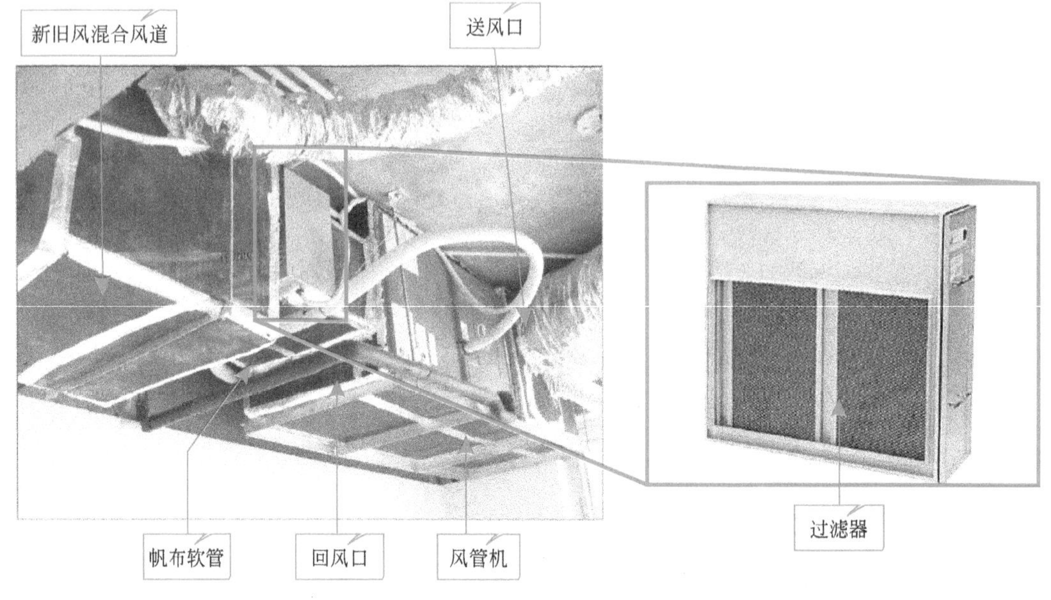

图3-46　过滤器

演示图解

风管机送风口与过滤器的连接方法，如图3-47所示。

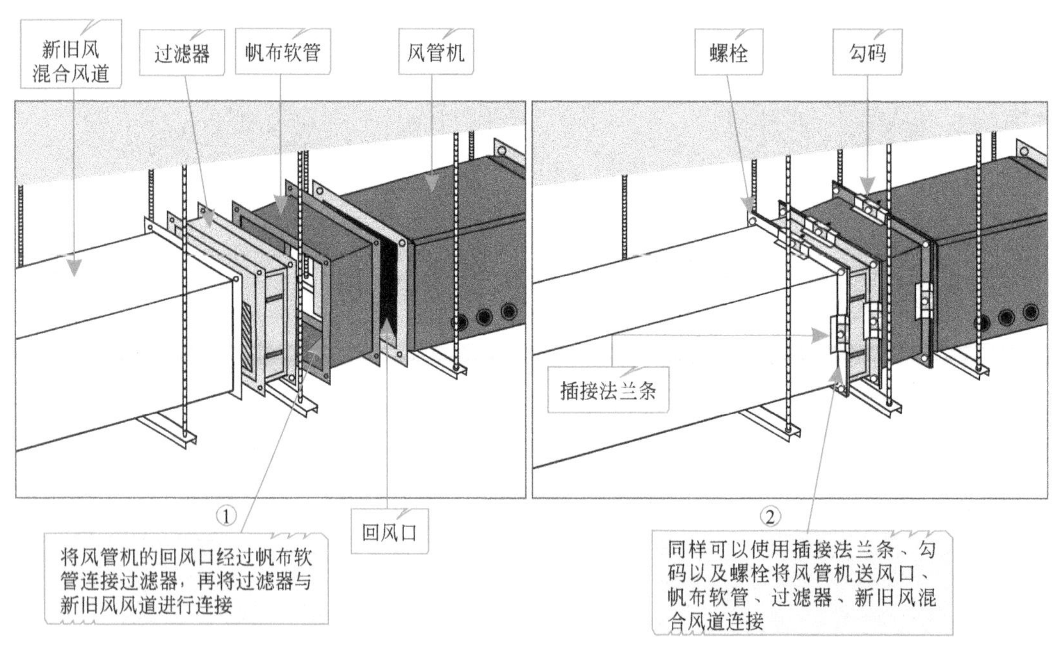

图3-47　风管机过滤器的连接方法

第4章 中央空调的故障检修思路

4.1 家用中央空调的故障特点

随着人们生活水平的提高，越来越多的家庭选择安装家用中央空调。在使用中央空调时，由于人为、环境、质量等原因，空调器会出现各种各样的故障，虽然家用中央空调有结构和类型之分，但其故障特点及故障检修思路上基本相同，只是在故障检修方面会略有差异。因此，检修中央空调器时，首先要熟悉家用中央空调容易出现的故障特点，然后建立正确的检修思路，判断故障的大体范围，准确的查找出引起故障的部位，然后对其进行检修，从而排除故障。

4.1.1 家用中央空调的故障特点

家用中央空调的故障特点主要体现为中央空调制冷或制热异常、压缩机工作异常、室外机组不工作、开机无法正常启动、遥控控制失灵以及显示异常等，其各故障特点的具体表现也不尽相同，需要根据具体故障表现进行分析和检修。

（1）家用中央空调制冷或制热异常的故障特点

家用中央空调制冷或制热异常的故障特点主要表现为中央空调不制冷或不制热、制冷或制热效果差等，造成中央空调出现该类故障通常是由于管路中的制冷剂不足、制冷管路堵塞、室内环境温度传感器损坏、控制电路出现异常所引起的。

家用中央空调制冷或制热异常的故障特点，如图4-1所示。

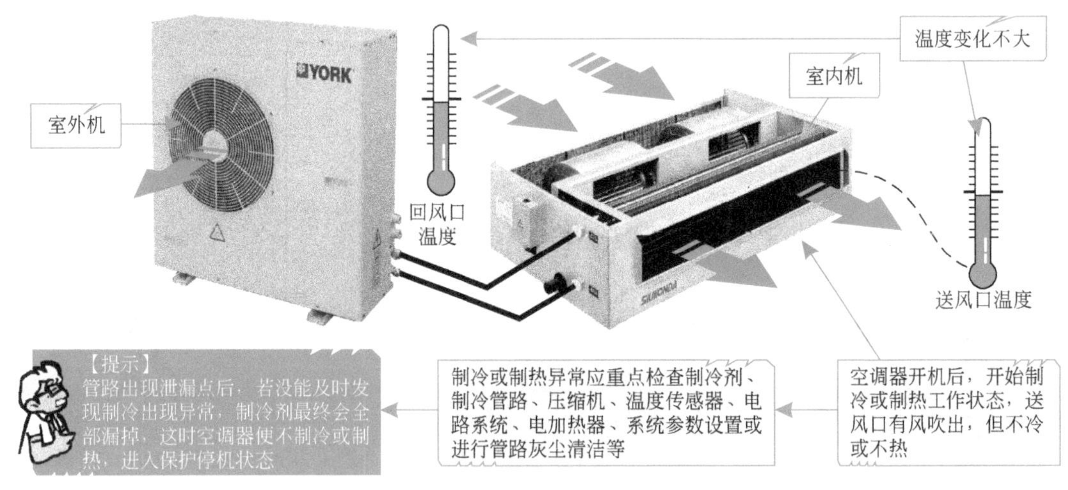

图4-1 家用中央空调制冷或制热异常的故障特点

（2）家用中央空调不开机或开机保护的故障特点

家用中央空调不开机或开机保护的故障特点主要表现为开机跳闸、室外机不启动、开机显示故障代码提示高压保护、低压保护、压缩机电流保护、变频模块保护等。引起该类故障的原因可能是电路系统也可能是管路系统。对于可显示故障代码的故障，应根据机型查找故障代码手册，进而对症检修。

家用中央空调不开机或开机保护的故障特点，如图4-2所示。

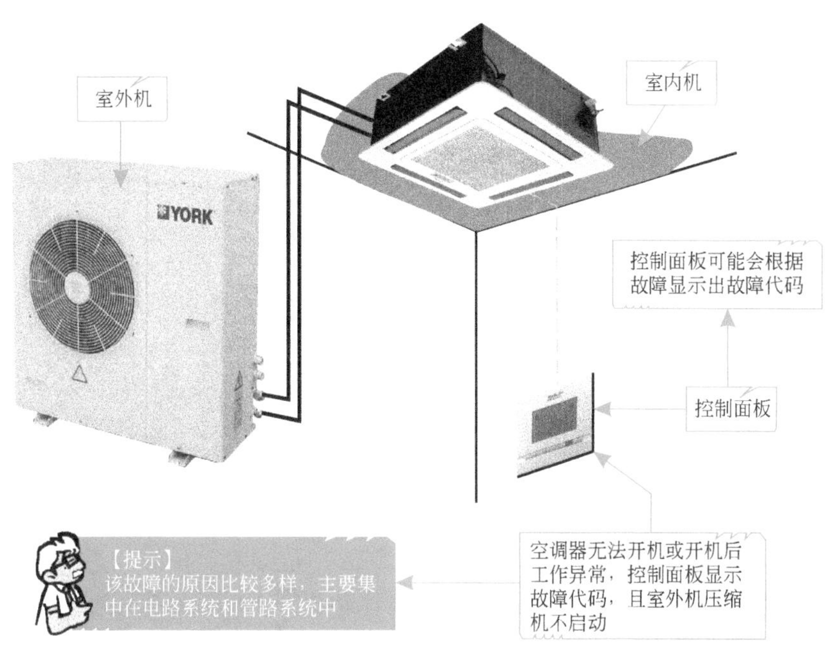

图4-2 家用中央空调不开机或开机保护异常的故障特点

（3）家用中央空调压缩机工作异常的故障特点

家用中央空调压缩机工作异常的主要表现为压缩机不运转、压缩机启停频繁等，从而引起不制冷（或制热）或制冷（热）效果差的故障。出现该类故障通常是由于制冷系统或控制电路工作异常所引起的，也有很小的可能是由于压缩机出现机械不良的故障引起的。

家用中央空调压缩机工作异常的故障特点，如图4-3所示。

（4）家用中央空调室外机组不工作的故障特点

家用中央空调室外机组不工作，通常会在室外主机及辅机的显示故障代码中进行提示，该故障可能是由室外机通讯故障、室外机相序错误故障、室外机地址错误等引起的，可根据空调器机型查找故障代码，进而对症检修。

室内机
压缩机工作异常
室外机
空调器通电开机后，压缩机不运转、频繁启停
【提示】
该故障的原因比较多样，主要集中在电路系统和管路系统中
压缩机

图4-3　家用中央空调压缩机工作异常的故障特点

家用中央空调室外机组不工作的故障特点，如图4-4所示。

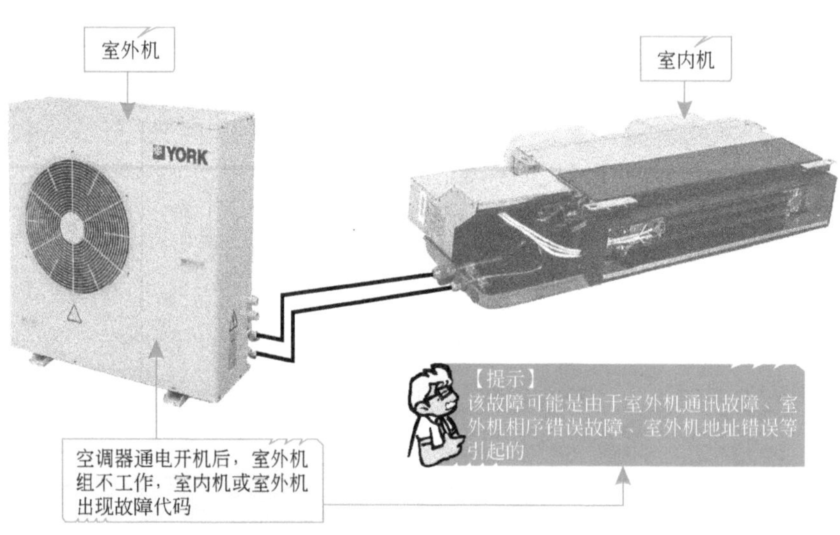

图4-4　家用中央空调室外机组不工作的故障特点

4.1.2　家用中央空调的故障分析

（1）家用中央空调制冷或制热异常的故障分析

① 不制冷或不制热故障的分析流程　家用中央空调器系统通电后，开机正常，当设定温度后，空调器压缩机开始运转，运行一段时间后，室内温度无变化。经检查后，空调器

送风口的温度与室内环境温度差别不大。由此，可以判断空调器不制冷或不制热。

家用中央空调利用室内机接收室内环境温度传感器送入的温度信号，判断室内温度是否达到制冷要求，并向室外机传输控制信号，由室外机的控制电路控制四通阀换向，同时驱动变频电路工作，进而使压缩机运转，制冷剂循环流动，达到制冷或制热的目的。因此若家用中央空调出现不制冷或不制热故障时应重点检查四通阀和室内温度传感器。

不制冷或不制热故障的分析流程如图4-5所示。

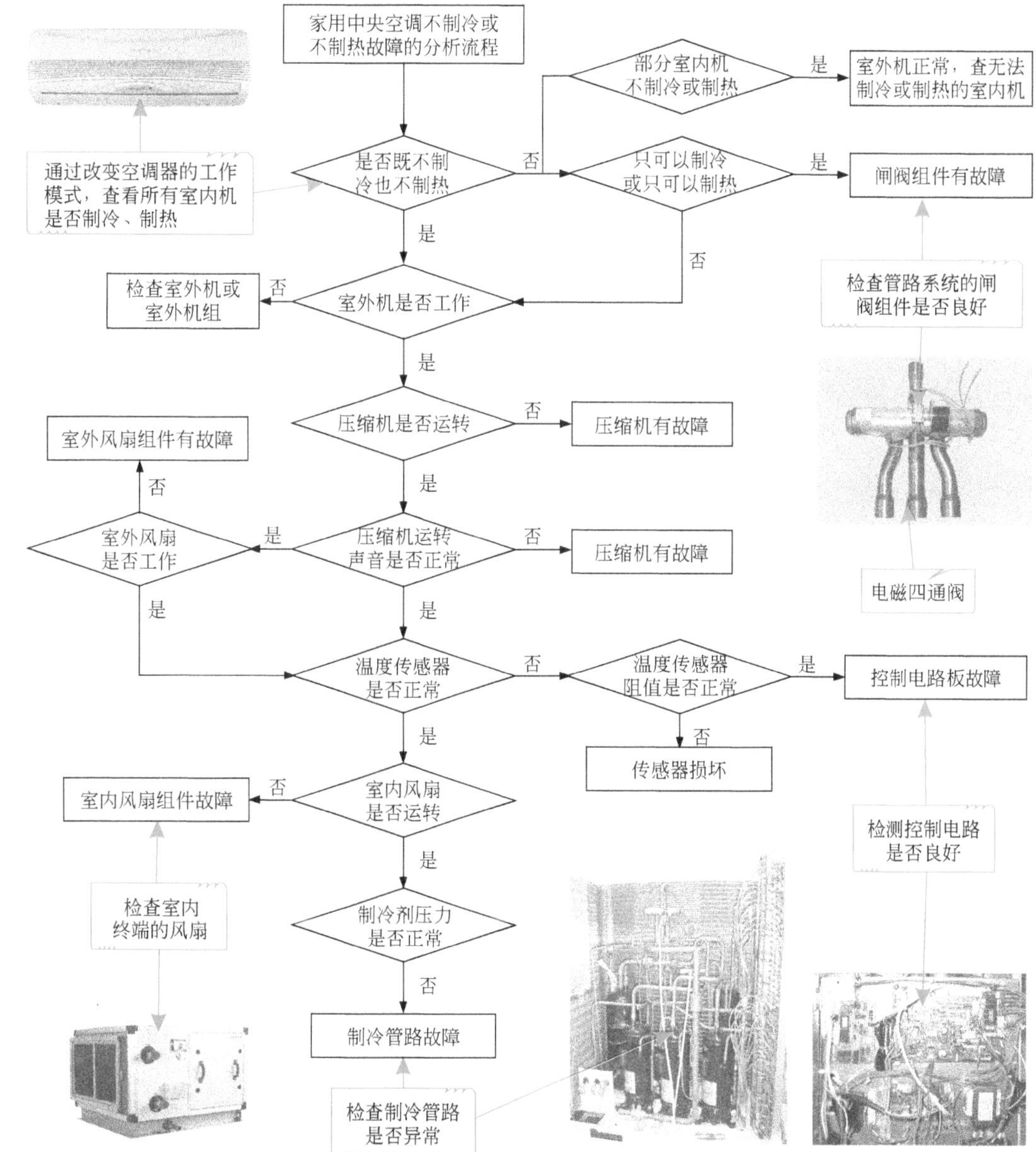

家用中央空调不制冷或不制热故障的分析流程

通过改变空调器的工作模式，查看所有室内机是否制冷、制热

是否既不制冷也不制热　否→　只可以制冷或只可以制热　是→　闸阀组件有故障

部分室内机不制冷或制热　是→　室外机正常，查无法制冷或制热的室内机

只可以制冷或只可以制热　否→　室外机是否工作

检查管路系统的闸阀组件是否良好

电磁四通阀

是否既不制冷也不制热　是→　室外机是否工作

室外机是否工作　否→　检查室外机或室外机组

室外机是否工作　是→　压缩机是否运转

压缩机是否运转　否→　压缩机有故障

压缩机是否运转　是→　压缩机运转声音是否正常

压缩机运转声音是否正常　否→　压缩机有故障

压缩机运转声音是否正常　是→　室外风扇是否工作

室外风扇是否工作　否→　室外风扇组件有故障

室外风扇是否工作　是→　温度传感器是否正常

压缩机运转声音是否正常　是→　温度传感器是否正常

温度传感器是否正常　否→　温度传感器阻值是否正常

温度传感器阻值是否正常　是→　控制电路板故障

温度传感器阻值是否正常　否→　传感器损坏

检测控制电路是否良好

温度传感器是否正常　是→　室内风扇是否运转

室内风扇是否运转　否→　室内风扇组件故障

检查室内终端的风扇

室内风扇是否运转　是→　制冷剂压力是否正常

制冷剂压力是否正常　否→　制冷管路故障

检查制冷管路是否异常

图4-5　家用中央空调不制冷或不制热故障的分析流程

② 制冷或制热效果差故障的分析流程　家用中央空调器系统可启动运行，但制冷/制热温度达不到设定要求。应重点检查其室内外机组的风机、制冷循环系统等是否正常。

制冷或制热效果差故障的分析流程如图4-6所示。

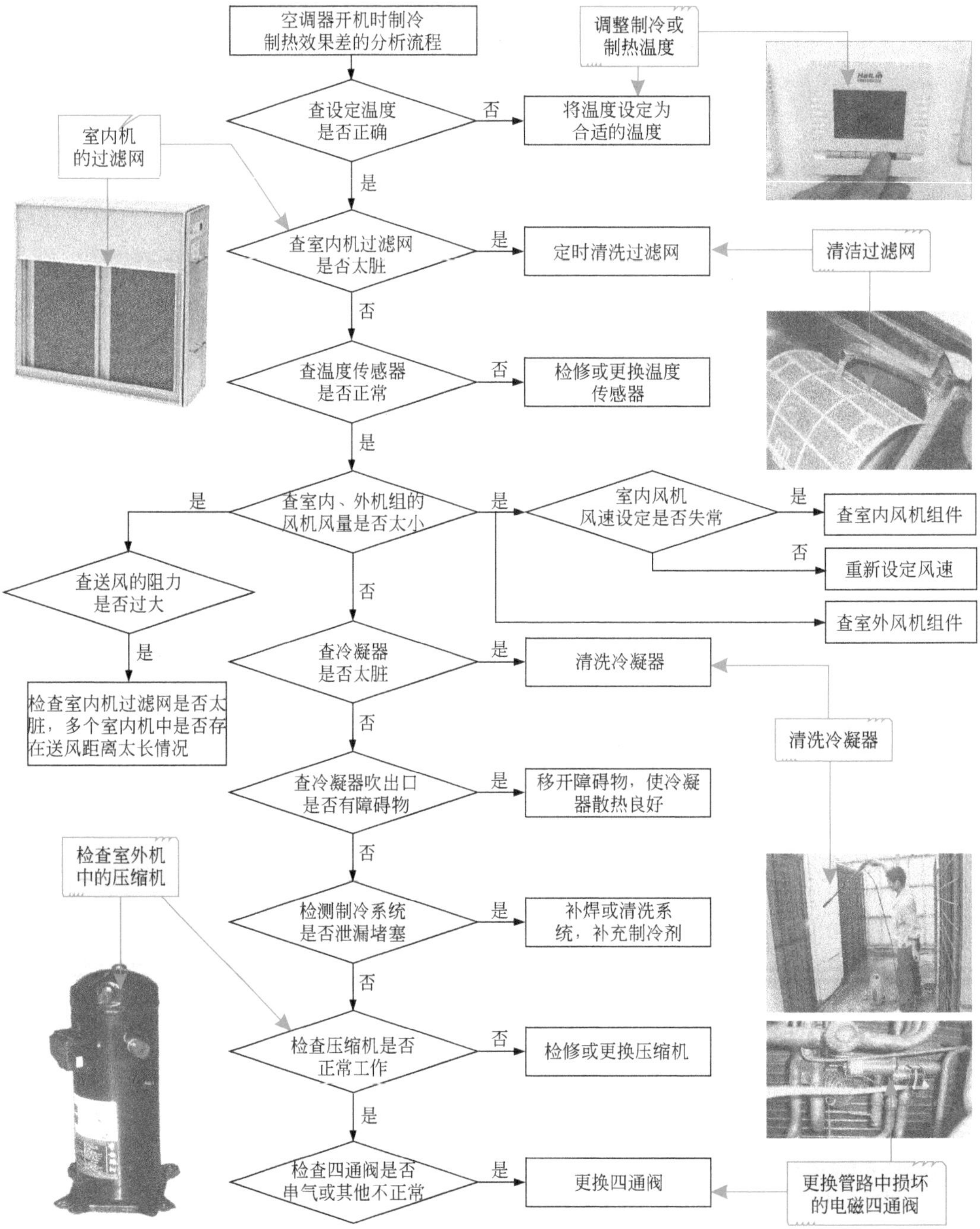

空调器开机时制冷制热效果差的分析流程
↓
查设定温度是否正确 —否→ 将温度设定为合适的温度（调整制冷或制热温度）
↓是
查室内机过滤网是否太脏 —是→ 定时清洗过滤网（清洁过滤网）（室内机的过滤网）
↓否
查温度传感器是否正常 —否→ 检修或更换温度传感器
↓是
查室内、外机组的风机风量是否太小 —是→ 室内风机风速设定是否失常 —是→ 查室内风机组件；—否→ 重新设定风速；→ 查室外风机组件
查室内、外机组的风机风量是否太小 —是→ 查送风的阻力是否过大 —是→ 检查室内机过滤网是否太脏，多个室内机中是否存在送风距离太长情况
↓否
查冷凝器是否太脏 —是→ 清洗冷凝器（清洗冷凝器）
↓否
查冷凝器吹出口是否有障碍物 —是→ 移开障碍物，使冷凝器散热良好
↓否
检测制冷系统是否泄漏堵塞 —是→ 补焊或清洗系统，补充制冷剂
↓否
检查压缩机是否正常工作（检查室外机中的压缩机）—否→ 检修或更换压缩机
↓是
检查四通阀是否串气或其他不正常 —是→ 更换四通阀（更换管路中损坏的电磁四通阀）

图4-6　家用中央空调器制冷或制热效果差故障的分析流程

(2)家用中央空调无法启动或启动异常故障的分析流程

① 开机跳闸故障的分析流程　开机跳闸的故障是指中央空调系统通电后正常，但开机启动时，烧保险，空气开关跳脱的现象。出现此种故障，可能是由于电路系统中存在短路或漏电引起的。重点检查空调系统的控制线路、压缩机、压缩机启动电容等。

开机跳闸故障的分析流程如图4-7所示。

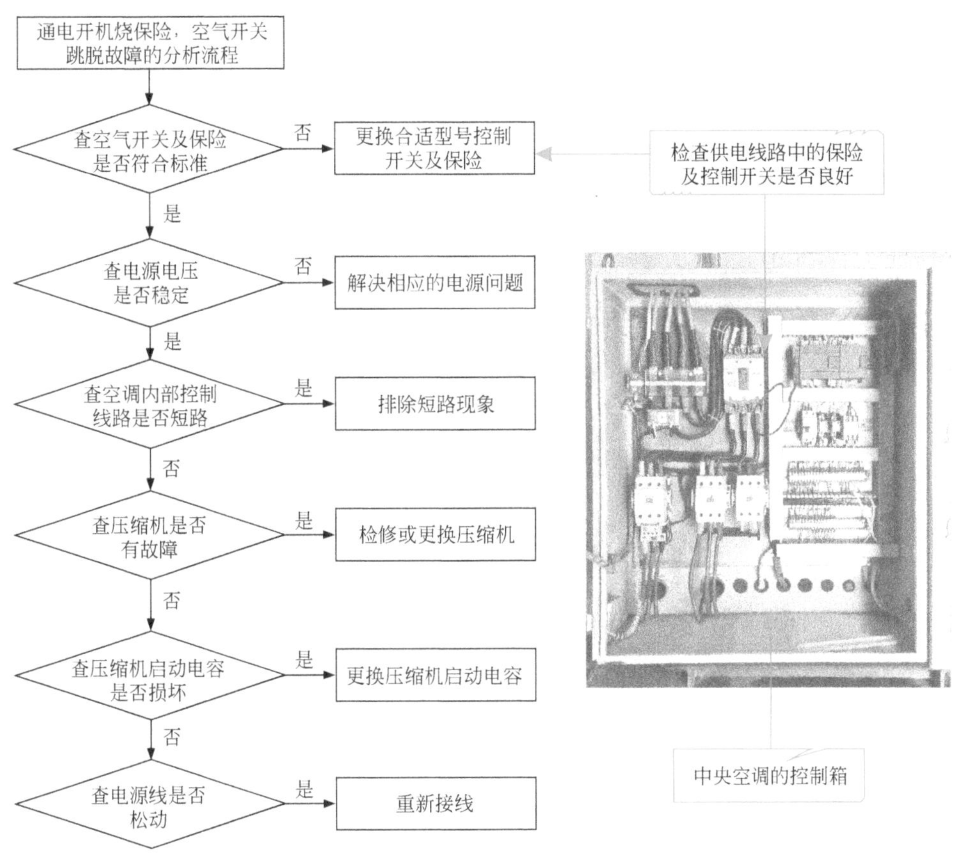

图4-7　家用中央空调器开机跳闸故障的分析流程

② 室内机可启动、室外机不启动故障的分析流程　家用中央空调系统开机后，室内机运转，但室外机中压缩机不启动，该现象主要是由于室内外机通信不良、室外机压缩机启动部件或压缩机本身不良所引起的，主要应对室内外机连接线、压缩机启动部件以及压缩机进行检查。

室内机可启动、室外机不启动故障的分析流程如图4-8所示。

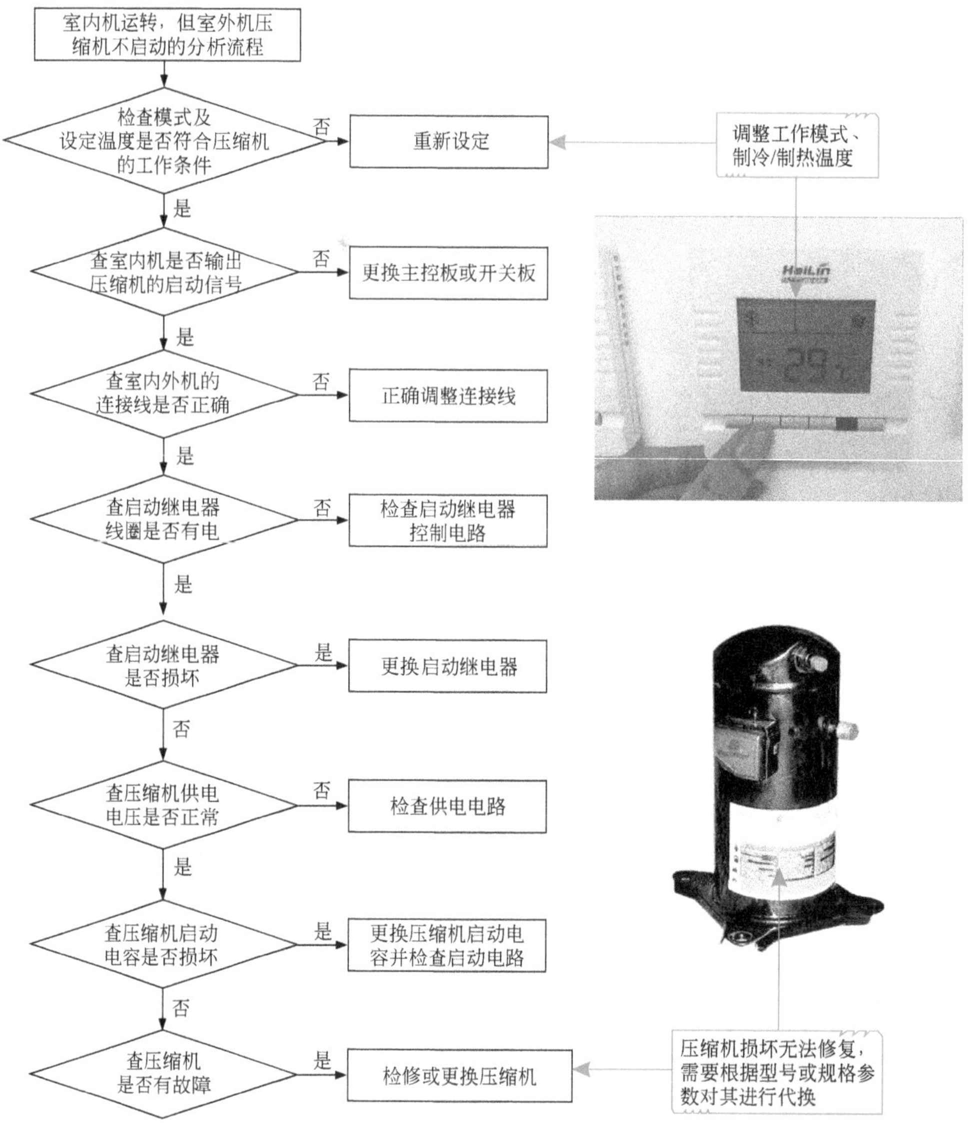

室内机运转，但室外机压缩机不启动的分析流程

检查模式及设定温度是否符合压缩机的工作条件 —否→ 重新设定 ← 调整工作模式、制冷/制热温度

是↓

查室内机是否输出压缩机的启动信号 —否→ 更换主控板或开关板

是↓

查室内外机的连接线是否正确 —否→ 正确调整连接线

是↓

查启动继电器线圈是否有电 —否→ 检查启动继电器控制电路

是↓

查启动继电器是否损坏 —是→ 更换启动继电器

否↓

查压缩机供电电压是否正常 —否→ 检查供电电路

是↓

查压缩机启动电容是否损坏 —是→ 更换压缩机启动电容并检查启动电路

否↓

查压缩机是否有故障 —是→ 检修或更换压缩机 ← 压缩机损坏无法修复，需要根据型号或规格参数对其进行代换

图4-8　中央空调器室内机可启动、室外机不启动故障的分析流程

③ 开机显示故障代码的分析流程　家用中央空调一般都带有故障代码设定，当出现中央空调器室内外机组自身可识别的故障后，其显示屏或指示灯会显示相应的故障指示，常见的如高压保护、低压保护、压缩机电流保护、变频模块保护故障等，不同的故障代码所指示故障的含义不同，且故障代码同时显示在室内机和室外机上与只显示在室内机或室外机组上所表示意义也不相同。可重点对故障显示的故障代码进行查找，判断出故障部位，进而对其进行检修。

如图4-9所示，分别为几种常见故障代码指示故障的分析流程。

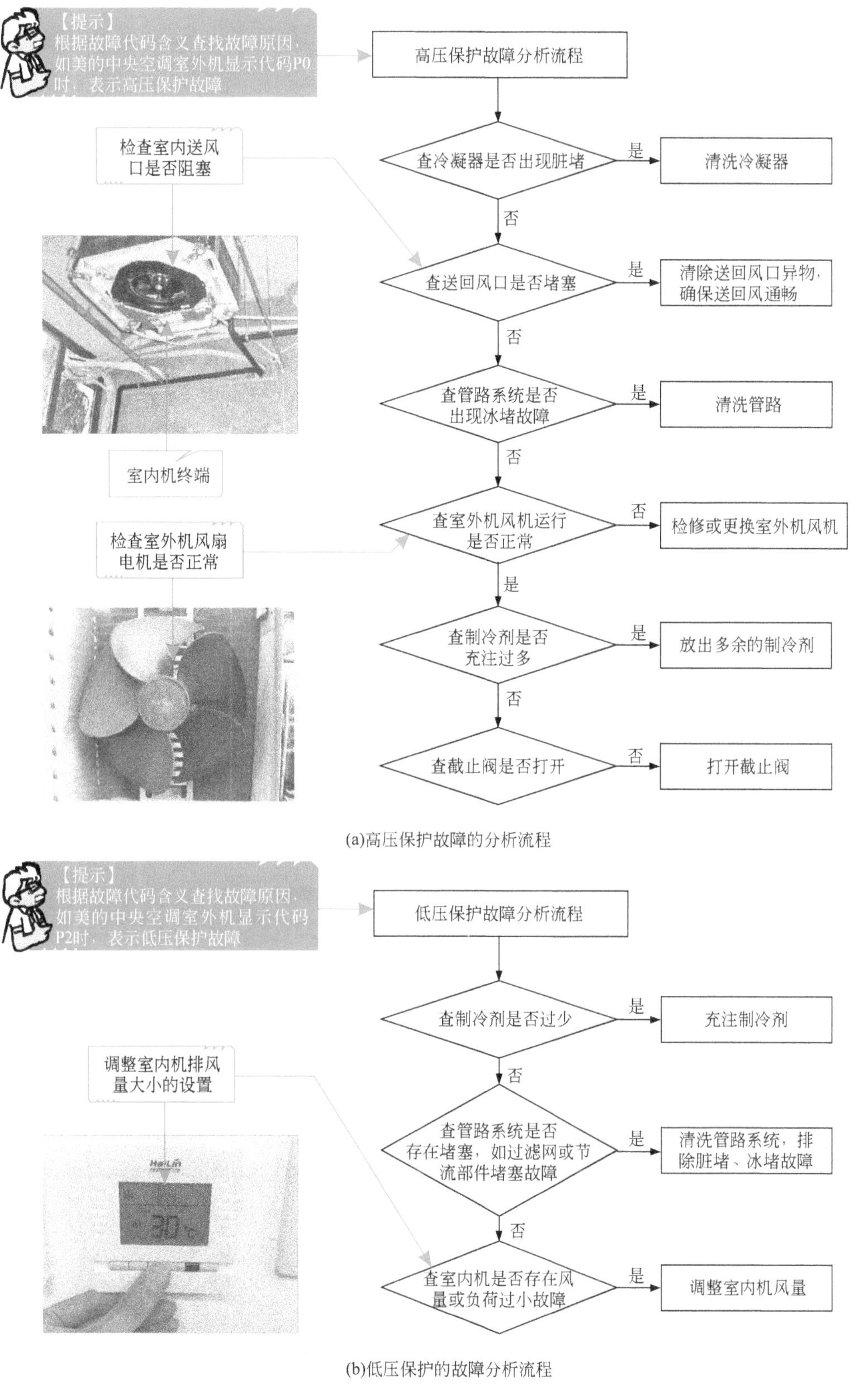
【提示】
根据故障代码含义查找故障原因，如美的中央空调室外机显示代码P0时，表示高压保护故障
高压保护故障分析流程
查冷凝器是否出现脏堵
是
清洗冷凝器
否
检查室内送风口是否阻塞
查送回风口是否堵塞
是
清除送回风口异物，确保送回风通畅
否
查管路系统是否出现冰堵故障
是
清洗管路
否
室内机终端
查室外机风机运行是否正常
否
检修或更换室外机风机
是
检查室外机风扇电机是否正常
查制冷剂是否充注过多
是
放出多余的制冷剂
否
查截止阀是否打开
否
打开截止阀
(a)高压保护故障的分析流程
【提示】
根据故障代码含义查找故障原因，如美的中央空调室外机显示代码P2时，表示低压保护故障
低压保护故障分析流程
查制冷剂是否过少
是
充注制冷剂
否
调整室内机排风量大小的设置
查管路系统是否存在堵塞，如过滤网或节流部件堵塞故障
是
清洗管路系统，排除脏堵、冰堵故障
否
查室内机是否存在风量或负荷过小故障
是
调整室内机风量
(b)低压保护的故障分析流程

图4-9

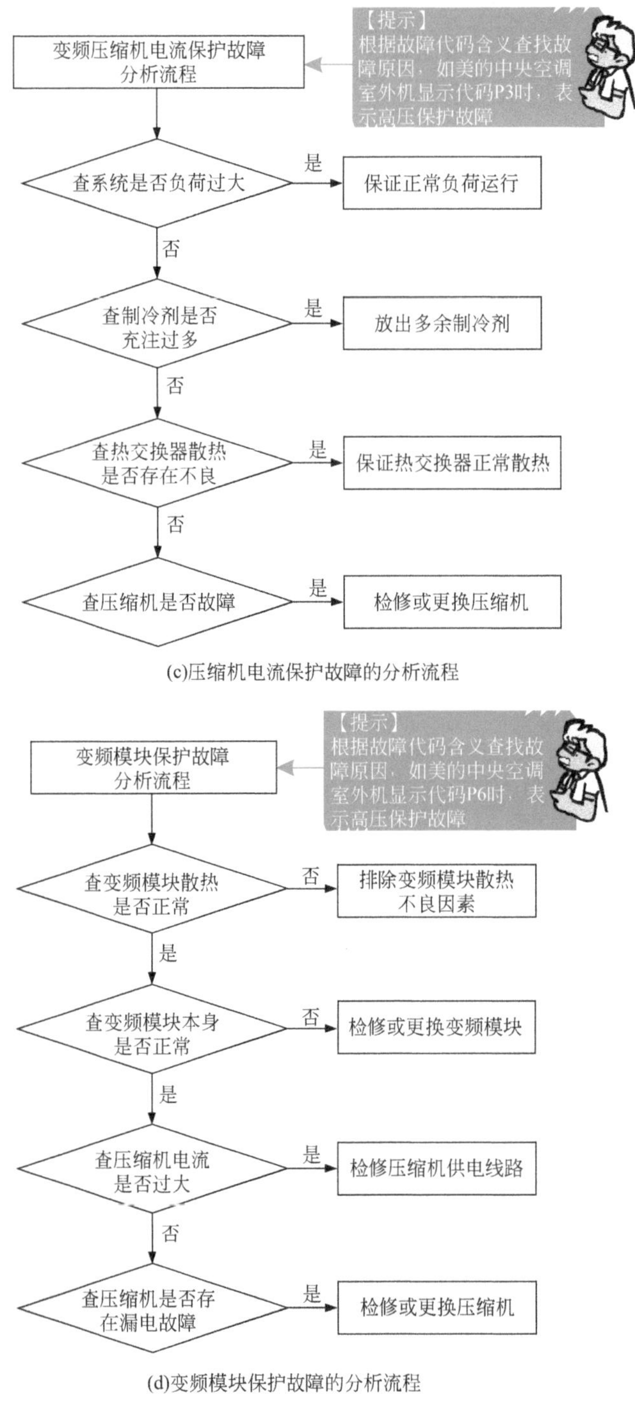

(c)压缩机电流保护故障的分析流程

(d)变频模块保护故障的分析流程

图4-9　几种常见故障代码指示故障的分析流程

(3) 家用中央空调压缩机工作异常故障的分析流程

① 压缩机不运转故障的分析流程　家用中央空调室外机中一般采用变频压缩机启动，

该类压缩机一般由专门的变频电路或变频模块进行驱动控制，压缩机不运转时应重点对压缩机相关电路进行检查。

压缩机不运转故障的分析流程如图4-10所示。

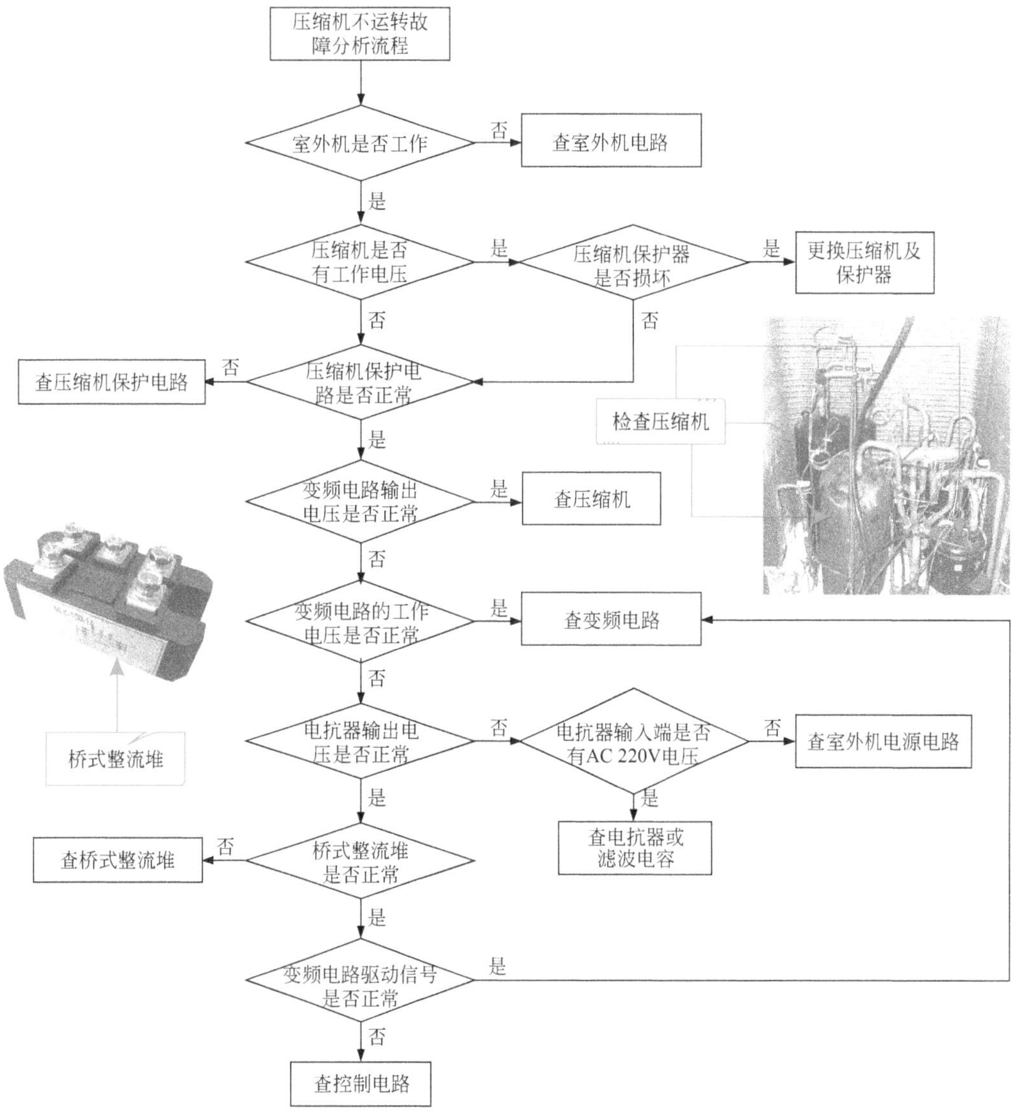

压缩机不运转故障分析流程

室外机是否工作 —否→ 查室外机电路
↓是
压缩机是否有工作电压 —是→ 压缩机保护器是否损坏 —是→ 更换压缩机及保护器
（压缩机保护器是否损坏 —否→ 压缩机保护电路是否正常）
↓否
压缩机保护电路是否正常 —否→ 查压缩机保护电路
↓是
变频电路输出电压是否正常 —是→ 查压缩机
↓否
变频电路的工作电压是否正常 —是→ 查变频电路
↓否
电抗器输出电压是否正常 —否→ 电抗器输入端是否有AC 220V电压 —否→ 查室外机电源电路
（电抗器输入端是否有AC 220V电压 —是→ 查电抗器或滤波电容）
↓是
桥式整流堆是否正常 —否→ 查桥式整流堆
↓是
变频电路驱动信号是否正常 —是→ 查变频电路
↓否
查控制电路

检查压缩机

桥式整流堆

图4-10　家用中央空调压缩机不运转故障的分析流程

② 压缩机启停频繁的故障的分析流程　家用中央空调系统通电启动后，压缩机在短时间内频繁启停主要是由于电源电压不稳、温度传感器不良、室内外风机故障或系统存在堵塞等引起的。

演示图解

压缩机启停频繁故障的分析流程如图4-11所示。

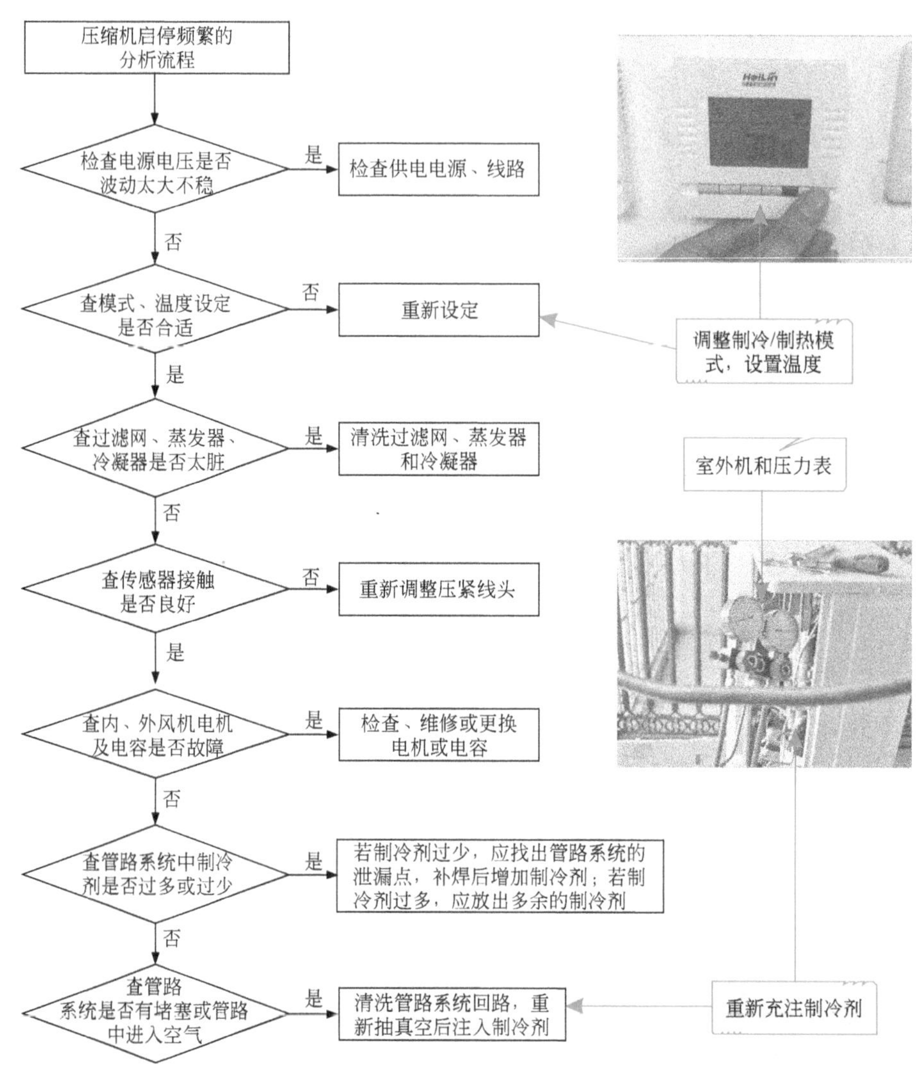

图4-11　家用中央空调压缩机启停频繁故障的分析流程

（4）家用中央空调室外机组不工作的故障检修思路

① 室外机通讯故障引起室外机组不启动的故障检修思路　家用中央空调室外机的通讯故障指室外机主机与辅机之间无法连接和启动，该类故障多是由通讯设置不当或主控板损坏引起的，应重点检查主机与辅机间的信号线连接是否正常、地址码设置以及主控板部分是否正常。

室外机通讯故障引起室外机组不启动故障的分析流程如图4-12所示。

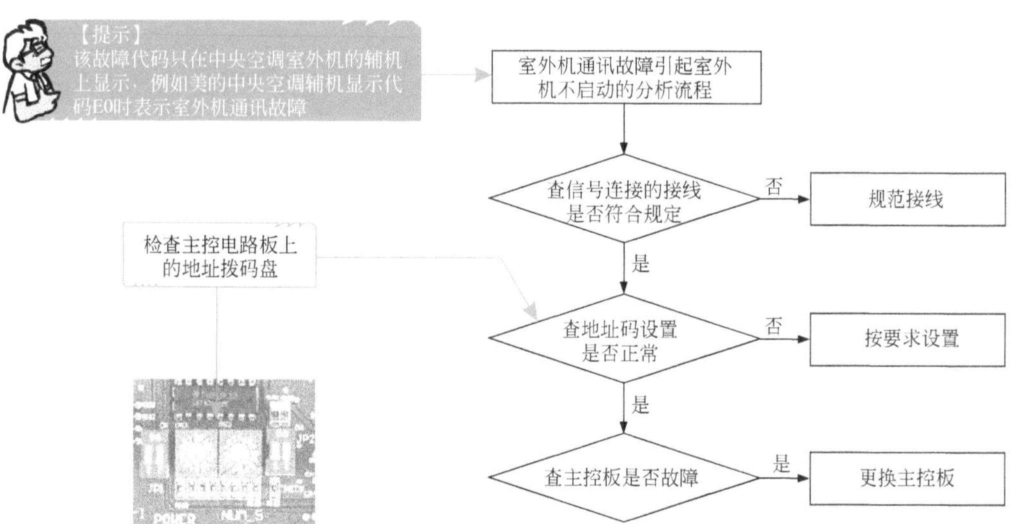

图4-12 家用中央空调室外机通讯故障的分析流程

② 室外机相序错误故障引起室外机不启动的分析流程

室外机相序错误引起室外机不启动的分析流程如图4-13所示。

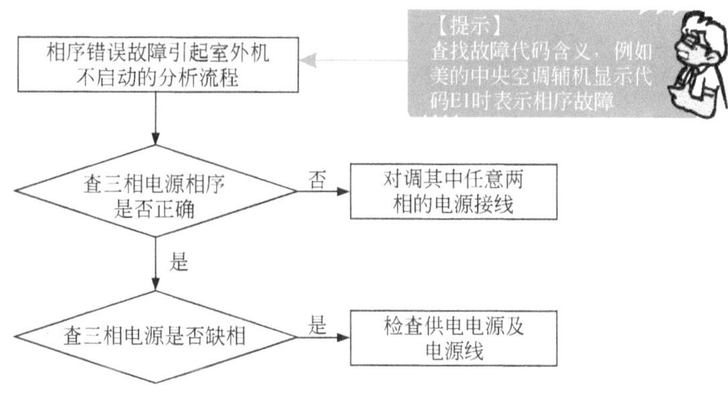

图4-13 家用中央空调室外机相序错误故障的分析流程

③ 室外机地址错误引起室外机不启动的检修思路

室外机地址错误引起室外机不启动的分析流程如图4-14所示。

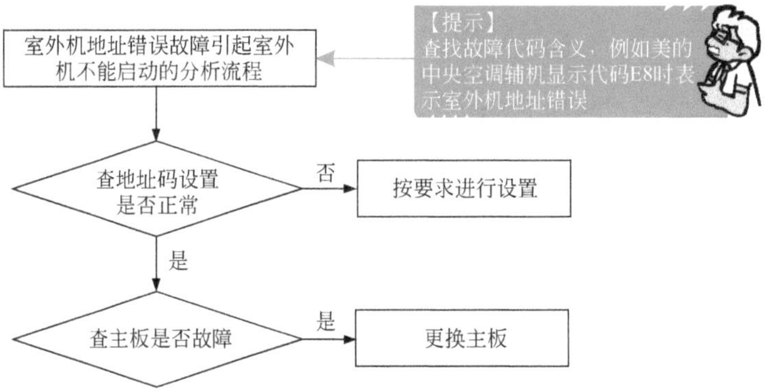

室外机地址错误故障引起室外机不能启动的分析流程

【提示】查找故障代码含义，例如美的中央空调辅机显示代码E8时表示室外机地址错误

查地址码设置是否正常 —否→ 按要求进行设置

↓是

查主板是否故障 —是→ 更换主板

图4-14　家用中央空调室外机地址错误故障的分析流程

（5）家用中央空调器其他常见故障的分析流程

在日常维修过程中，家用中央空调器还常常出现某一台室内机风机不运转、工作中噪声过大、蒸发器结霜、室内机有冷凝水滴下、室外机增减台数后工作异常等故障。

几种常见故障的基本分析流程如图4-15所示。

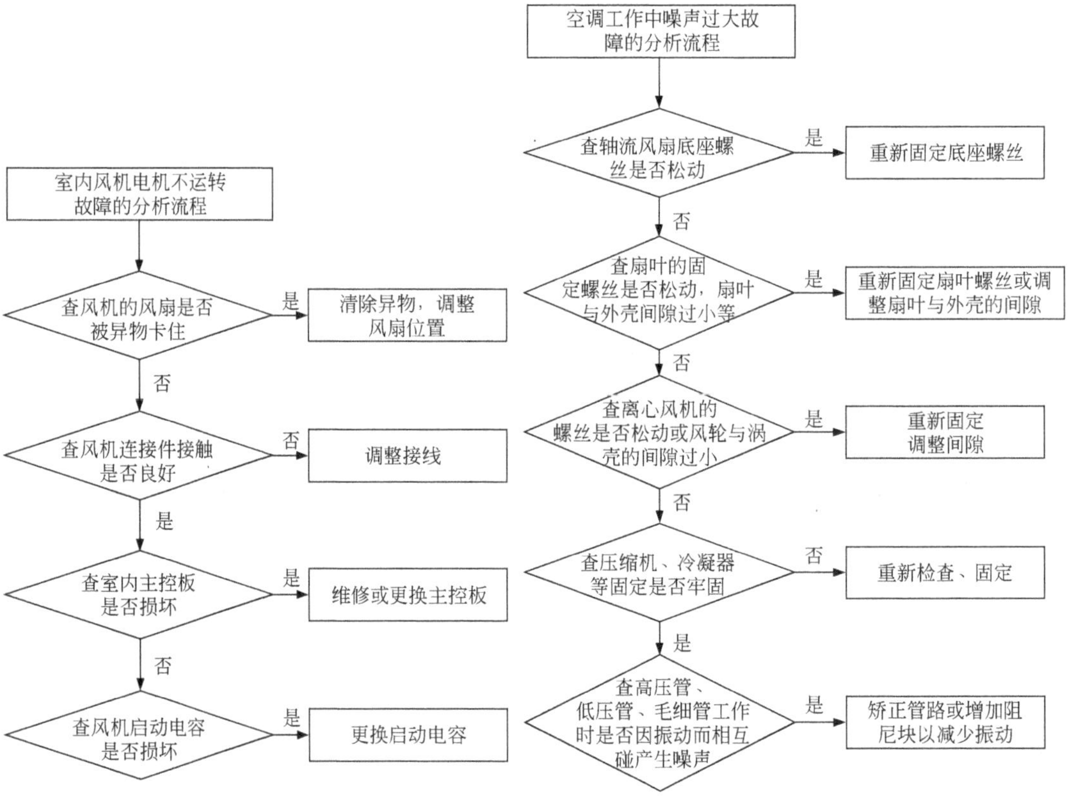

室内风机电机不运转故障的分析流程

查风机的风扇是否被异物卡住 —是→ 清除异物，调整风扇位置

↓否

查风机连接件接触是否良好 —否→ 调整接线

↓是

查室内主控板是否损坏 —是→ 维修或更换主控板

↓否

查风机启动电容是否损坏 —是→ 更换启动电容

(a)室内机风机不运转故障的检修思路

空调工作中噪声过大故障的分析流程

查轴流风扇底座螺丝是否松动 —是→ 重新固定底座螺丝

↓否

查扇叶的固定螺丝是否松动，扇叶与外壳间隙过小等 —是→ 重新固定扇叶螺丝或调整扇叶与外壳的间隙

↓否

查离心风机的螺丝是否松动或风轮与涡壳的间隙过小 —是→ 重新固定调整间隙

↓否

查压缩机、冷凝器等固定是否牢固 —否→ 重新检查、固定

↓是

查高压管、低压管、毛细管工作时是否因振动而相互碰产生噪声 —是→ 矫正管路或增加阻尼块以减少振动

(b)空调工作中噪声过大的检修思路

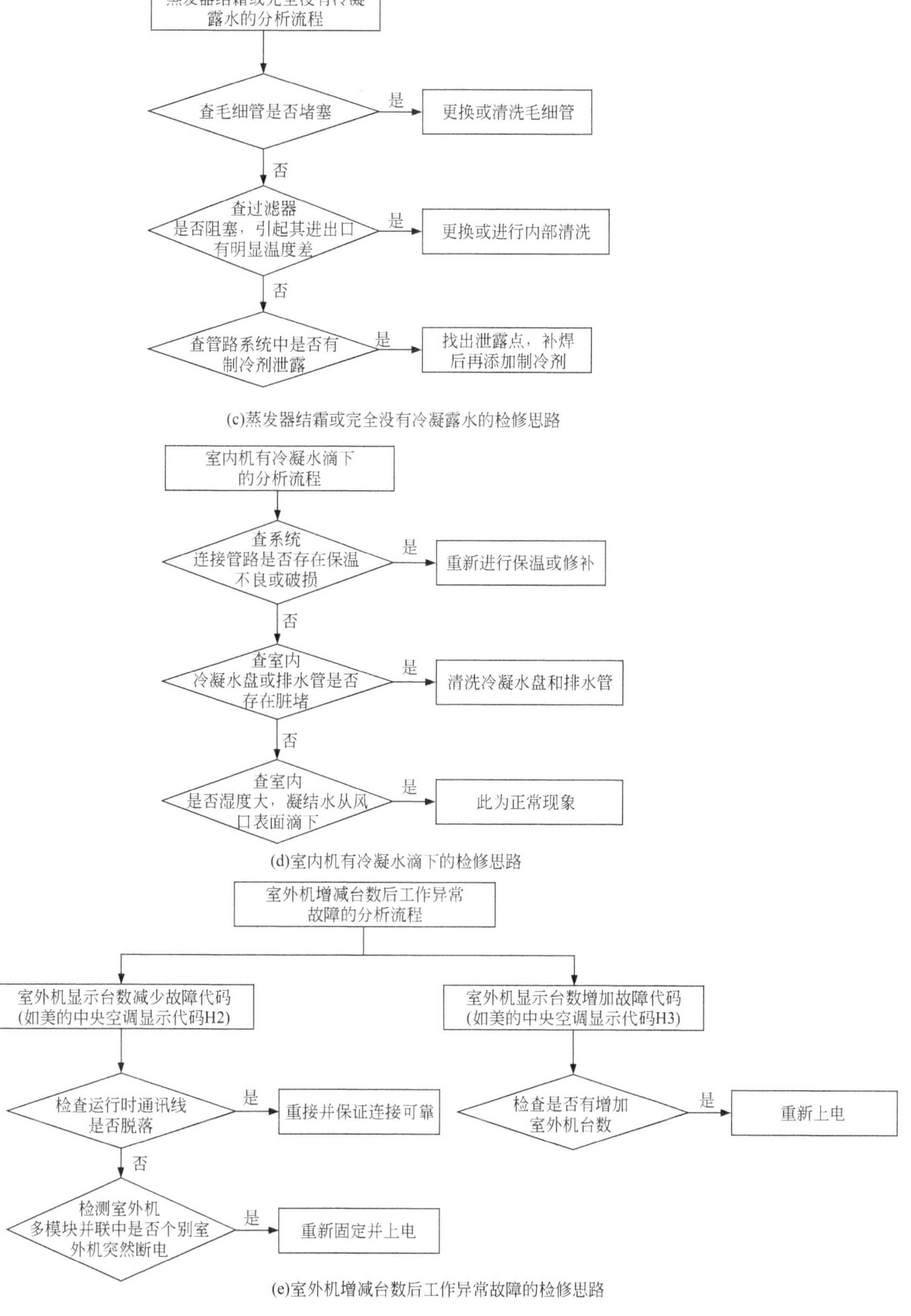

(c)蒸发器结霜或完全没有冷凝露水的检修思路

(d)室内机有冷凝水滴下的检修思路

(e)室外机增减台数后工作异常故障的检修思路

图4-15 家用中央空调器其他常见故障的分析流程

4.2 商用中央空调的故障

商用中央空调在使用过程中，经常会出现各种各样的故障，不同结构和类型的商用中央空调，在故障检修方面会略有不同，但其故障特点及故障检修思路基本相同，在检修时，应首先熟悉商用中央空调出现的结构特点，然后建立正确的检修思路，确定商用中央空调出现故障的大体范围，才能够快速且准确地查找出现故障的部位，然后对其进行检修，从而排除故障。

4.2.1 商用中央空调的故障特点

商用中央空调的故障特点主要体现为整个中央空调无法启动、制冷或制热效果差、压缩机工作异常、运行噪声大等，其各故障特点的具体表现也不尽相同。另外，与其他类电子产品不同的是，商用中央空调出现故障除了本身电路或管路出现故障外，还有可能是由于制冷机组中的制冷剂泄露、充注制冷剂过多、安装不当等引起的，需要根据具体故障表现进行分析和检修。

（1）商用中央空调无法启动的故障特点

商用中央空调无法启动的故障特点主要表现为压缩机不启动、开机出现过载保护、过压保护、低压保护、缺相保护等，造成商用中央空调出现该类故障现象通常是多由于其管路部件异常和电路系统所引起的。

商用中央空调无法启动的故障特点，如图4-16所示。

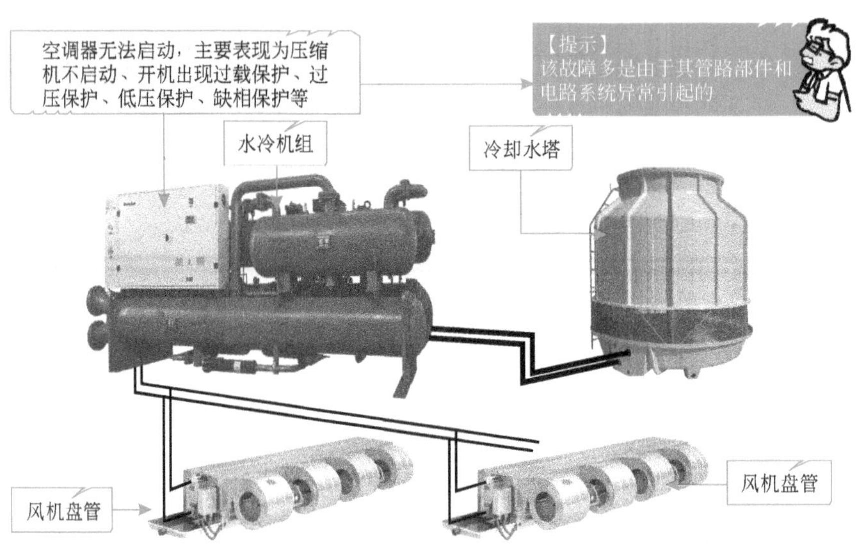

图4-16 商用中央空调无法启动的故障特点

（2）商用中央空调制冷或制热效果差的故障特点

商用中央空调制冷或制热效果差的故障特点主要表现为制冷时温度偏高、制热时温度偏低等，在空调机组上表现为压缩机进气口、排气口的压力过高或过低等，其多与管路系统及制冷剂的状态有关。

商用中央空调制冷或制热效果差的故障特点，如图4-17所示。

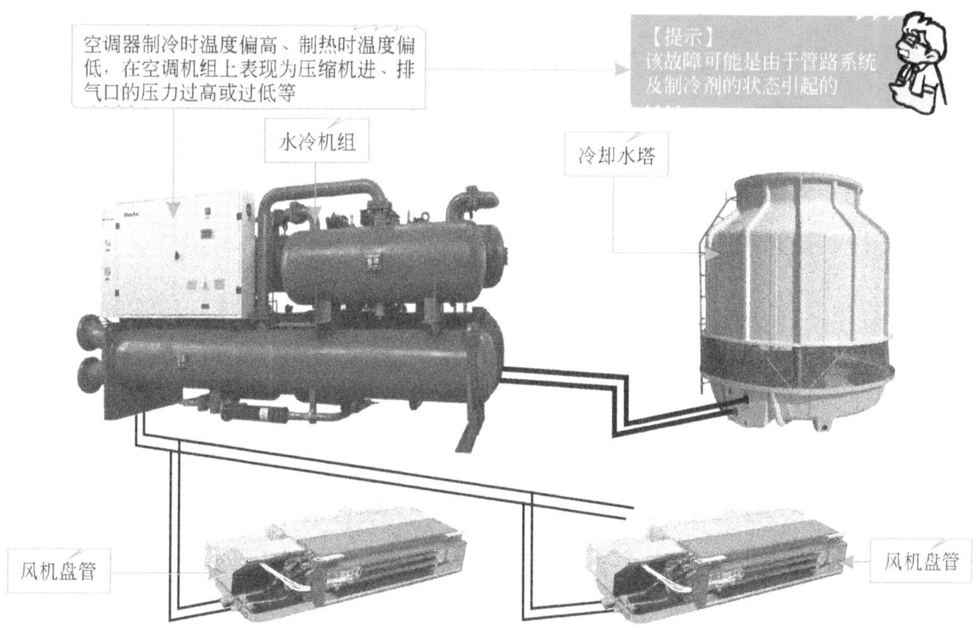

图4-17　商用中央空调制冷或制热效果差的故障特点

（3）商用中央空调压缩机工作异常的故障特点

商用中央空调压缩机工作异常的故障特点主要表现为压缩机无法停机、压缩机短时间内循环运转、压缩机有杂声或振动等，该类故障都是与压缩机有关，故障主要也在压缩机本身及与其关联的部件发生。

商用中央空调压缩机工作异常的故障特点，如图4-18所示。

（4）商用中央空调运行噪声大的故障特点

商用中央空调运行噪声大的故障特点主要表现为室内风机噪声较大。一般造成商用中央空调运行噪声大的故障现象通常是由风管系统出问题引起的。

空调器工作异常，主要表现为压缩机无法停机、压缩机短时间内循环运转、压缩机有杂声或振动

【提示】
引起该故障的原因主要在压缩机本身及与其关联的部件

水冷机组

冷却水塔

风机盘管

风机盘管

图4-18　商用中央空调压缩机工作异常的故障特点

演示图解

商用中央空调运行噪声大的故障特点，如图4-19所示。

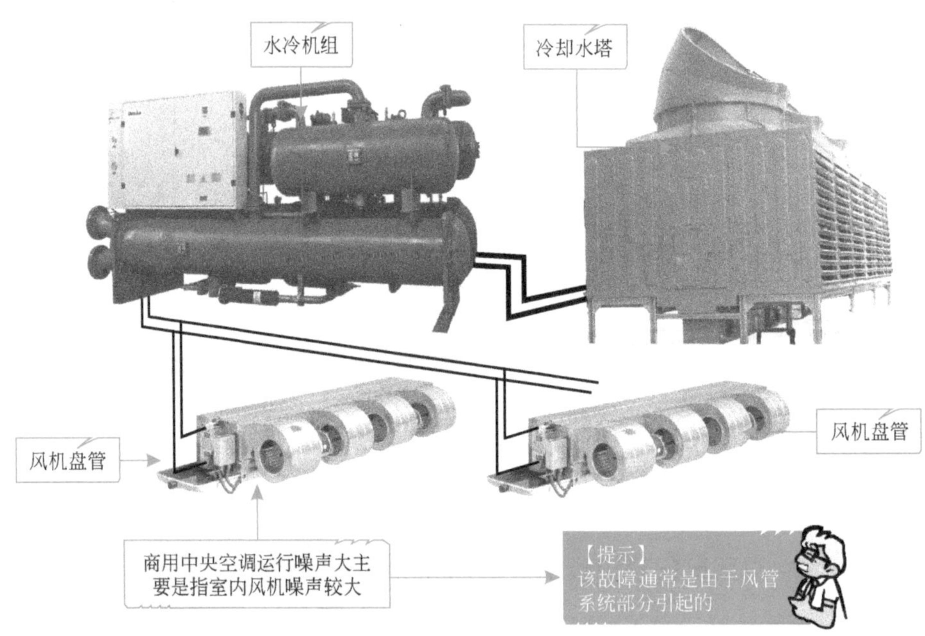

图4-19　商用中央空调运行噪声大的故障特点

4.2.2 商用中央空调的故障分析

商用中央空调制冷系统发生了故障，一般不可能直接看到故障的部位发生在哪里，也不可能将制冷系统的部件一一分解和解剖，只能从外表检查，找出运行中的反常现象，进行综合分析。在检查中一般都通过看、听、摸来了解系统的运行状态。当系统的运行压力和温度超出正常范围时，除了室内、外环境温度恶化外，否则必存在问题，这是判断故障根源的重要依据，也是检修中央空调时的总体思路。

（1）商用中央空调无法启动故障的分析流程

① 压缩机不启动故障的分析流程　商用中央空调接通电源后，按下启动开关，压缩机不启动，出现该故障主要是由电源供电线路异常、压缩机控制线路继电器及相关部件损坏、中央空调系统中存在过载以及压缩机本身故障引起的。

压缩机不启动故障的分析流程，如图4-20所示。

② 过载保护故障的分析流程　中央空调按下启动开关后，过载保护继电器跳闸，中央空调系统无法启动，出现该类故障主要是由于整个中央空调系统中的负载可能存在短路、断路或超载现象，如电路中电源接地线短路、压缩机卡缸引起负载过重、供电线路接线错误或线路设计中的电器部件参数不符合系统等。

过载保护故障的分析流程如图4-21所示。

③ 高压保护故障的分析流程　中央空调按下启动开关后，高压保护指示灯亮，中央空调系统无法正常启动，出现该类故障多是由中央空调系统中高压管路部分异常或存在堵塞情况引起的。

高压保护故障的分析流程如图4-22所示。

④ 低压保护的故障的分析流程　中央空调按下启动开关后，低压保护指示灯亮，中央空调系统无法正常启动，出现该类故障多是由于中央空调系统中高压管路部分异常、存在堵塞情况或制冷剂泄露等引起的，其具体的故障检修思路如图4-23所示。

低压保护故障的分析流程如图4-23所示。

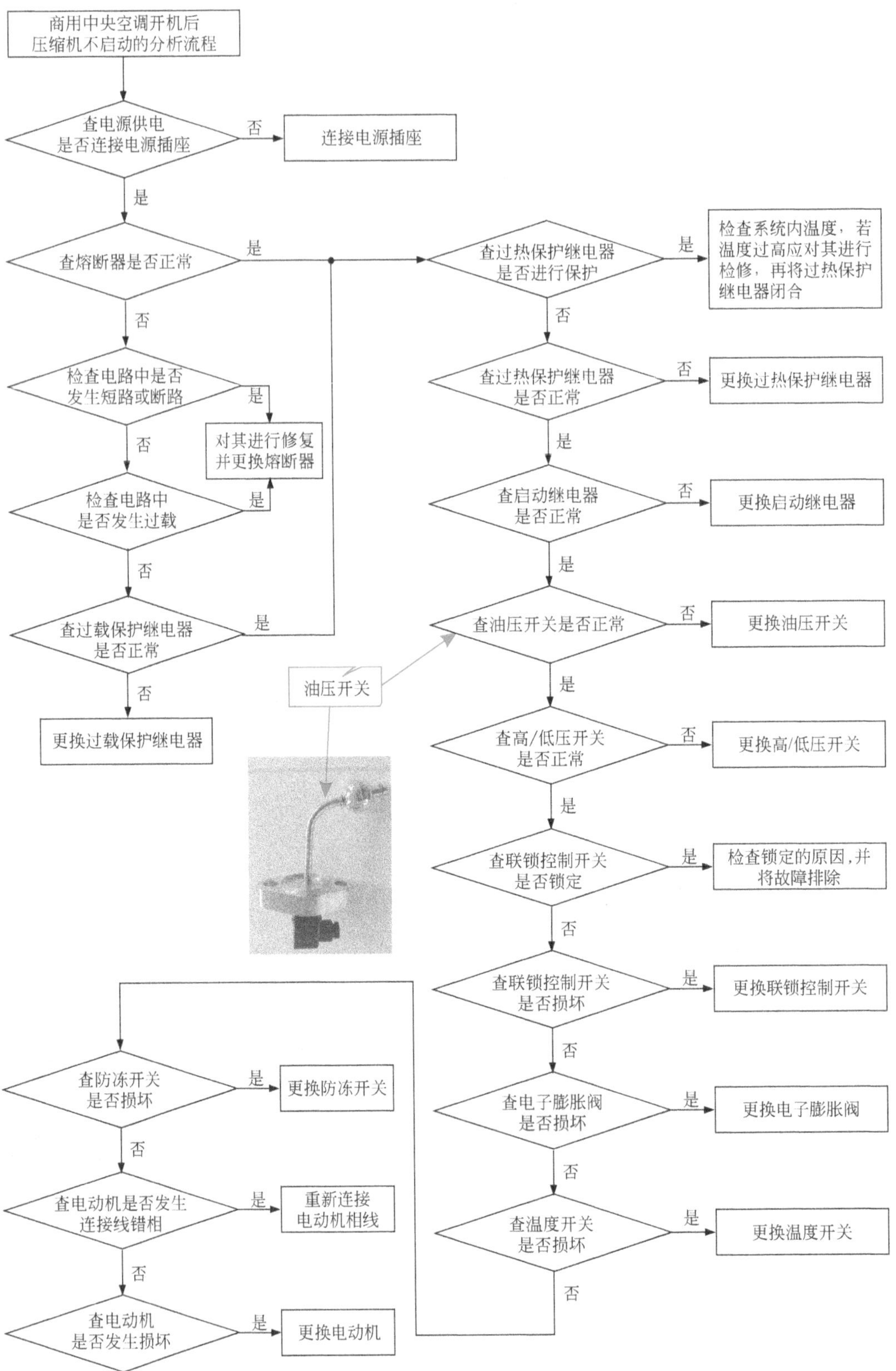

图4-20　商用中央空调压缩机不启动故障的分析流程

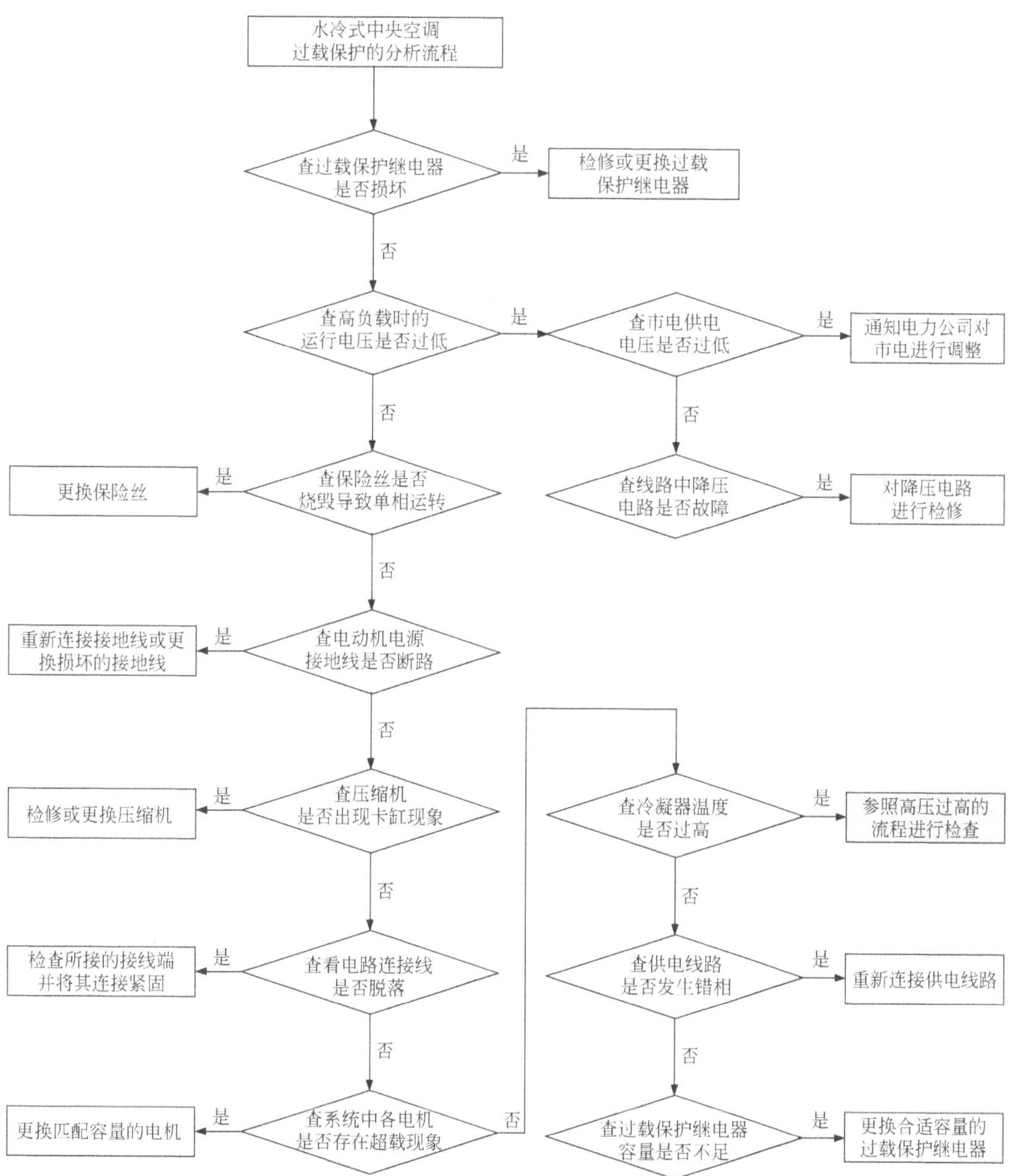

图4-21 商用中央空调过载保护故障的分析流程

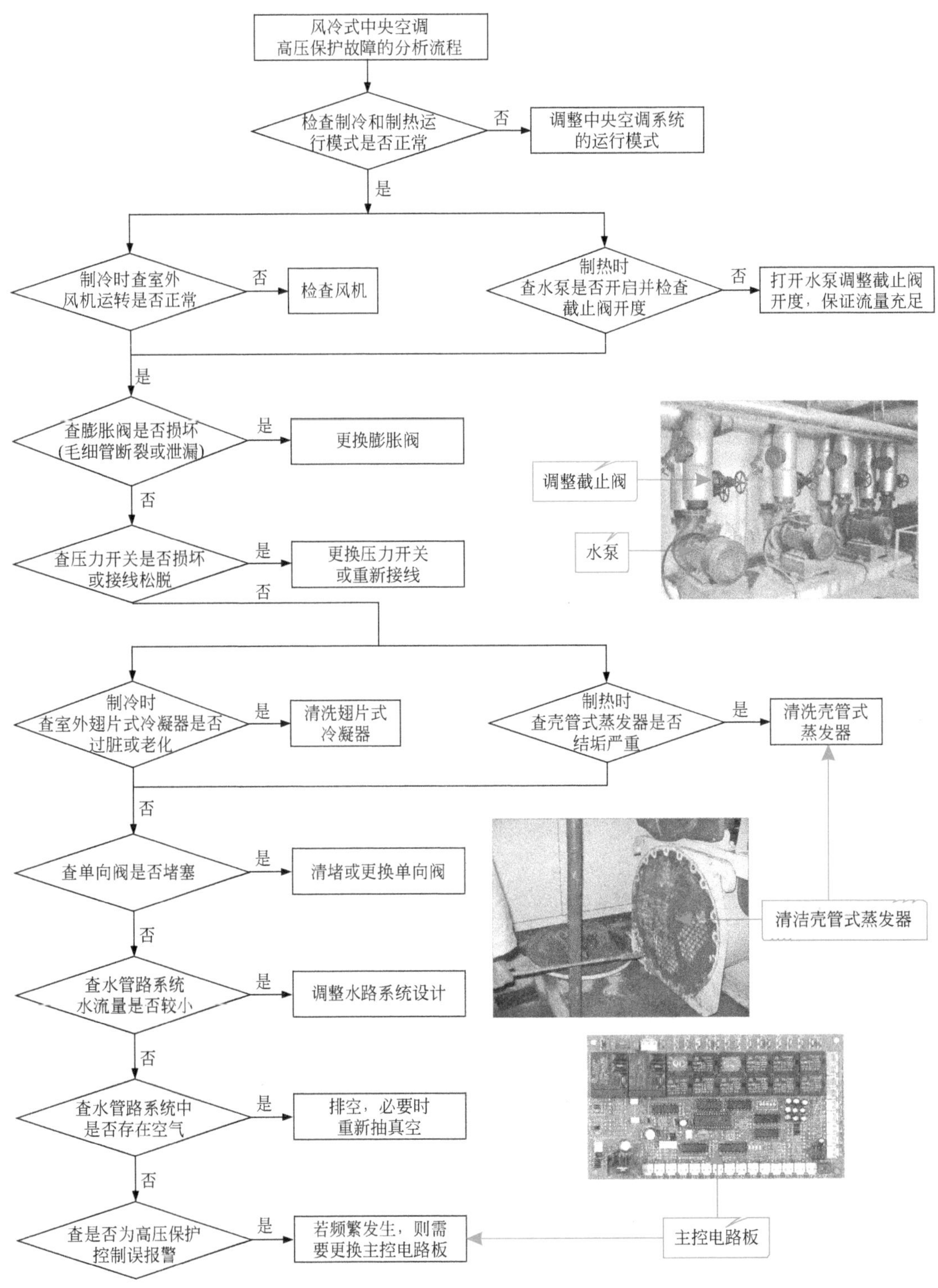

图4-22　商用中央空调高压保护故障的分析流程

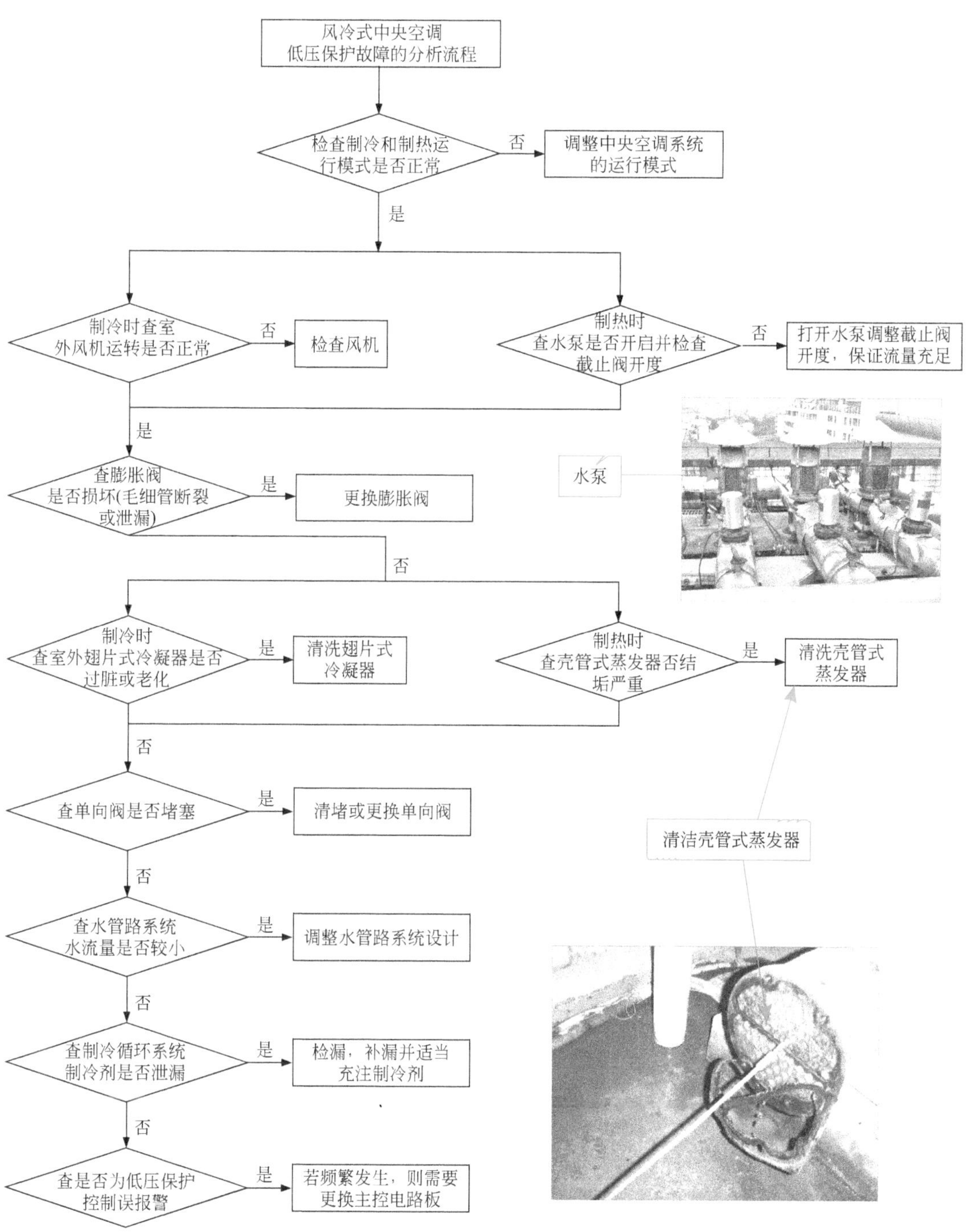

图4-23 商用中央空调低压保护故障的分析流程

⑤ 缺相保护故障的分析流程　中央空调按下启动开关后，缺相保护指示灯亮，中央空调系统无法正常启动，出现该类故障多是由中央空调电路系统中三相线接线错误或缺相等引起的。

缺相保护故障的分析流程如图4-24所示。

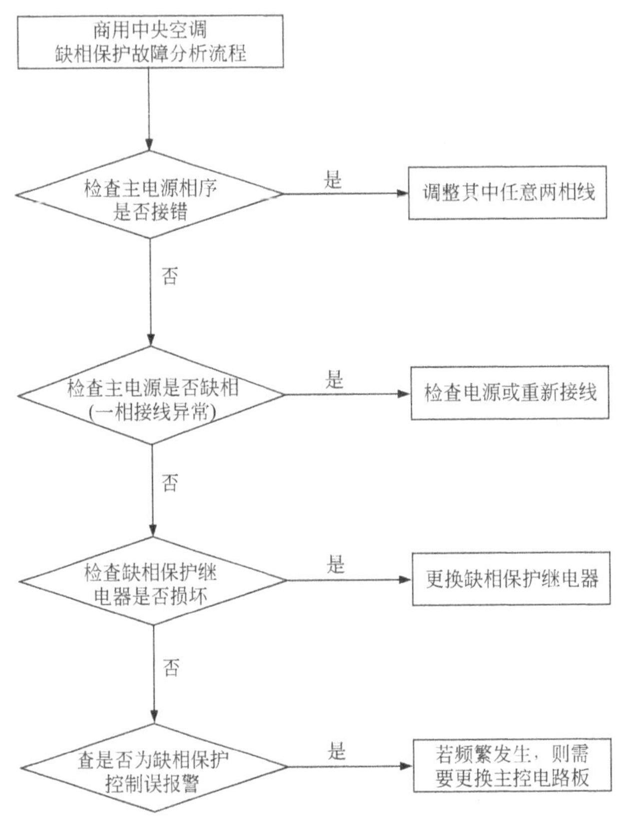

图4-24　商用中央空调缺相保护故障的分析流程

(2) 商用中央空调制冷或制热效果差故障的分析流程

① 管路系统高压（排气压力）过高故障的分析流程　中央空调系统运行中，管路系统上的排气压力表显示高压过高，空调系统的制冷和制热效果差，出现该类故障多是由冷却水流量小或冷却水温度高、制冷剂充注过多、冷负荷大等故障引起的。

管路系统高压（排气压力）过高故障的分析流程如图4-25所示。

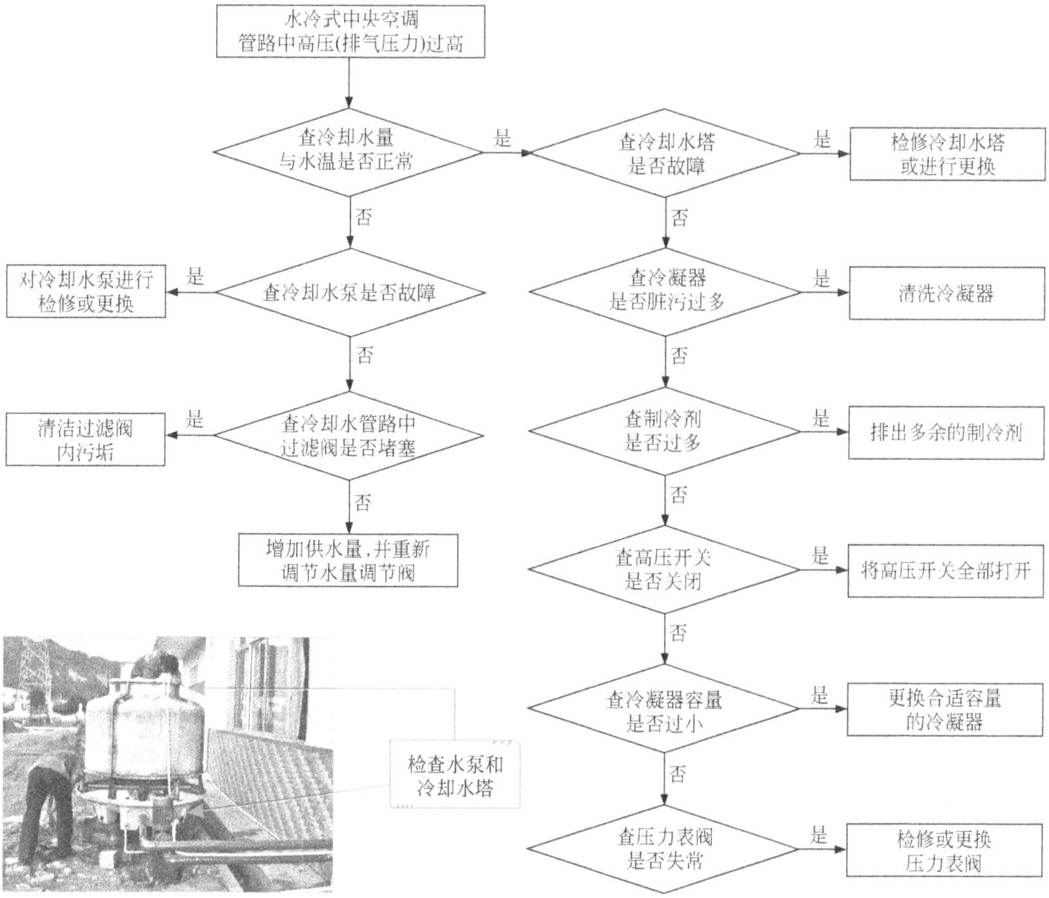

水冷式中央空调管路中高压(排气压力)过高

查冷却水量与水温是否正常 —是→ 查冷却水塔是否故障 —是→ 检修冷却水塔或进行更换

查冷却水量与水温是否正常 —否→ 查冷却水泵是否故障 —是→ 对冷却水泵进行检修或更换

查冷却水泵是否故障 —否→ 查冷却水管路中过滤阀是否堵塞 —是→ 清洁过滤阀内污垢

查冷却水管路中过滤阀是否堵塞 —否→ 增加供水量，并重新调节水量调节阀

查冷却水塔是否故障 —否→ 查冷凝器是否脏污过多 —是→ 清洗冷凝器

查冷凝器是否脏污过多 —否→ 查制冷剂是否过多 —是→ 排出多余的制冷剂

查制冷剂是否过多 —否→ 查高压开关是否关闭 —是→ 将高压开关全部打开

查高压开关是否关闭 —否→ 查冷凝器容量是否过小 —是→ 更换合适容量的冷凝器

查冷凝器容量是否过小 —否→ 查压力表阀是否失常 —是→ 检修或更换压力表阀

检查水泵和冷却水塔

图4-25　商用中央空调管路系统高压（排气压力）过高故障的分析流程

特别提示

中央空调系统中压力的概念十分重要，其制冷系统在运行时可分高、低压两部分。其中高压段为从压缩机的排气口至节流阀前，该段也称为蒸发压力；低压段为节流阀至压缩机的进气口部分，该段也称为冷凝压力。

为方便起见，制冷系统的蒸发压力与冷凝压力都在压缩机的吸、排气口检测。即通常称为压缩机的吸、排气压力。冷凝压力接近于蒸发压力，两者之差就是管路的流动阻力。压力损失一般限制在0.018MPa以下。检测制冷系统的吸、排气压力的目的，是要得到制冷系统的蒸发温度与冷凝温度，以此获得制冷系统的运行状况。

知识拓展

制冷系统运行时，其排气压力与冷凝温度相对应，而冷凝温度与其冷却介质的流量温度、制冷剂流入量、冷负荷量等有关。在检查制冷系统时，应在排气管处装一只排气压力表，检测排气压力，作为故障分析的重要依据。

② 管路系统高压（排气压力）过低的故障检修思路　中央空调系统运行中，管路系统上的排气压力表显示高压过低，空调系统的制冷、制热效果差，出现该类故障主要有冷凝器温度异常、制冷剂量不足、低压开关未打开、过滤器及膨胀阀不通畅或开度小、压缩机效率低等。

管路系统高压（排气压力）过低的故障分析流程如图4-26所示。

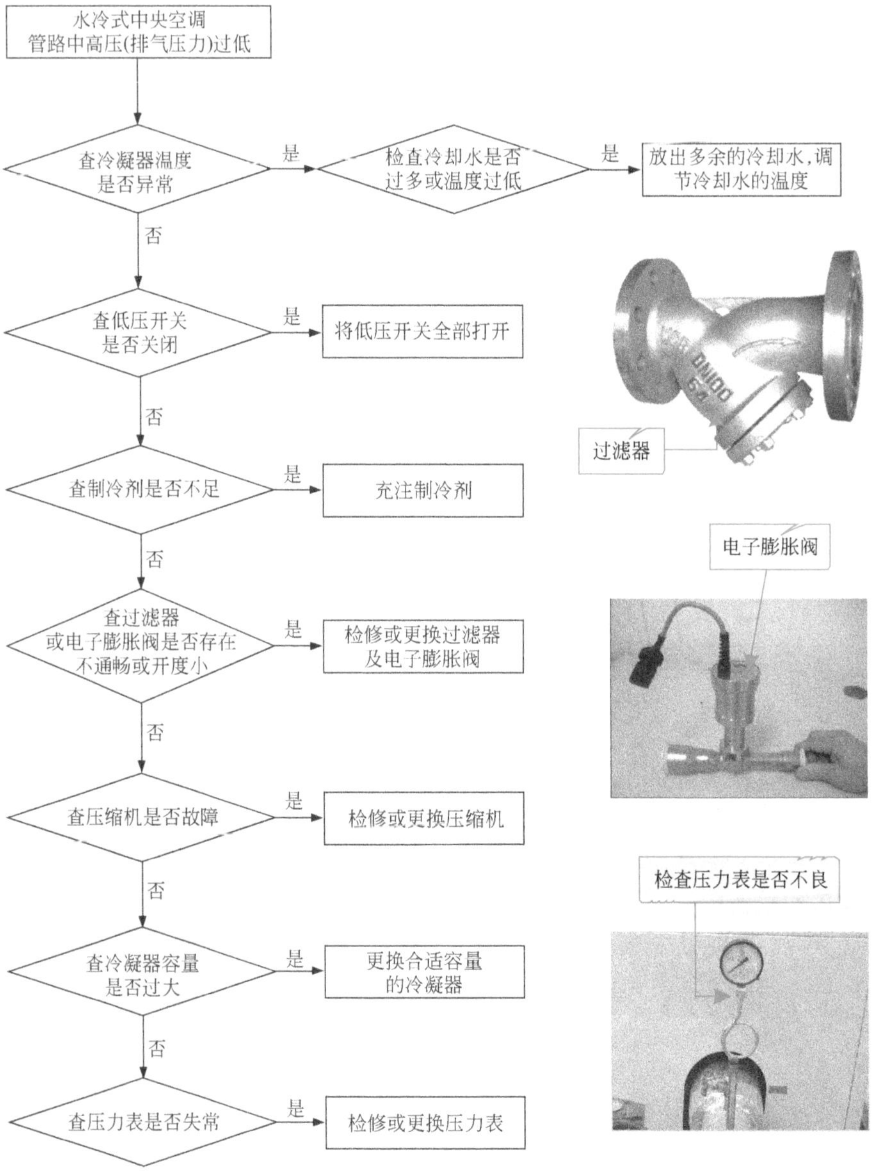

水冷式中央空调管路中高压(排气压力)过低
查冷凝器温度是否异常 —是→ 检查冷却水是否过多或温度过低 —是→ 放出多余的冷却水，调节冷却水的温度
否 ↓
查低压开关是否关闭 —是→ 将低压开关全部打开
否 ↓
查制冷剂是否不足 —是→ 充注制冷剂
否 ↓
查过滤器或电子膨胀阀是否存在不通畅或开度小 —是→ 检修或更换过滤器及电子膨胀阀
否 ↓
查压缩机是否故障 —是→ 检修或更换压缩机
否 ↓
查冷凝器容量是否过大 —是→ 更换合适容量的冷凝器
否 ↓
查压力表是否失常 —是→ 检修或更换压力表

过滤器
电子膨胀阀
检查压力表是否不良

图4-26　商用中央空调管路系统高压（排气压力）过低故障的分析流程

中央空调管路系统高压过低都会引起系统的制冷流量下降、冷凝负荷小，使冷凝温度下降。另外，吸气压力与排气压力有密切的关系。在一般情况下，吸气压力升高，排气压力也相应上升；吸气压力下降，排气压力也相应下降。

③ 管路系统低压（吸气压力）过高故障的分析流程　中央空调系统运行中，管路系统上的吸气压力表显示低压过高，空调系统的制冷、制热效果差，出现该类故障主要有制冷剂不足、冷负荷量小、电子膨胀阀开度小、压缩机效率低等。

管路系统低压（吸气压力）过高故障的分析流程如图4-27所示。

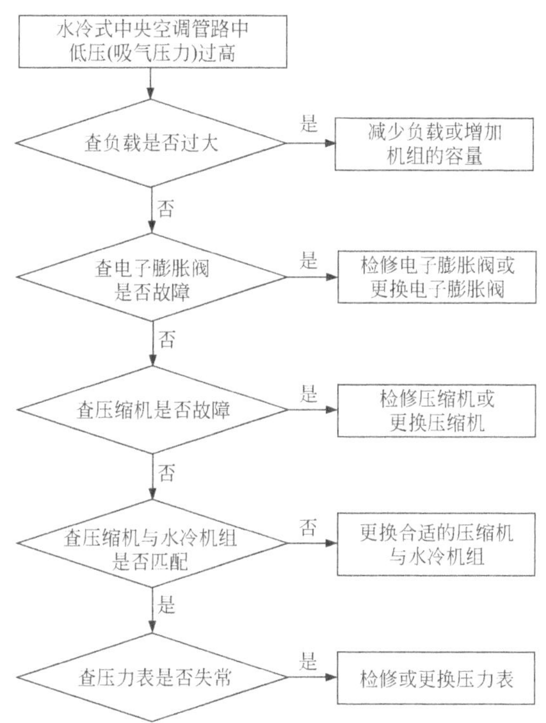

图4-27　中央空调管路系统低压（吸气压力）过高故障的分析流程

④ 管路系统低压（吸气压力）过低故障的分析流程　中央空调系统运行中，管路系统上的吸气压力表显示低压过低，空调系统的制冷、制热效果差，出现该类故障主要有制冷剂过多、制冷负荷大、电子膨胀阀开度大、压缩机效率低等。

管路系统低压（吸气压力）过低故障的分析流程如图4-28所示。

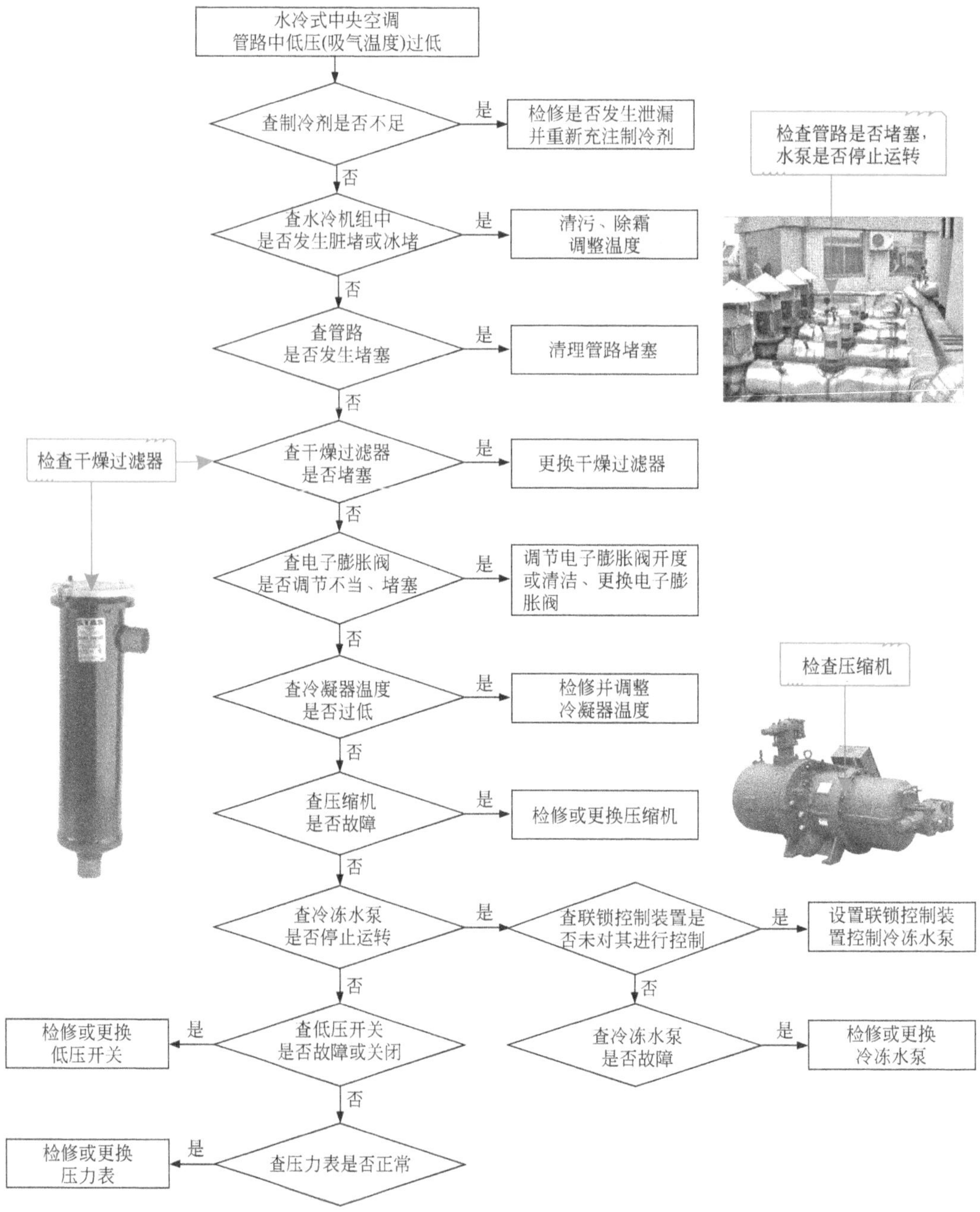

水冷式中央空调
管路中低压(吸气温度)过低

查制冷剂是否不足 —是→ 检修是否发生泄漏并重新充注制冷剂
↓否
查水冷机组中是否发生脏堵或冰堵 —是→ 清污、除霜调整温度
↓否
查管路是否发生堵塞 —是→ 清理管路堵塞
（检查管路是否堵塞，水泵是否停止运转）
↓否
查干燥过滤器是否堵塞 —是→ 更换干燥过滤器
（检查干燥过滤器）
↓否
查电子膨胀阀是否调节不当、堵塞 —是→ 调节电子膨胀阀开度或清洁、更换电子膨胀阀
↓否
查冷凝器温度是否过低 —是→ 检修并调整冷凝器温度
↓否
查压缩机是否故障 —是→ 检修或更换压缩机
（检查压缩机）
↓否
查冷冻水泵是否停止运转 —是→ 查联锁控制装置是否未对其进行控制 —是→ 设置联锁控制装置控制冷冻水泵
查联锁控制装置是否未对其进行控制 ↓否 查冷冻水泵是否故障 —是→ 检修或更换冷冻水泵
查冷冻水泵是否停止运转 ↓否
查低压开关是否故障或关闭 —是→ 检修或更换低压开关
↓否
查压力表是否正常 —是→ 检修或更换压力表

图4-28　中央空调管路系统低压（吸气压力）过低故障的分析流程

知识拓展

在中央空调系统中，压力和温度都是检测的重要参数，其中制冷系统中主要的温度参数主要有蒸发温度（t_e）、冷凝温度（t_c）、排气温度（t_d）、吸气温度（t_s）。

a.蒸发温度（t_e）　液体制冷剂在蒸发器内沸腾气化的温度。例如，一般商用空调机组蒸发温度为5～7℃作为空调机组的最佳蒸发温度。一般蒸发温度无法直接检测，需通过检测对应的蒸发压力而获得其蒸发温度（通过查阅制冷剂热力性质表）。

b.冷凝温度（t_c） 制冷剂的过热蒸气在冷凝器内放热后凝结为液体时的温度。冷凝温度也不能直接检测，需通过检测其对应的冷凝压力而获得（通过查阅制冷剂热力性质表）。

c.排气温度（t_d） 压缩机排气口的温度（包括排气口接管的温度）。检测排气温度必须有测温装置。排气温度受吸气温度和冷凝温度的影响，吸气温度或冷凝温度升高，排气温度也相应上升，因此要控制吸气温度和冷凝温度，才能稳定排气温度。

d.吸气温度（t_s） 压缩机吸气连接管的气体温度，检测吸气温度需有测温装置，检修调试时一般以手触摸估测，商用空调机组的吸气温度一般要求控制在15℃左右为佳，超过此值对制冷效果有一定影响。

（3）商用中央空调压缩机工作异常故障的分析流程

① 压缩机无法停机的故障检修思路　中央空调系统运行中，压缩机无法正常停机，出现该故障主要是由控制线路和压缩机本身异常引起的。

压缩机无法停机故障的分析流程如图4-29所示。

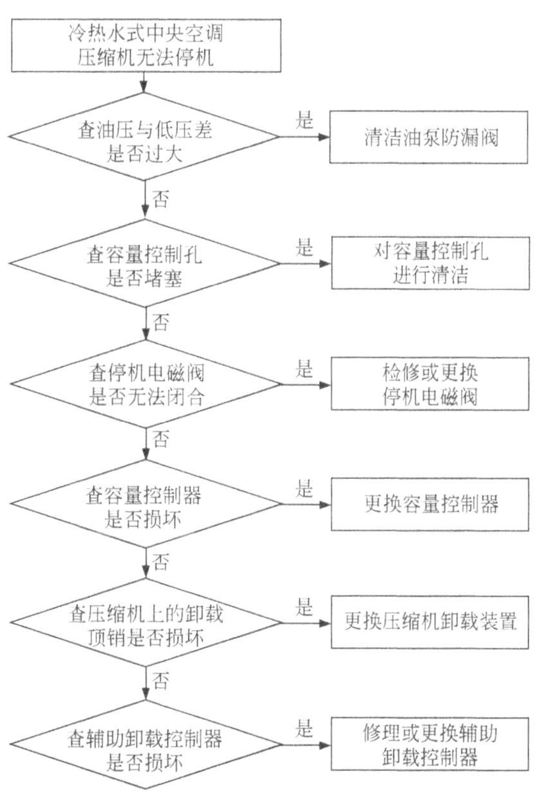

图4-29　商用中央空调压缩机无法停机故障的分析流程

② 压缩机短时间循环运转故障的分析流程　中央空调系统启动后，压缩机在短时间处于频繁启动和停止的状态，无法正常运行，引起该故障的原因比较多，涉及中央空调系统的部分也较广泛，应顺信号流程进行逐步排查。

压缩机短时间循环运转故障的分析流程如图4-30所示。

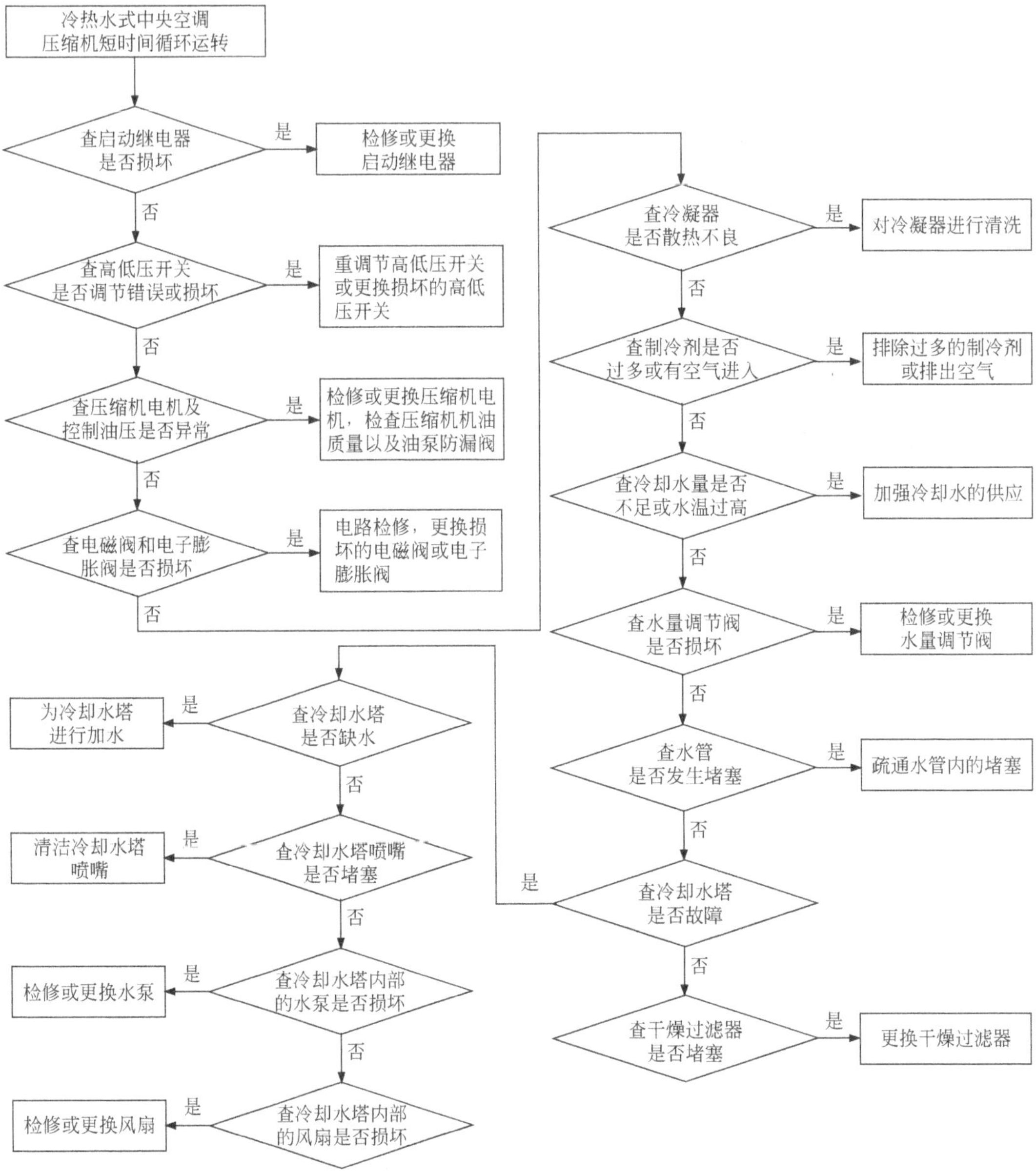

冷热水式中央空调压缩机短时间循环运转

- 查启动继电器是否损坏 —是→ 检修或更换启动继电器
- 否 → 查高低压开关是否调节错误或损坏 —是→ 重调节高低压开关或更换损坏的高低压开关
- 否 → 查压缩机电机及控制油压是否异常 —是→ 检修或更换压缩机电机，检查压缩机机油质量以及油泵防漏阀
- 否 → 查电磁阀和电子膨胀阀是否损坏 —是→ 电路检修，更换损坏的电磁阀或电子膨胀阀
- 否 → 查冷凝器是否散热不良 —是→ 对冷凝器进行清洗
- 否 → 查制冷剂是否过多或有空气进入 —是→ 排除过多的制冷剂或排出空气
- 否 → 查冷却水量是否不足或水温过高 —是→ 加强冷却水的供应
- 否 → 查水量调节阀是否损坏 —是→ 检修或更换水量调节阀
- 否 → 查水管是否发生堵塞 —是→ 疏通水管内的堵塞
- 否 → 查冷却水塔是否故障 —否→ 查干燥过滤器是否堵塞 —是→ 更换干燥过滤器
- 查冷却水塔是否故障 —是→ 查冷却水塔是否缺水 —是→ 为冷却水塔进行加水
- 否 → 查冷却水塔喷嘴是否堵塞 —是→ 清洁冷却水塔喷嘴
- 否 → 查冷却水塔内部的水泵是否损坏 —是→ 检修或更换水泵
- 否 → 查冷却水塔内部的风扇是否损坏 —是→ 检修或更换风扇

图4-30　商用中央空调压缩机短时间循环运转故障的分析流程

③ 压缩机有杂声或振动的故障检修思路　中央空调系统启动后，压缩机发出明显的杂音或有明显的振动情况，出现该故障多是由压缩机内制冷剂量、压缩机避震系统或压缩机联轴器部分异常引起的。

压缩机有杂声或振动故障的分析流程如图4-31所示。

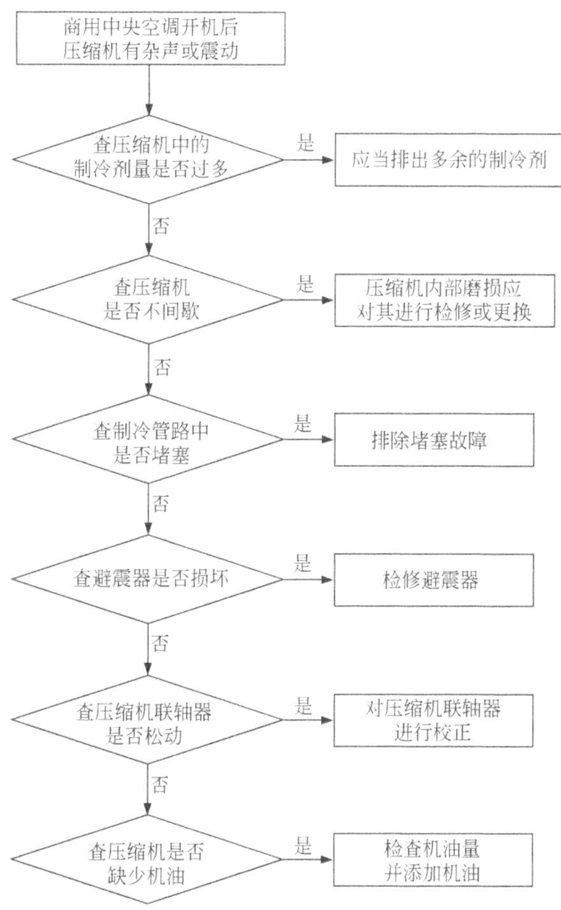

图4-31　商用中央空调压缩机有杂声或振动故障的分析流程

(4) 商用中央空调运行噪声大的故障检修思路

商用中央空调启动运行后，制冷或制热效果均正常，启动控制也正常，但运行时产生的噪声过大，出现该故障主要是由于风机工作异常，其风管、阀门、送风口风速过大以及风管系统消声设备不完善等引起的。

中央空调运行噪声大的分析流程如图4-32所示。

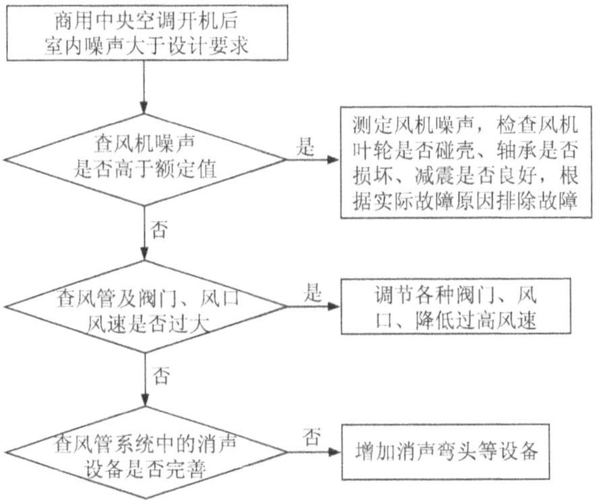

商用中央空调开机后室内噪声大于设计要求
↓
查风机噪声是否高于额定值 —是→ 测定风机噪声，检查风机叶轮是否碰壳、轴承是否损坏、减震是否良好，根据实际故障原因排除故障
↓否
查风管及阀门、风口风速是否过大 —是→ 调节各种阀门、风口、降低过高风速
↓否
查风管系统中的消声设备是否完善 —否→ 增加消声弯头等设备

图4-32　商用中央空调运行噪声大的分析流程

知识拓展

对商用中央空调系统进行检修时，温度的检查和测试十分重要，因为整个中央空调系统的机组部件都有一个其正常的温度范围，超出这个范围就属于不正常的状态。造成这些不正常的因素可能是故障，也可能是调整不正确，需要具体分析它的原因，并及时处理或检查。下面表4-1中分别列出几种机组部件的温度状态，可在检修时作为重要参考。

表4-1　商用中央空调机组部件的温度参数

部件或部位	正常范围	备　注
压缩机排气温度	压缩机在夏季制冷状态下，排气温度比较高，不可用手触摸。如R22（制冷剂类型）制冷系统的排气温度不超过150℃	排气温度超高原因，是压缩机的吸气温度超高，或是冷凝温度超高所造成，必须引起注意。排气温度过低，手摸排气管不烫手，这说明吸气温度特别低，压缩机可能湿行程运行或系统制冷剂特少情况下运行。压缩机湿行程容易损坏阀结构；制冷剂特少情况运行，会影响电动机的绕组散热，加速绝缘材料的老化
压缩机机壳温度	A.上机壳受吸入蒸气的影响，温度比较低，处在微热或稍凉范围，估计在30℃左右，在吸气管的周围局部机壳表面有结露水的可能。B.下机壳内电动机的发热量和被冷冻油带出的摩擦热量，主要由蒸气带出机壳	机壳表面温度超过正常范围，主要是制冷系统的吸气温度过高。过高的热蒸气进入压缩机，吸收机壳内热量后，使蒸气的温度更高，从而使机壳的温度上升。 机壳表面温度低于正常范围，其原因是吸气温度太低。它对冷冻油和电动机绕组的冷却都有利，但制冷量有所下降
冷凝器的温度	正常情况下，前半部散热管很热，且其温度有缓慢逐步下降的趋势。后半部散热管的热感程度与前半部相比有较大的降低	冷凝器后半部管内制冷剂已逐步液化，已达到冷凝温度和过冷温度。当不正常情况产生时，多出现后半部接近常温（环境温度），其原因是压缩机制冷剂量不足；另外若整个冷凝管都很热，多是由于制冷剂量过多或通风量小，或环境温度高引起的

续表

部件或部位	正常范围	备　注
壳管式水冷冷凝器的温度	正常情况下是上半部比较热，下半部是温热	若整个壳体都不太热，可能是由于制冷剂量不够。若整个壳体都很热，可能是由于冷却水量不足或散热效果差（水管内结垢）
过滤器的温度	在正常情况下，吸气管用手摸感觉很凉，并结有露水	若过滤器发凉，多可能是由于过滤网孔被污泥阻塞，使过滤器不畅通，当制冷剂流过滤网时，发生了节流现象；若过滤器不热，与环境温度相当，多是由于过滤网完全堵塞不通，制冷剂不能流动
吸气管的温度	正常情况下，吸气管用手摸感觉很凉，并结有露水	若吸气管较冷、露水太多，以致使机壳大面积结露。多是由于制冷剂流量过大，液体不能在蒸发器内全部气化，有液体回流现象。若吸气管不凉、不结露、机壳很热。多是由于制冷剂流量太小或制冷剂量不足。其后果是使排气温度上升，制冷量下降
热力膨胀阀的温度	正常情况下，膨胀阀的下半部阀身很凉，并有露水，制冷剂流动声音很沉闷	若阀体比较冷，表面露水较多，甚至结霜，制冷剂的流动声较大（气体流动）。多是由于过滤网堵塞不通，或者动力盒内制冷剂泄漏，阀孔关闭不通
毛细管的温度	正常情况下，毛细管发凉并结有露水，有液体流动声音	若毛细管表面很凉，也结露，但流动声音较响，多为制冷剂不足；若毛细管表面不凉、不结露，听不到流动声音，多为出现过滤网堵塞或毛细管堵塞
蒸发器的温度	正常情况下，蒸发器外表面很冷，其凝露水珠不断地滴下来，进出风温度较大，温度范围一般为12～14℃	若蒸发器表面不太凉，露水不多，或不结露，可听到制冷剂流动声音很响，进出风温差小。多是由于制冷剂量不足，或膨胀阀开启度小

第5章 中央空调管路系统的检修技能

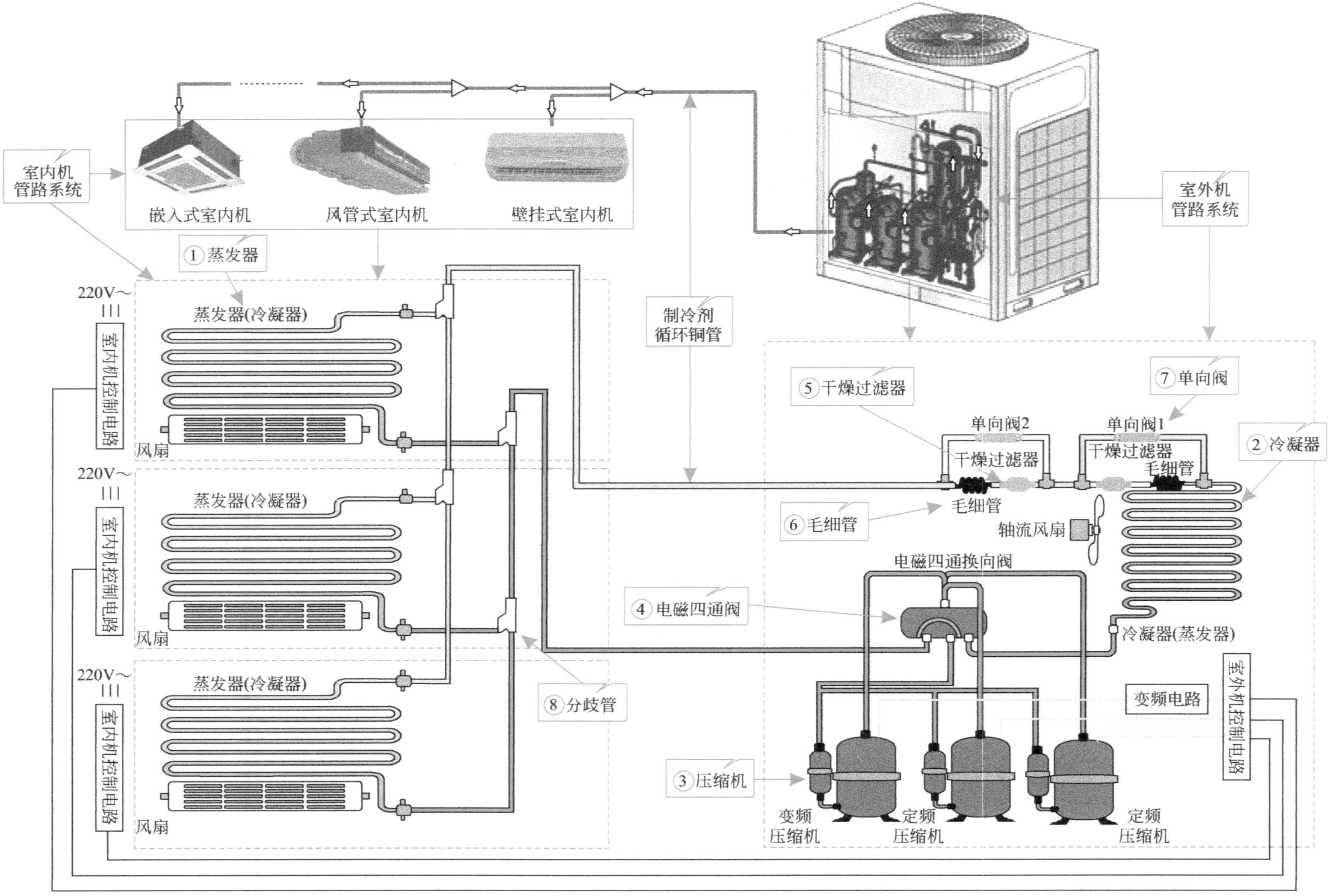

室外机管路系统
②冷凝器
⑦单向阀
室外机控制电路
冷凝器(蒸发器)
单向阀1
干燥过滤器
毛细管
变频电路
定频压缩机
单向阀2
干燥过滤器
毛细管
轴流风扇
电磁四通换向阀
定频压缩机
变频压缩机
⑤干燥过滤器
⑥毛细管
④电磁四通阀
③压缩机
制冷剂循环铜管
壁挂式室内机
风管式室内机
嵌入式室内机
①蒸发器
⑧分歧管
蒸发器(冷凝器)
风扇
220V～
室内机控制电路
室内机管路系统

图5-1 家用中央空调的管路系统

5.1

中央空调的管路系统是指整个系统中除电路部分外的管路及管路上所连接的各种部件的总和，也是中央空调工作时制冷剂和供冷（或供热）循环介质（水、风）流动的“通道”。

5.1.1 中央空调管路系统的组成

不同结构类型的中央空调系统中，其管路系统的基本组成也不相同，下面分别以典型家用中央空调和商用中央空调为例，介绍中央空调管路系统的基本组成。

（1）家用中央空调管路系统的组成

家用中央空调的管路系统是指系统工作时制冷剂循环流动的管路“通道”，如图5-1所示。

可以看到，家用中央空调的管路系统主要是由室内机中的蒸发器、室外机部分的冷凝器、压缩机、电磁四通阀、干燥过滤器、毛细管、单向阀、电子膨胀阀等部分构成的，这些部件通过制冷剂铜管连接并构成循环管路。

家用中央空调中的管路系统大部分集中在室外机中，打开室外机外壳即可看到，如图5-2所示。

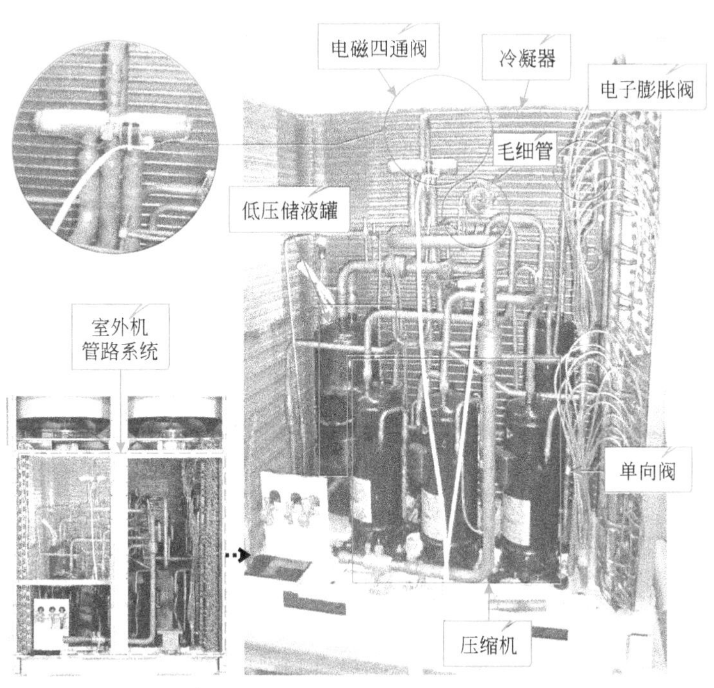

图5-2 典型家用中央空调室外机中的管路系统

① 蒸发器　家用中央空调的蒸发器一般位于室内机中，它是实现热交换的重要部件，是在S形状的铜管上连接翅片制成。图5-3所示为家用中央空调中不同类型室内机蒸发器的外形结构。

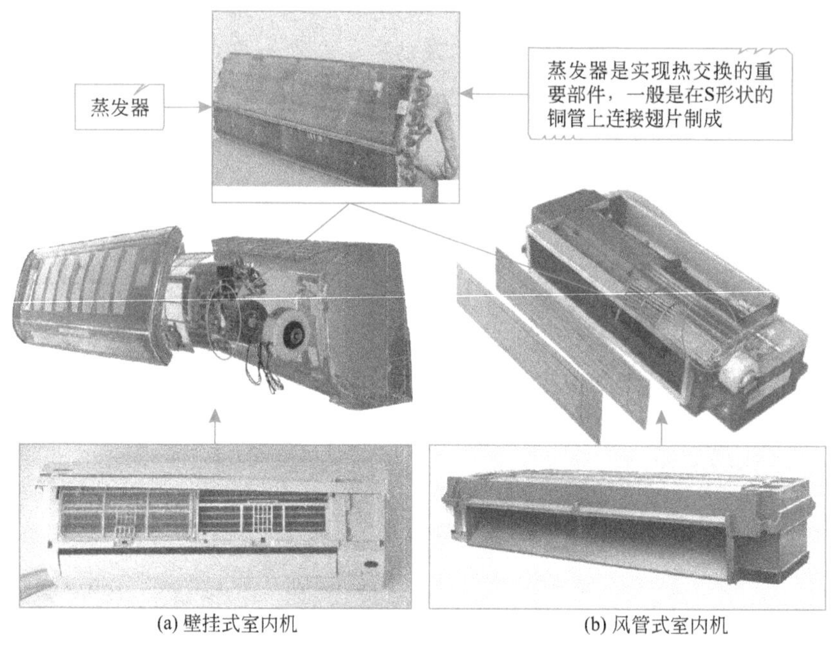

图5-3　家用中央空调室内机中蒸发器的结构

家用中央空调制冷或制热过程中，蒸发器是十分重要的环节，如图5-4所示为家用中央空调进行制冷或制热时的功能特点。

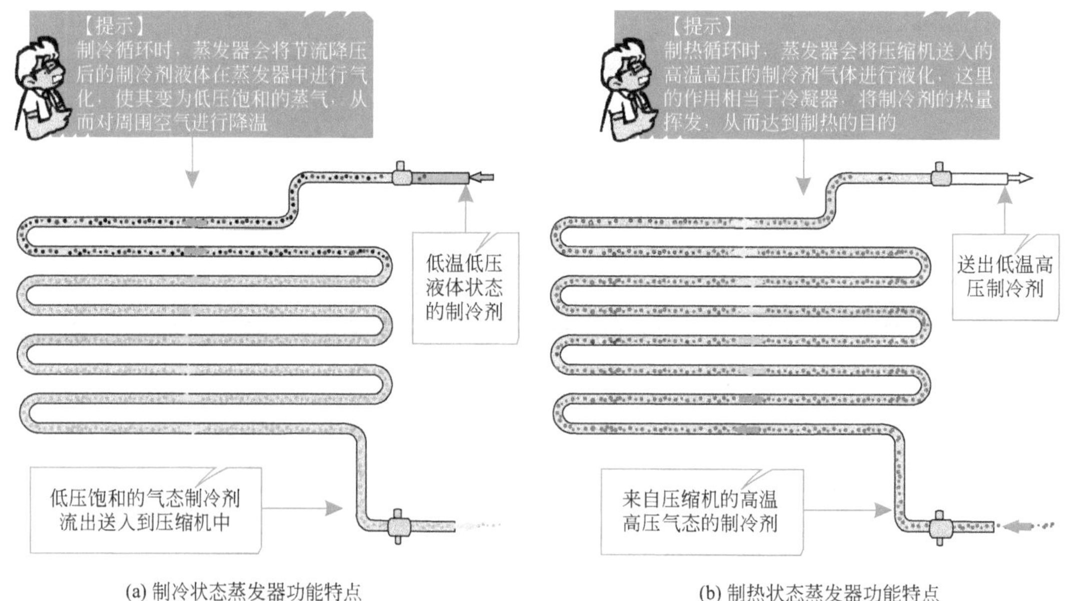

图5-4　蒸发器的功能特点

② 冷凝器　家用中央空调的冷凝器位于室外机中，它也是中央空调制冷或制热过程中进行能量变换的主要部件。图5-5所示为冷凝器的外形，从图中可以看出，冷凝器与蒸发器的结构相似，也是由铜制管路与翅片组合而成。

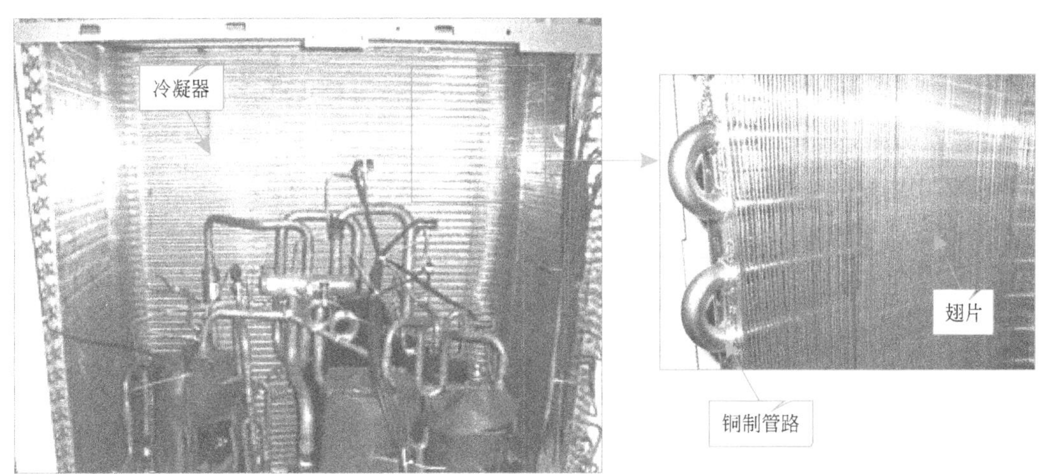

图5-5　家用中央空调冷凝器的结构

在家用中央空调中，制冷和制热状态下冷凝器都用于实现热交换，不同的是两种状态下分别交换热量和冷量，图5-6所示为冷凝器的功能特点。

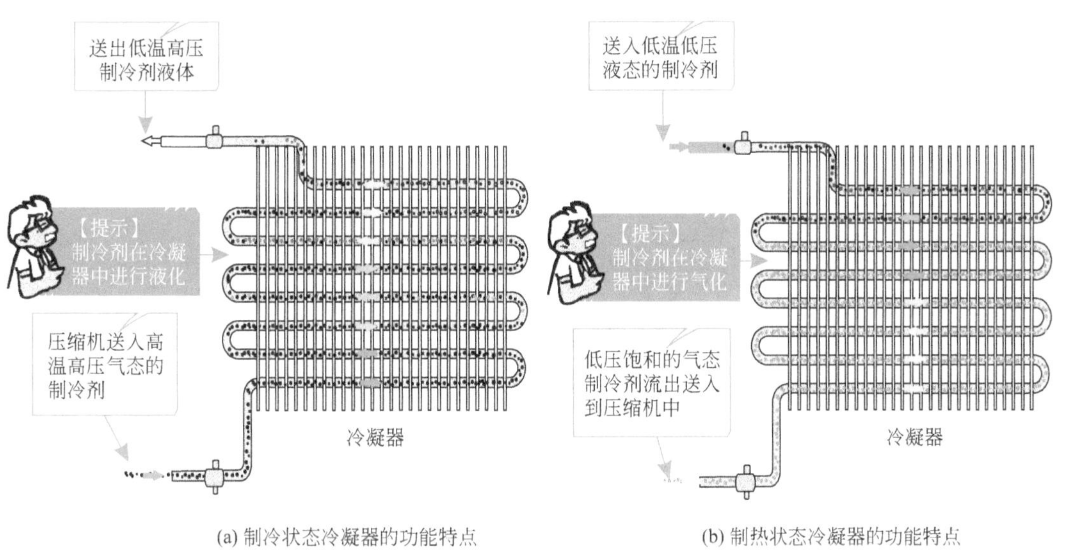

(a) 制冷状态冷凝器的功能特点　　(b) 制热状态冷凝器的功能特点

图5-6　冷凝器的功能特点

家用中央空调的蒸发器和冷凝器都是用于空气调节的热交换部件，对其进行命名时都是以制冷状态为前提进行的。严格地说，家用中央空调室内机的热交换器被用

于制冷时就作为蒸发器，同时室外机组中的热交换器主要被用作冷凝器（具有制热功能）。而当家用中央空调处于制热状态时，室内机中的热交换器就相当于冷凝器，而室外机中的热交换器则起蒸发器的作用。

在制冷和制热过程中，蒸发器和冷凝器本身并没有改变，只是通过电磁四通阀改变制冷剂的流向，使冷凝器、蒸发器与制冷剂流动的相对位置发生了改变，因而，蒸发器变成了冷凝器，冷凝器变成了蒸发器。

③ 压缩机　压缩机是家用中央空调制冷剂循环的动力源，它驱动管路系统中的制冷剂往复循环，通过热交换达到制冷或制热的目的。压缩机是室外机中体积最大的部件，一般为黑色立式圆柱体外形，被制冷管路围绕，如图5-7所示。

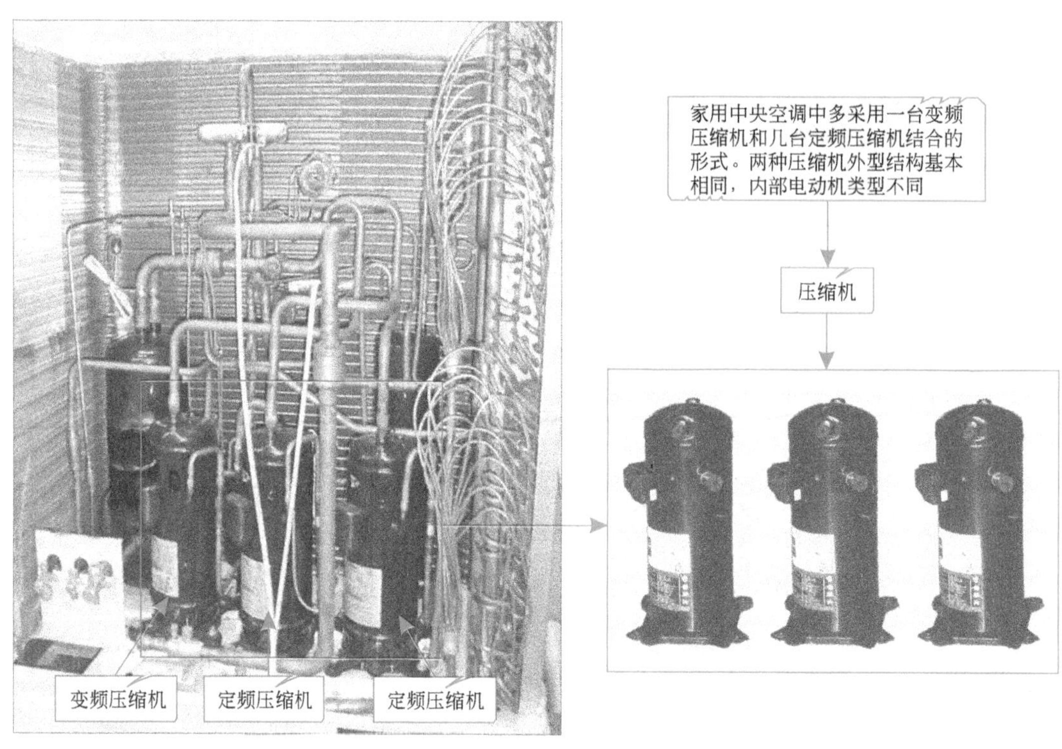

图5-7　家用中央空调室外机中的压缩机

从图可以看到，上述家用中央空调中采用了1台变频压缩机与2台定频压缩机结合的方式工作。变频压缩机和定频压缩机外形基本相同，内部机械部件也类似，不同的是内部电动机有变频和定频之分。

定频压缩机中电动机的供电电压频率是交流220V、50Hz，因供电频率固定，电压值（220V）固定，所以定频压缩机中的电动机转速固定。

变频压缩机的主要特点是驱动压缩机电动机的电源频率和幅度都是可变的，因而，变频压缩机电动机的转速是变化的，通过对电动机转速的控制可以实现对制冷量的控制，这种方式效率高、能耗低，压缩机电动机的寿命长，因而目前得到广泛的应用。

④ 电磁四通阀　电磁四通阀是一种用于控制制冷剂流向的器件，一般安装在中央空调室外机的压缩机附近，可以通过改变压缩机送出制冷剂的流向来改变空调系统的制冷和制热状态。

图5-8所示为电磁四通阀在家用中央空调室外机中的外形。可以看到，电磁四通阀是由四通换向阀与电磁导线阀两个部分组成的，它与多个管路进行连接，换向动作受主控电路控制。

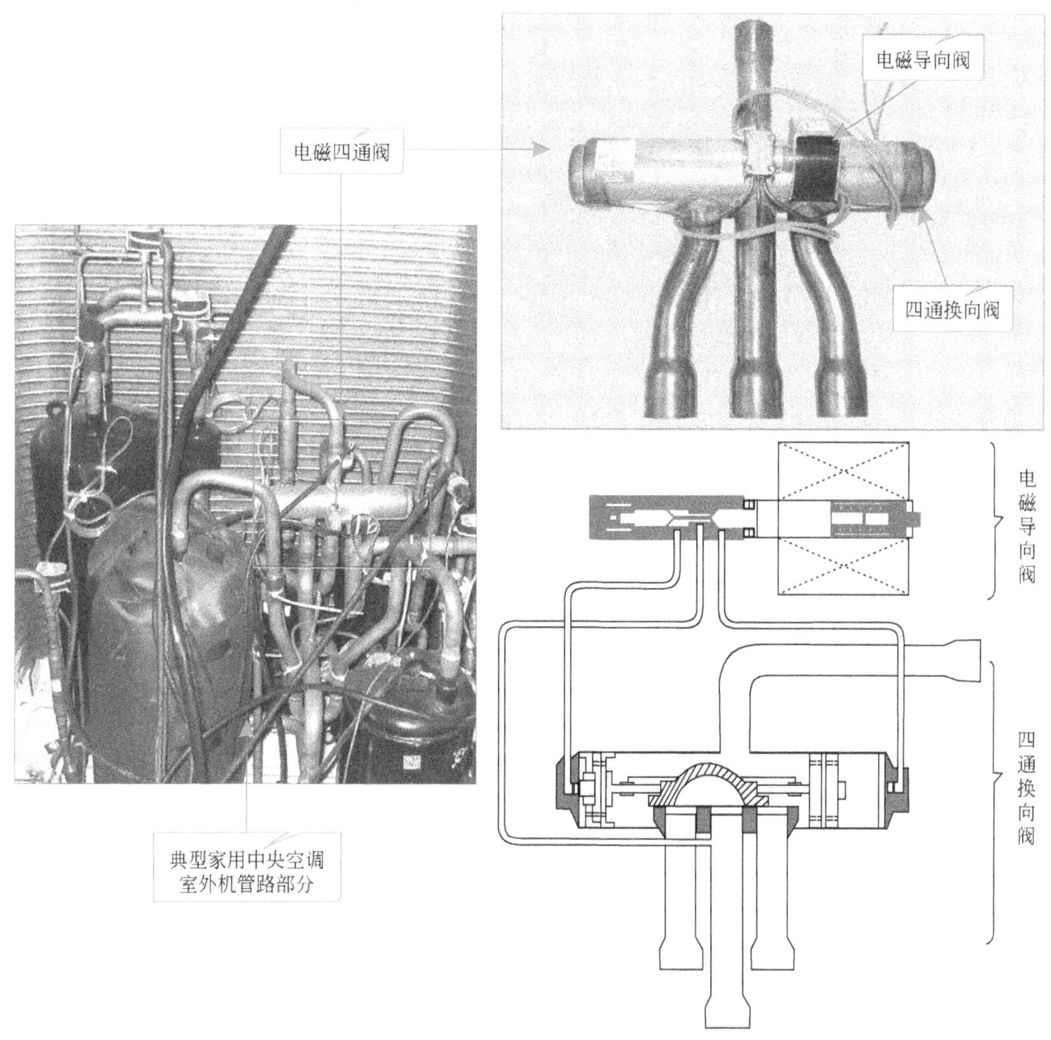

图5-8　家用中央空调室外机中的电磁四通阀

可以看到，电磁四通阀中的电磁导向阀部分是由阀芯、弹簧、衔铁、电磁线圈等构成；四通换向阀部分是由滑块、活塞与四根连接管路等构成。四通换向阀上的四根连接管路分别可以连接压缩机排气孔、压缩机吸气孔、蒸发器与冷凝器。电磁导向阀部分是通过三根毛细管与四通换向阀部分进行连接的。

电磁四通阀在工作时，由中央空调主控电路部分进行控制。当电磁四通阀中的电磁导向阀接收到控制信号后，驱动电磁线圈牵引衔铁运动，电磁铁带动阀芯动作，从而改变毛细管导通的位置。而毛细管的导通可以改变管路中的压力，当压力发生改变时，四通换向阀中的活塞带动滑块动作，实现换向工作。

图5-9所示为电磁四通阀由制冷转换为制热状态的工作原理。当电磁导向阀接收到控制信号，使电磁线圈吸引衔铁动作，衔铁带动阀芯向右移动，导向毛细管E堵塞，导向毛细管F与G导通。由于导向毛细管E堵塞，而使区域H内充满高压气体；而区域I内，通过导向毛细管F、G及C管与压缩机回气管相同，使之形成低压区，当区域H的压强大于区域I的压强，滑块被活塞带动，向右移动，使连接管C和连接管D相通，连接管A和连接管B相通。

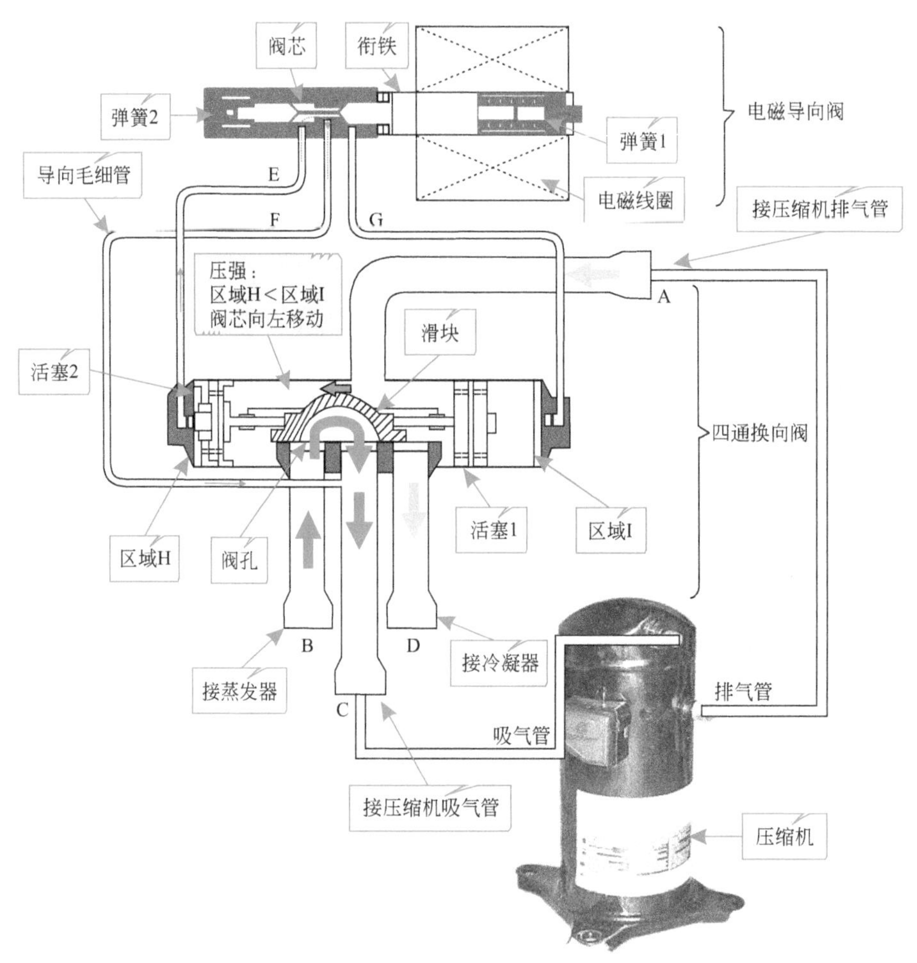

图5-9 电磁四通换向阀由制冷转换制热的状态

图5-10所示为电磁四通阀由制热转换为制冷状态的工作原理。当电磁导向阀接收到控制信号，使电磁线圈松开衔铁，衔铁带动阀芯向左移动，导向毛细管G堵塞，导向毛细管E与F导通，当区域I的压强大于区域H的压强，滑块被活塞带动，向左移动，使连接管B和连接管C相通，连接管A和连接管D相通。

⑤ 干燥过滤器　家用中央空调的干燥过滤器一般安装于冷凝器与毛细管或电子膨胀阀之间，如图5-11所示，用于吸收中央空调制冷管路中多余的水分，防止管路产生冰堵，并减少水分对管路系统的腐蚀；还可以对管路中的杂质进行过滤，防止出现脏堵现象。

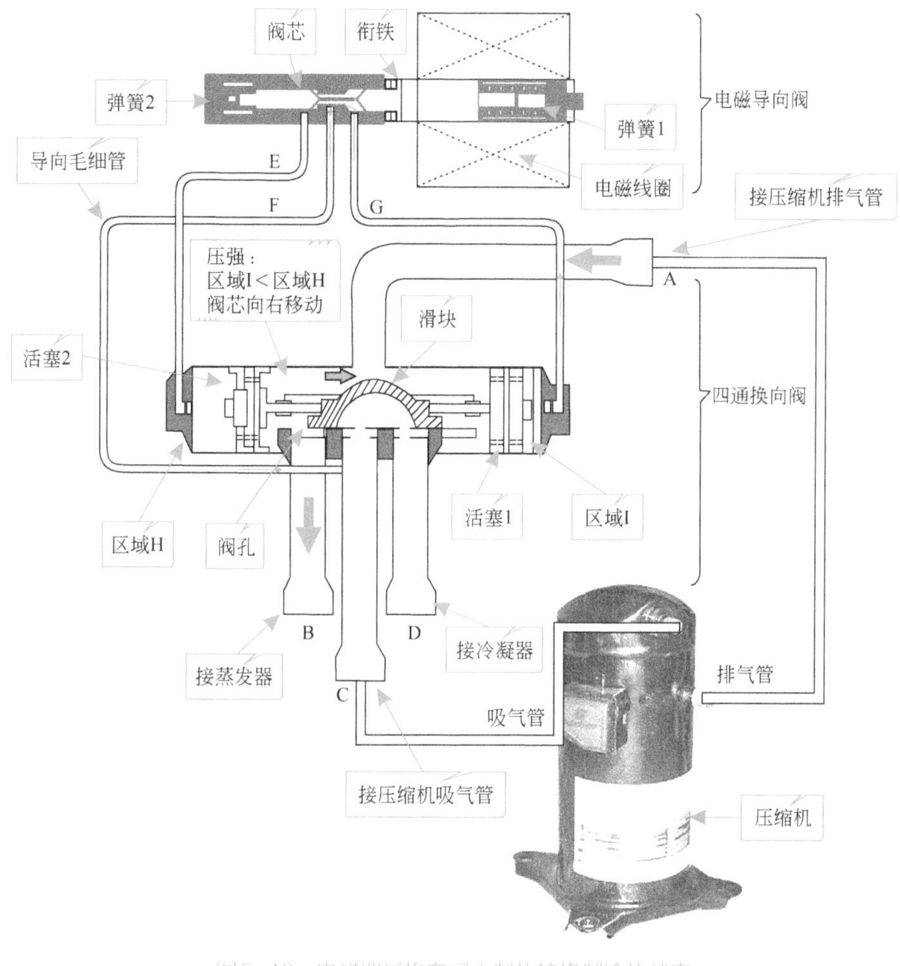

图5-10　电磁四通换向阀由制热转换制冷的状态

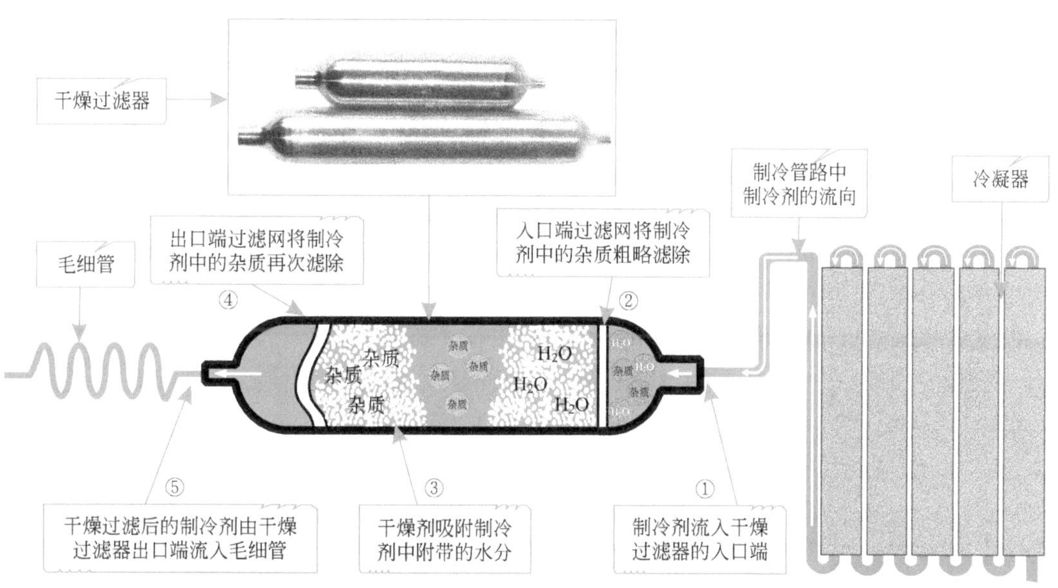

图5-11　家用中央空调中的干燥过滤器

特别提示

家用中央空调整个制冷或制热系统是在干燥的真空环境中工作的，但难免会有微量的水分及微小的杂质存在。这主要是因为在空气中含有一定的水分和杂质。在装配过程中，由于装配环境的影响、装配操作不规范或零部件自身清洗不彻底等造成，会使空气或一些灰尘进入到制冷管路中。根据制冷循环的原理，高温高压的过热蒸气从压缩机排气口排出，经冷凝器冷却后，要进入毛细管进行节流降压。由于毛细管的内径很小，如果系统中存在水分和杂质就很容易造成堵塞，使制冷剂不能循环。如果这些杂质一旦进入到压缩机，就可能使活塞、气缸及轴承等部件的磨损加剧，影响压缩机的性能和使用寿命。因此需要在冷凝器和毛细管之间安置干燥过滤器。

⑥ 毛细管　毛细管在中央空调制冷管路中是实现节流、降压的部件，其外形是一段又细又长的铜管，通常盘绕在室外机中，安装在蒸发器与干燥过滤器之间，如图5-12所示。由于家用中央空调中的管路负载较大，一般需要使用多个毛细管达到节流降压目的。

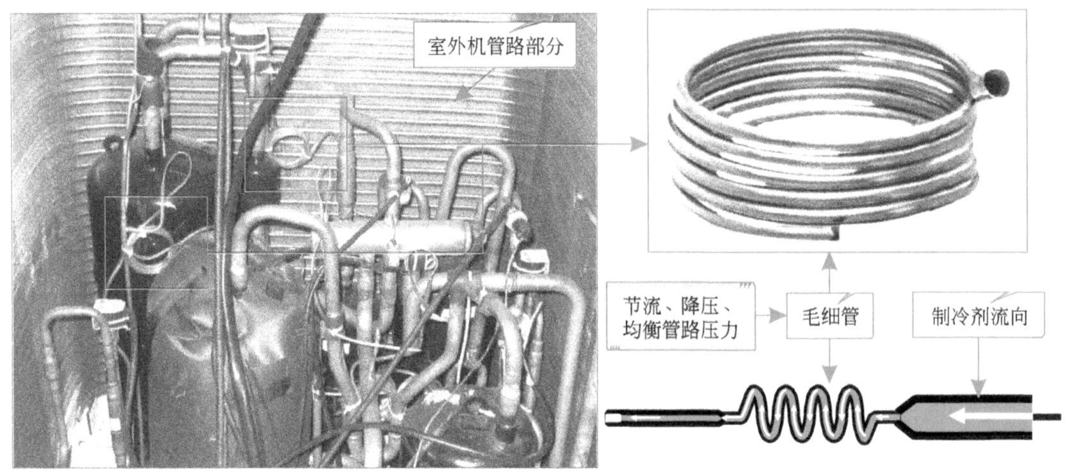

图5-12　家用中央空调中的毛细管

由于毛细管的外形十分细长，因此当液态制冷剂流入毛细管时，会增强制冷剂在制冷管路中流动的阻力，从而起到降低制冷剂的压力、限制制冷剂流量的作用。

⑦ 单向阀　单向阀是制冷管路中重要的部件，它具有单向导通反向截止的特性，一般在单向阀上都带有阀门导通的方向标识，如图5-13所示。

单向阀的主要作用是防止压缩机在停机时内部大量的高温高压蒸气倒流向蒸发器，使蒸发器升温，从而导致制冷效率降低。在压缩机回气管路中接入单向阀，可使压缩机停转时制冷系统内部高、低压迅速平衡，以便再次启动。

图5-14所示为典型针形单向阀的工作原理。当制冷剂流向与方向标识一致时，阀针受制冷剂本身流动压力的作用，被推至限位环内，单向阀处于导通状态，允许制冷剂流通；当制冷剂流向与方向标识相反时，阀针受单向阀两端压力差的作用，被紧紧压在阀座上，此时单向阀处于截止状态，不允许制冷剂流通。钢球式单向阀与阀针式单向阀工作原理相同。

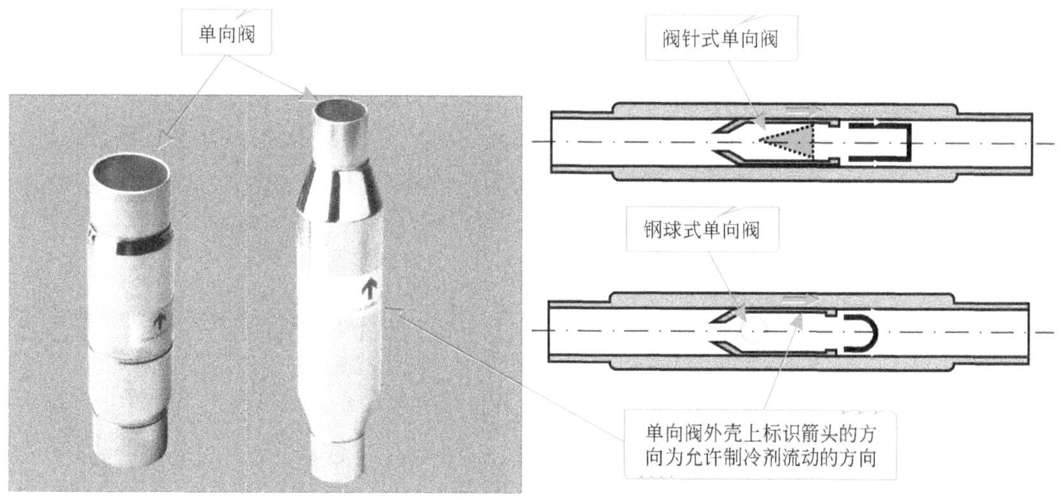

图5-13 家用中央空调管路系统中的单向阀

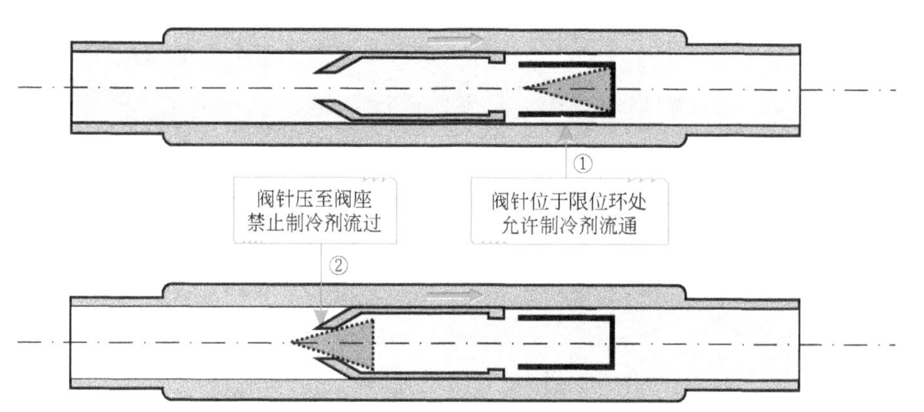

图5-14 阀针式单向阀的工作原理

⑧ 分歧管 家用中央空调分歧管是指在制冷循环管路中，用于实现分支的部件，也称为分支管或分歧器等，如图5-15所示。

分歧管一般安装在室外机与室内机蒸发器之间的连接管路中，用于将室外机制冷管路进行分支，使之可连接多个室内机蒸发器，实现“一拖几”的系统结构。

在制冷循环管路中，分歧管分为气管和液管两种，气管较液管口径粗。

家用中央空调中还有一种常用的闸阀组件，称为电子膨胀阀，它是一种由电子电路进行控制的膨胀阀，它可以通过电子信号控制阀芯的位置来控制制冷剂的流量，而且可以双向导通，弥补了毛细管节流量不能调整的缺点，是一款高档节流降压元件，图5-16所示为电子膨胀阀的外形和内部结构。

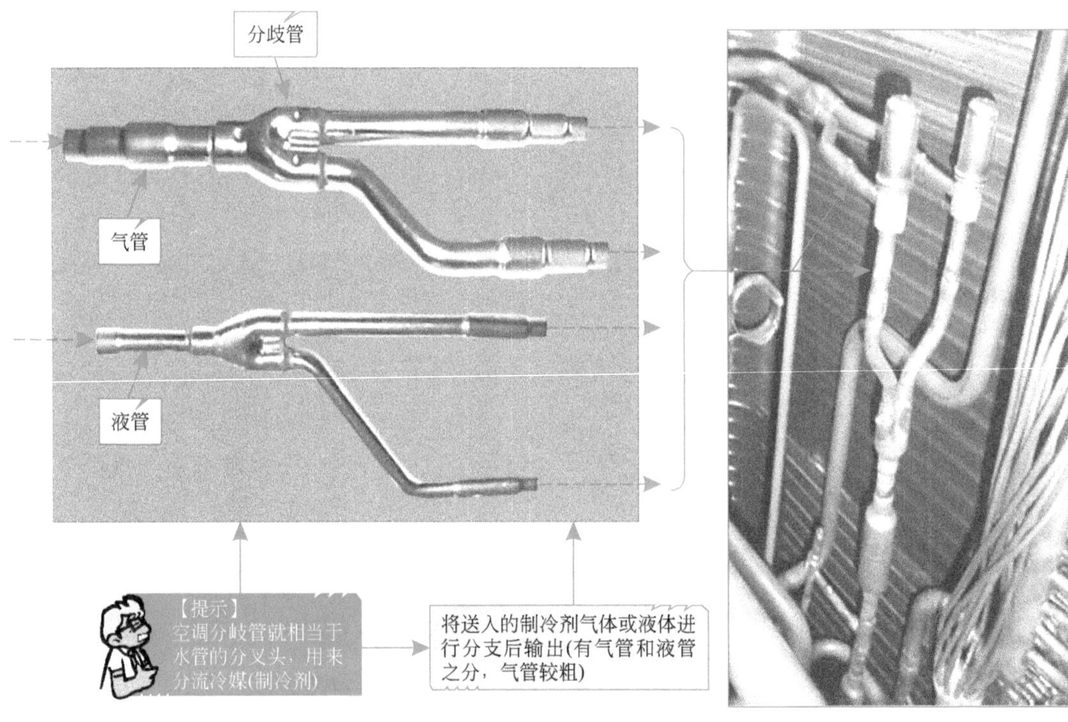

图5-15　家用中央空调管路系统中的分岐管

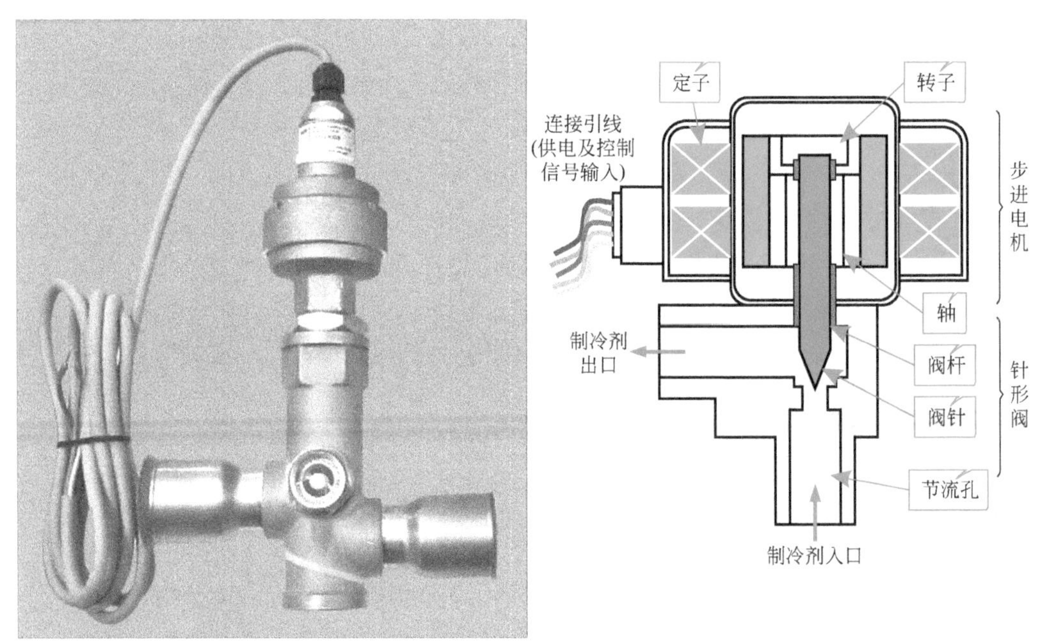

图5-16　家用中央空调器中电子膨胀阀的外形

家用中央空调工作时，电子膨胀阀接收到微处理器的控制信号后，驱动内部的步进电机进行运转，使阀杆带动阀针升降，最终使电子膨胀阀根据家用中央空调系统中负荷大小来自动控制制冷剂的流量，来达到最精确的温度控制以及最佳的节能效果。

（2）商用中央空调管路系统的组成

商用中央空调的管路系统相对复杂一些，除了基本的制冷剂循环系统外，还包括向室内提供冷热量的水管路系统或风道的传输及分配系统。

下面分别以风冷式风循环商用中央空调、风冷式水循环商用中央空调以及水冷式商用中央空调为例进行介绍。

① 风冷式风循环商用中央空调的管路系统　根据风冷式风循环商用中央空调系统结构可知，该类中央空调的管路系统包括两大部分，即制冷剂循环系统和风道的传输及分配系统，如图5-17所示。

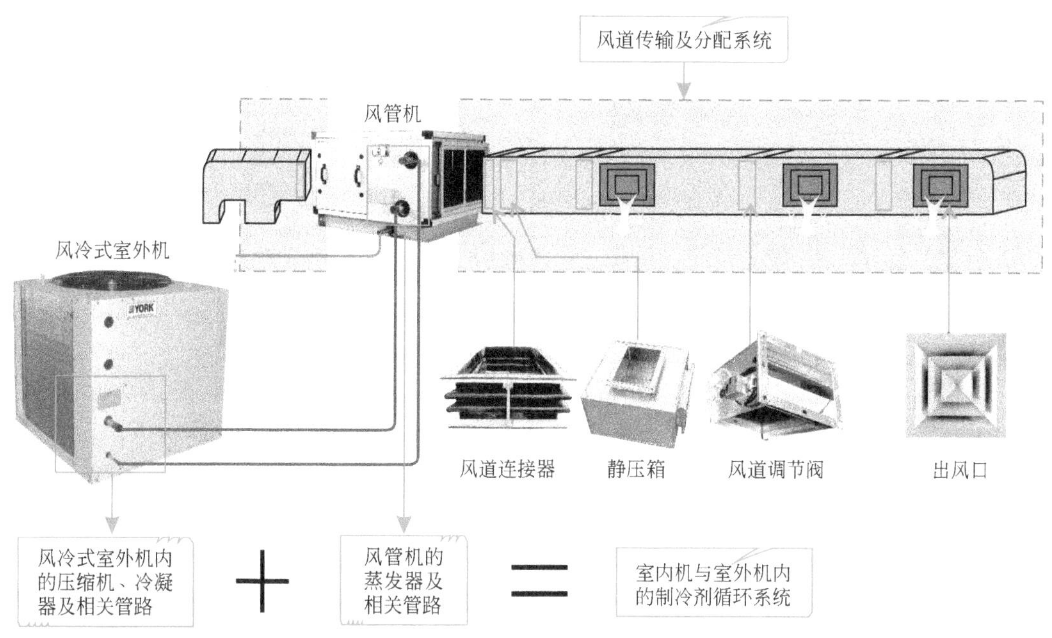

图5-17　风冷式风循环商用中央空调的管路系统

a.制冷剂循环系统　风冷式风循环商用中央空调中的制冷剂循环系统由室内机的蒸发器和室外机的冷凝器、压缩机及相关的闸阀组件构成，如图5-18所示，结构形式及功能原理与家用中央空调都比较相似。

室内机蒸发器、室外机中的冷凝器、压缩机和闸阀组件等结构及基本功能特点在前文已经介绍，这里不再重复。

b.风道传输及分配系统　风道传输及分配系统是将制冷剂循环系统产生的冷量或热量送入室内，实现制冷或制热输出的部分，如图5-19所示。

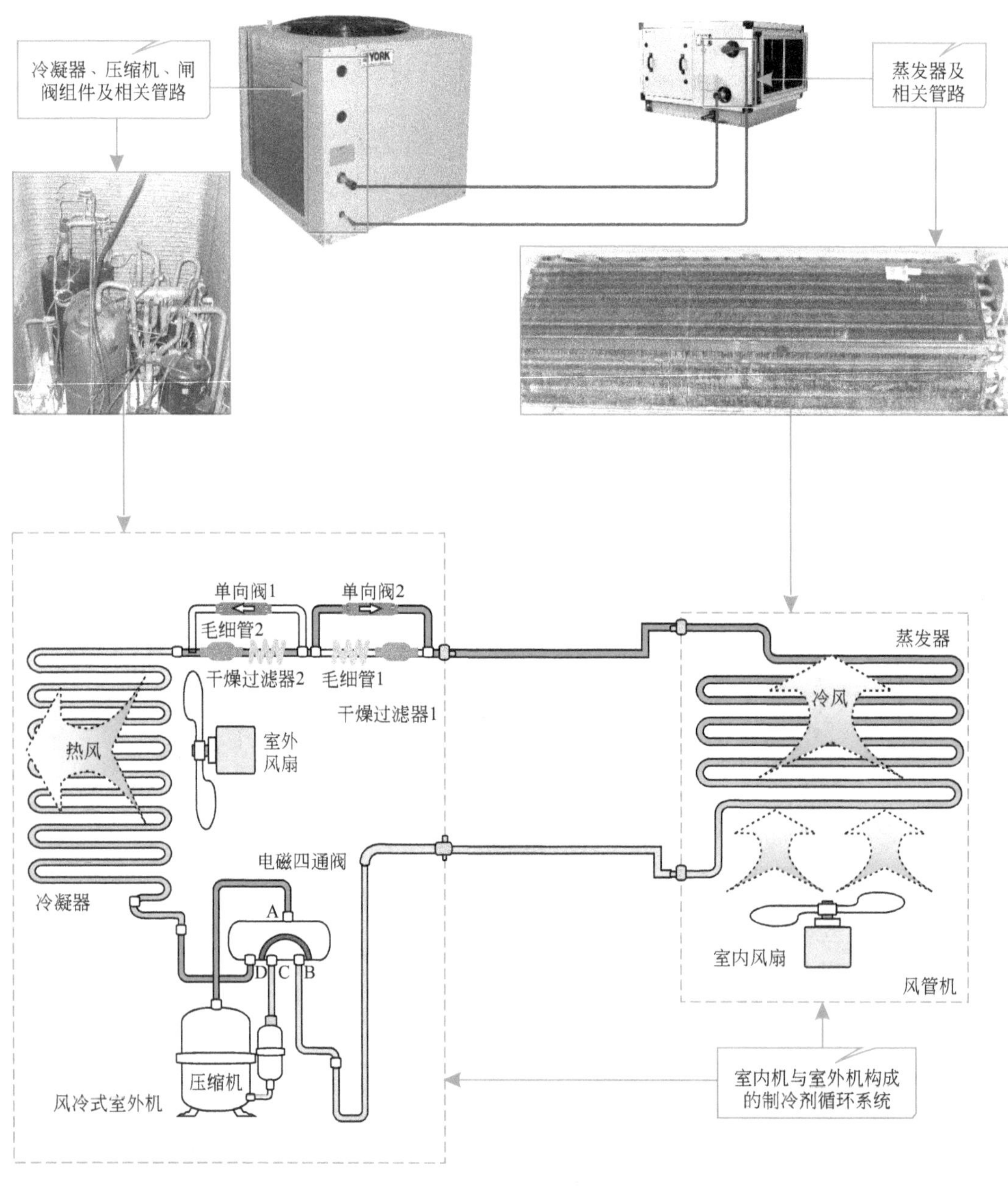

图5-18　风冷式风循环商用中央空调的制冷剂循环系统

可以看到，该系统中除了基本的风道外，还包括一些处理部件，如静压箱、风道调节阀、送风口或回风口等。

② 风冷式水循环商用中央空调　风冷式水循环商用中央空调是将制冷或制热量通过水管道送入室内的一类中央空调系统，因此其管路部分除了基本的制冷剂循环系统外，还包括水管道传输及分配系统，如图5-20所示。

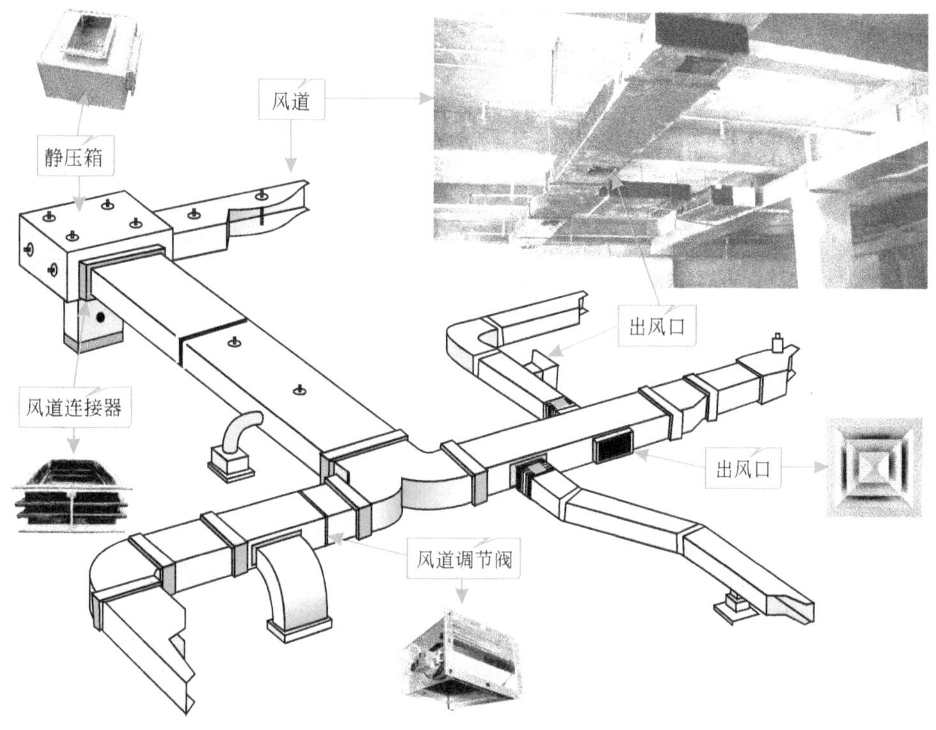

图5-19 风冷式风循环商用中央空调的风道传输及分配系统

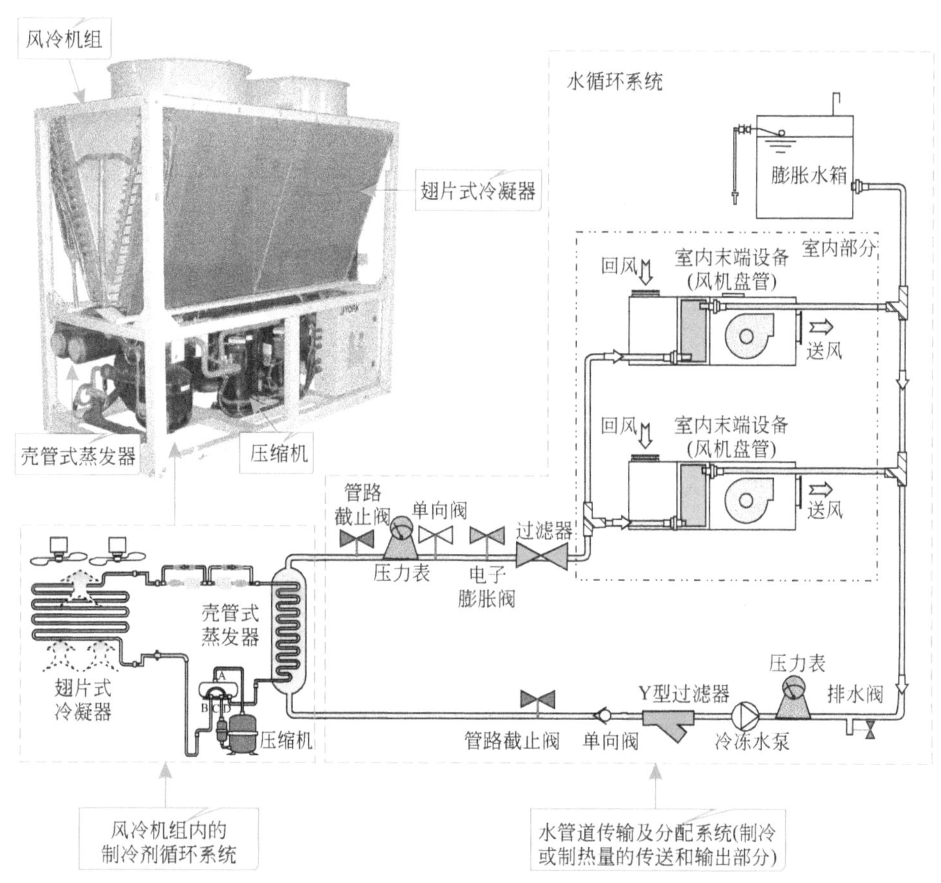

图5-20 风冷式水循环商用中央空调的管路系统

a. 制冷剂循环系统　风冷式水循环商用中央空调的制冷剂循环系统都设置在风冷机组（室外机）中，如图5-21所示。

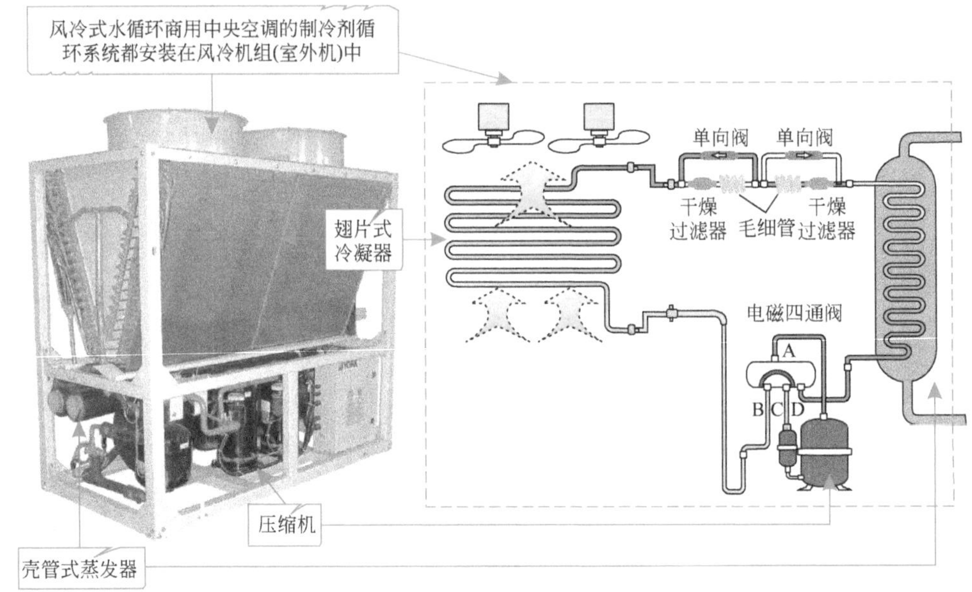

图5-21　风冷式水循环商用中央空调的制冷剂循环系统

可以看到，该类中央空调的制冷剂循环系统全部在风冷式室外机中完成。风冷式室外机（风冷机组）中设有蒸发器、冷凝器、压缩机和闸阀组件等完整的循环系统，如图5-22所示为风冷式室外机的内部结构分解图。

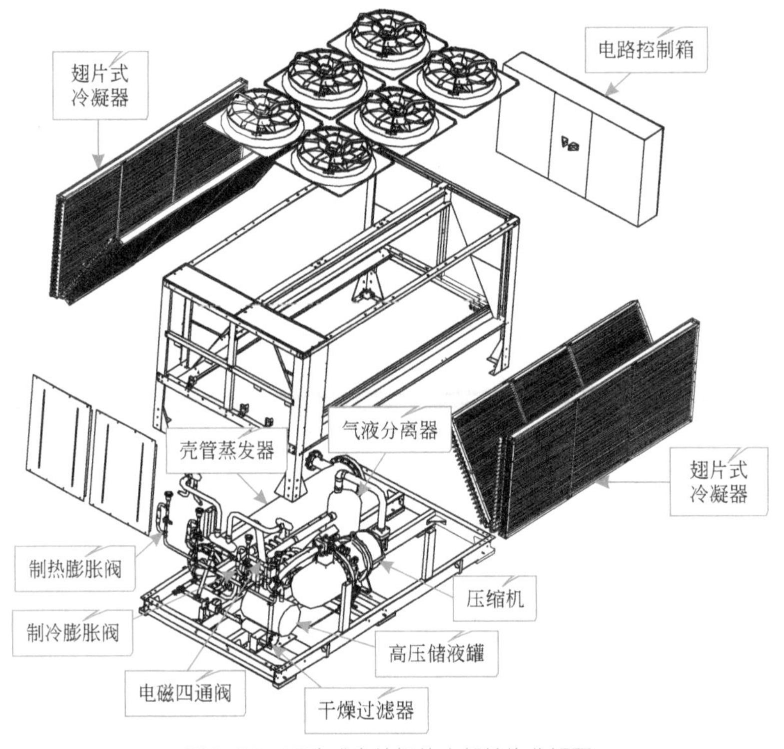

图5-22　风冷式室外机的内部结构分解图

风冷式水循环商用中央空调的制冷剂循环系统中，冷凝器一般采用翅片式，蒸发器采用壳管式，压缩机则多为涡旋式和螺杆式。

ⓐ 翅片式冷凝器　在风冷式中央空调制冷剂循环系统中，为了便于空气冷却，冷凝器多采用翅片式结构，如图5-23所示。

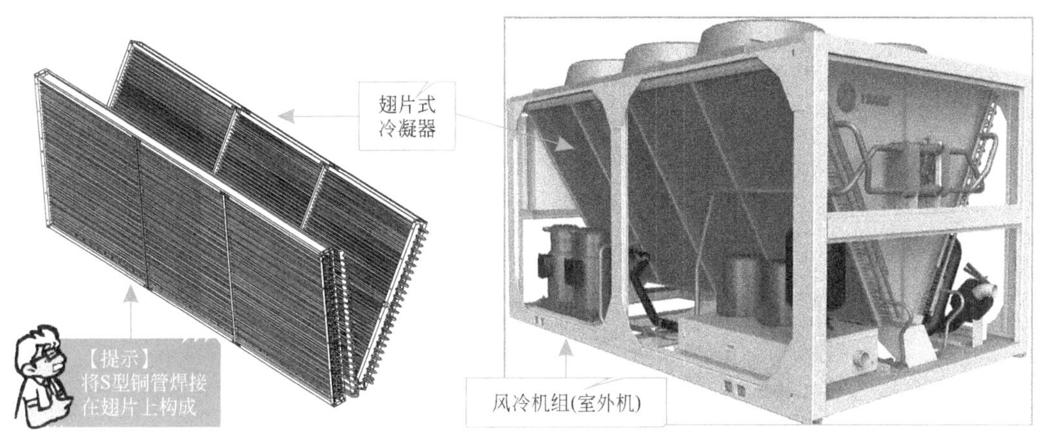

图5-23　翅片式冷凝器

ⓑ 壳管式蒸发器　壳管式蒸发器外形十分庞大，内部包含制冷剂管路和水循环管路两部分，如图5-24所示，制冷剂管路与翅片式冷凝器构成制冷剂循环管路；水循环管路与外部水系统构成水管道的传输及分配系统。

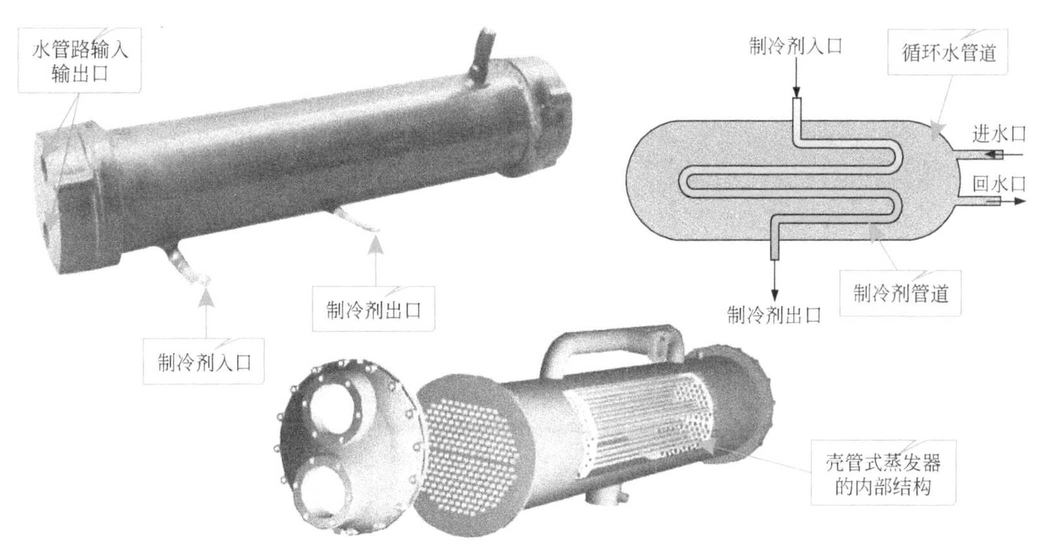

图5-24　壳管式蒸发器

ⓒ 涡旋式压缩机　涡旋式压缩机属于高效压缩机，可保证满负荷和部分负荷下的机组效率，图5-25所示为其外形及内部结构。

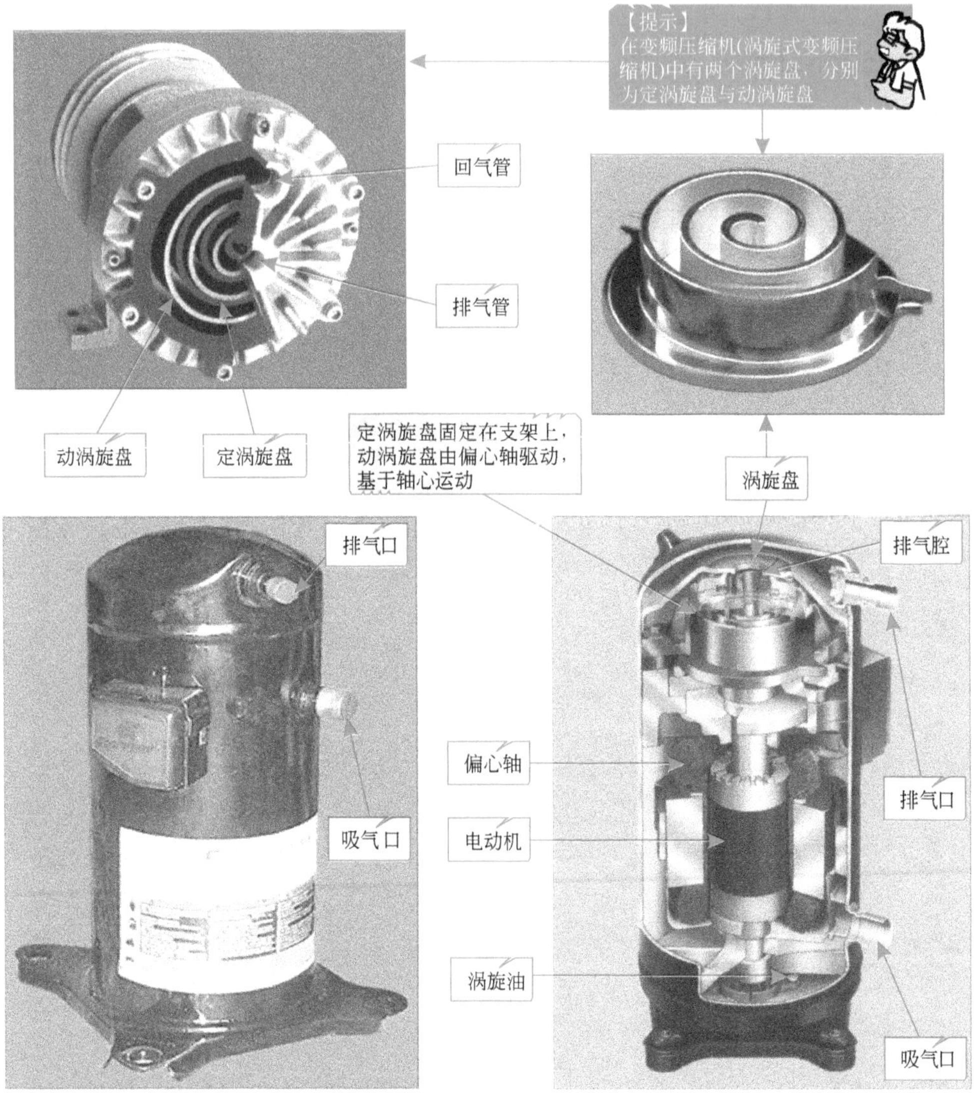

【提示】
在变频压缩机(涡旋式变频压缩机)中有两个涡旋盘，分别为定涡旋盘与动涡旋盘

回气管
排气管
动涡旋盘
定涡旋盘
定涡旋盘固定在支架上，动涡旋盘由偏心轴驱动，基于轴心运动
涡旋盘
排气口
吸气口
排气腔
偏心轴
电动机
排气口
涡旋油
吸气口

(a) 涡旋式压缩机实物外形　　(b) 涡旋式压缩机内部结构

图5-25　涡旋式变频压缩机的结构

知识拓展

压缩机工作时，通过内部电动机带动机械部件工作，实现对内部制冷剂的压缩处理。压缩机的内部结构不同，对制冷剂进行压缩的方式不同。

采用涡旋式结构的压缩机，其工作主要是由定涡旋盘与动涡旋盘实现的，如图5-26所示，定涡旋盘作为定轴不动，动涡旋盘在电动机带动下围绕定涡旋盘进行旋转运动，对压缩机吸入的制冷剂气体进行压缩，使气体受到挤压。当动涡旋盘与定涡旋盘相啮合时，内部的空间不断缩小，使制冷剂气体压力不断增大，最后通过涡旋盘中心的排气管排出。

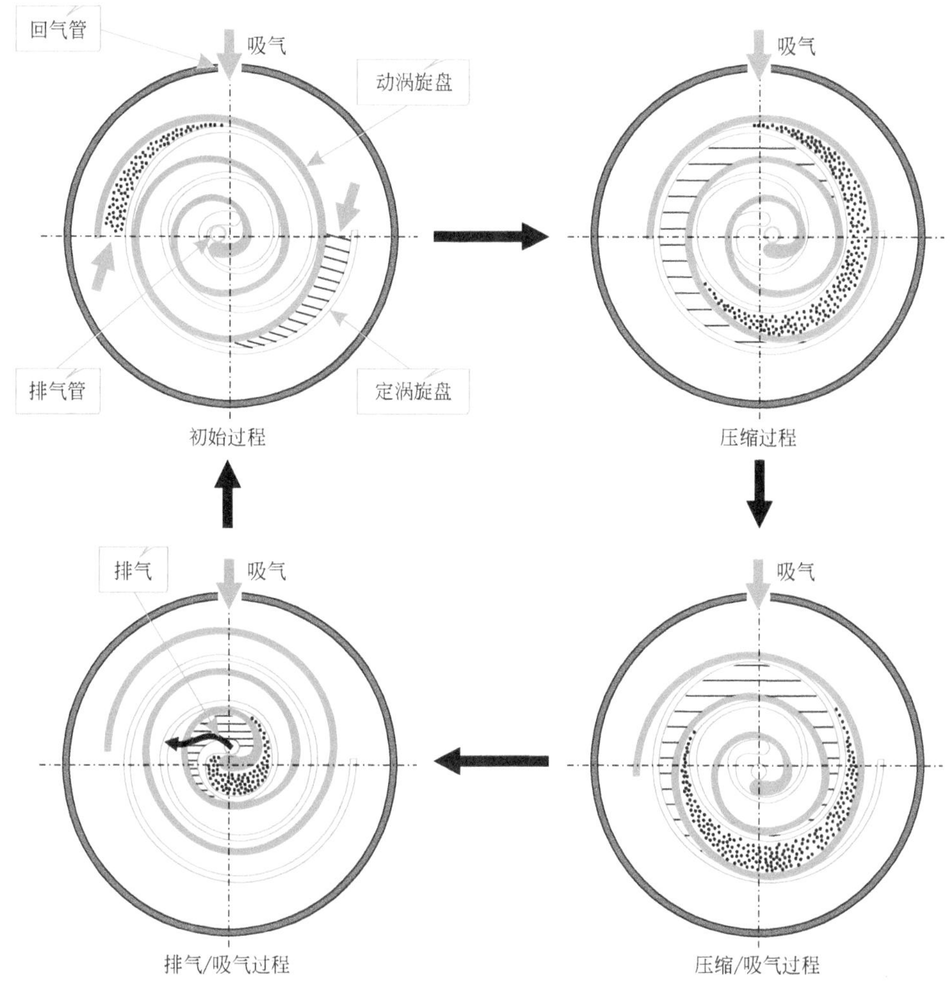

图5-26 变频压缩机的工作原理图

ⓓ 螺杆式压缩机 螺杆式压缩机发展较晚，是一种容积回转式压缩机，具有高效、耐久、结构紧凑和对负载可以平稳调节的特点，这类压缩机在水冷式商用中央空调中的应用比较广泛，相关功能及结构将在下面水冷式中央空调中介绍。

ⓔ 其他管路部件 风冷式水循环商用中央空调制冷剂循环系统中，还设有大型的高压储液罐和气液分离器等管路部件，如图5-27所示。

在风冷式水循环商用中央空调中高压储液罐用来储存冷凝器中凝结的制冷剂液体，并保持适当的存储量，调节和补充制冷系统内各部分设备的液体循环量，使其可以适应不同工况状态的需要，此外还可以起到液封的作用。

气液分离器主要是用来分离制冷剂蒸气中所携带的冷冻机油。防止冷冻机油进入循环管路中，以免油堵现象的发生，通常与压缩机直接进行连接。

b.水管道传输及分配系统 风冷式水循环商用中央空调中，制冷剂循环系统产生的冷量或热量通过水管道传输和分配到室内末端设备中，如图5-28所示。

气液分离器
壳管式蒸发器
压缩机
高压储液罐
风冷式水循环商用中央空调中室外机压缩机及相关部件

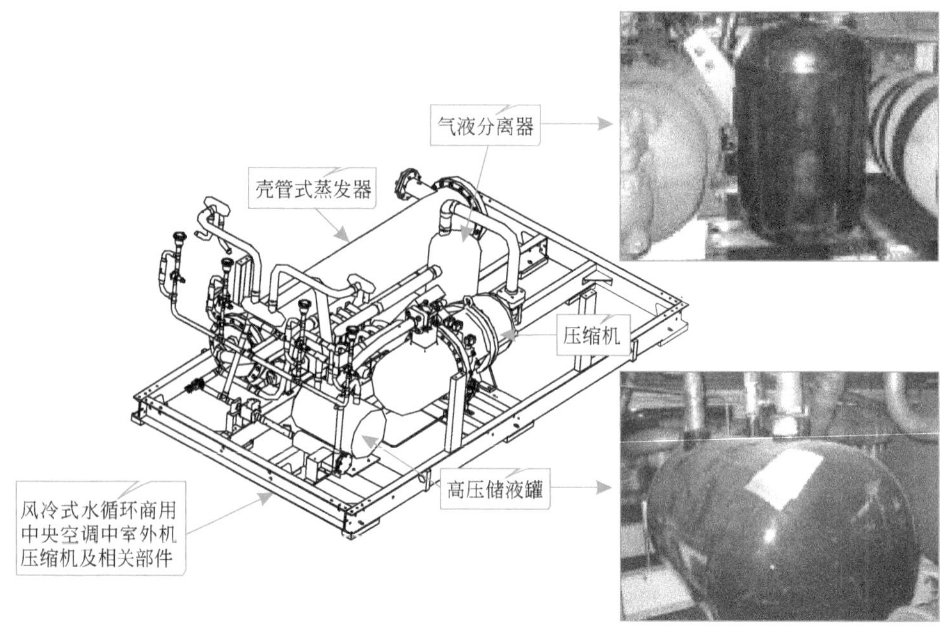

图5-27　风冷式水循环商用中央空调制冷剂循环系统中的其他管路部件

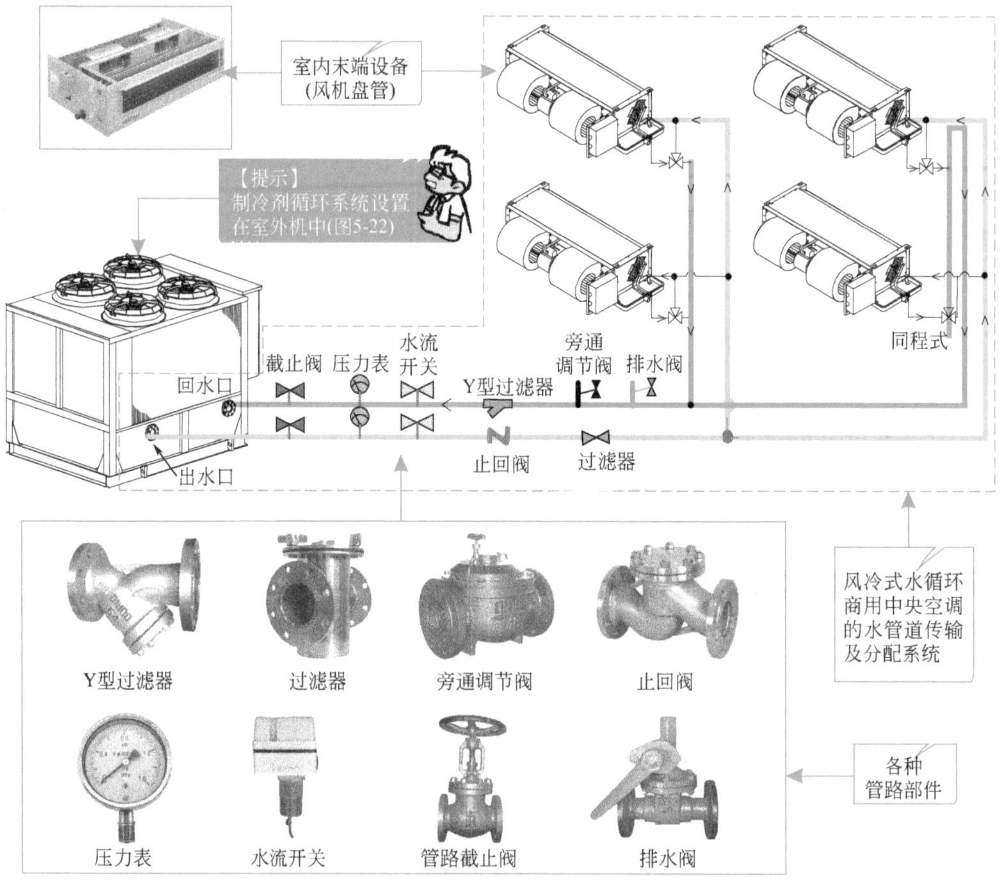

室内末端设备
(风机盘管)
【提示】
制冷剂循环系统设置在室外机中(图5-22)
回水口
出水口
截止阀
压力表
水流开关
Y型过滤器
旁通调节阀
排水阀
止回阀
过滤器
同程式
风冷式水循环商用中央空调的水管道传输及分配系统
Y型过滤器
过滤器
旁通调节阀
止回阀
压力表
水流开关
管路截止阀
排水阀
各种管路部件

图5-28　风冷式水循环商用中央空调水管道的传输及分配系统

可以看到，该系统将制冷剂循环系统产生的冷量或热量通过循环水送入室内，并由室内末端设备送出，实现制冷或制热。在该系统中，主要是由水管道中的截止阀、止回阀（单向阀）等和室内末端设备（风机盘管）构成。

ⓐ Y型过滤器　Y型过滤器即水管道过滤器，又称为排污器，安装在水管路中，对管路中水进行过滤，保护主机不进入杂质、异物等，图5-29所示为Y型过滤器实物外形。

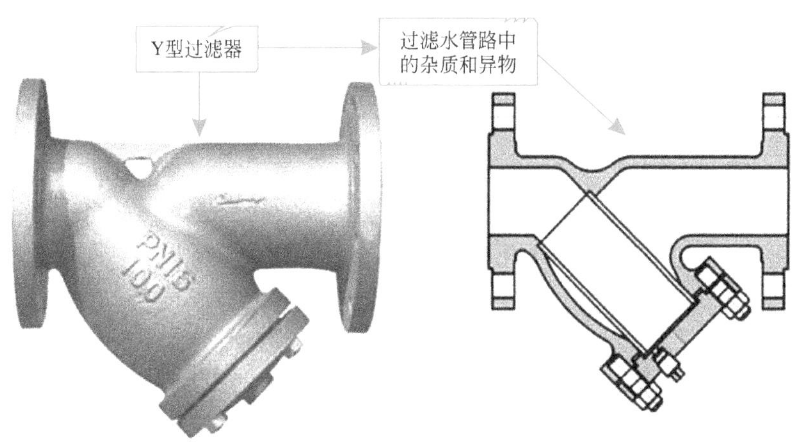

图5-29　Y型过滤器

ⓑ 截止阀　截止阀是中央空调水管路系统中使用最广泛的一种阀门，图5-30为其外形及内部结构图。

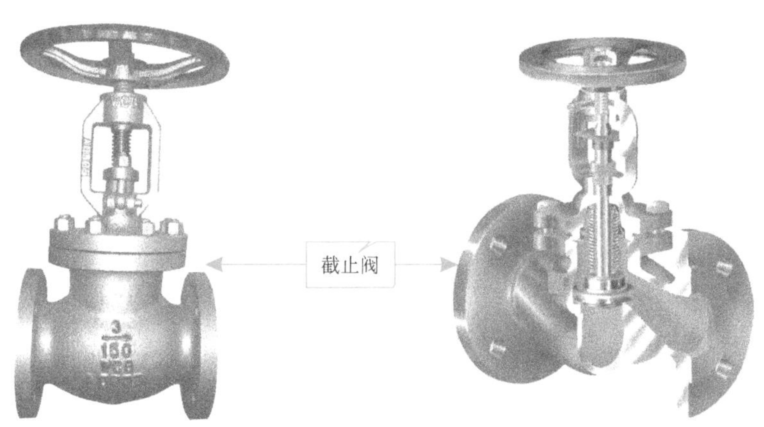

图5-30　截止阀

截止阀依靠阀杆压力，使密封座与阀座紧密贴合，阻止截止流通的，该阀门只允许介质单向流动，使用和安装时需要注意它的方向性。

ⓒ 止回阀（单向阀）　止回阀是依靠流体本身的力量自动启闭的阀门，其在中央空调水管路系统中的作用是阻止水管路中的水倒流，图5-31所示为其外形及内部结构示意图。

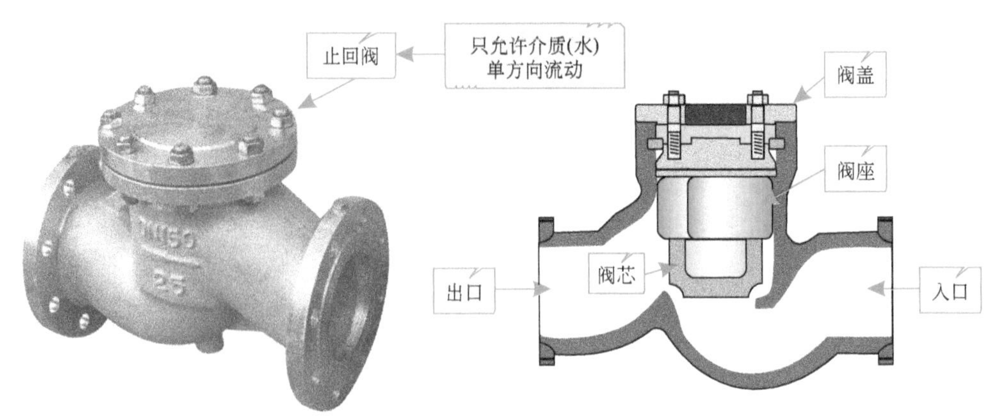

图5-31　止回阀的外形及内部结构

知识拓展

图5-32所示为商用中央空调中止回阀的工作原理。当水管道中的水由入口流入止回阀时，阀芯被制冷剂冲动，进入阀座，此时水可以顺利由入口流入、出口流出；当水由出口流入时，阀芯无动作水无法通过止回阀。

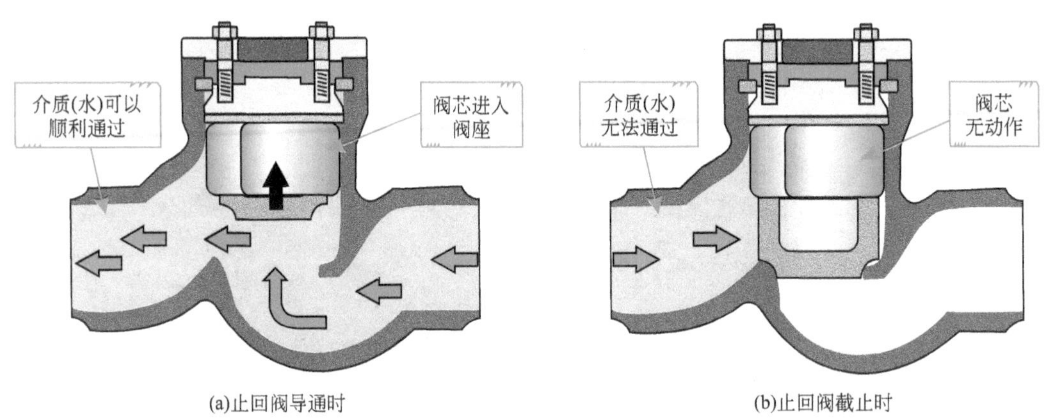

图5-32　止回阀的工作原理

ⓓ 室内末端设备（风机盘管）　风冷式水循环商用中央空调中，水管道末端直接安装在室内，称为室内末端设备，在该类中央空调系统中，多采用风机盘管作为末端设备，水在风机盘管内循环后，由风机盘管内的风扇组件将水管中的冷热量吹入室内。

图5-33所示为风机盘管外形及结构示意图，它是由出水口、进水口、排气阀、凝结水出口、积水盘、管道接口支架、接线盒、回风箱、过滤网、风扇组件、电加热器（可选）、盘管、出风口等构成。

风机盘管中的风扇组件是由电动机座、风扇支座、电动机、风扇叶轮以及蜗壳等组成，如图5-34所示。电动机控制蜗壳中的风扇叶轮进行旋转，从而产生风。

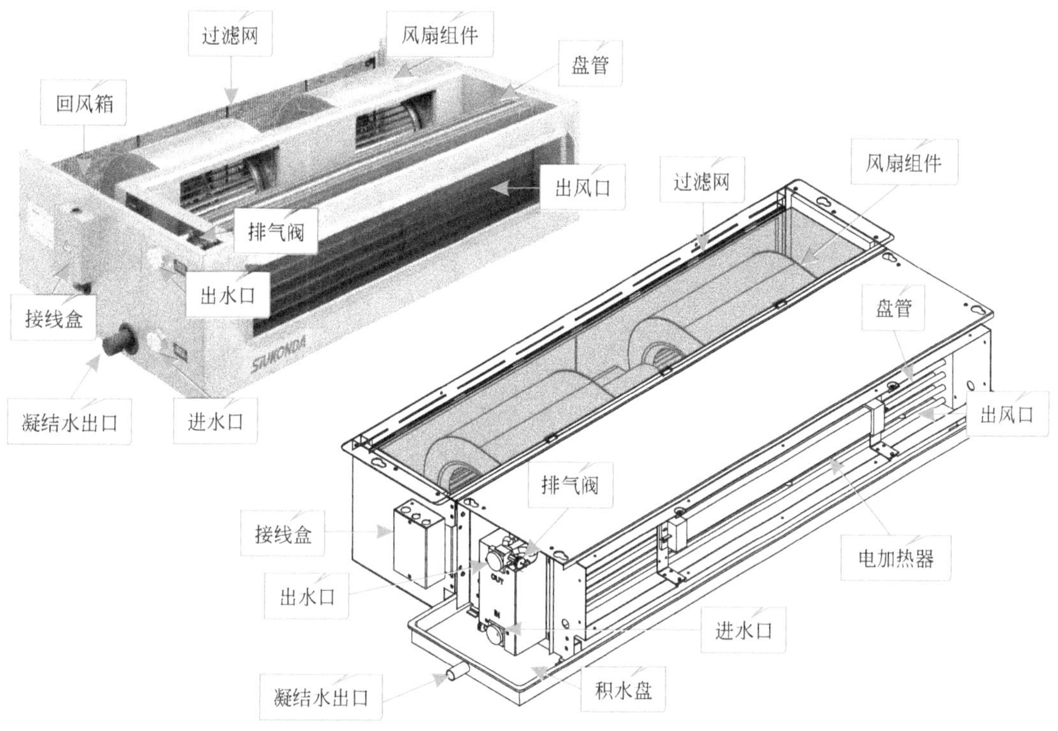

图5-33　典型风机盘管的结构

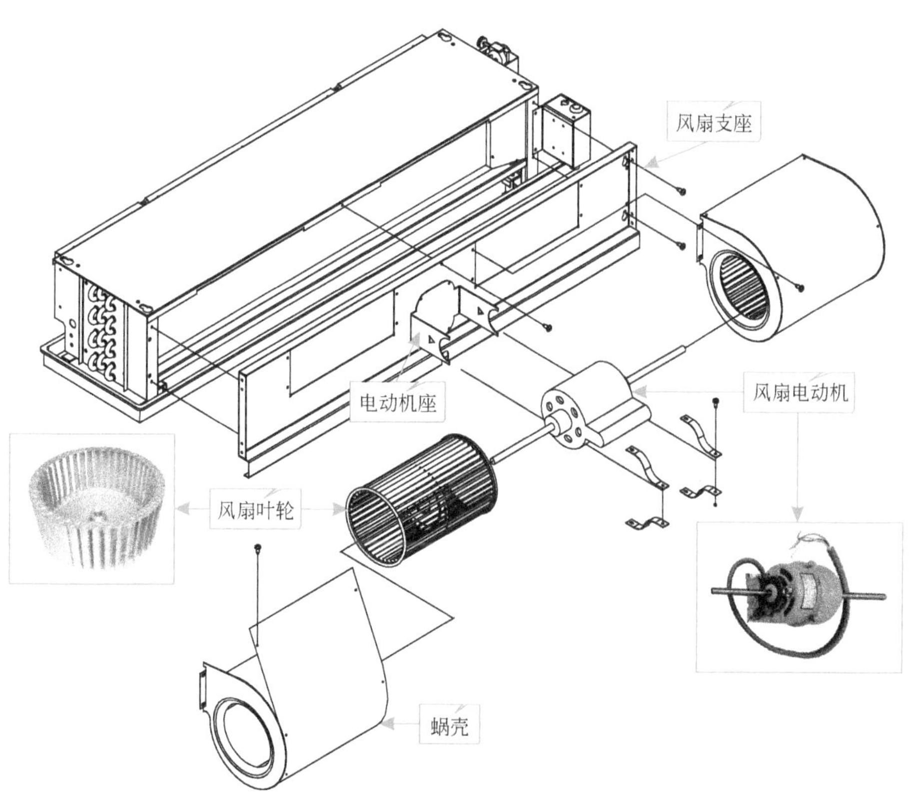

图5-34　典型风机盘管风扇的结构

知识拓展

图5-35风机盘管的工作原理。当中央空调系统进行制冷时，由入水口将冷水送入风机盘管中，冷水会通过盘管进行循环，此时风扇组件中的电动机接到启动信号带动风扇进行运转，使空气通过进风口进入与盘管中的冷水发生热交换，对空气进行降温，再由风扇将降温后的空气送出，使其对室内进行降温。

当空气与盘管进行热交换时，容易形成冷凝水，冷凝水进入积水盘，由凝结水出口排出。当盘管中的冷水进行热交换后由出水口流出。

同样，当中央空调系统进行制热时，需要由入水口进入热水，使热水与室内空气进行热交换，输出热风，当盘管中的热水进行热交换后由出水口流出。

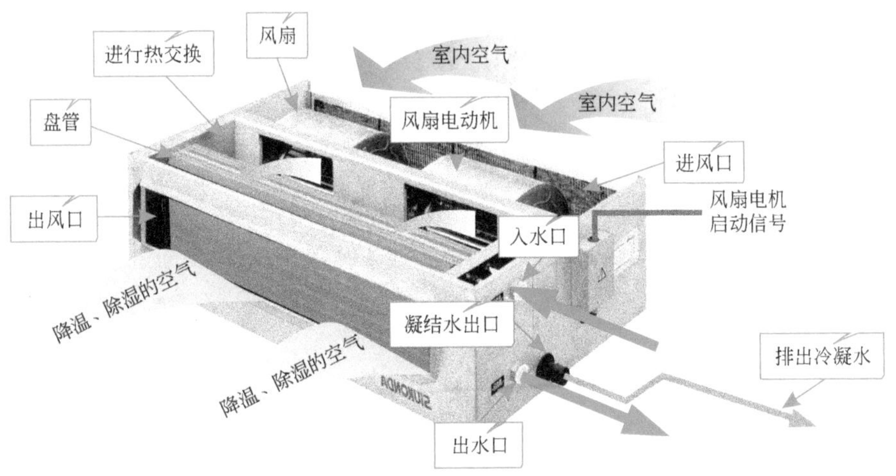

(a) 风机盘管制冷的工作原理

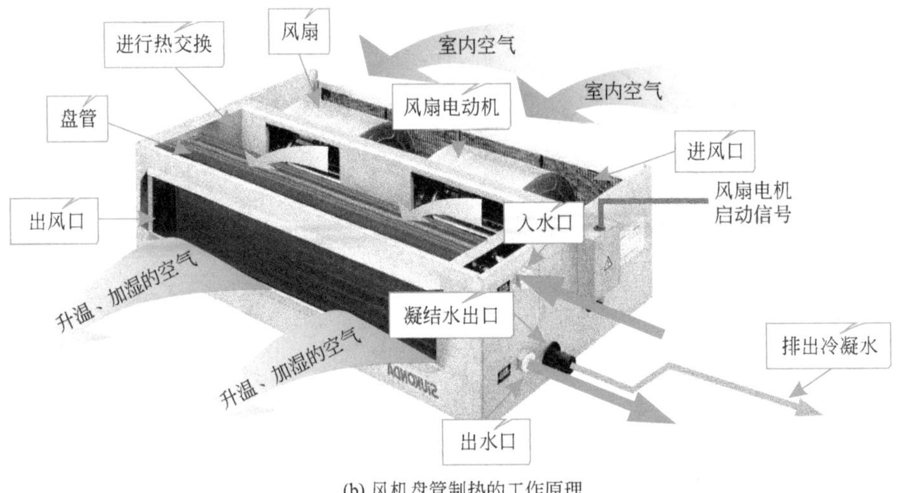

(b) 风机盘管制热的工作原理

图5-35　风机盘管的工作原理

③ 水冷式商用中央空调　根据水冷式商用中央空调的结构特点，水冷式商用中央空调的管路系统主要包括制冷剂循环和水管路循环两大系统。

a. 制冷剂循环系统　水冷式商用中央空调的制冷剂循环系统同样由蒸发器、冷凝器、压缩机和闸阀组件构成，这些组件均安装在水冷式商用中央空调的主机内，如图5-36所示。

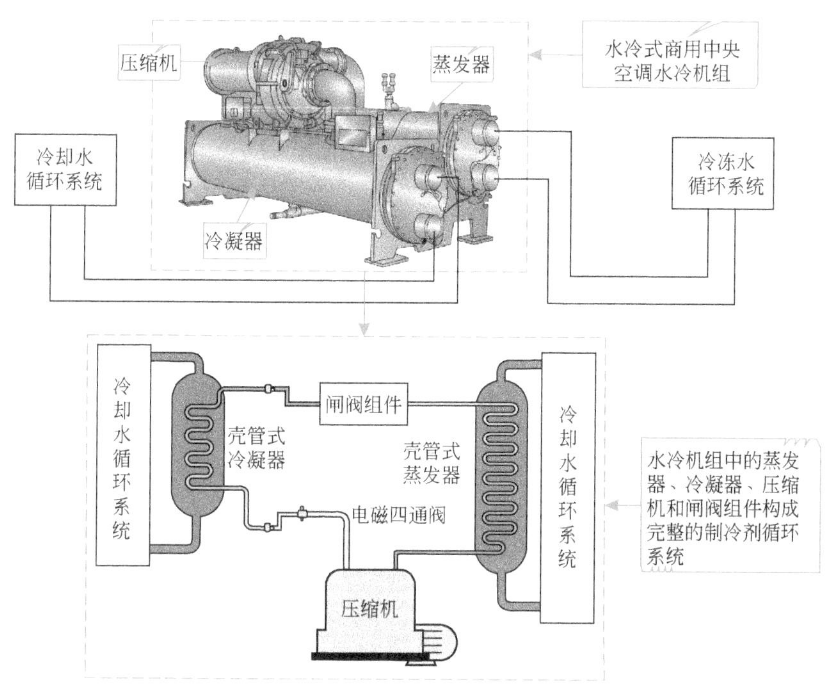

图5-36　水冷式商用中央空调中的制冷剂循环系统

可以看到，在该类中央空调系统中，制冷剂的循环同样是在蒸发器、冷凝器和压缩机等组件中实现的，不同是蒸发器、冷凝器和压缩机的结构形式不同。一般情况下，水冷式商用中央空调的蒸发器和冷凝器均采用壳管式，压缩机多为离心式和螺杆式。

ⓐ 壳管式蒸发器和冷凝器　在水冷式商用中央空调中，不仅蒸发器采用壳管式，冷凝器也采用壳管式结构。蒸发器和冷凝器内均包含制冷剂管道和水循环管道两个部分，如图5-37所示。

图5-37　壳管式冷凝器和蒸发器

知识拓展

壳管式蒸发器、冷凝器和压缩机构成制冷剂循环系统，图5-38所示为其连接关系及内部结构剖面图。

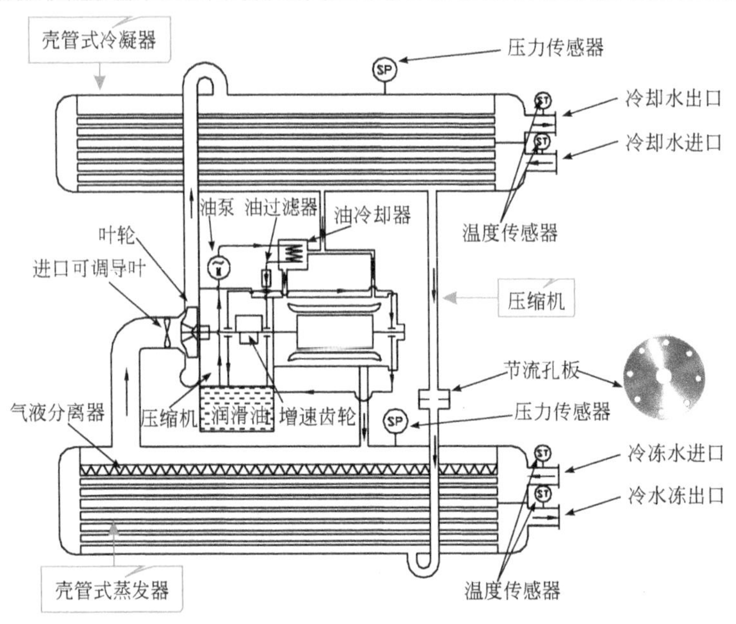

图5-38 壳管式蒸发器、冷凝器和压缩机连接关系及内部结构剖面图

壳管式蒸发器和冷凝器内的制冷剂管道与压缩机、闸阀组件形成制冷剂循环系统；水循环管道与外部水管道构成水循环系统。

ⓑ 螺杆式压缩机 水冷式商用中央空调中，很多冷水机组中采用螺杆式压缩机，该压缩机是一种容积回转式压缩机，图5-39为其外形及内部结构。

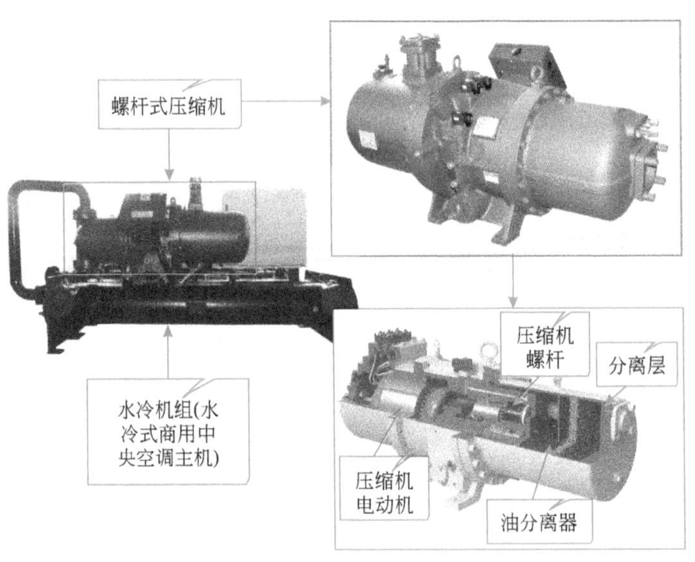

图5-39 水冷机组中的螺杆式压缩机

图5-40所示为螺杆式压缩机（双螺杆式）的内部结构，它主要是由油分离器和压缩机及电动机组件构成。

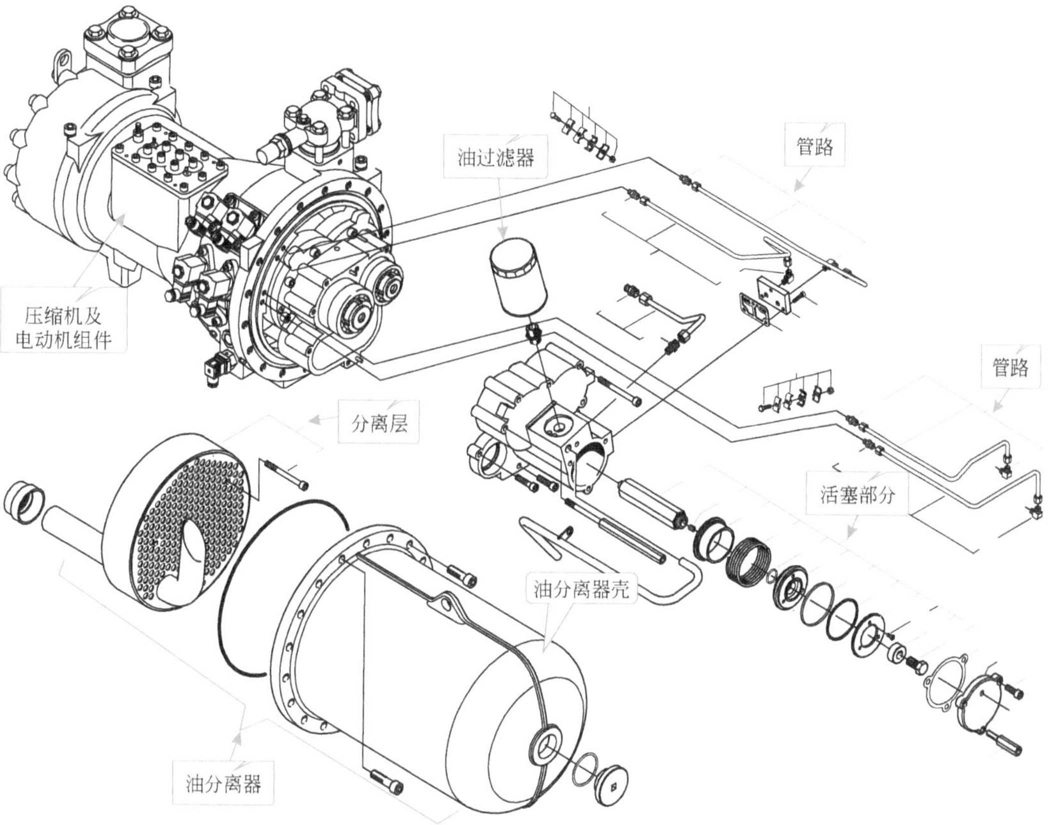

油过滤器
管路
压缩机及电动机组件
分离层
管路
活塞部分
油分离器壳
油分离器

图5-40 螺杆式压缩机的内部结构

压缩机及电动机组件为该类压缩机中的关键部分，其内部结构如图5-41所示，可以看到其主要是由压缩机电动机定子线圈、电动机转子、压缩机螺杆（阴转子、阳转子）、温度检测器、油分离器、分离层、轴承组件、法兰、活塞部分等构成。

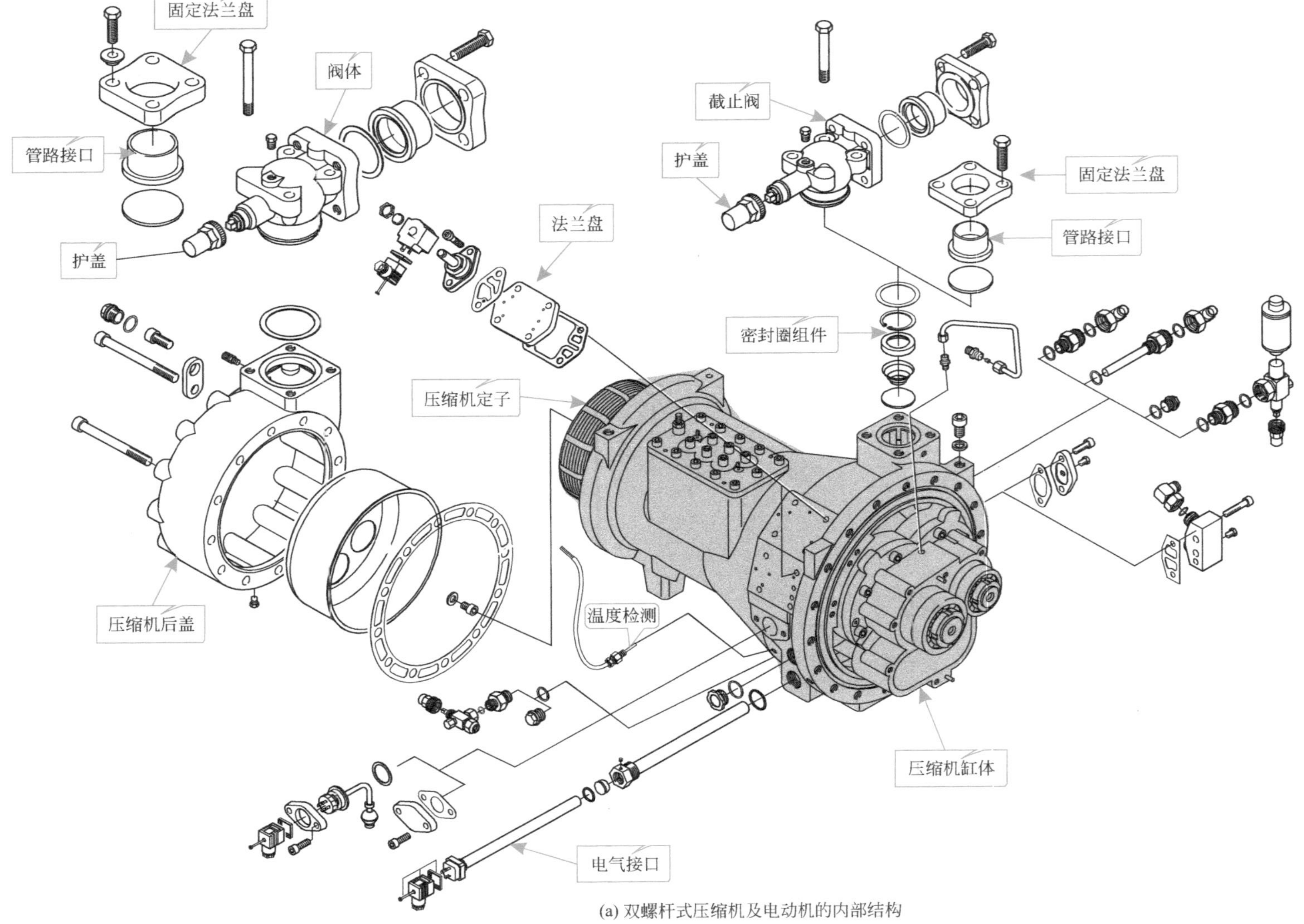

(a) 双螺杆式压缩机及电动机的内部结构

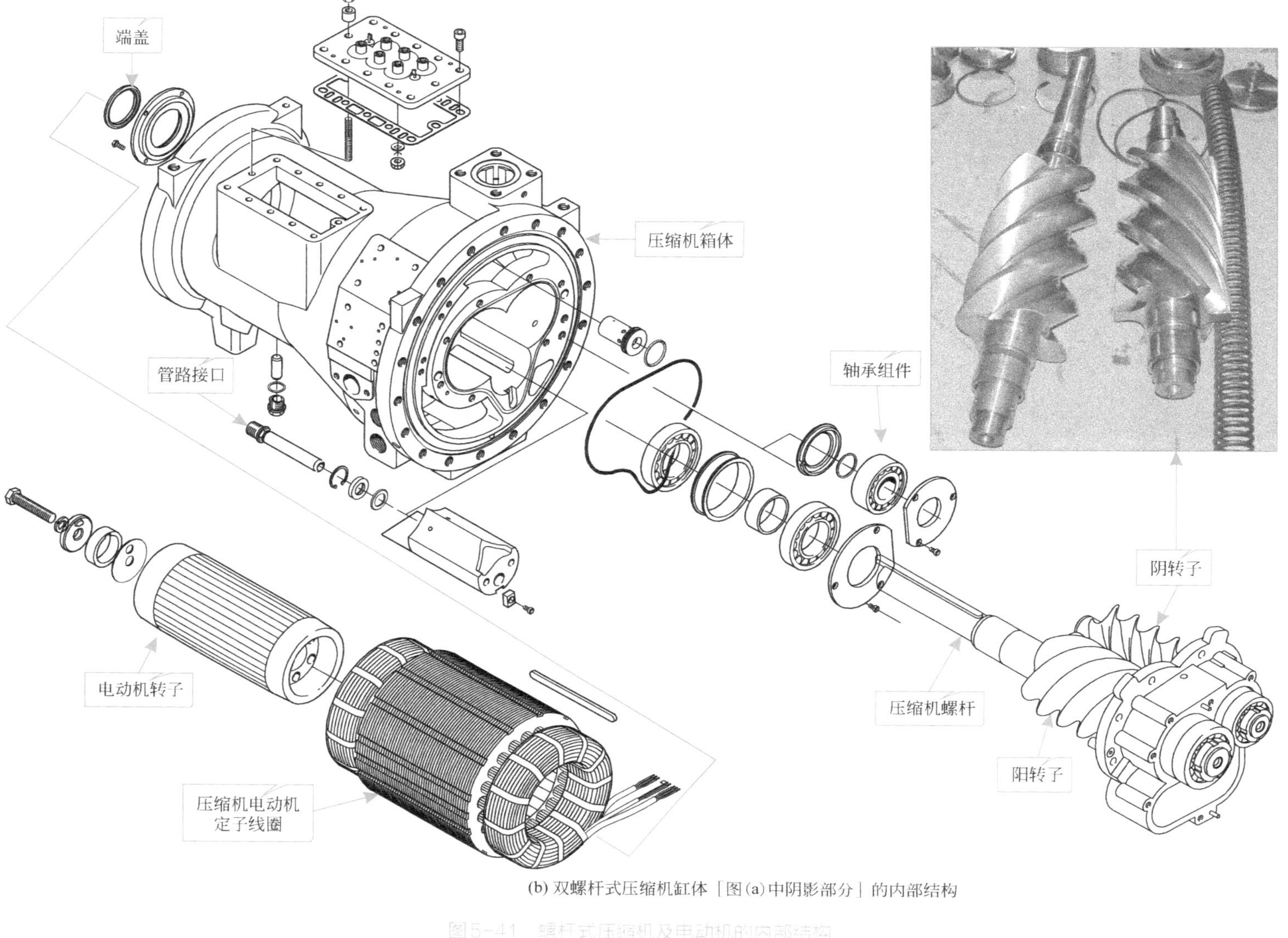

(b) 双螺杆式压缩机缸体［图(a)中阴影部分］的内部结构

图5-41 螺杆式压缩机及电动机的内部结构

螺杆式压缩机的工作是依靠啮合运动着的一个阳转子与一个阴转子，并借助于包围这一对转子四周的机壳内壁的空间完成的，其工作过程如图5-42所示。当螺杆式压缩机开始工作时，进气口开始吸气，经阳转子、阴转子的啮合运动对气体开始进行压缩，当压缩结束后，将气体由出气口排出。

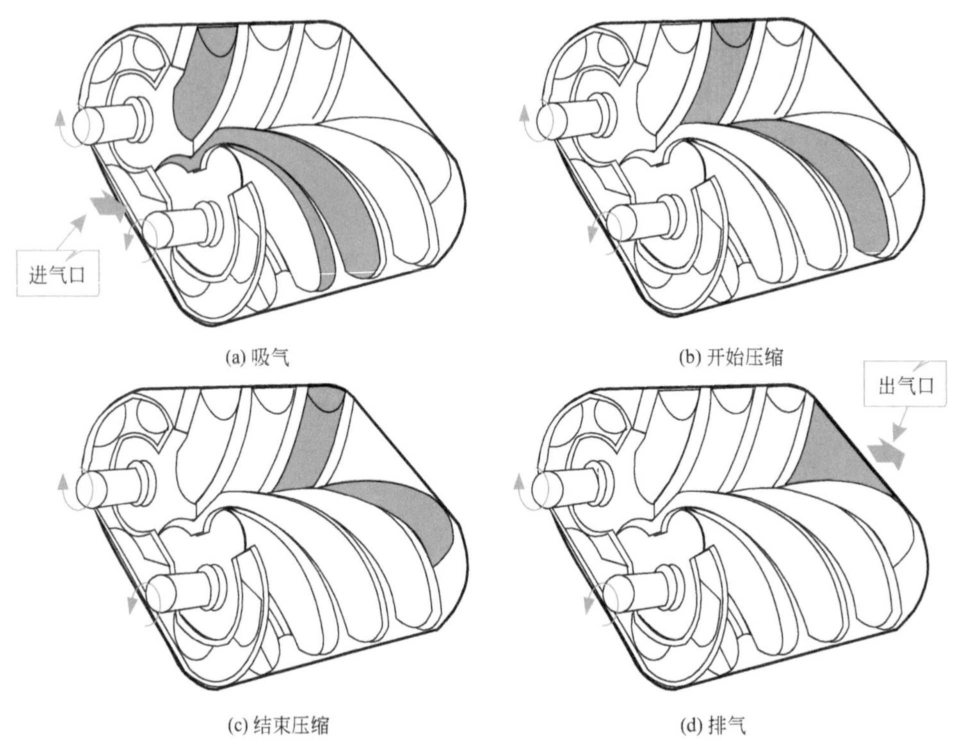

图5-42 螺杆式压缩机的工作过程

ⓒ 离心式压缩机　离心式压缩机是利用内部叶片高速旋转，使速度变化产生压力，它具有单机容量大，承载负载能力高，但其低负载运行时会出现间歇停止的特点，如图5-43所示。

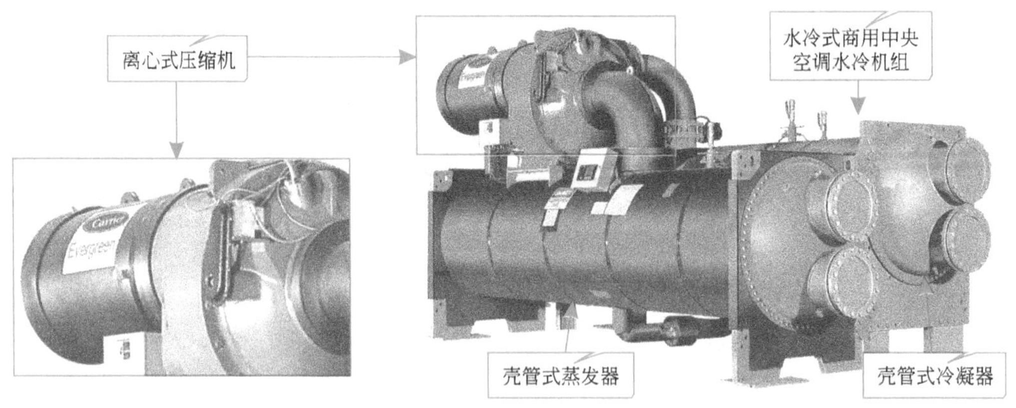

图5-43 商用中央空调器中的压缩机

离心式压缩机主要通过高速旋转的叶轮和通流面积逐渐增加的扩压器压缩气体，即通过压缩机内的叶轮对气体作功，利用离心升压作用和降速扩压作用，将机械能转换为气体的压力。

ⓓ 闸阀组件　在水冷式商用中央空调的制冷剂循环系统中，除了上述最基本三大部件外，大多还设有热力膨胀阀和干燥过滤器等闸阀组件。

热力膨胀阀是用来进行节流的元件，可以调节制冷剂的输入量使其与普通蒸发器的负荷相匹配，便于蒸发器将供入的制冷剂进行完全的蒸发。热力膨胀阀的外形与膨胀阀类似，在其阀体上连接一条毛细管和感温包，阀体内部由入口、滤网、阀芯、膜片、毛细管以及感温包等构成，如图5-44所示。

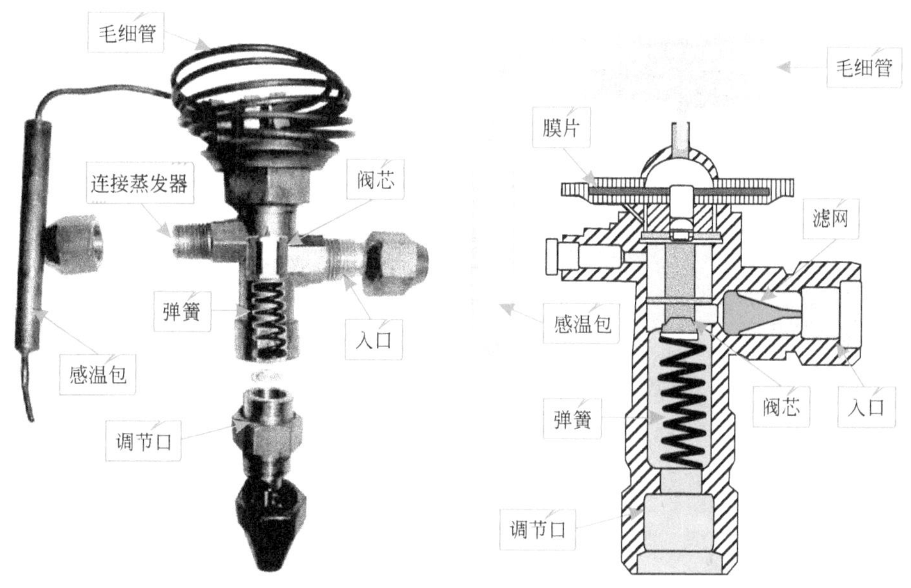

图5-44　商用中央空调热力膨胀阀的内部结构

水冷式商用中央空调中干燥过滤器的功能结构与家用中央空调器中的干燥过滤器相同，一般安装于冷凝器与毛细管之间，主要是用于吸收制冷剂中的水分。不同是由于商用中央空调器的管路较为粗大，所以管路中的干燥过滤器的体积也相对较大，如图5-45所示。

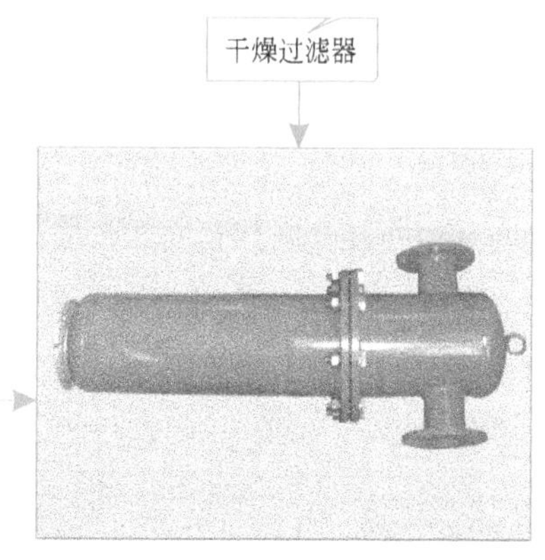

图5-45　商用中央空调中的干燥过滤器

b. 水管路循环系统　水冷式商用中央空调的水管路循环系统是整个系统中的重要环节，制冷剂循环系统中各种热交换过程都是通过水管路循环系统实现的，如图5-46所示。

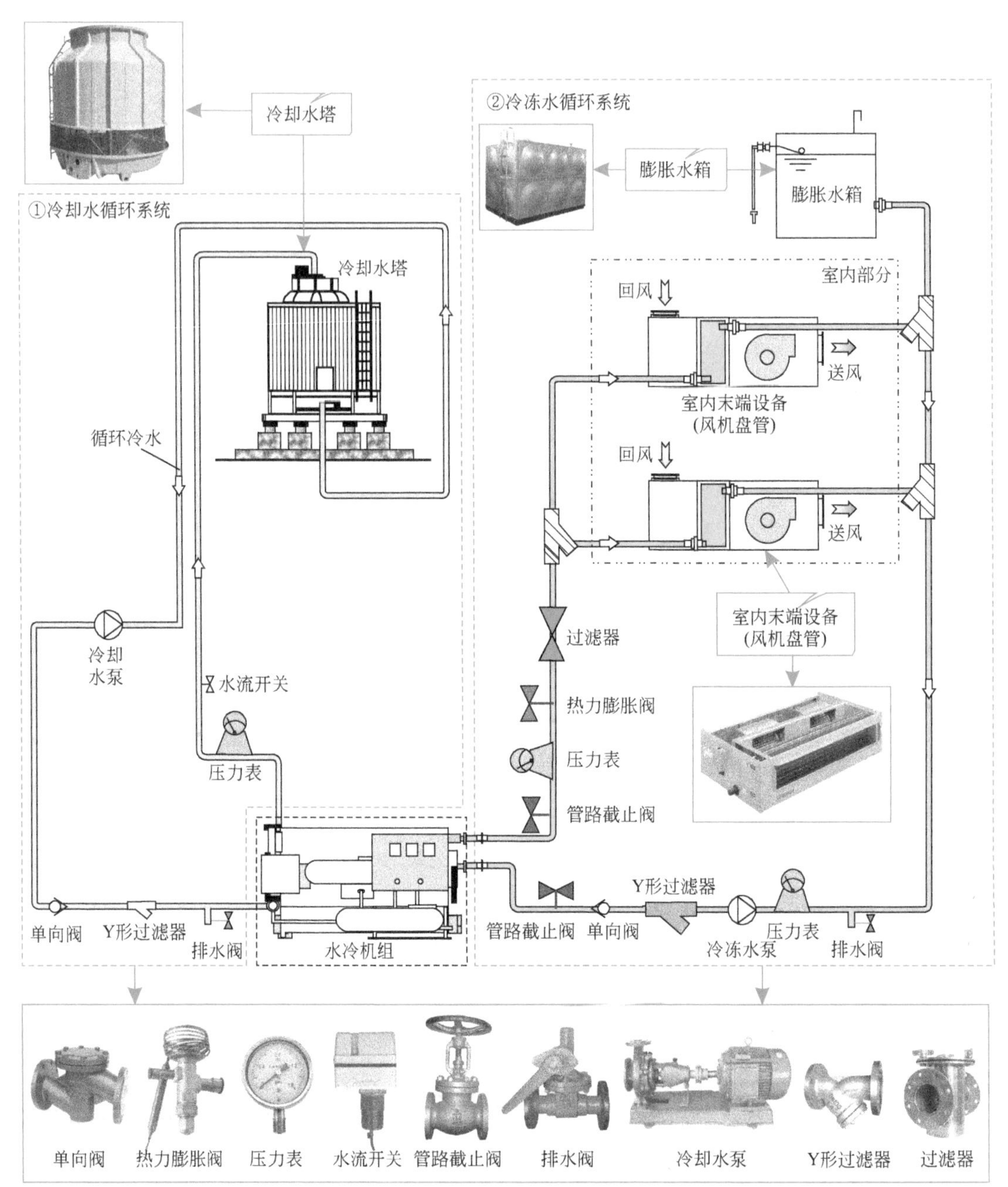

图5-46　水冷式商用中央空调的水管路循环系统

从图中可以看到，该系统主要由冷却水塔、水管路闸阀组件、水泵、膨胀水箱及室内末端设备构成，其中室内末端设备多采用风机盘管，其结构及功能在前文中已经介绍，这里不再重复。

ⓐ 冷却水塔　在水冷式商用中央空调中，冷却水塔主要用于对水进行降温，将降温后

的水经水管路送到冷凝器中，对冷凝器进行降温。当水与冷凝器进行热交换后，水温升高由冷凝器的出水口流出，经过冷却水泵循环将其再次送入冷却水塔中进行降温，冷却水塔再将降温后的水送入冷凝器，再次进行热交换，从而形成一套完整的冷却水循环系统，如图5-47所示。

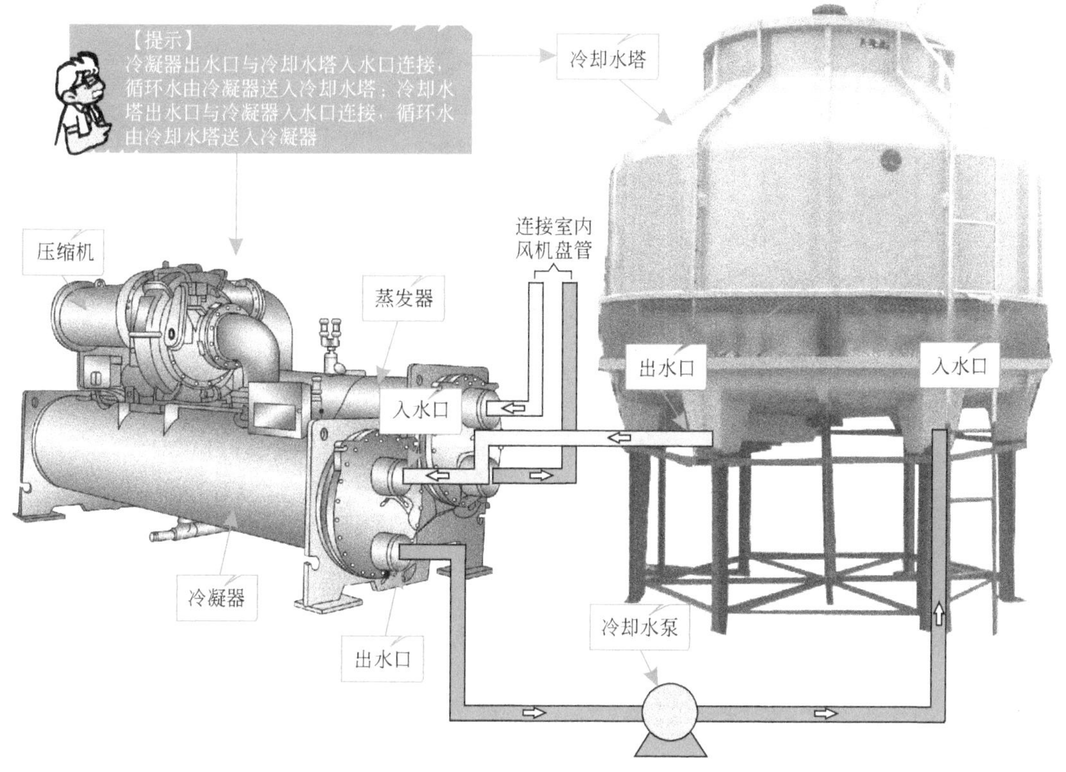

图5-47　冷却水塔在中央空调中的作用

如图5-48所示为冷却水塔内部对水进行冷却的工作原理。当干燥的空气经风机抽动后，由进风窗进入冷却水塔内，蒸气压力大的高温分子向压力低的空气流动，热水由冷却水塔的入水口进入，经布水器后送至各布水管中，并向淋水填料中进行喷淋。当与空气接触，空气与水直接进行传热形成水蒸气，水蒸气与新进入的空气之间存在压力差，在压力的作用下进行蒸发，从而达到蒸发散热，即可将水中的热量带走，从而达到降温的目的。

进入冷却水塔的空气为低湿度的干燥空气，在水与空气之间存在着明显的水分子浓度差和动能压力差。当冷却水塔中的风机运行时，在塔内静压的作用下，水分子不断地向空气进行蒸发，形成水蒸气分子，剩余的水分子的平均动能会降低，从而使循环水的温度下降。从该分析可以看出，蒸发降温与空气的温度是否低于或高于循环水的温度无关，只要有空气不断的进入冷却水塔与循环水进行蒸发，即可将水温进行降低。但是，循环水向空气中进行蒸发不是无休止的，当与水接触的空气不饱和时，水分子不断地向空气中进行蒸发，但当空气中的水分子饱和时，水分子就不会再进行蒸发，而是处于一种动平衡的状态。当蒸发的水分子数量与从空气中返回到水中的水分子数量相等时，水温保持不变。因此得知，与水接触的空气越干燥蒸发就越容易进行，水温就越容易降低。

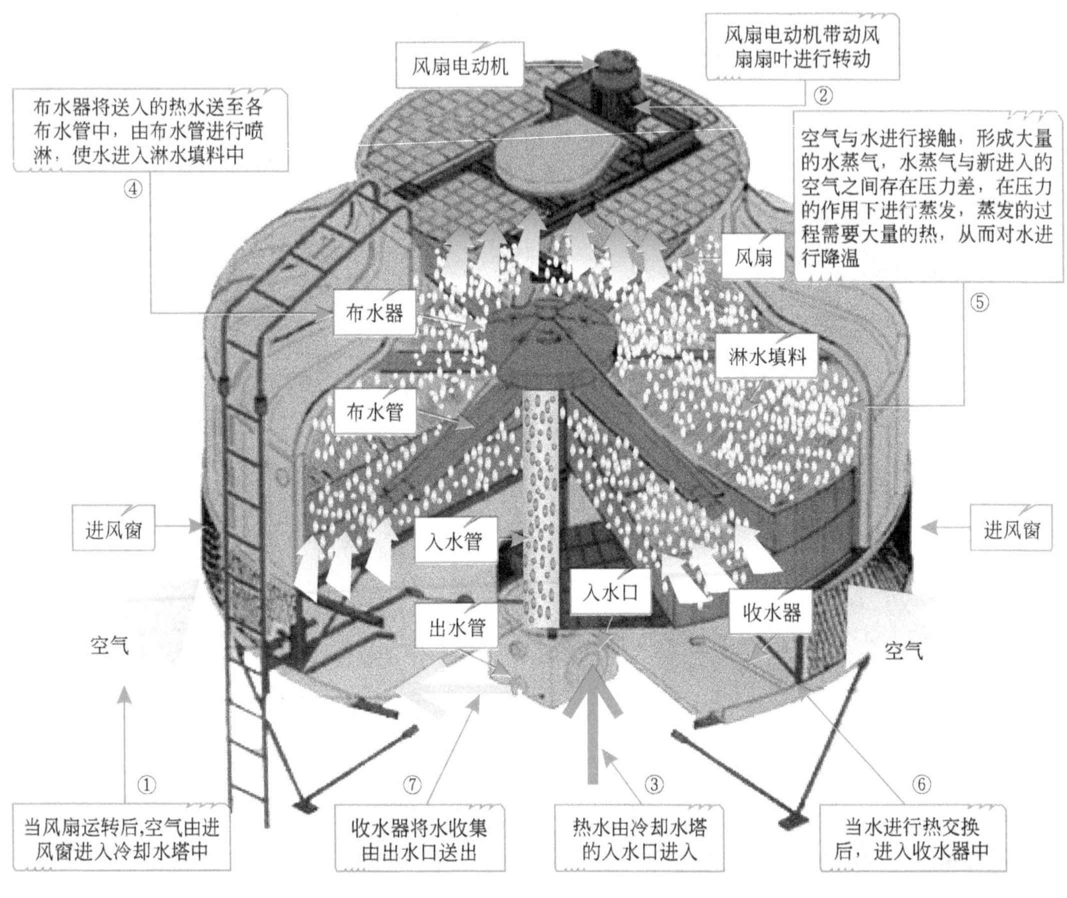

图5-48　冷却塔的工作原理

ⓑ 水管路闸阀组件　水冷式商用中央空调水管路闸阀组件较多，其中主要包括压力表、水泵、管路截止阀、Y形过滤器、过滤器、水流开关、单向阀以及排水阀等，如图5-49所示，这些组件分布在整个水管路循环系统中，起到检测压力、节流、控制水流向或流量等功能。

ⓒ 膨胀水箱　膨胀水箱在商用中央空调中是非常重要的部件之一，主要是平衡水循环管路中的水量及压力。

膨胀水箱通常设置在水循环系统中的最高点，通常连接在水泵吸水口附近的回水管上，用来收纳和补偿系统中循环水的涨缩量，如图5-50所示。

当循环水温不变而且水压相同时，膨胀水箱中的水量呈定值；当循环水系统中缺水时，管路中的压力就会下降，膨胀水箱就会自动向系统中进行补水；当系统压力增大（水温度变高时，水的体积随温度升高而增大）时，水循环管路中的水可以通过膨胀管进入膨胀水箱，循环管路中的水压马上可以得到释放。这样可以使管路中压力始终保持平衡。

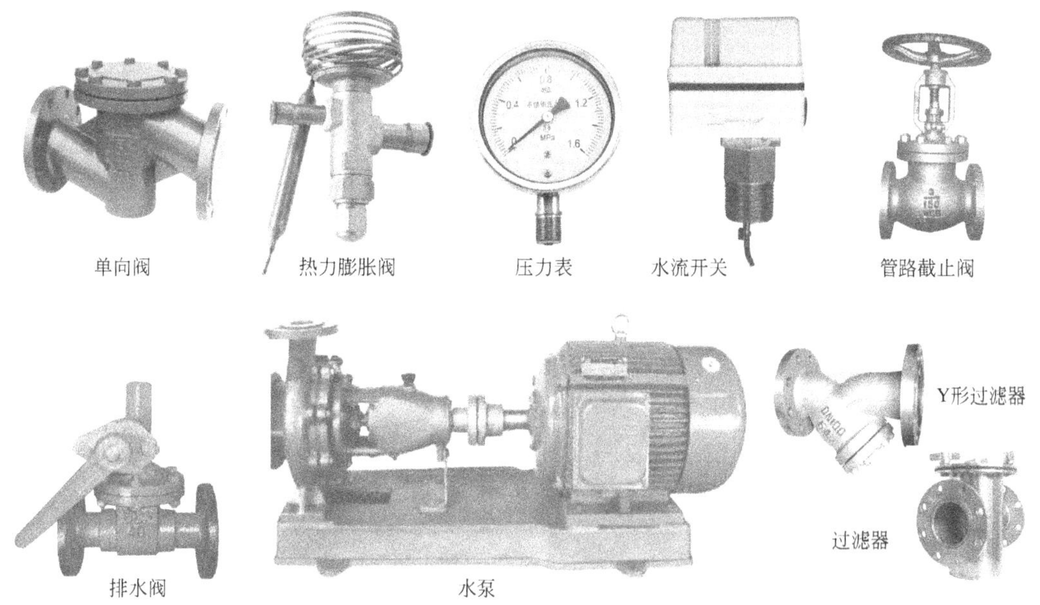

图5-49 水管路闸阀组件

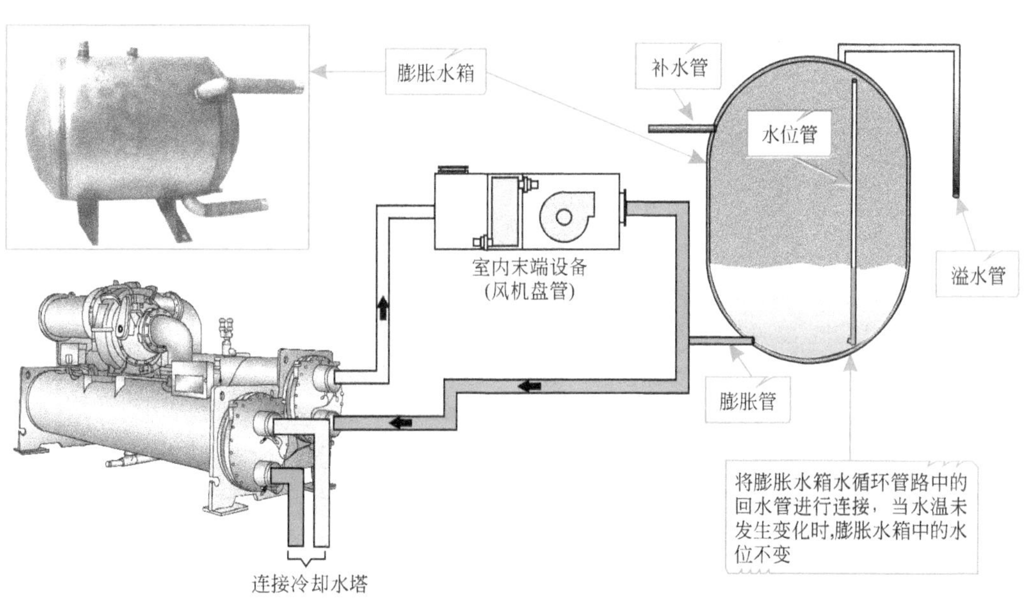

(a) 水循环系统中水温无变化时，膨胀水箱的工作原理

图5-50

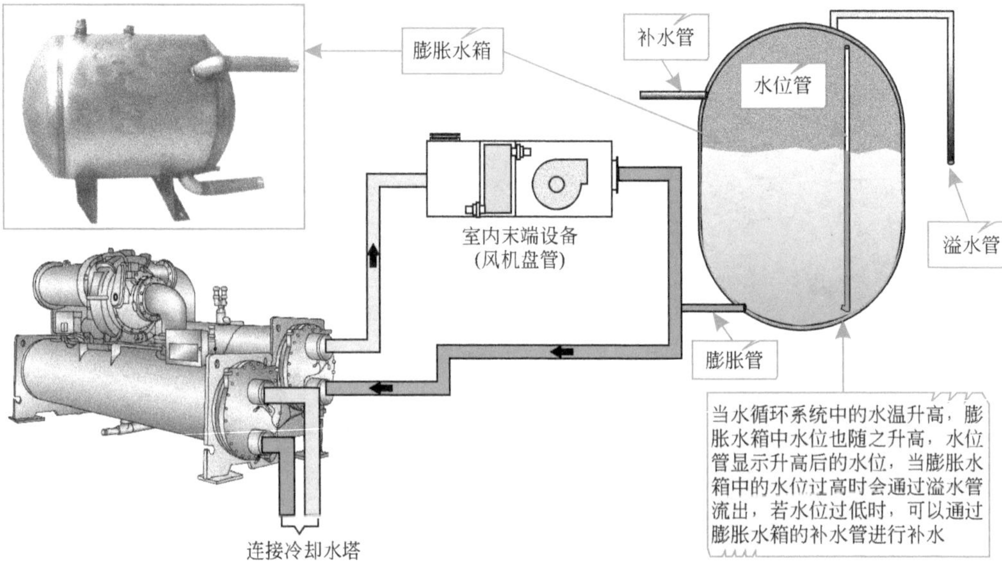

(b) 水循环系统中水温升高时，膨胀水箱的工作原理

图5-50 膨胀水箱的工作原理

特别提示

如果水循环系统中没有安装膨胀水箱时，可能会由于水温度的变化，导致水的体积与压力同时发生变化，当水的温度上升，体积与压力也会随之上升，当压力过大时会导致水循环系统中的管路发生破裂。

除安装膨胀水箱外，还可以使用水泵进行定压，在水循环系统的回水管上安装定压水泵，采用测定回水压力的方法控制水泵的开启，来保证水循环系统内的压力稳定。也可以安装自动排气阀，进行自动排气，调节管路中的压力。

5.1.2 中央空调管路系统的检修流程

中央空调管路系统是整个系统中的重要组成部分，管路系统中任何一个部件不良都可能引起中央空调功能失常的故障，最终体现为制冷或制热功能失常，或无法实现制冷或制热。当怀疑中央空调管路系统故障时，一般可从系统的结构入手，分别针对不同范围内的主要部件进行检修。

根据上节对中央空调管路系统结构组成的了解可知，不同结构形式的中央空调中，管路系统的组成也有所区别，但不论哪种结构形式都包含最基本制冷剂循环系统，即蒸发器、冷凝器、压缩机、闸阀组件部分。不同的是，制冷剂循环系统产生冷热量后送入室内的载体不同，有的采用风管道传输及分配系统，有的采用水管道传输及分配系统。在实际检修时，应从主要的管路系统入手，即先排查制冷剂循环系统，再根据实际结构特点，进一步检修风管道或水管道系统中的主要部件，在不同范围内逐步排查，找到故障点，排除故障。

图5-51所示为中央空调管路系统的基本检修流程。

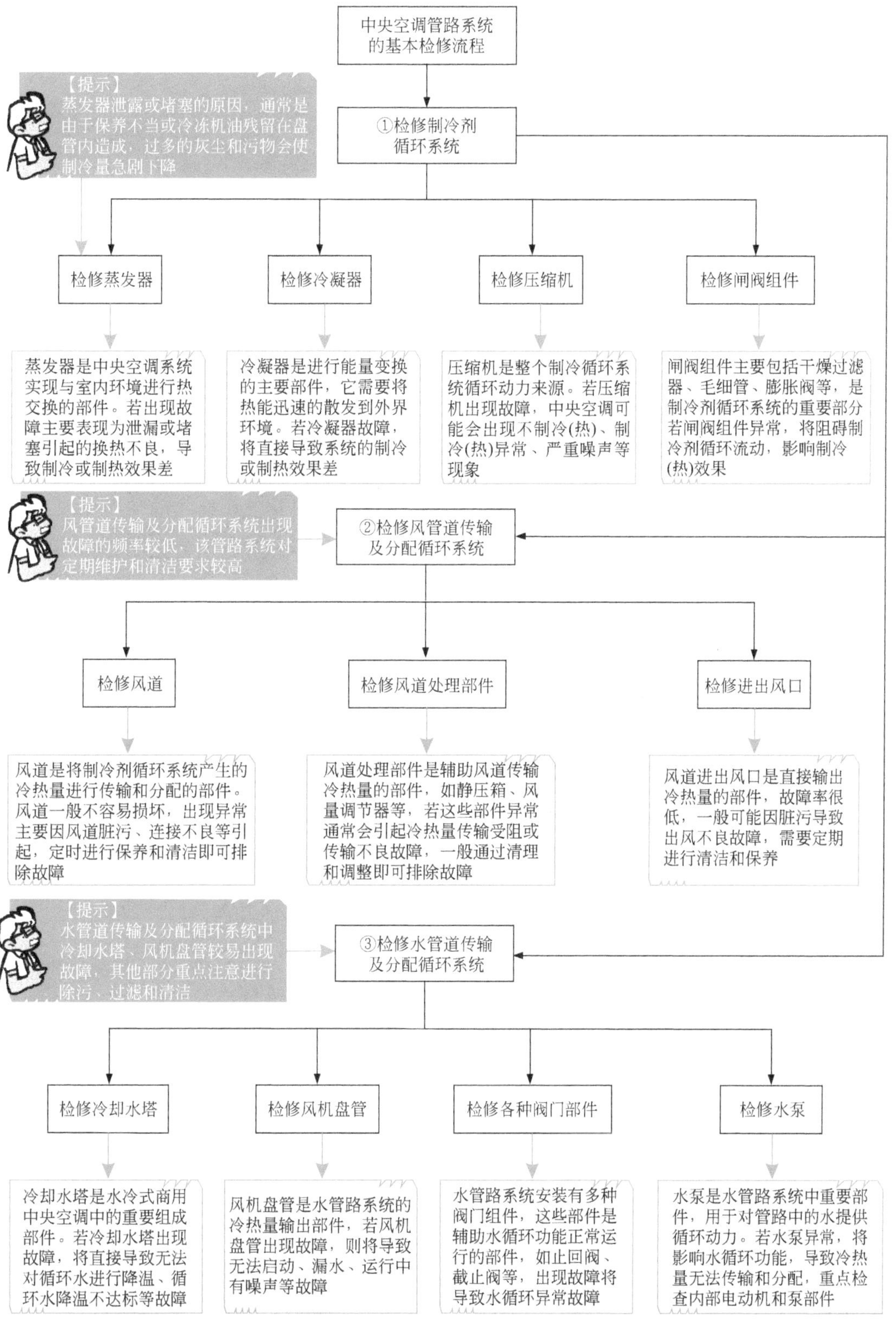

图5-51 中央空调管路系统的基本检修流程

可以看到，对中央空调管路系统进行检修，重点是根据故障表现，结合系统中主要部件的功能特点，逐一对主要部件进行排查，直到找出故障部件，排除故障。

5.2 中央空调管路系统的

中央空调管路系统出现故障多是因脏、堵、露等原因引起，对于这类故障通常采用清洁、疏通、修复、代换等方法进行检修。下面以中央空调管路系统中的几个主要部件为例，介绍中央空调管路系统的故障检修方法。

5.2.1 冷却水塔的检修方法

冷却水塔是由内部的风扇电动机对风扇扇叶进行控制，并由风扇吹动空气使冷却水塔中淋水填料中的水与空气进行热交换的。冷却水塔出现故障主要表现为无法对循环水进行降温、循环水降温不达标等，该类故障多是由于冷却水塔风扇电动机故障引起风扇停转、布水管内部堵塞无法进行均匀的布水、淋水填料老化、冷却水塔过脏等造成，检修时可重点从这几个方面逐步排查。

冷却水塔的检测方法如图5-52所示。

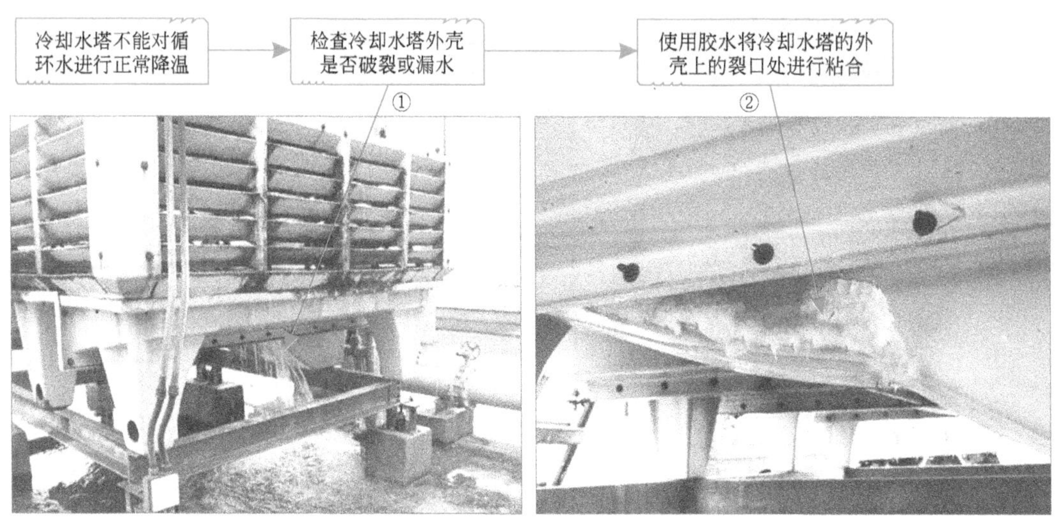

检查冷却水塔内的风扇扇叶是否损坏

若损坏应使用相同规格的风扇扇叶进行代换

③

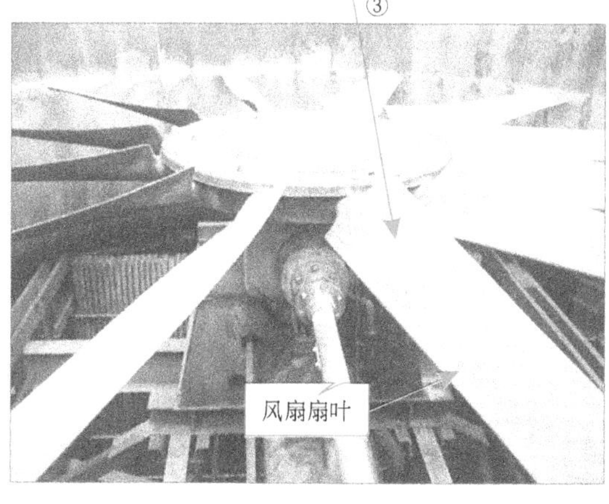

④

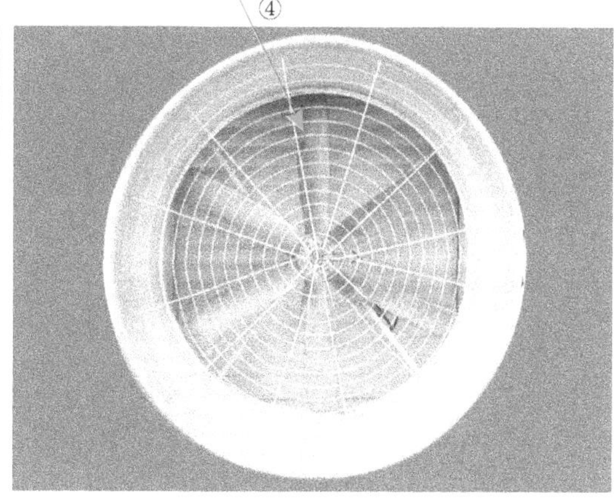

检查风扇电动机能否正常启动运转

怀疑风扇电动机损坏，可将风扇电动机进行拆卸并对内部进行检修

⑤

⑥

检查冷却水塔中的淋水填料是否发生老化

进入冷却水塔内部，对淋水填料进行更换

⑦

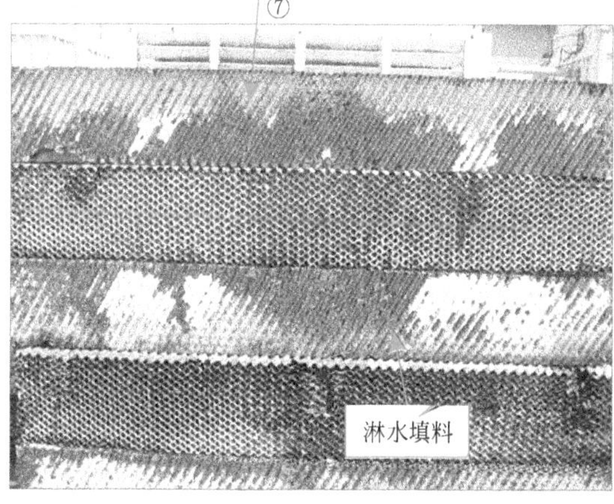

⑧

图5-52

图5-52　冷却水塔的检修流程

5.2.2　风机盘管的检修与代换

通过对风机盘管的内部结构及工作原理进行了解之后，可知风机盘管是通过盘管中流动的水与风扇组件带入空气进行热交换，从而进行制冷或制热。风机盘管常出现的故障有无法启动、风量小或不出风、风不冷（或不热）、机壳外部结露、漏水、运行中有噪声等，可通过随损坏部位进行检修或代换来排除故障。

（1）风机盘管的检修方法

风机盘管故障多是由于供电线路连接不到位、风扇组件不能正常工作、凝结水无法排出导致泄漏、积水盘及管路保温不当发生二次凝水等引起的。对风机盘管进行检修时，重点应针对不同故障表现进行相应的检修处理。

图5-53所示为风机盘管基本检修流程和检修方法。

（2）风机盘管的代换方法

在对风机盘管进行检修过程中，若经检查发现内部功能部件损坏严重，应对损坏的部件或整个风机盘管进行代换，例如代换风扇电动机等。

风机盘管的代换方法如图5-54所示。

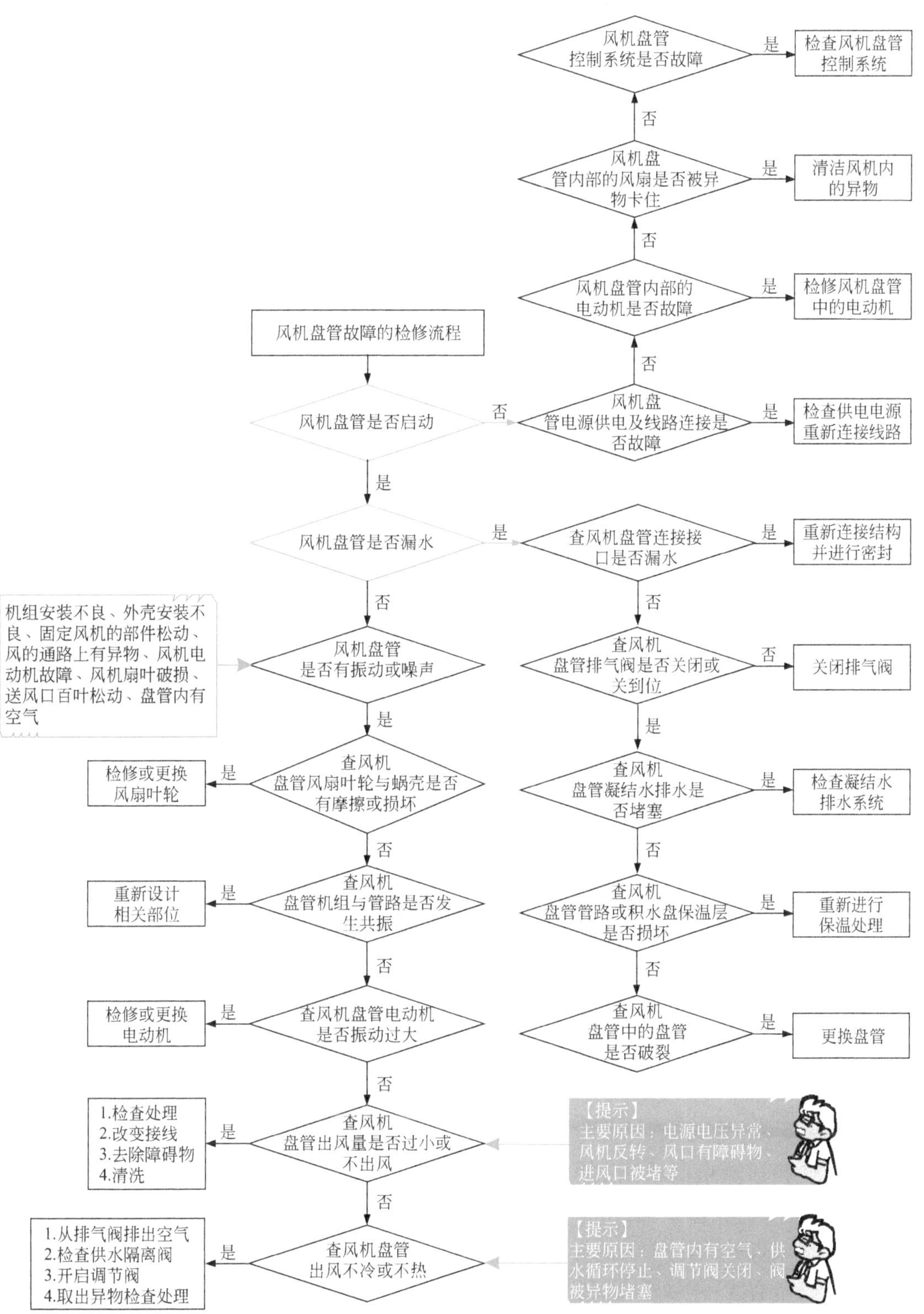

图5-53 风机盘管的基本检修流程和检修方法

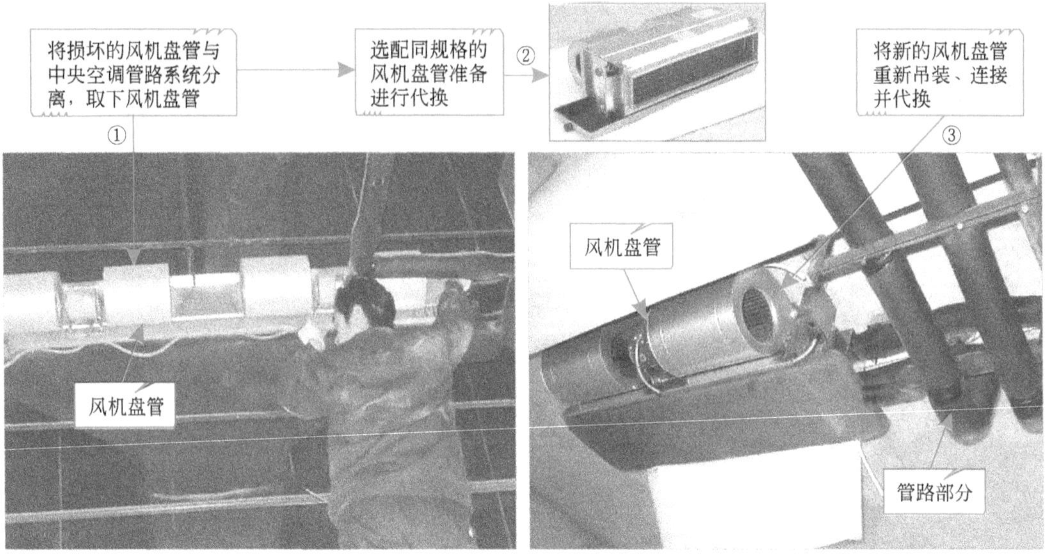

将损坏的风机盘管与中央空调管路系统分离，取下风机盘管 ①
选配同规格的风机盘管准备进行代换 ②
将新的风机盘管重新吊装、连接并代换 ③
风机盘管
风机盘管
管路部分

图5-54　风机盘管的代换方法

知识拓展

检修风机盘管时，除了对损坏的部件进行更换外，主要功能部件的清洗也是检修中的重要环节，如清洗空气过滤器表面的灰尘，以减少通过风机盘管的空气阻力、提高换热效率；清洗风扇扇叶，冲洗表面浮沉、刷净叶轮等，以提高风扇工作效率；清洗风扇电动机外壳和支承座，若电动机故障应实际维修和更换；清洗接水盘和过滤器，清除污泥、杂物、藻类等，防止冷凝水管堵塞，造成冷凝水泄露故障等。

5.2.3　压缩机的检修与代换

压缩机是中央空调制冷管路中的核心部件，若压缩机出现故障，将直接导致中央空调出现不制冷（热）、制冷（热）效果差、噪声等现象，严重时可能还会导致中央空调系统无法启动开机的故障。

在中央空调系统中，不同规模的中央空调所采用压缩机的类型也不同，具体的检修方法也有所差别。下面以家用中央空调中的变频压缩机和商用中央空调中的螺杆式压缩机为例介绍其检修与代换方法。

（1）变频压缩机的检修与代换

检修变频压缩机时，重点是对变频压缩机内部电动机绕组进行检测，判断有无短路或断路故障，一旦发现故障，就需要寻找可替代的变频压缩机进行代换。

① 变频压缩机的检测方法　若变频压缩机出现异常，需要先将变频压缩机接线端子处的护盖拆下，再使用万用表对变频压缩机接线端子间的阻值进行检测，即可判断变频压缩机是否出现故障。将万用表的红黑表笔任意搭接在变频压缩机绕阻端，进行检测。

变频压缩机的检测方法如图5-55所示。

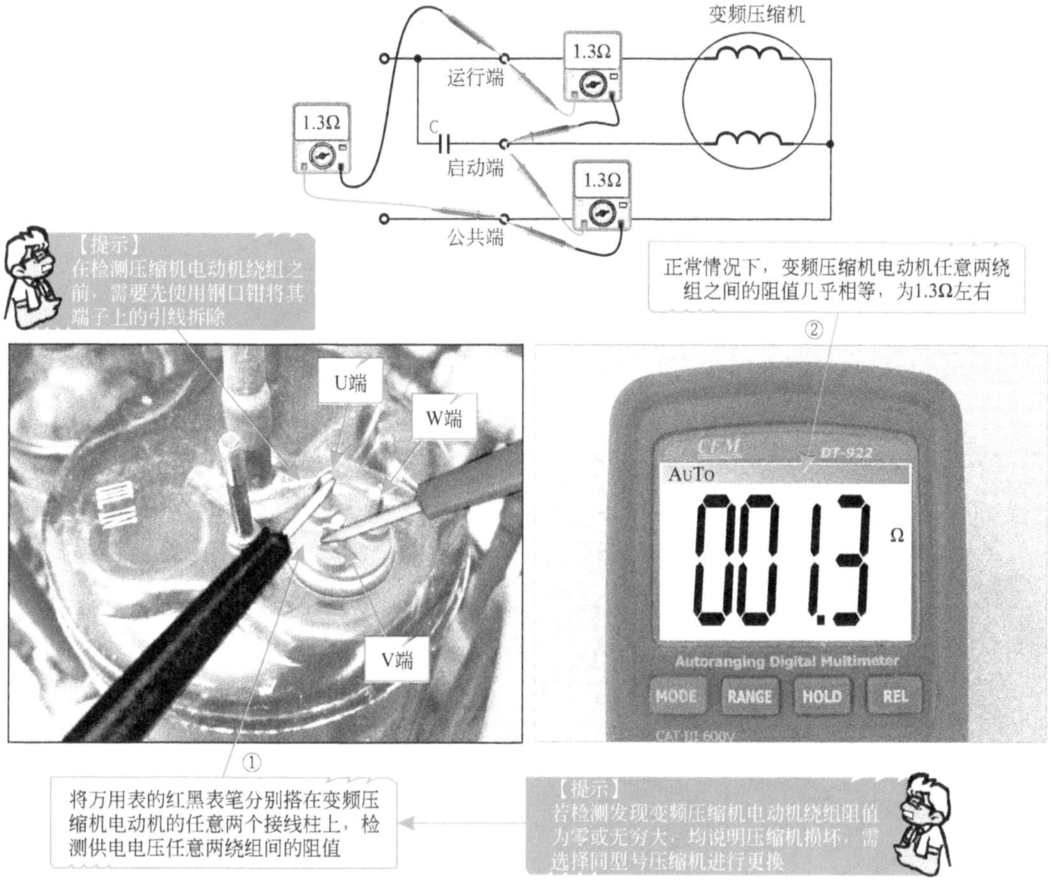

变频压缩机

运行端

启动端

公共端

1.3Ω

【提示】
在检测压缩机电动机绕组之前，需要先使用钢口钳将其端子上的引线拆除

正常情况下，变频压缩机电动机任意两绕组之间的阻值几乎相等，为1.3Ω左右

U端

W端

V端

AuTo

001.3 Ω

① 将万用表的红黑表笔分别搭在变频压缩机电动机的任意两个接线柱上，检测供电电压任意两绕组间的阻值

【提示】
若检测发现变频压缩机电动机绕组阻值为零或无穷大，均说明压缩机损坏，需选择同型号压缩机进行更换

图5-55 变频压缩机的检测方法

观测万用表显示的数值，正常情况下，变频压缩机电动机任意两绕组之间的阻值几乎相等。若检测时发现有电阻值趋于无穷大的情况，说明绕组有断路故障，需要对其进行更换。

变频压缩机内电动机多为直流无刷电动机，其内部为三相绕组，正常情况下，其三相绕组两两之间均有一定的阻值，且三组阻值是完全相同的。

若经过检测确定为变频压缩机本身损坏引起的中央空调系统故障，则需要对损坏的变频压缩机进行更换。

② 变频压缩机的代换方法　对变频压缩机进行代换包括拆焊、拆卸和替换三个步骤，即先将变频压缩机与管路部分连接部分进行拆焊操作，然后将变频压缩机从中央空调室外机中取下，最后寻找可替换的变频压缩机后进行安装和焊接。

演示图解

变频压缩机的代换方法如图5-56所示。

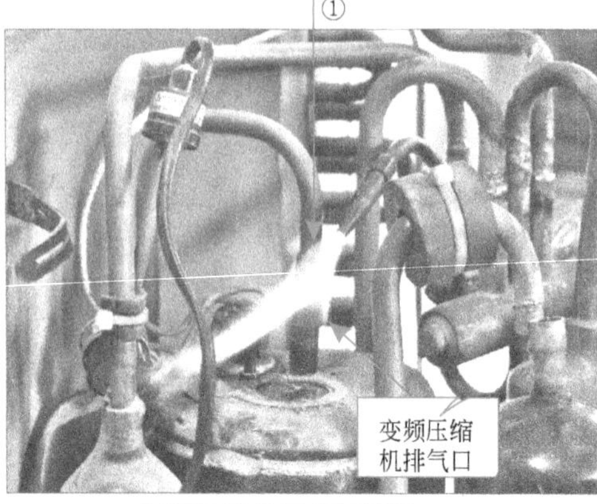

将焊枪对准变频压缩机的吸气口，对该处进行加热

②

变频压缩机吸气口

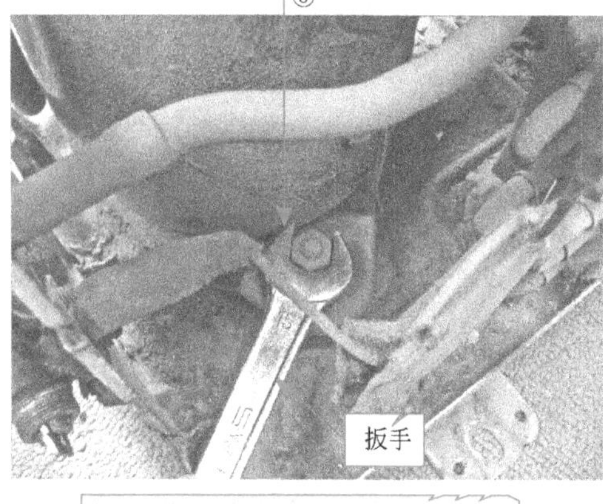

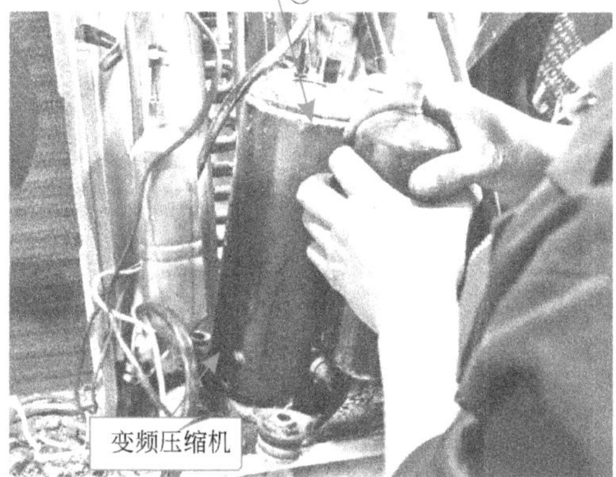

图5-56　变频压缩机的代换方法

在进行焊接操作时，首先要确保对焊口处均匀加热，绝对不允许使焊枪的火焰对准铜管的某一部位进行长时间加热，否则会使铜管烧坏。

另外，在焊接时，若变频压缩机工艺管口的管壁上有锈蚀现象，需要使用砂布对焊接部位附近1～2cm的范围进行打磨，直至焊接部位呈现铜本色，这样有助于与管路连接器很好的焊接，提高焊接质量。

对螺杆式压缩机进行检修和代换应注意以下几点。

a.在拆卸损坏的压缩机之前，应当查制冷系统以及电路系统中导致压缩机损坏的原因，再合理更换相关损坏器件，避免再次损坏的情况发生。

b.必须对损坏压缩机中的制冷剂进行回收，在回收之前应当准备好回收制冷剂所需要的工具，并保证空调主机房的空气流通。

c.在选择更换的压缩机时，应当尽量选择相同厂家的同型号压缩机进行更换。

d.将损坏的压缩机取下并更换新压缩机后，应当使用氮气对制冷剂循环管路进行清洁。

e.对系统进行抽真空操作，应执行多次抽真空操作，保证管路系统内部绝对的真空状态，系统压力达到标准数值。

f.压缩机安装好后，应当在关机状态下对其充注制冷剂，当充注量达到60%之后，将中央空调器开机，继续充注制冷剂，使其达到额定充注量停止。

g.拆卸压缩机，打开制冷管路后，代换压缩机后需要同时更换干燥过滤器。

（2）螺杆式压缩机的检修与代换

螺杆式压缩机属于一种大型设备，检修或代换都需要专业的操作技能。一旦确定螺杆式压缩机出现故障时，应当根据规范的检修流程进行操作。

① 螺杆式压缩机的检测方法　一般来说，检修螺杆式压缩机也可从其故障表现入手，根据故障表现分析可能的故障原因，然后有针对性地进行检修。

图5-57所示为螺杆式压缩机的常见故障表现和基本的检修方法。

② 螺杆式压缩机的代换方法　在检修螺杆式压缩机过程中，整体代换几率较小，一般在压缩机内部件严重损坏，且无法修复时，可根据实际情况对主要部件进行代换，如代换轴承、转子等。

螺杆式压缩机内主要部件的代换方法如图5-58所示。

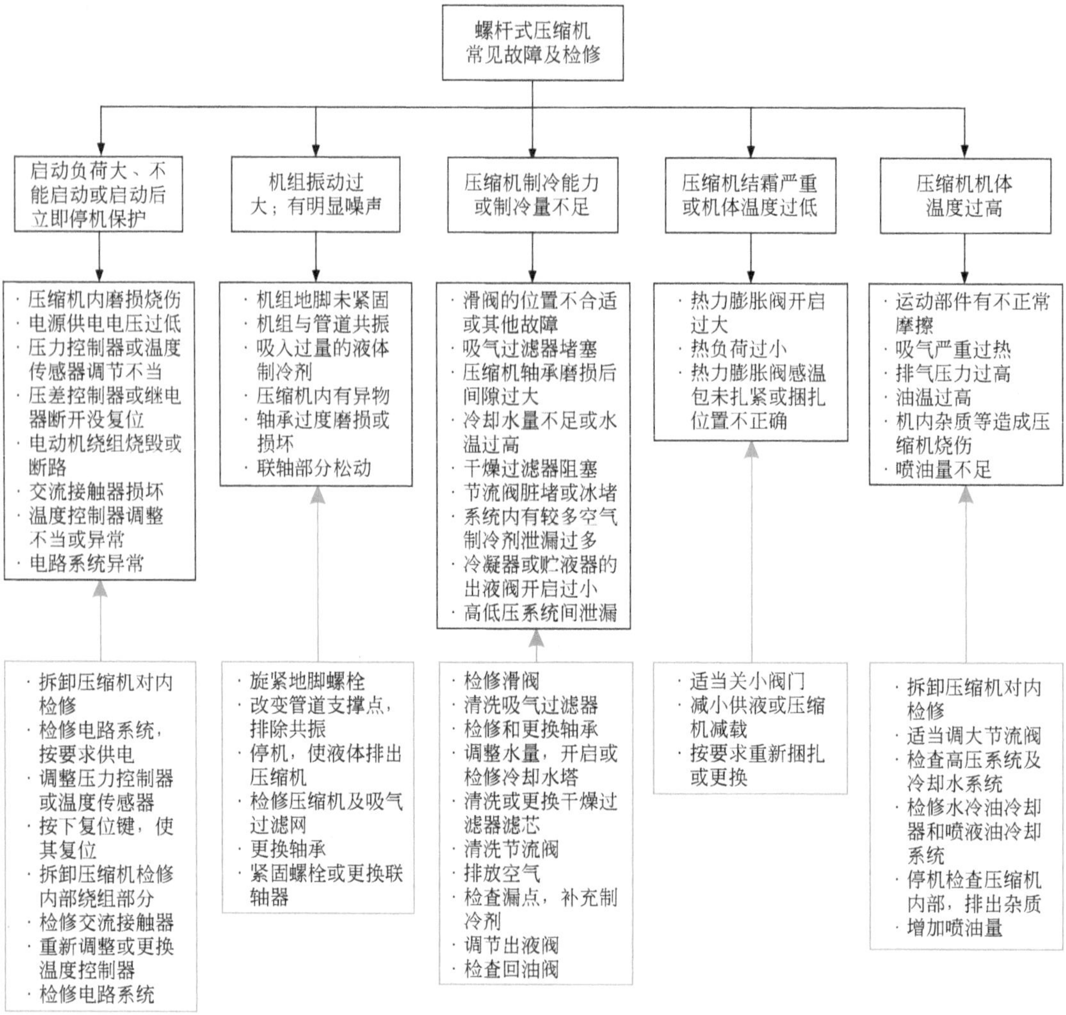

螺杆式压缩机常见故障及检修

启动负荷大、不能启动或启动后立即停机保护

故障原因：
- 压缩机内磨损烧伤
- 电源供电电压过低
- 压力控制器或温度传感器调节不当
- 压差控制器或继电器断开没复位
- 电动机绕组烧毁或断路
- 交流接触器损坏
- 温度控制器调整不当或异常
- 电路系统异常

检修方法：
- 拆卸压缩机对内检修
- 检修电路系统，按要求供电
- 调整压力控制器或温度传感器
- 按下复位键，使其复位
- 拆卸压缩机检修内部绕组部分
- 检修交流接触器
- 重新调整或更换温度控制器
- 检修电路系统

机组振动过大；有明显噪声

故障原因：
- 机组地脚未紧固
- 机组与管道共振
- 吸入过量的液体制冷剂
- 压缩机内有异物
- 轴承过度磨损或损坏
- 联轴部分松动

检修方法：
- 旋紧地脚螺栓
- 改变管道支撑点，排除共振
- 停机，使液体排出压缩机
- 检修压缩机及吸气过滤网
- 更换轴承
- 紧固螺栓或更换联轴器

压缩机制冷能力或制冷量不足

故障原因：
- 滑阀的位置不合适或其他故障
- 吸气过滤器堵塞
- 压缩机轴承磨损后间隙过大
- 冷却水量不足或水温过高
- 干燥过滤器阻塞
- 节流阀脏堵或冰堵
- 系统内有较多空气
- 制冷剂泄漏过多
- 冷凝器或贮液器的出液阀开启过小
- 高低压系统间泄漏

检修方法：
- 检修滑阀
- 清洗吸气过滤器
- 检修和更换轴承
- 调整水量，开启或检修冷却水塔
- 清洗或更换干燥过滤器滤芯
- 清洗节流阀
- 排放空气
- 检查漏点，补充制冷剂
- 调节出液阀
- 检查回油阀

压缩机结霜严重或机体温度过低

故障原因：
- 热力膨胀阀开启过大
- 热负荷过小
- 热力膨胀阀感温包未扎紧或捆扎位置不正确

检修方法：
- 适当关小阀门
- 减小供液或压缩机减载
- 按要求重新捆扎或更换

压缩机机体温度过高

故障原因：
- 运动部件有不正常摩擦
- 吸气严重过热
- 排气压力过高
- 油温过高
- 机内杂质等造成压缩机烧伤
- 喷油量不足

检修方法：
- 拆卸压缩机对内检修
- 适当调大节流阀
- 检查高压系统及冷却水系统
- 检修水冷油冷却器和喷液油冷却系统
- 停机检查压缩机内部，排出杂质
- 增加喷油量

图5-57　螺杆式压缩机的常见故障表现和基本的检修方法

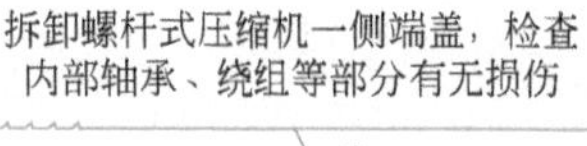

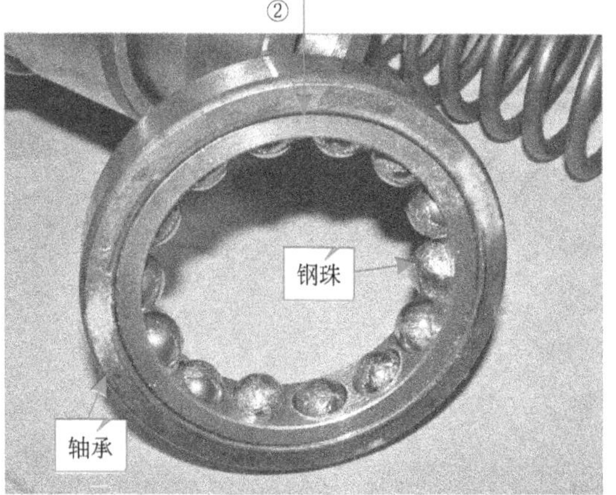

拆卸螺杆式压缩机另一侧端盖及连轴部分，找到阴阳转子进行检查

③

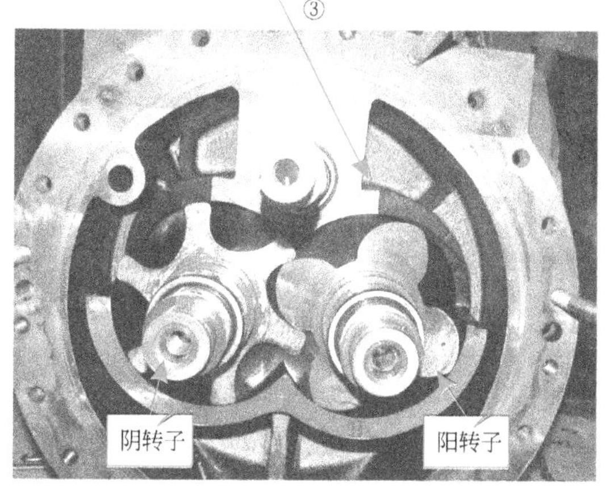

拆下阴阳转子检查有无明显损伤，若损伤严重应用同规格转子更换

④

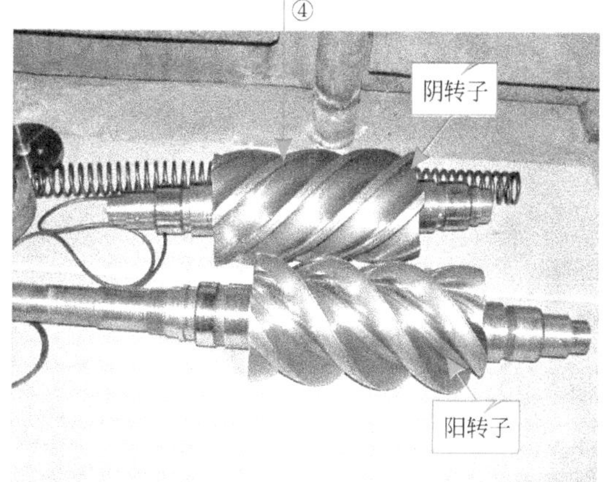

图5-58 螺杆式压缩机内主要部件的代换方法

5.2.4 冷凝器的检测与代换

冷凝器是中央空调制冷管路系统中的重要热交换部件。如冷凝器不良，将会导致中央空调制冷（或制热）效果差等故障。

冷凝器不良的原因主要有表面灰尘或脏污过多、受外力导致变形或管路损坏、内部堵塞或泄漏等，一旦发现冷凝器存在类似上述故障应对冷凝器进行清理、更换和检修。

翅片式冷凝器多应用于家用中央空调和风冷式商用中央空调室外机中，由于这类中央空调室外机长期放置于暴露的室外，容易积累大量的灰尘；且若因受外力导致冷凝器的翅片变形或管路损坏，一般情况下无法进行修复，应当对冷凝器采取进行整体更换的方法将故障排除。

翅片式冷凝器的检修与代换方法如图5-59所示。

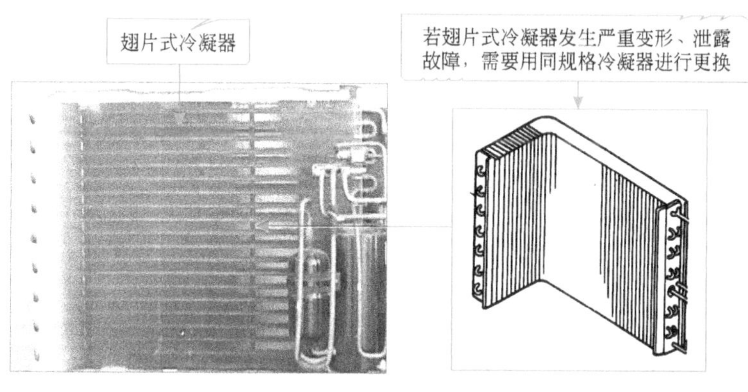

图5-59 翅片式冷凝器的检修与代换方法

特别提示

若翅片式冷凝器损坏，进行更换和检修操作时应注意以下几个方面：

a.在更换翅片式冷凝器之前，应当检查引起翅片式冷凝器损坏的原因；

b.将空调机组的电源关闭，回收管路中的制冷剂；

c.对管路系统进行清洁，更换相同型号翅片式冷凝器；

d.在更换中应当佩戴防护手套，防止更换中翅片对维修人员造成伤害；

e.对管路系统进行抽真空，并进行压力检测，重新充注制冷剂。

知识拓展

在水冷式商用中央空调中，冷凝器采用壳管式，该类冷凝器出现故障多表现为内部水通道堵塞或制冷管路泄露等。壳管式冷凝器工作异常，一般需要进行更换，在更换和检修操作时应注意以下几个方面：

a.在更换损坏的壳管式冷凝器之前，应当先调查引起壳管式冷凝器损坏的原因；

b.在更换壳管式冷凝器前将空调机组的电源关闭，回收管路中的制冷剂；

c.先将水循环管路中的截止阀关断，仅放出壳管式冷凝器中的水即可；

d.先对管路系统进行清洁，再更换相同型号的壳管式冷凝器；

e.对制冷剂管路系统进行抽真空，并进行压力检测，重新充注制冷剂；

f.最后将截止阀打开，对水冷管路中添加适量的水进行循环。

5.2.5 常见闸阀组件的检修与代换

中央空调管路系统中，闸阀组件也是整个系统中的重要组成部件，若这些部件不良，也会导致整个中央空调管路系统工作失常或不工作的故障。

下面主要以电磁四通阀、单向阀、毛细管、干燥过滤器等几个主要的闸阀组件为例，介绍基本的检修与代换方法。

（1）电磁四通阀的检修方法

根据电磁四通阀的内部结构可以了解到，电磁四通阀主要用来控制制冷管路中制冷剂的流向，实现制冷、制热时制冷剂的循环。若电磁四通阀常出现的故障有线圈断路、短路、无控制信号、控制失灵、内部堵塞、换向阀块不动作、串气以及泄漏等。对电磁四通阀进行检修时，一般可通过分析其工作状态，初步判断可能损坏的原因，然后再针对各种故障原因进行排查，下面以家用中央空调中电磁四通阀为例进行介绍。

图5-60所示为电磁四通阀的基本检修流程和检修方法。

① 电磁四通阀管路泄漏的检修方法　当电磁四通阀连接管路泄漏时，会导致电磁四通阀无动作。通常可以采用电焊进行补焊的方式对连接管路重新进行焊接即可。

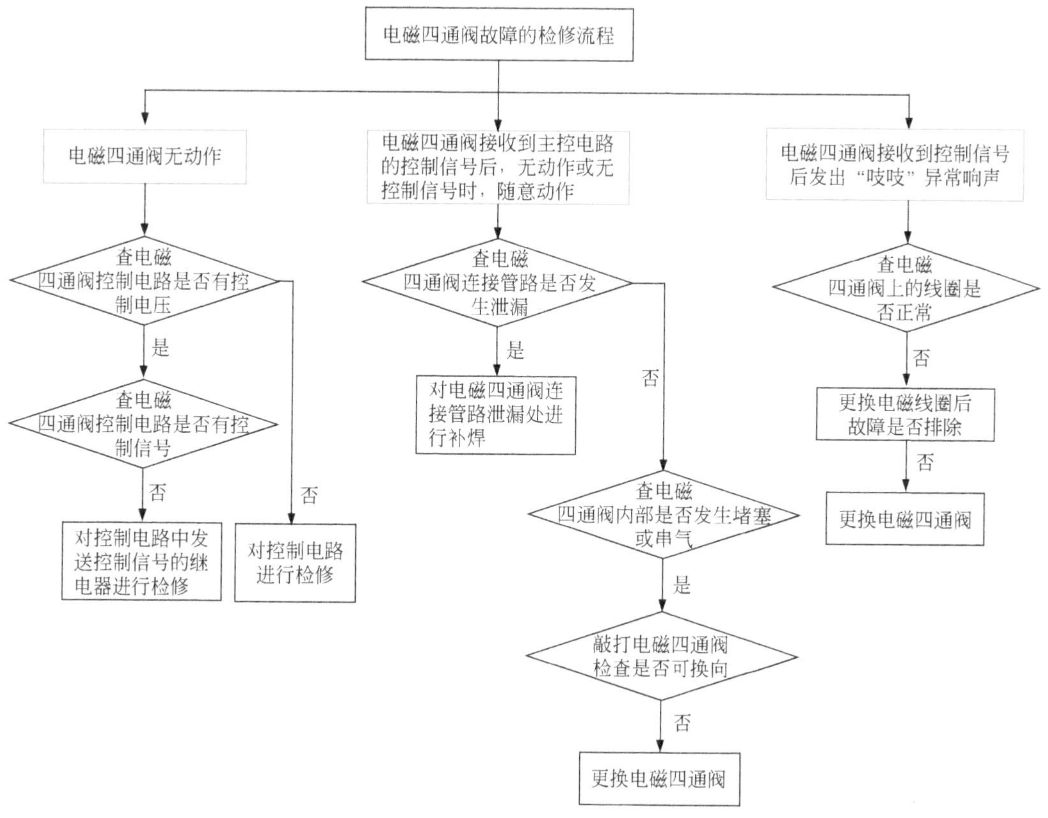

图5-60 电磁四通阀的基本检修流程和检修方法

电磁四通阀连接管路泄漏的检测方法如图5-61所示。

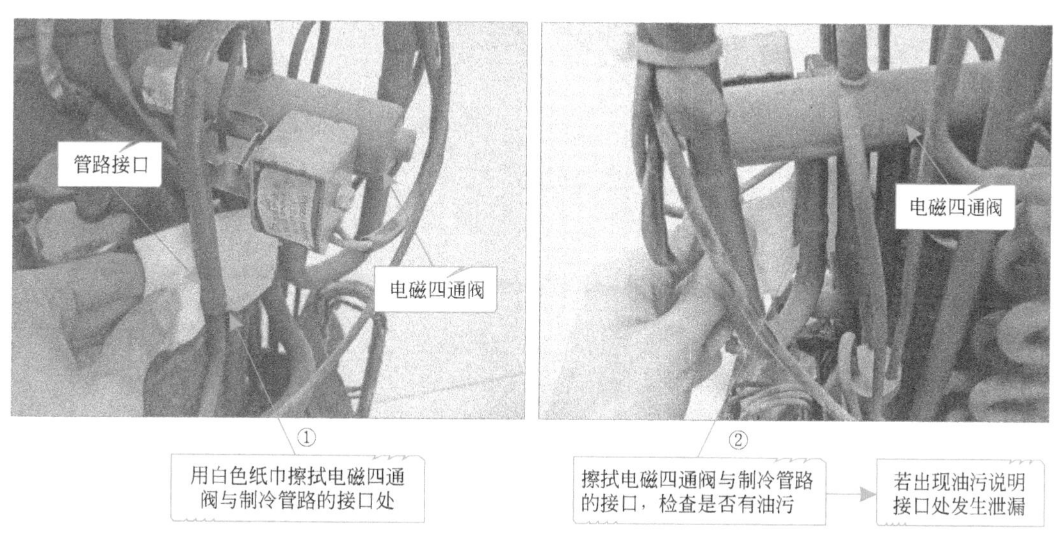

图5-61 家用中央空调中电磁四通阀连接泄漏的检测方法

② 电磁四通阀内部堵塞或串气的检修方法　电磁四通阀内部发生堵塞或串气时，常会导致电磁四通阀在没有接收到自动换向的指令时，自行进行换向动作；或接收到换向指令后，电磁四通阀内部无动作的故障。

电磁四通阀内部堵塞与串气的检测与维修方法如图5-62所示。

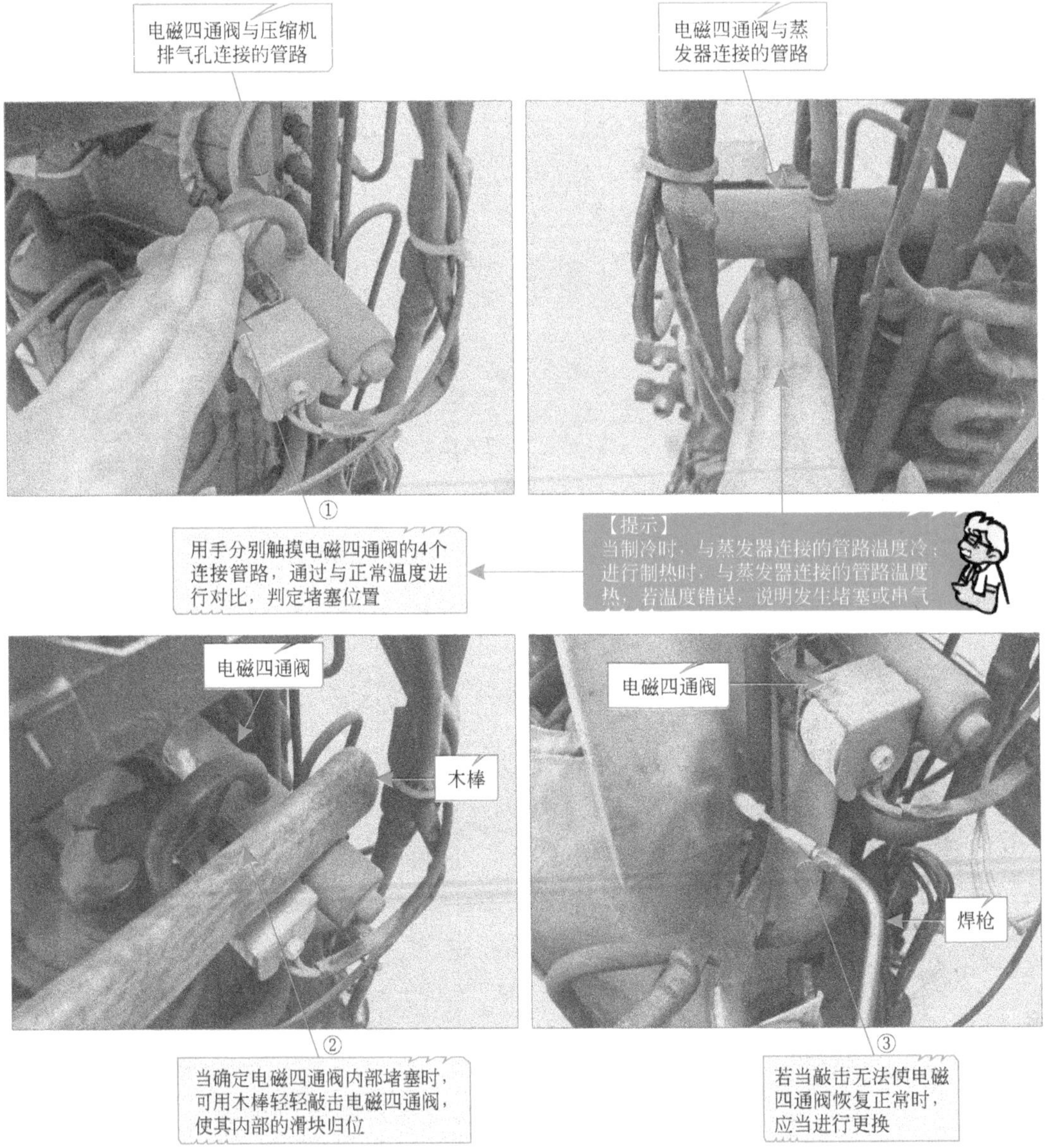

电磁四通阀与压缩机排气孔连接的管路

电磁四通阀与蒸发器连接的管路

① 用手分别触摸电磁四通阀的4个连接管路，通过与正常温度进行对比，判定堵塞位置

【提示】
当制冷时，与蒸发器连接的管路温度冷；进行制热时，与蒸发器连接的管路温度热，若温度错误，说明发生堵塞或串气

电磁四通阀

木棒

② 当确定电磁四通阀内部堵塞时，可用木棒轻轻敲击电磁四通阀，使其内部的滑块归位

电磁四通阀

焊枪

③ 若当敲击无法使电磁四通阀恢复正常时，应当进行更换

图5-62　家用中央空调中电磁四通阀内部堵塞与串气的检测与维修方法

正常情况下，电磁四通阀连接管路的温度如表5-1所列，若当温度完全相同时，说明电磁四通阀内部串气，应当对其进行更换；若当温度与正常温度相差过大时，说明电磁四通阀内部发生堵塞，可以通过敲击的方法将故障排除；若仍不能排除时，可以通过更换电磁四通阀将其故障排除。

表5-1 家用中央空调器电磁四通阀连接管路的温度

家用中央空调器的工作情况	接压缩机排气管	接压缩机吸气管	接蒸发器	接冷凝器
制冷状态	热	冷	冷	热
制热状态	热	冷	热	冷

③ 电磁四通阀中线圈的检修方法　电磁四通阀内的线圈故障时，会导致电磁四通阀可以正常接收控制信号，但收到控制信号后发出异常的响声。可以通过检测线圈的绕组阻值对其好坏进行判断，若其出现故障时，应当对电磁四通阀或对线圈进行更换。

对电磁四通阀进行检测，需要先将其连接插件拔下，再使用万用表对电磁四通阀线圈阻值进行检测，即可判断电磁四通阀是否出现故障。

电磁四通阀线圈阻值的检测方法如图5-63所示。

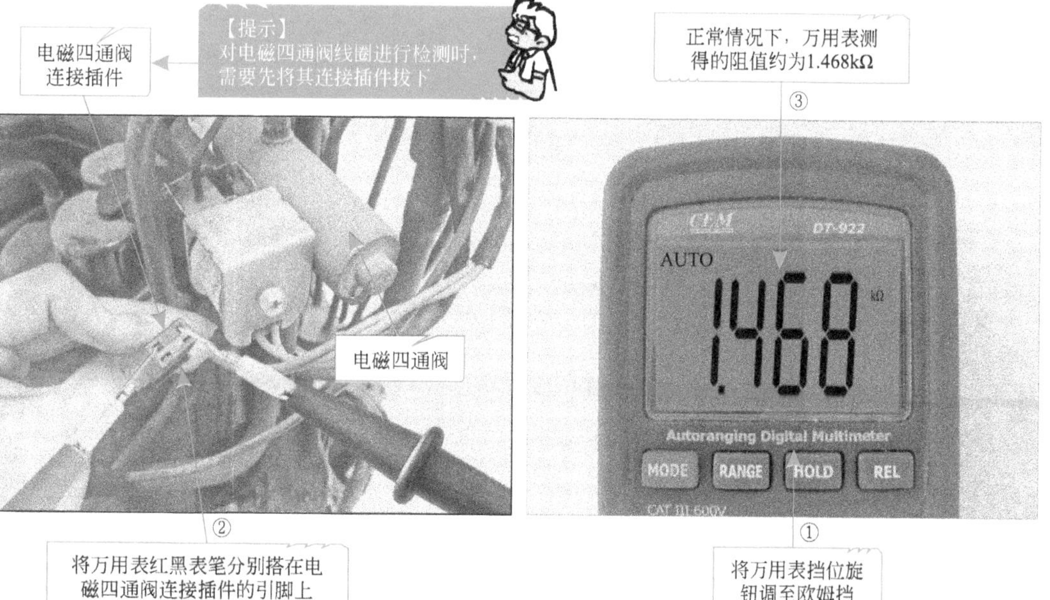

图5-63 电磁四通阀线圈阻值的检测方法

正常情况下，万用表可测得一定的阻值，约为1.468kΩ。若阻值差别过大，说明电磁四通阀损坏，需要对其进行更换。

④ 电磁四通阀的代换方法　若经过检测确定为电磁四通阀本身损坏引起的中央空调故障，则需要对损坏的电磁四通阀进行更换。

电磁四通阀通常安装在室外机变频压缩机上方，与多根制冷管路相连。使用气焊设备和钳子对电磁四通阀进行拆焊，然后选用同规格的电磁四通阀进行重新焊接完成代换即可。

电磁四通阀的代换方法如图5-64所示。

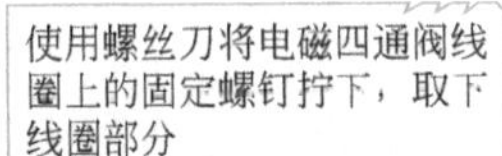

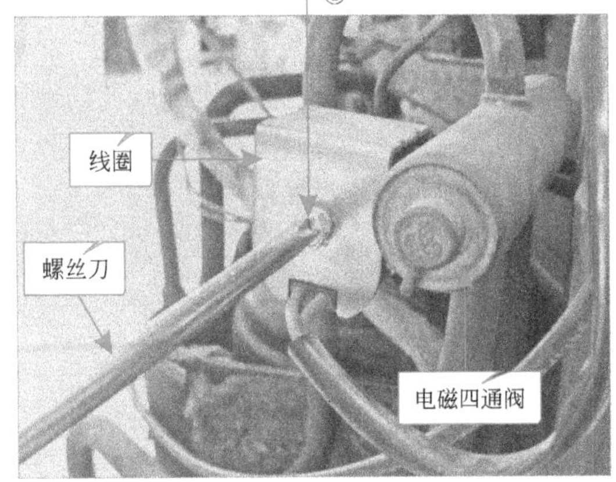

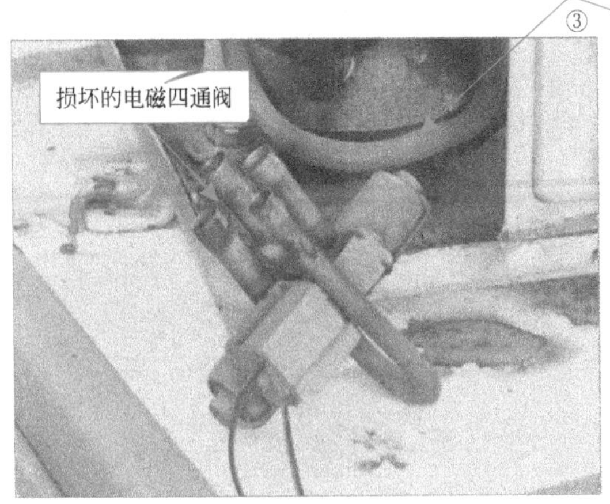

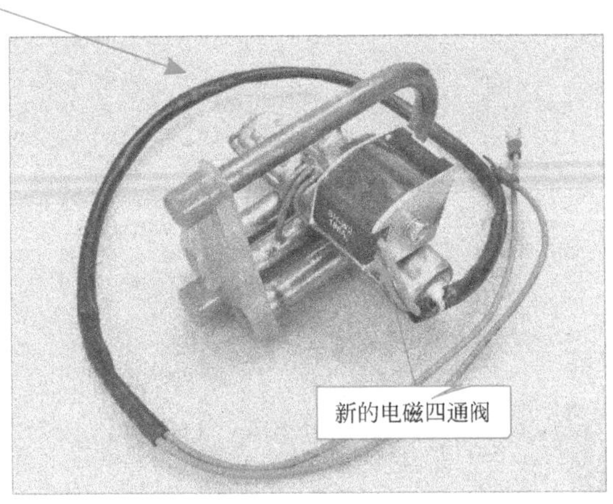

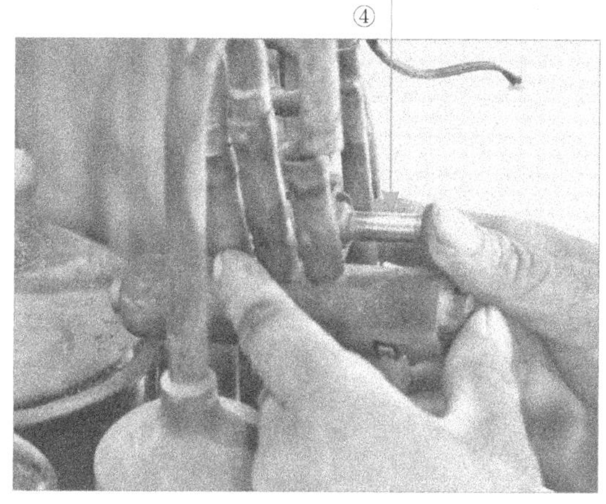

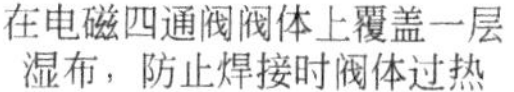

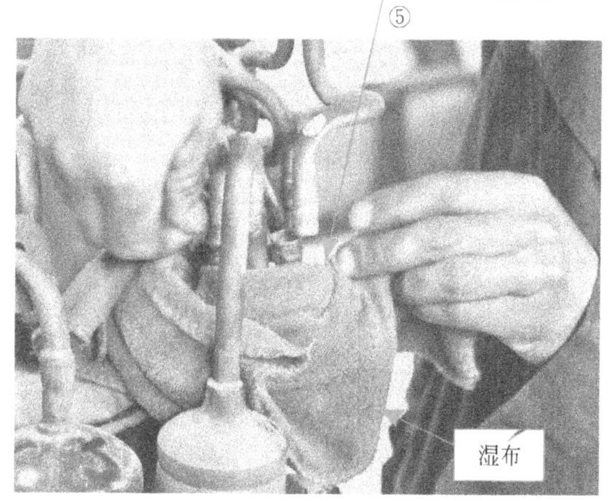

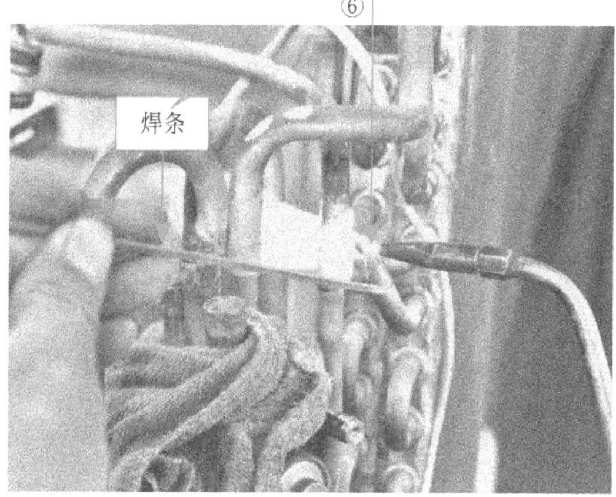

图5-64 电磁四通阀的代换方法

在更换电磁四通阀时，应先将制冷系统中的制冷剂放出，使用氮气清洁管路，并用气焊加热焊下四通阀。焊接新四通阀时，可以将其阀体放入水中，把焊接管口留在水面上，防止焊接时，阀块产生变形。

值得注意的是，为了让读者能够看清楚操作过程和操作细节，在开焊和焊接时没有采取严格的安全保护措施，整个过程由经验丰富的技师完成，学员在检测和练习时，一定要做好防护措施，以免造成其他部件的烧损。

（2）单向阀的检修方法

单向阀常见的故障主要为阀体内部堵塞、不动作或阀体连接处发生泄漏等，将会导致家用中央空调系统制冷制热效果差、无法进行制冷或制热等故障。

① 单向阀堵塞　单向阀堵塞时，会导致制冷剂无法流通，家用中央空调无法进行制冷和制热。单向阀发生堵塞多数是由于阀体内部进入脏污的杂质，所以应当对单向阀整体进行更换，并使用氮气对管路进行清洁。

② 单向阀老化　单向阀老化时，会导致阀体内部的尼龙阀卡在限位环中或卡在阀座中。当尼龙阀卡在阀座中时，制冷剂无法流过，也会导致家用中央空调无法进行制冷和制热；当尼龙阀卡在限位环中时，单向阀无法限制制冷剂的流量，从而导致制冷或制热效果差。此时应当更换单向阀。更换时的焊接过程中，应当注意避免温度过高导致阀体内部损坏。

③ 单向阀泄漏　单向阀泄漏时，会影响整个家用中央空调器的制冷或制热效果。单向阀泄漏多位于与管路的接口处，多是由制造或维修时焊接不良造成，当发现后应当及时对泄漏点进行补焊。

（3）毛细管的检修方法

毛细管是中央空调制冷管路系统中经常发生故障的部件之一。毛细管出现故障后，中央空调可能会出现不制冷（热）、制冷（热）效果差等现象。目前，毛细管故障以脏堵、油堵、冰堵较为常见。下面以家用中央空调管路系统中的毛细管为例进行介绍和检修操作。

图5-65所示家用中央空调毛细管的检修流程。

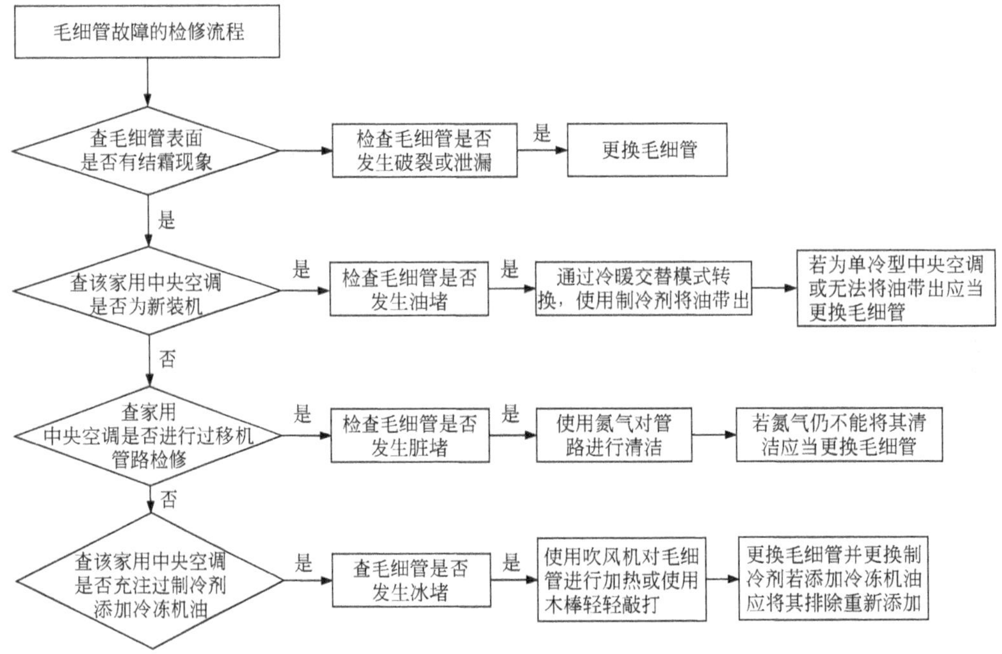

图5-65　家用中央空调中毛细管的检修流程

① 毛细管脏堵故障检修　毛细管出现脏堵故障，多是因移机或维修操作过程中，有脏污进入制冷管路引起的。通常采用充氮清洁的方法排除故障，若毛细管堵塞十分严重则需要对其进行更换。

毛细管脏堵故障的排除方法如图5-66所示。

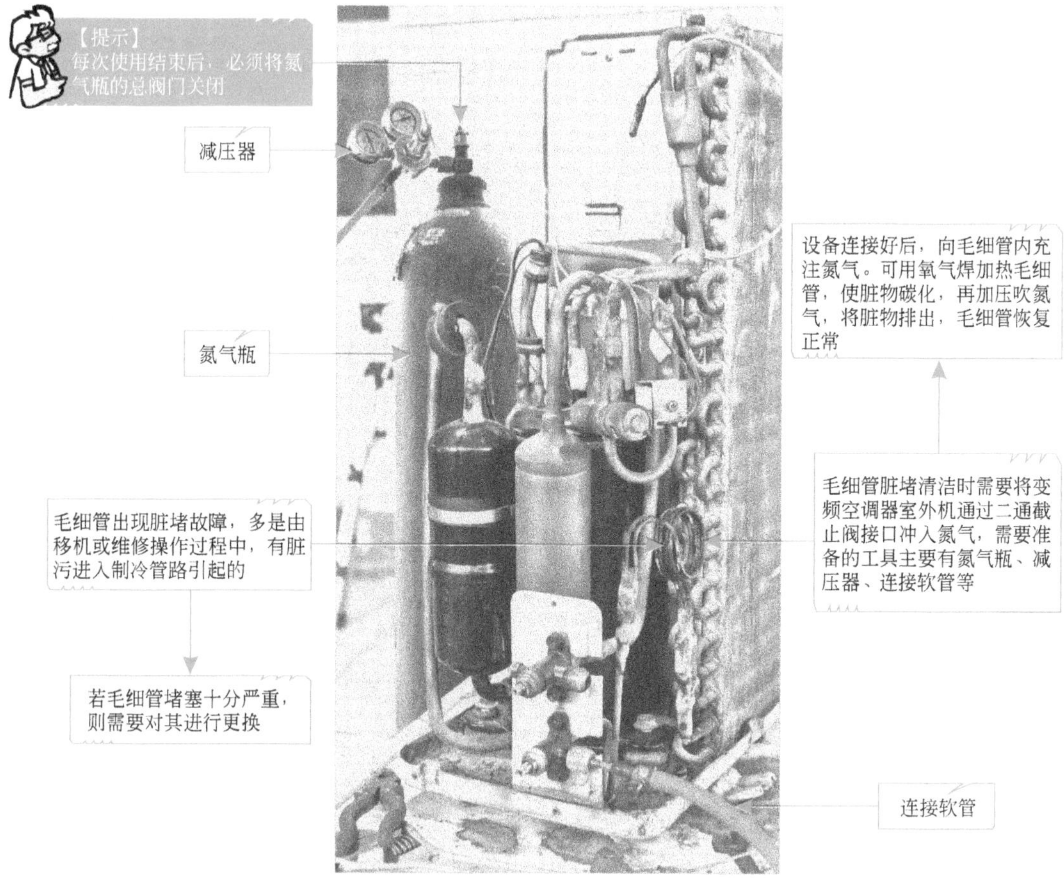

【提示】
每次使用结束后，必须将氮气瓶的总阀门关闭

减压器

氮气瓶

毛细管出现脏堵故障，多是由移机或维修操作过程中，有脏污进入制冷管路引起的

若毛细管堵塞十分严重，则需要对其进行更换

设备连接好后，向毛细管内充注氮气。可用氧气焊加热毛细管，使脏物碳化，再加压吹氮气，将脏物排出，毛细管恢复正常

毛细管脏堵清洁时需要将变频空调器室外机通过二通截止阀接口冲入氮气，需要准备的工具主要有氮气瓶、减压器、连接软管等

连接软管

图5-66　毛细管脏堵故障的排除方法

② 毛细管油堵故障检修　毛细管出现油堵故障，多是因变频压缩机中的机油进入制冷管路引起的。一般可利用制冷、制热交替开机启动来使制冷管路中的制冷剂呈正、反两个方向流动。利用制冷剂自身的流向将油堵冲开。

毛细管油堵故障的排除方法如图5-67所示。

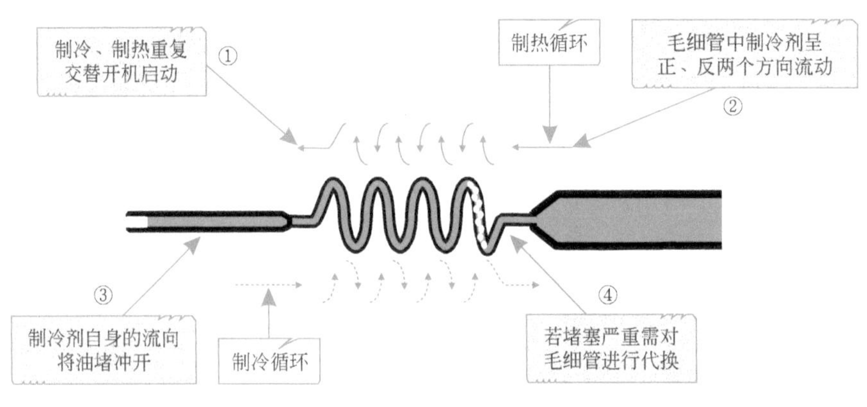

图5-67　毛细管油堵故障的排除方法

特别提示

若是在夏天出现油堵故障，可将变频空调器转换成制热状态，并采用冰水给室内温度传感器降温的方法，使空调器进行制冷运行。也可在传感器两端并一20kΩ电阻，使之维持在制热状态。

③ 毛细管冰堵故障检修　毛细管冰堵多是因充注制冷剂或添加冷冻机油中带有水分造成的，通常用加热、敲打毛细管的方法排除故障。

演示图解

毛细管冰堵故障的排除方法如图5-68所示。

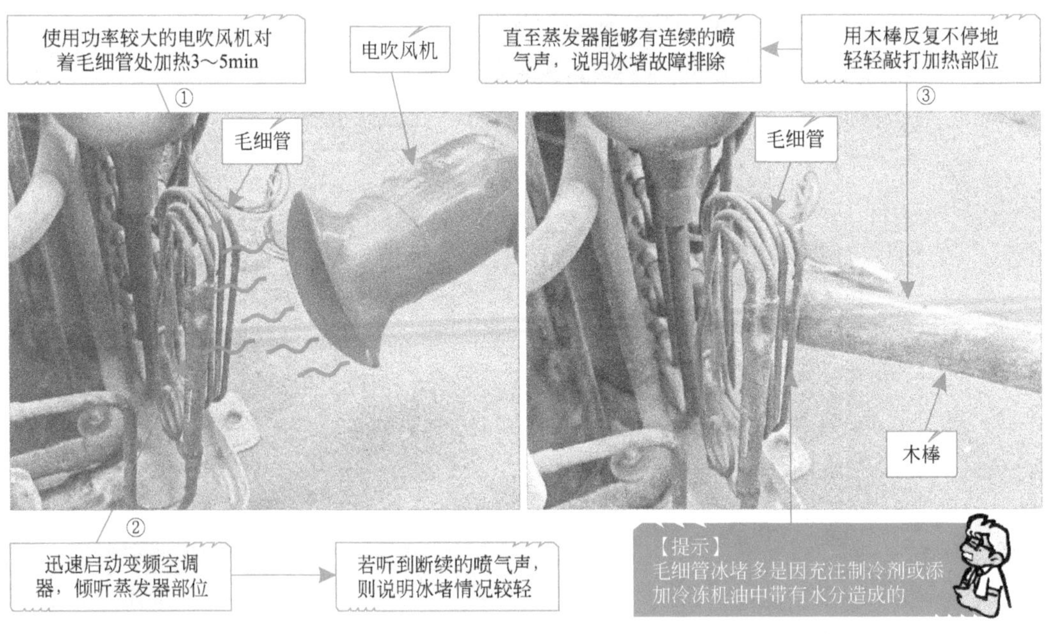

图5-68　毛细管冰堵故障的排除方法

特别提示

若是由于充注制冷剂后造成的冰堵故障，则应抽真空，重新充注制冷剂；

若是因为添加变频压缩机冷冻机油后造成的冰堵故障，则应先排净冷冻机油后，再重新添加冷冻机油。

若无法通过上述基本操作对毛细管堵塞故障进行排查，或毛细管出现严重泄露等故障时，需要将毛细管进行更换，一般用气焊设备将其从中央空调制冷管路上焊下，再将同规格毛细管进行焊接即可。

特别提示

在对毛细管进行更换时，一般需将干燥过滤器一同进行更换，因为在更换毛细管时会使干燥过滤器暴露在空气中，吸收空气中的水分，使其干燥功能下降。

另外值得注意的是，对毛细管的选用比较重要的，应当选择与原有毛细管的长度和粗细一致，而且流量相同的毛细管进行替换。若选择替换的毛细管不同时，容易导致中央空调出现制冷量不足等后果。

（4）干燥过滤器的检修方法

干燥过滤器主要用于过滤和吸收制冷管路中多余的水分与脏污，当干燥过滤器故障时，会导致制冷剂循环系统出现脏堵、冰堵等故障。由于家用中央空调与商用中央空调中干燥过滤器从外形上有很大区别，这里分别介绍。

① 家用中央空调中干燥过滤器的检修和代换方法　当家用中央空调干燥过滤器故障时，会导致家用中央空调管路发生堵塞，从而导致家用中央空调无法正常启动，或启动后不能正常制冷等故障。可以通过触摸蒸发器表面看是否有微凉的感觉，若蒸发器表面温度偏高，制冷效果下降，应当查看干燥过滤器表面是否发生结霜，若其结霜说明干燥过滤器中发生堵塞，应当进行更换。

图5-69所示为家用中央空调器干燥过滤器的检修流程。

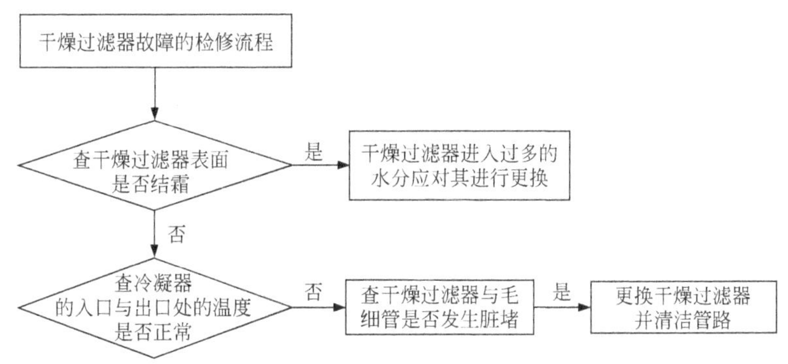

图5-69　干燥过滤器的检修流程

演示图解

家用中央空调中干燥过滤器的检测方法如图5-70所示。

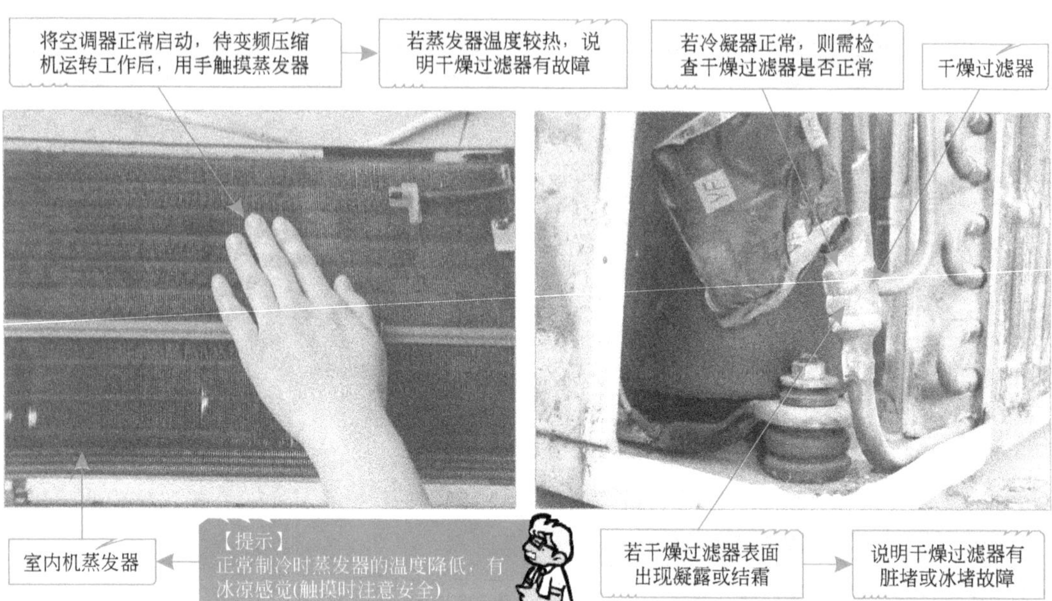

图5-70　检查蒸发器的温度和干燥过滤器的表面状态是否正常

演示图解

家用中央空调中干燥过滤器的更换方法如图5-71所示。

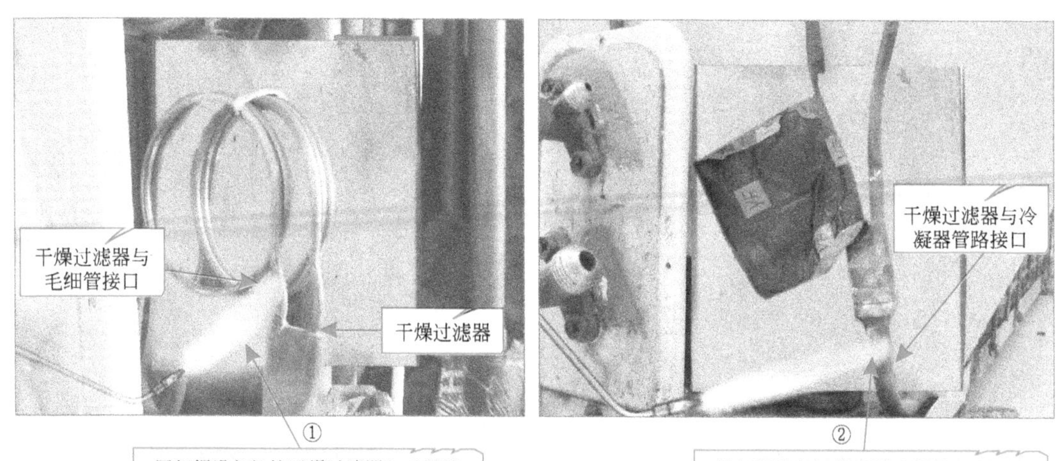

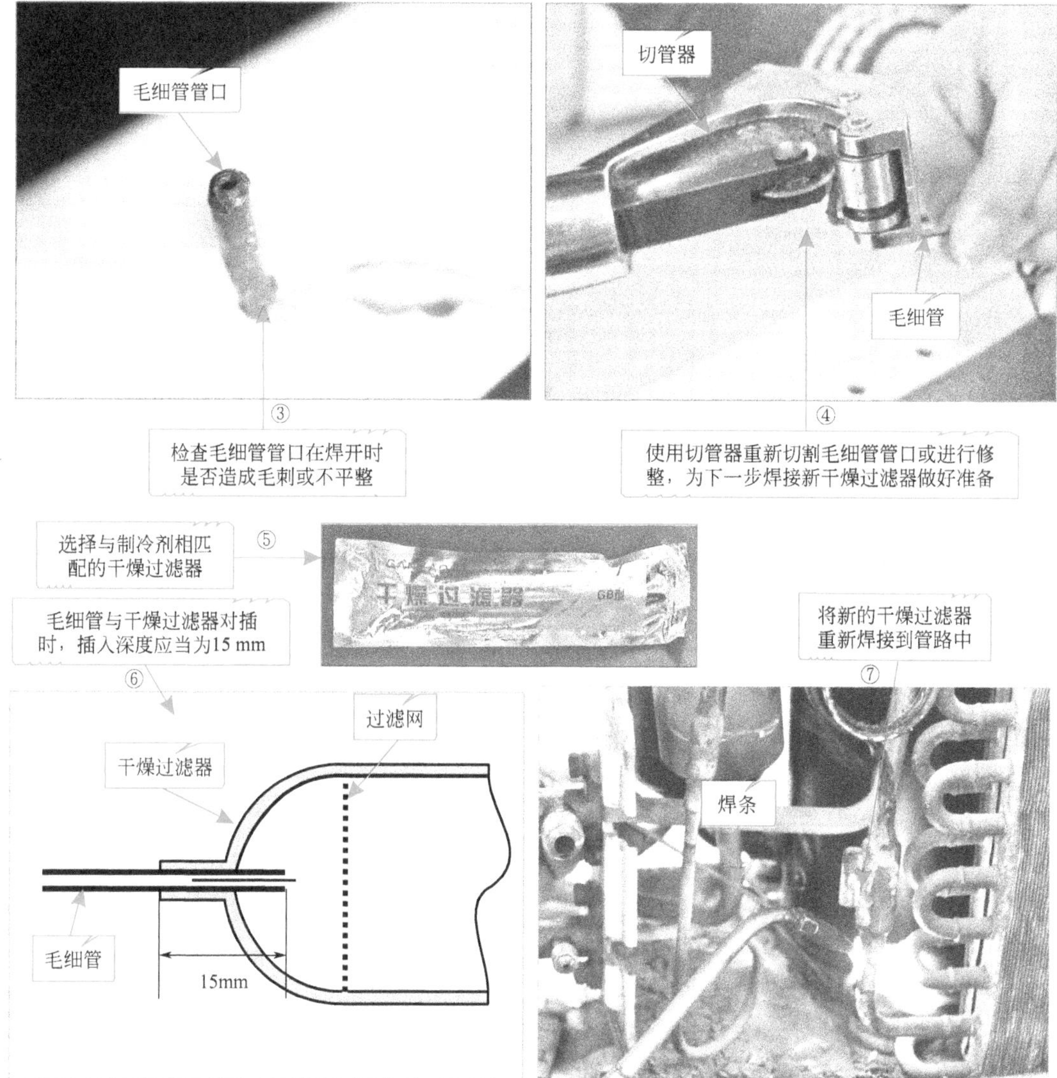

图5-71　家用中央空调中干燥过滤器的更换方法

② 商用中央空调中干燥过滤器的检修和代换方法　在商用中央空调中，干燥过滤器的功能与家用中央空调器中的干燥过滤器相同，一般安装于冷凝器与毛细管之间，主要是用于吸收制冷剂中的水分。不同是由于商用中央空调器的管路较为粗大（参见前文图5-45），所以管路中的干燥过滤器的体积也相对较大。

商用中央空调中的干燥过滤器损坏后，一般需要直接更换，在更换和检修操作时应注意以下几个方面。

a.当中央空调停机后，将管路系统中的压力卸除，防止造成人员伤亡。

b.先将干燥过滤器与蒸发器和冷凝器之间管路中的截止阀关断，再将干燥过滤器上的端盖打开，当其打开后，可以将旧的过滤芯取出，如图5-72所示，再将干燥过滤器的端盖重新安装上。

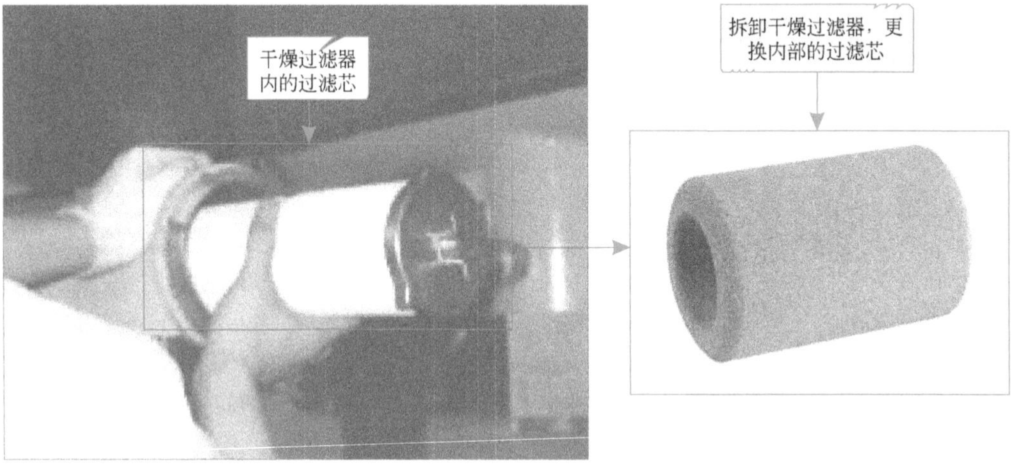

干燥过滤器内的过滤芯
拆卸干燥过滤器，更换内部的过滤芯

图5-72　更换干燥过滤器内的过滤芯

c.当端盖安装后，对管路进行抽真空。

d.将中央空调开启，向管路系统中补充制冷剂，使其压力符合中央空调的运行压力。

e.当干燥过滤器更换后，应当对端盖处进行检漏操作。

（5）热力膨胀阀

热力膨胀阀是中央空调管路系统中常见的节流元件，以调节供液量与蒸发器负荷相匹配为目的，使供入的制冷剂液量到蒸发器出口能够得到完全蒸发，若热力膨胀阀损坏，需要进行更换。

在更换的具体步骤和注意事项如下：

a.检查中央空调整个系统，找到导致热力膨胀阀损坏的原因，并首先排除故障隐患；

b.更换热力膨胀阀之前，需要切断中央空调机组电源，并进行制冷剂回收操作；

c.用气焊设备将热力膨胀阀从管路中焊下；

d.选配相同规格的热力膨胀阀，进行代换。焊接时，注意用湿布包裹新热力膨胀阀的阀体，并用氮气进行焊接保护；

e.对整个制冷循环系统进行保压测试，确认无焊接漏点；

f.最后对系统进行抽真空，重新充注制冷剂，完成代换。

5.2.6　其他管路部件的检修与代换

（1）高压储液罐

在商用中央空调中高压储液罐用来储存冷凝器中凝结的制冷剂液体，如图5-73所示。

高压储液罐工作异常或损坏后，一般需要直接更换，再进行更换操作时应注意以下几个方面。

a.应当检查高压储液罐损坏的原因，再对其进行检修；

b.在通风良好的环境下妥善回收制冷剂；

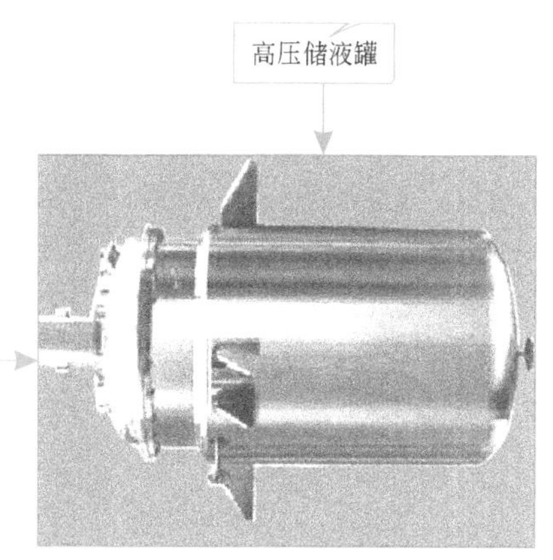

图5-73 商用中央空调中的高压储液罐

c. 对管路系统进行清洁，更换相同型号的高压储液罐；

d. 将新的高压储液罐连接回管路中，在焊接时防止高温损坏；

e. 对系统进行压力检测，确保系统的密封性；

f. 最后抽真空，重新充注制冷剂。

（2）气液分离器

商用中央空调器中，气液分离器通常与压缩机直接进行连接，主要是用来分离制冷剂蒸气中所携带的冷冻机油。气液分离器工作异常或损坏后，一般需要直接更换，在进行更换检修操作时应注意以下几个方面。

a. 先检查气液分离器损坏的原因，再对其进行检修；

b. 在通风良好的环境下对制冷剂进行回收；

c. 需对管路系统进行清洁，再更换相同型号的气液分离器；

d. 将新的气液分离器连接回管路中，在焊接时注意充氮气保护；

e. 对系统进行压力检测，确保系统的密封性；

f. 当更换气液分离器后，应当重新对管路进行抽真空操作后，再充注制冷剂。

第6章 中央空调电路系统的检修技能

6.1 中央空调电路系统的

中央空调的电路系统也是中央空调机中的电器部件及控制部分。了解电路系统的基本检修流程是维修中央空调机必须掌握的操作技能。

在本节讲解中，首先选取极具代表性的家用和商用中央空调机做为样机，将电路系统的结构组成以实物照片或示意图的形式让读者清晰、直观的了解电路系统的结构特点和工作原理，然后在此基础上，归纳总结电路系统的检修流程，让读者明确电路系统的故障检修规范顺序和关键检修点，为实际进行故障检修做好准备。

6.1.1 中央空调电路系统的组成

中央空调的电路系统是实现整个系统电气关联和控制的系统，根据系统规模、功能不同，中央空调电路系统主要有以下几种形式，如图6-1所示。

可以看到，中央空调的电路系统主要分为供电（或驱动）和控制两大部分。其中供电（或驱动）部分主要由断路器构成；控制部分根据控制类型不同主要由交流接触器、室内外机控制电路、变频器控制电路或PLC控制电路等部分构成。其中，变频器和PLC根据电路系统功能、规模、节能及自动化控制需求不同为选装部分。

(1)断路器

断路器又称为空气开关，是指安装在中央空调系统总电源线路上的一种电器，用于手动或自动控制整个系统供电电源的通断，且可在系统中出现过流或短路故障时自动切断电源，起到保护作用。另外，也可以在检修系统或较长时间不用控制系统时，切断电源，起到将中央空调系统与电源隔离的作用。

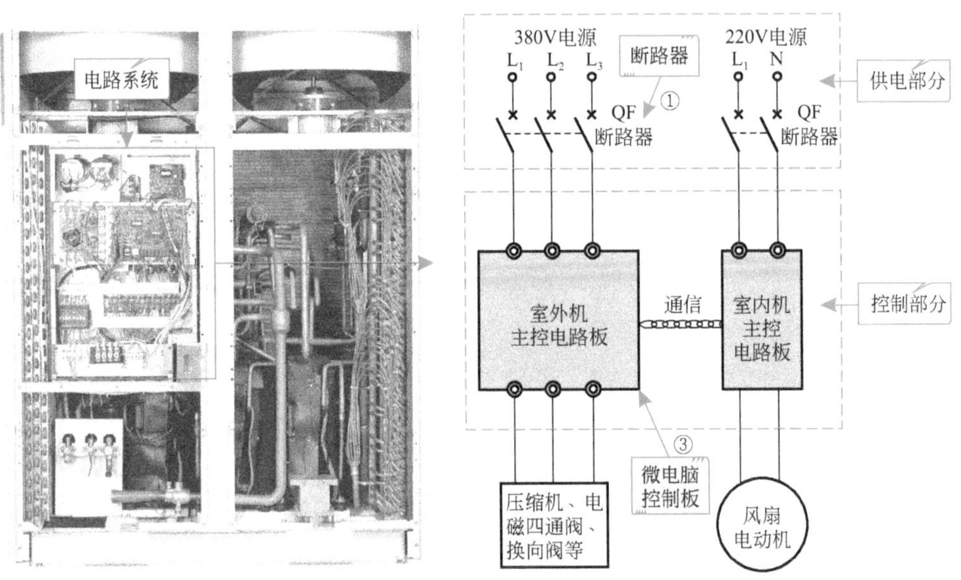

(a) 空调器室内外机控制电路系统

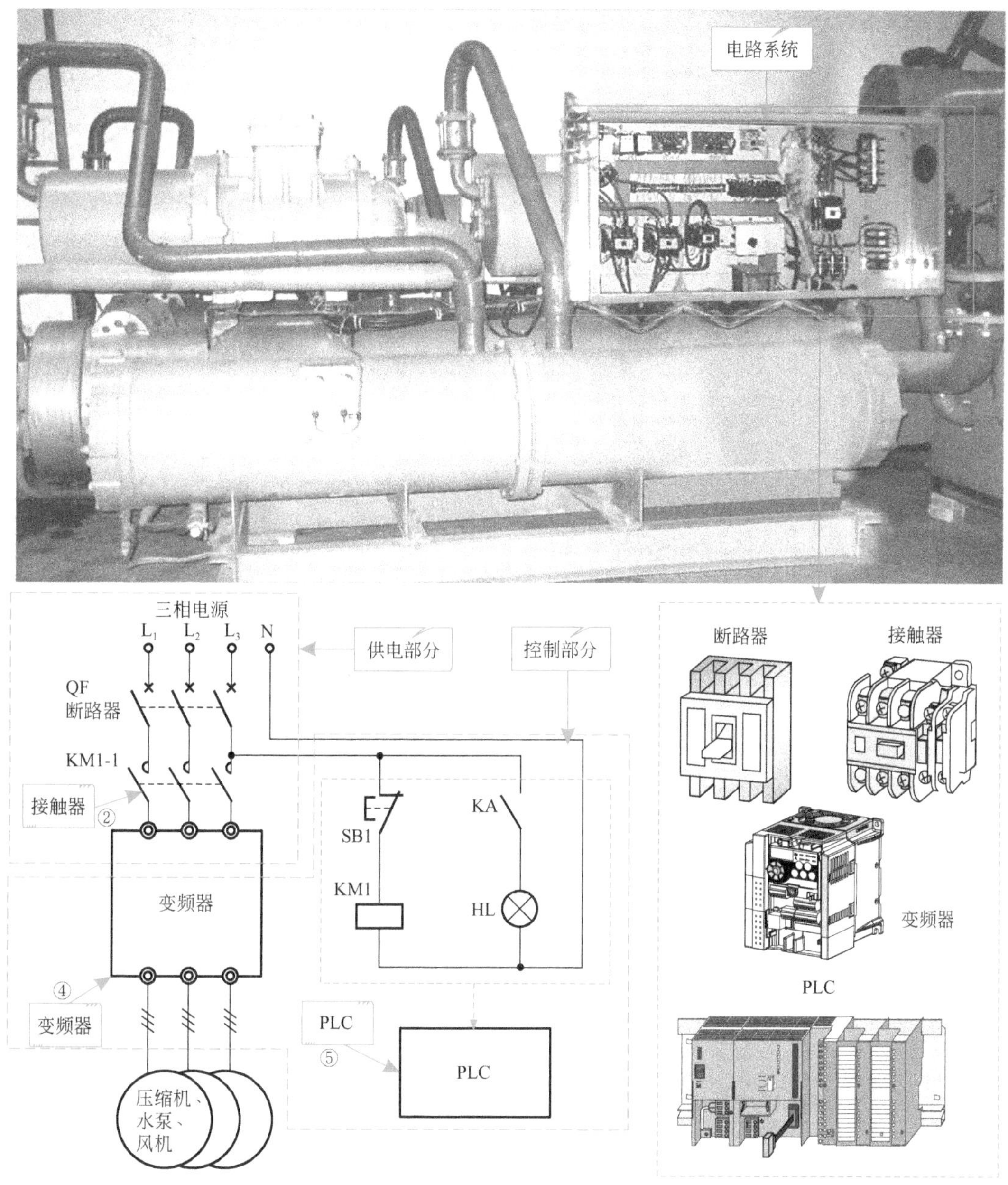

(b) 变频器或变频器与PLC控制器构成的中央空调电路系统

图6-1 中央空调的电路系统

图6-2所示为中央空调电路系统中常用断路器的外形。

断路器具有操作安全、使用方便、安装简单、控制和保护双重功能、工作可靠等特点，在中央空调系统中应用十分广泛。

断路器手动或自动通断状态通过其内部机械和电气部件联动实现，图6-3所示为断路器在“开”与“关”两种状态下，内部触头及相关装置的关系和动作状态。

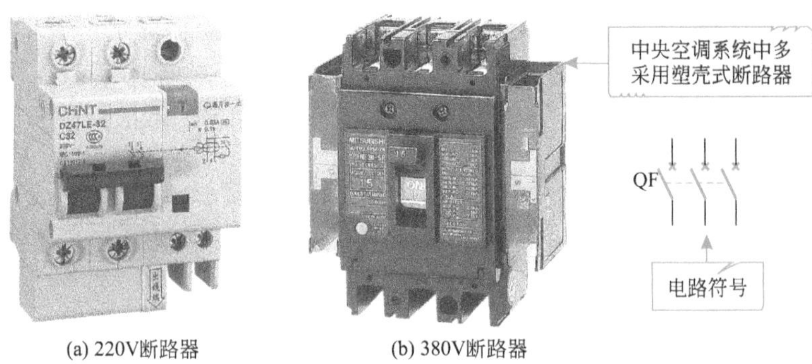

(a) 220V断路器　(b) 380V断路器

图6-2　中央空调电路系统中常用断路器的外形

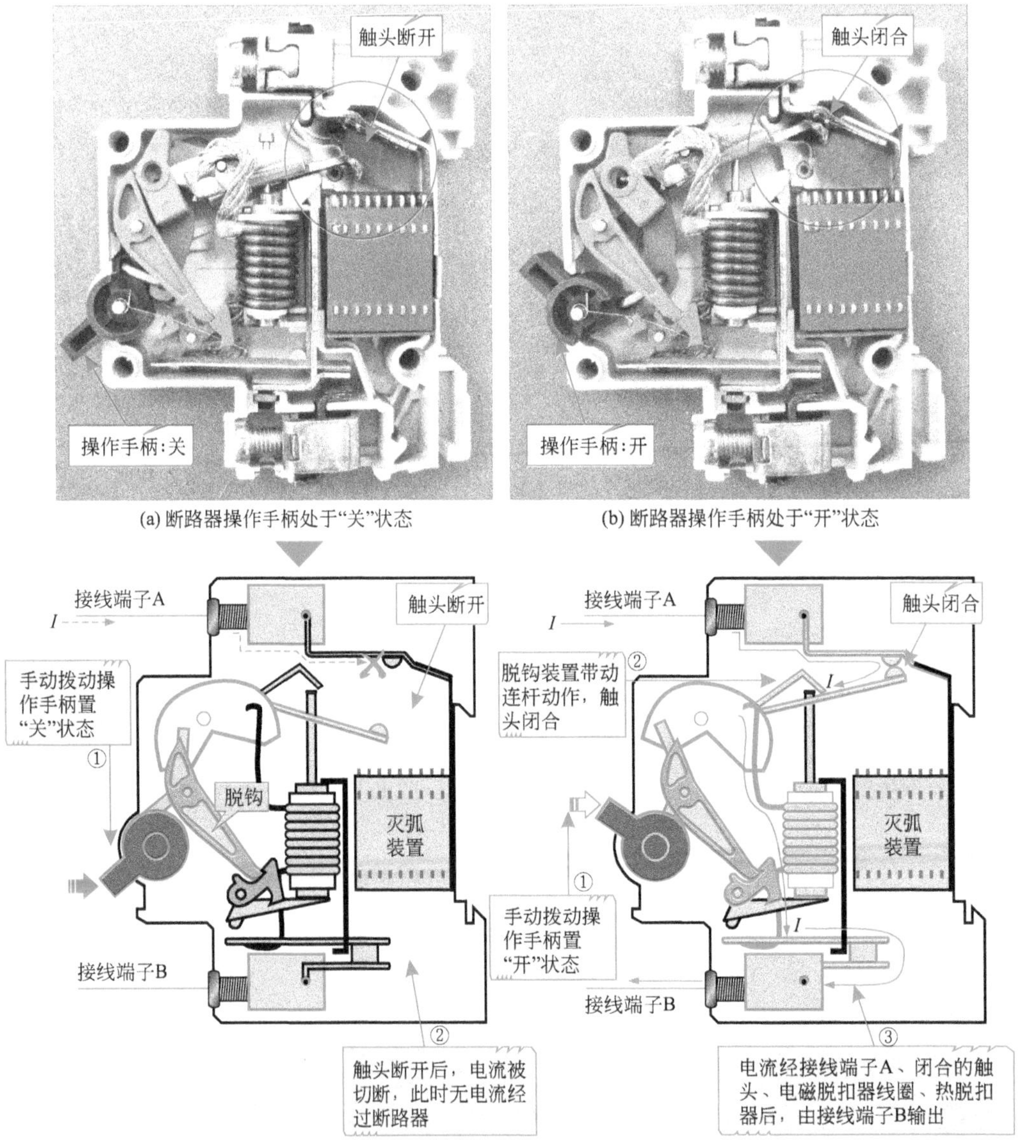

触头断开
操作手柄:关
触头闭合
操作手柄:开

(a) 断路器操作手柄处于“关”状态　(b) 断路器操作手柄处于“开”状态

接线端子A
I
触头断开
手动拨动操作手柄置“关”状态
①
脱钩
灭弧装置
接线端子B
②
触头断开后，电流被切断，此时无电流经过断路器

接线端子A
I
触头闭合
脱钩装置带动连杆动作，触头闭合
②
灭弧装置
①
手动拨动操作手柄置“开”状态
接线端子B
③
电流经接线端子A、闭合的触头、电磁脱扣器线圈、热脱扣器后，由接线端子B输出

图6-3　塑壳式低压断路器通断两种状态

当手动控制操作手柄使其位于“开”（“ON”）状态时，触头闭合，操作手柄带动脱钩动作，连杆部分则带动触头动作，触头闭合，电流经接线端子A、触头、电磁脱扣器、热脱扣器后，由接线端子B输出。

当手动控制操作手柄使其位于“关”（“OFF”）状态时，触头断开，操作手柄带动脱钩动作，连杆部分则带动触头动作，触头断开，电流被切断。

在中央空调系统中，断路器主要应用到线路过载、短路、欠压保护或不频繁接通和切断的主电路中。

室外机或机组多采用380V断路器，室内机多采用220V断路器。断路器选配时可根据所接机组最大功率的1.2倍进行选择。

（2）交流接触器

交流接触器在中央空调系统中的应用十分广泛，主要作为压缩机、风扇电动机、水泵电动机等交流供电侧的通断开关使用，来控制这些设备电源的通断。

图6-4所示为典型交流接触器的实物外形。

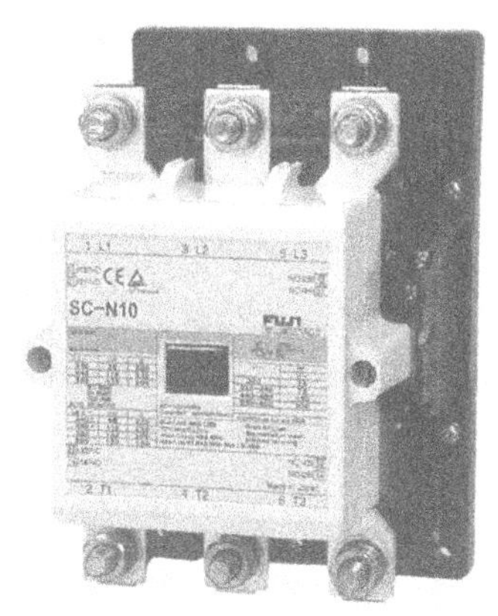

交流接触器1

交流接触器2

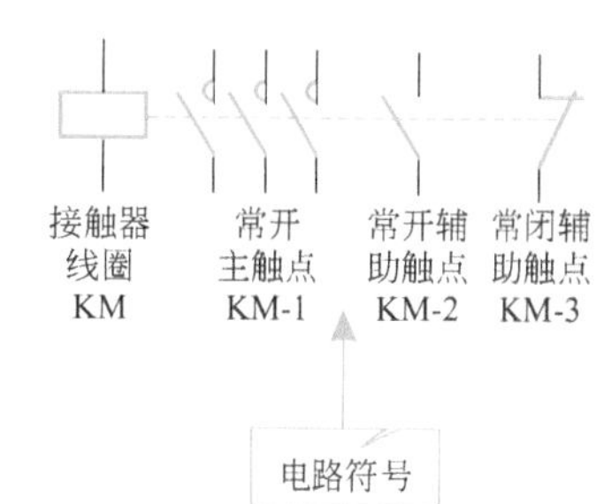

图6-4 典型交流接触器的实物外形

接触器中主要包括线圈、衔铁和触点几部分。工作时的核心过程即在线圈得电状态下，使上下两块衔铁磁化相互吸合，衔铁动作带动触点动作，如常开触点闭合，常闭触点断开，如图6-5所示。

在实际控制线路中，接触器一般利用主触点来接通和分断主电路及其连接负载，用辅助触点来执行控制指令，例如，图6-6所示为中央空调水系统中水泵的启停控制线路，可以看到，上述控制线路中的交流接触器KM主要是由线圈、一组常开主触点KM-1、两组常开辅助触点和一组常闭辅助触点构成的。

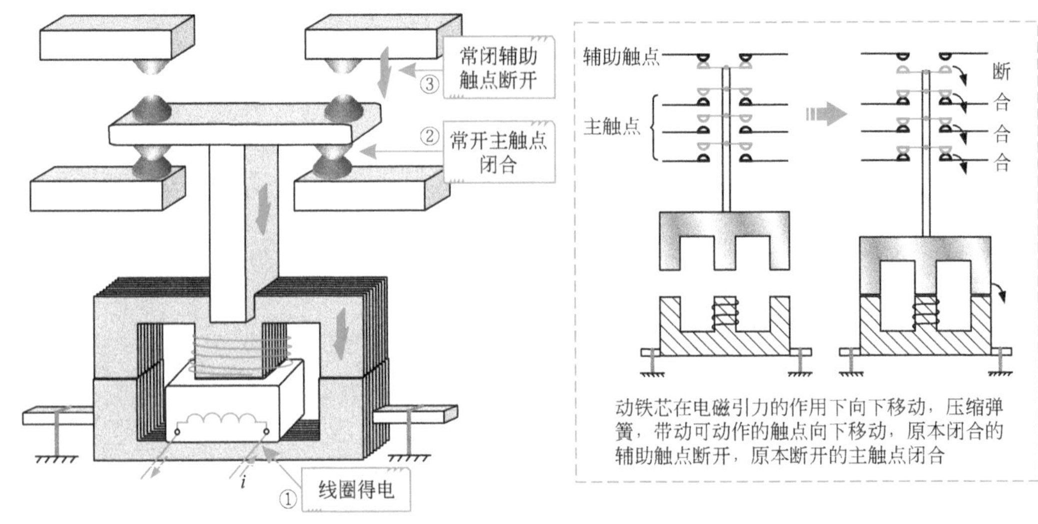

图6-5　接触器线圈得电的工作过程

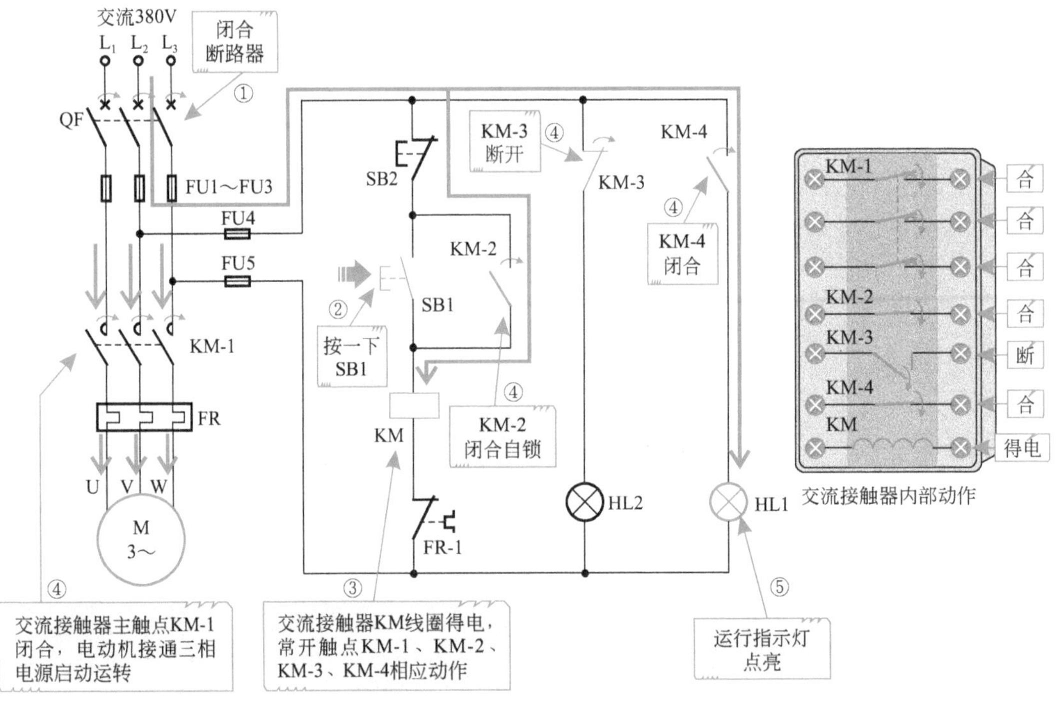

图6-6　三相交流电动机的启动过程

知识拓展

在上述控制系统中闭合断路器QS，接通三相电源。

电源经交流接触器KM的常闭辅助触点KM-3为停机指示灯HL2供电，HL2点亮。

按下启动按钮SB1，交流接触器KM线圈得电。

常开主触点KM-1闭合，水泵电动机接通三相电源启动运转。

同时，常开辅助触点KM-2闭合实现自锁功能；常闭辅助触点KM-3断开，切断停机指示灯HL2的供电电源，HL2熄灭；常开辅助触点KM-4闭合，运行指示灯HL1点亮，指示水泵电动机处于工作状态。

（3）室内外机微电脑控制电路

在家用中央空调系统和一些风冷式商用中央空调系统中，大多室内外机通过机内微电脑控制板进行控制。

不同类型的中央空调系统，其控制电路的结构也不相同，下面分别以典型家用中央空调和风冷式商用中央空调为例，介绍其控制电路的基本结构组成。

① 典型家用中央空调控制电路的结构组成　根据家用中央空调系统的结构特点，其电路系统分布在室外机和室内机两个部分中，电路之间、电路与电气部件之间由接口及电缆实现连接和信号传输，如图6-7所示。

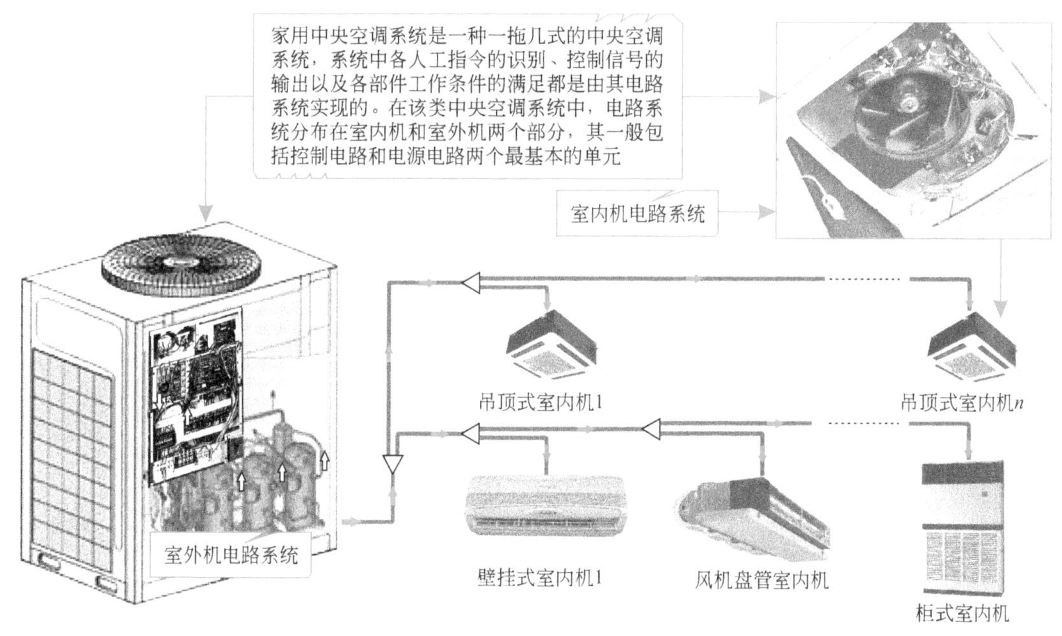

图6-7　家用中央空调的控制电路

a.家用中央空调室内机电路系统的结构组成　家用中央空调室内机有多种类型，不同类型室内机的电路系统的安装位置和结构组成有所不同，有些结构与家用分体式中央空调的结构相同，但基本都是由主电路板和操作显示电路板两块电路板构成的，例如，图6-8所示为家用中央空调系统中吊顶式室内机的电路系统。

b.家用中央空调室外机电路系统的结构组成　家用中央空调室外机电路系统一般安装在室外机的前面板下方，打开前面板后即可看到。图6-9所示为典型家用中央空调室外机中的电路部分。

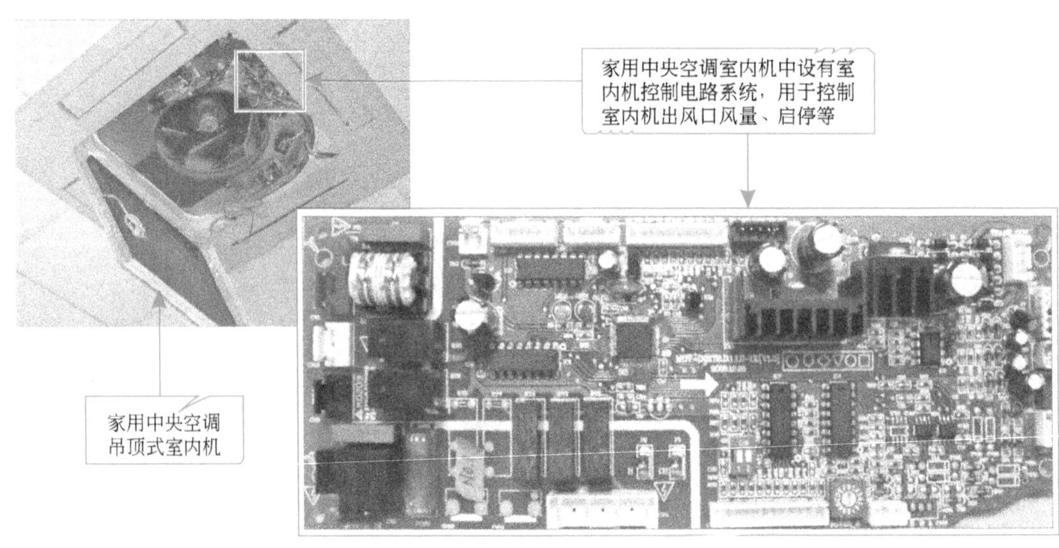

图6-8　家用中央空调系统中吊顶式室内机的电路系统

室外机控制电路部分

日立SET-FREE侧出风系列中央空调主机

图6-9　典型家用中央空调室外机中的电路部分（日立SET-FREE侧出风系列）

可以看到，该家用中央空调室外机的电路系统主要是由交流输入（带防雷击电路）电路、整流滤波电路、变频电路、主控电路及三相电输入接线座等部分构成的。

ⓐ 交流输入电路　在中央空调系统中，连接交流电源并进行滤波的电路被称之为交流输入电路，该电路中还设有防雷击电路，图6-10所示为美的智能变频家用中央空调室外机防雷击电路的实物外形。

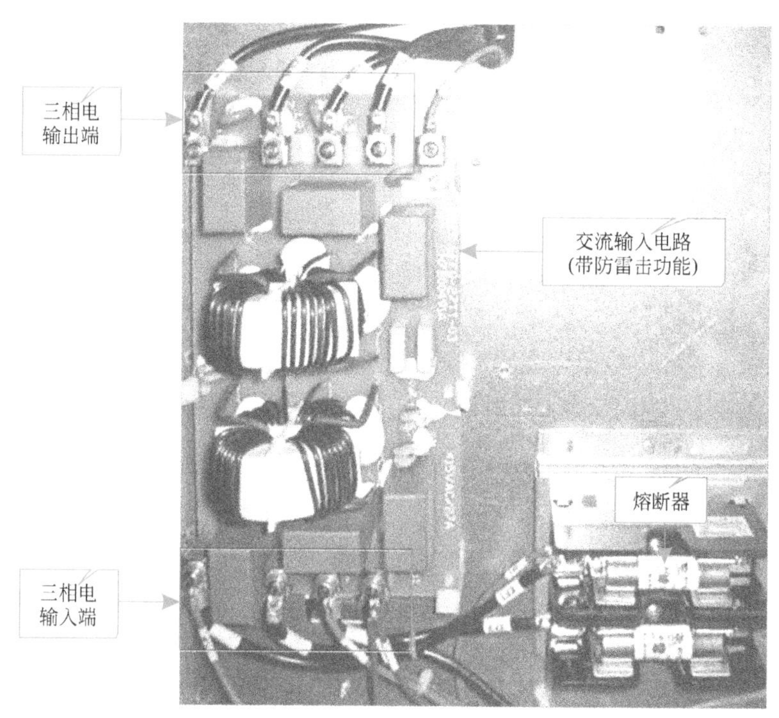

图6-10　美的智能变频家用中央空调室外机防雷击电路的实物外形

ⓑ 滤波和整流　图6-11所示为该中央空调室外机电路系统中的滤波和整流电路部分。

滤波电容C1/C2、水泥电阻R1/R2构成滤波电路，滤除交流电中的杂波；三相桥式整流堆、普通桥式整流堆等与室外机中的三相电输入接线座等构成了室外机的供电电路。

三相桥式整流堆是由6只整流二极管按桥式全波整流电路的形式连接并封装为一体构成的，可将三相交流点整流为540V左右的直流电压，图6-12所示为其典型三相桥式整流堆的实物外形和内部结构。

三相桥式整流电路的工作原理如图6-13所示，可以将三相交流输入电源分解成三个单相整流电路的整流过程，分别如图6-13（a）、图6-13（b）、图6-13（c）所示。每一相整流与输出与单相桥式整流电路的工作状态相同。三相整流的效果为三相整流合成的效果。

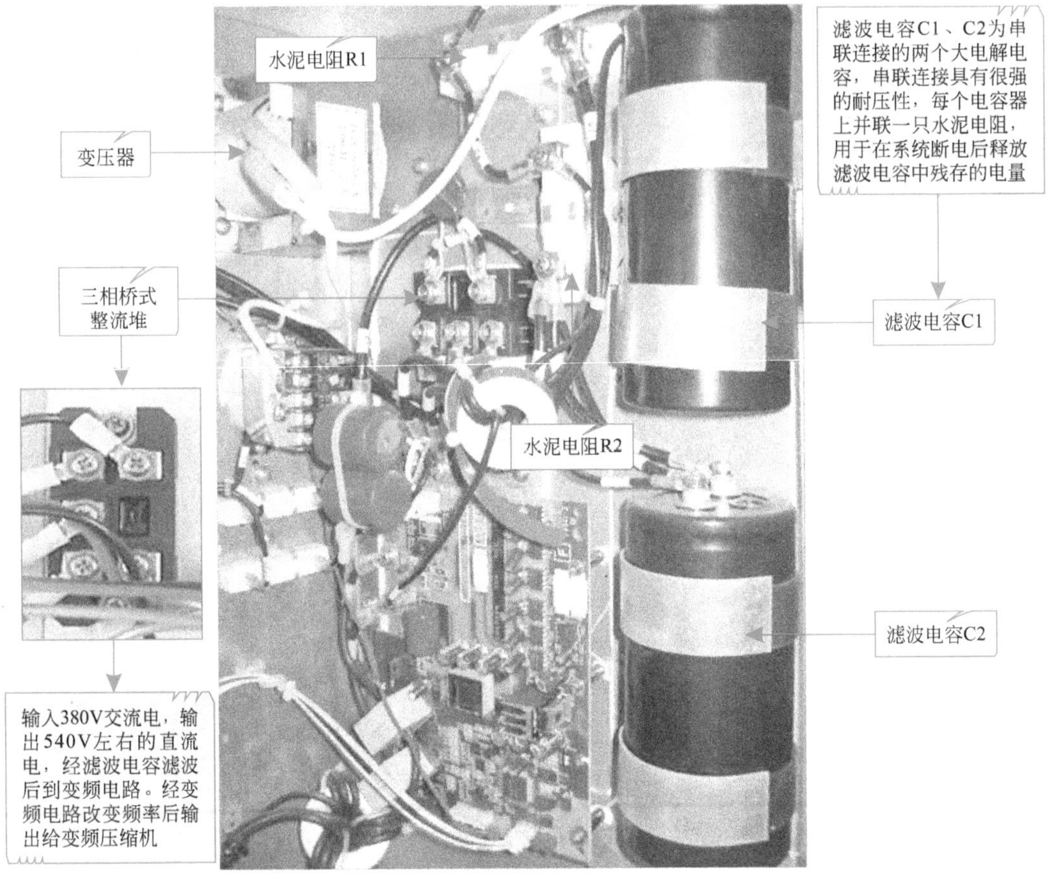

水泥电阻R1
变压器
三相桥式整流堆
输入380V交流电，输出540V左右的直流电，经滤波电容滤波后到变频电路。经变频电路改变频率后输出给变频压缩机
滤波电容C1、C2为串联连接的两个大电解电容，串联连接具有很强的耐压性，每个电容器上并联一只水泥电阻，用于在系统断电后释放滤波电容中残存的电量
滤波电容C1
水泥电阻R2
滤波电容C2

图6-11　美的智能变频家用中央空调室外机电路系统中的滤波和整流电路

三相桥式整流堆
MDS 100A 1600V
三相桥式整流堆符号
U
V
W
~380V
+
直流输出
(约540V)
+
−

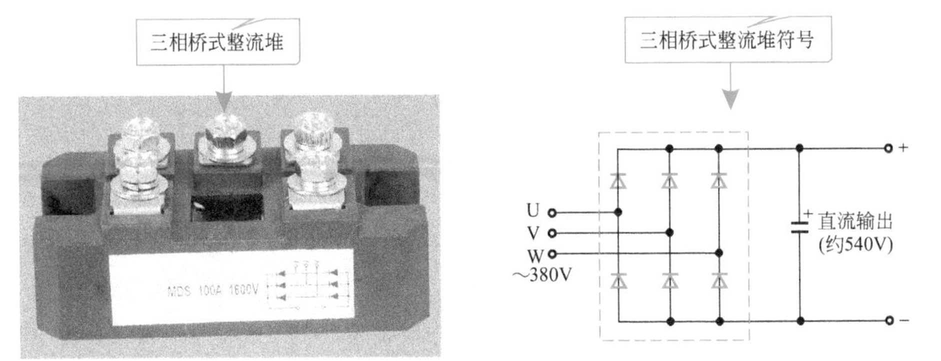

图6-12　典型三相桥式整流堆的实物外形和内部结构

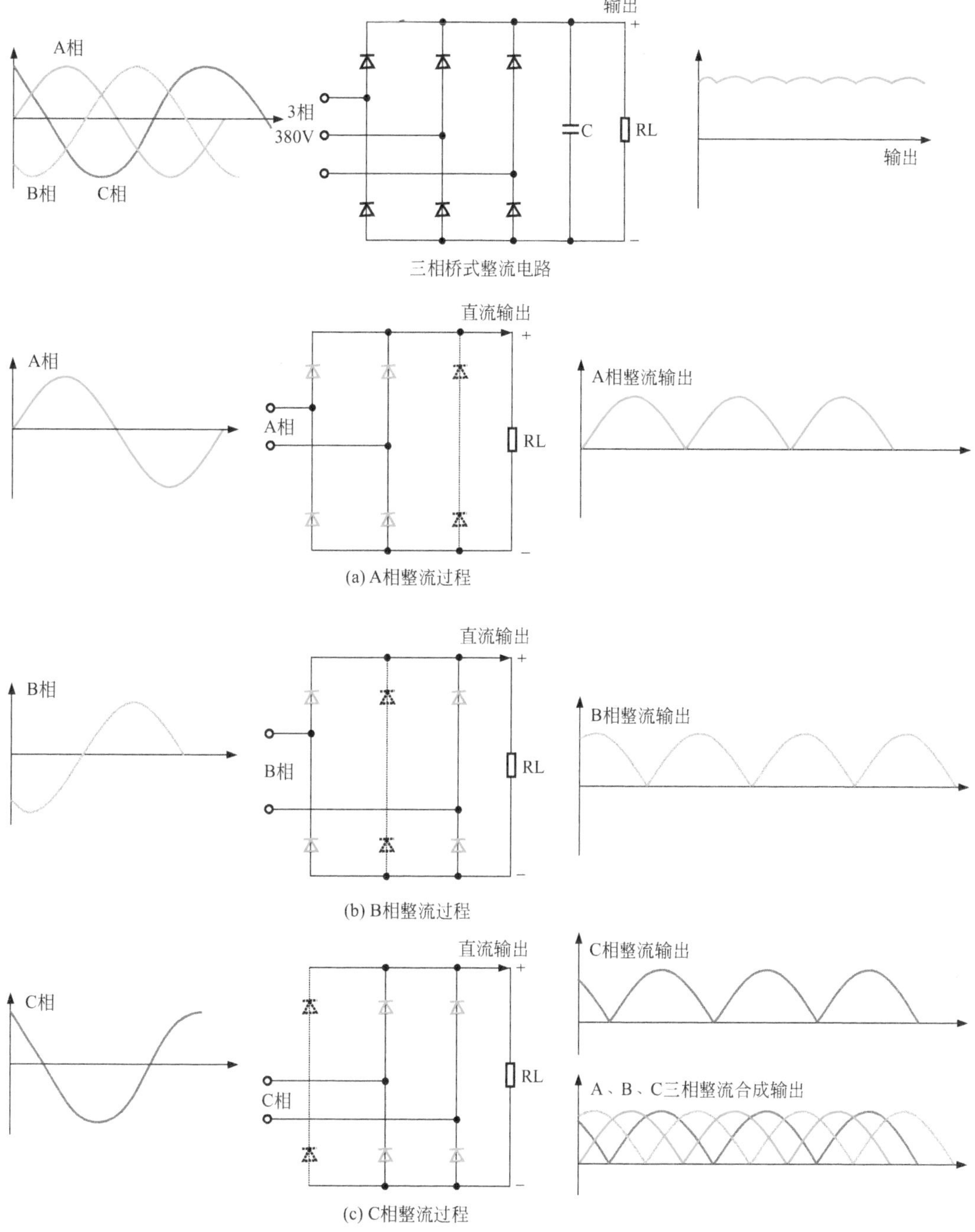

图6-13　三相桥式整流电路

ⓒ 变频电路　变频电路是整个中央空调室外机电路系统的核心部分，也是用弱电（主控板）控制强电（压缩机驱动电源）的关键。变频电路中一般包含自带的开关电源和变频模块两个部分，其中高频变压器与其外围元件构成开关电源电路，在该电路板的背面为变频模块部分，如图6-14所示。

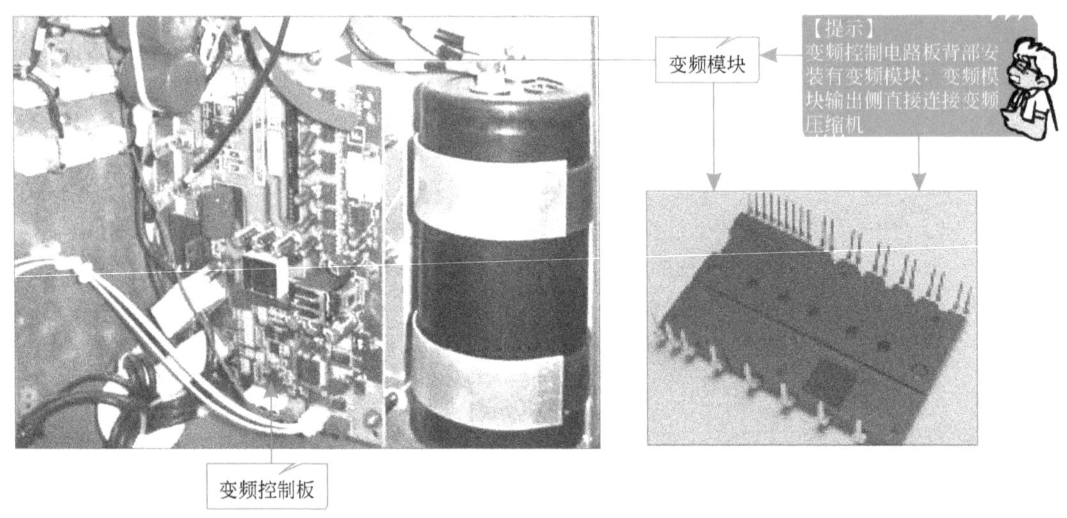

图6-14　美的智能变频家用中央空调室外机中的变频电路

知识拓展

目前，家用中央空调室外机的变频电路广泛采用变频模块实现变频驱动，如图6-15所示，该模块是将控制电路、电流检测、逻辑控制和功率输出电路集成在一起的变频控制驱动模块，在变频空调器中得到了广泛的应用。

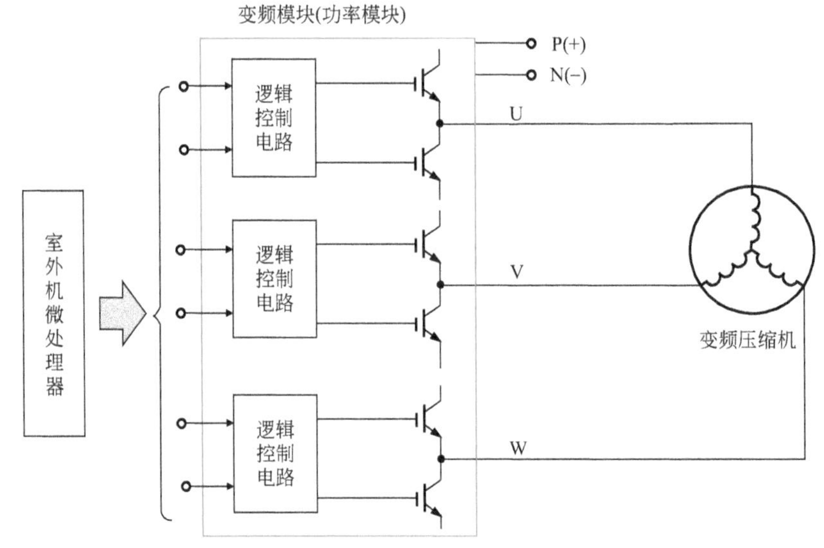

图6-15　变频功率模块构成的变频电路

不论变频电路的结构形式有什么不同，其变频模块部分都有5个接线端子，其中P、N端为逆变器电路直流电流电源的输入端，而U、V、W三端为变频压缩机连接端。

图6-16所示是变频控制电路简图，交流供电电压经整流电路先变成直流电压，再经过晶体管电路变成三相频率可变的交流电压去控制压缩机的驱动电机。该电机通常有两种类型，即直流无刷电机和交流感应电机。逻辑控制电路通常由微处理器组成。

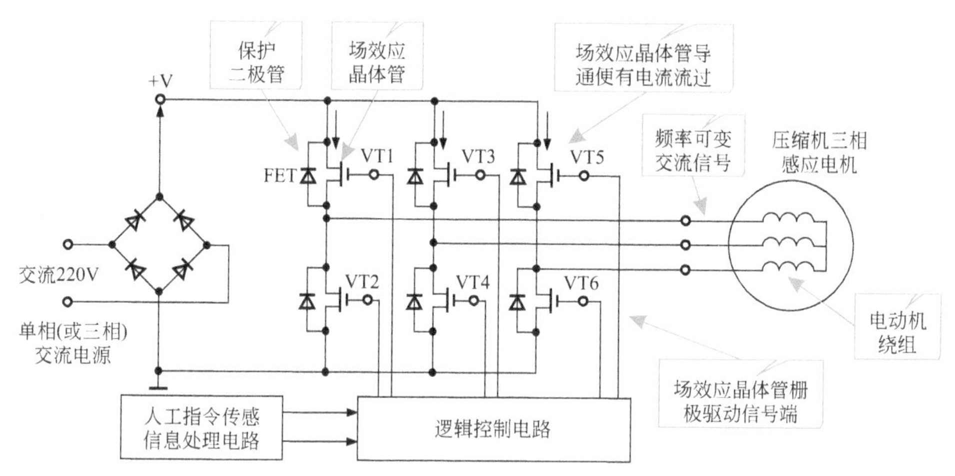

图6-16 变频控制电路简图

ⓓ 主控电路 图6-17所示为主控电路实物外形及结构组成。可以看到，主控电路中安装有很多集成电路、接口插座、变压器及相关电路，其中芯片IC41、IC31、IC18为主控电路板上的核心元件，也是室外机部分的控制核心。

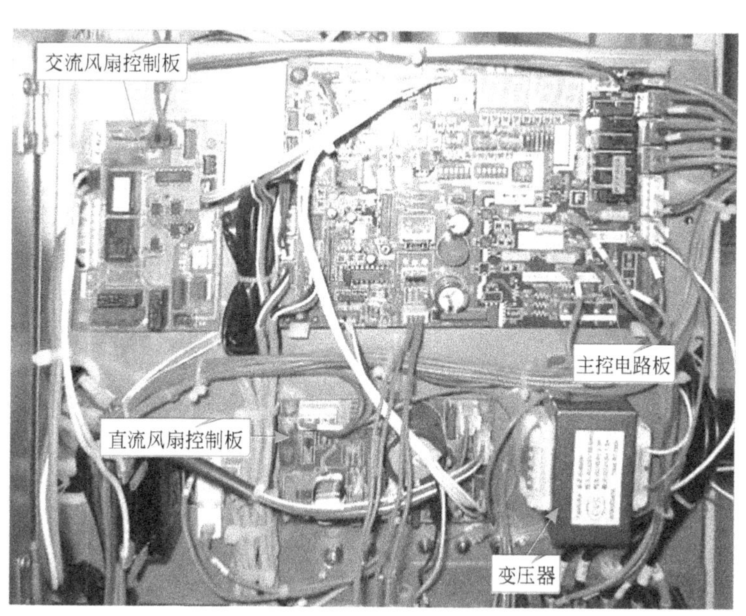

图6-17 典型中央空调具室外机主机电路系统主控电路板

知识拓展

不同类型、品牌或系统规格的中央空调系统中，室外机主控电路板的结构也不相同，图6-18所示为美的V系列第三代智能变频中央空调室外机主控电路板结构。

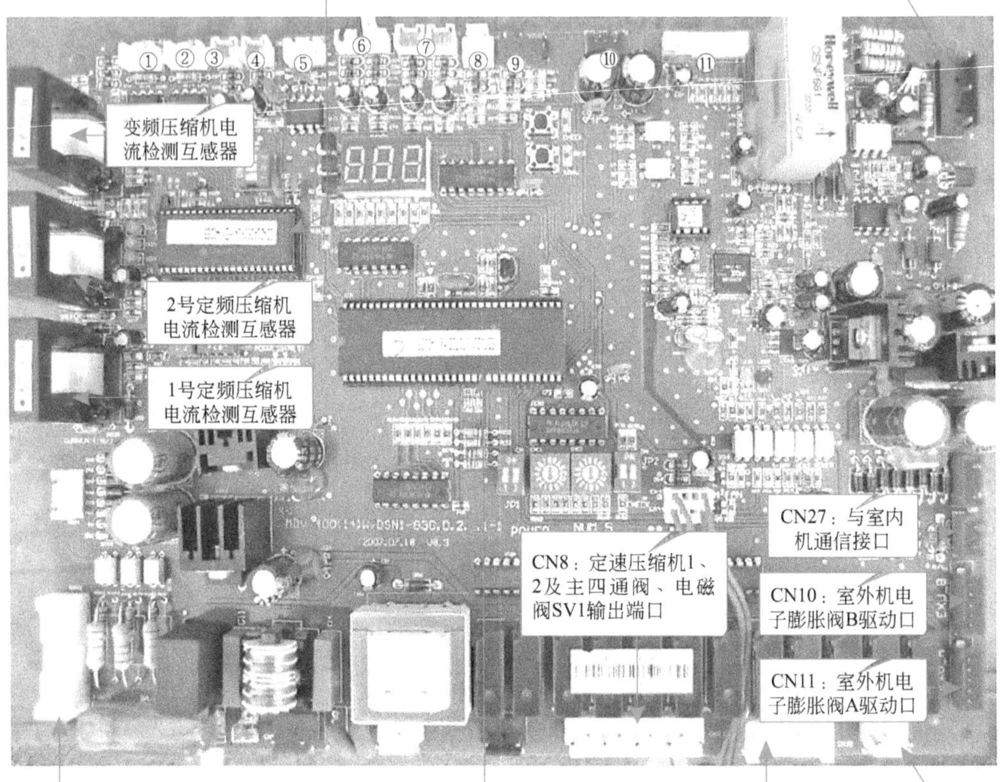

图6-18　美的智能变频家用中央空调室外机主控电路的实物外形及结构组成

图中序号①～⑪接口的含义分别为：①CN30：接电表；②CN29：接室外监控器；③CN22：定频压缩机2排气温度传感器；④CN23：定频压缩机1排气温度传感器；⑤CN28：多个模块组合时，接下一个模块；⑥CN16：接室外环境温度传感器T4和室外管温传感器；⑦CN17：变频压缩机排气温度传感器；⑧CN31：接高压压力开关（4.4MPa断开，3.3MPa导通）；⑨CN32：接低压压力开关（0.05MPa断开，0.15MPa导通）；⑩CN6：接变频电路接口CN2，提供+5V及+12V的电压；⑪CN4：接变频电路。

在家用中央空调系统中，不同品牌和型号的室外机电路系统的具体结构形式有所不同，但其所包含核心电路的结构和功能大致相同，一般均包含有主控电路、变频电路和防雷击电路等，图6-19所示为美的智能变频中央空调室外机电路系统。

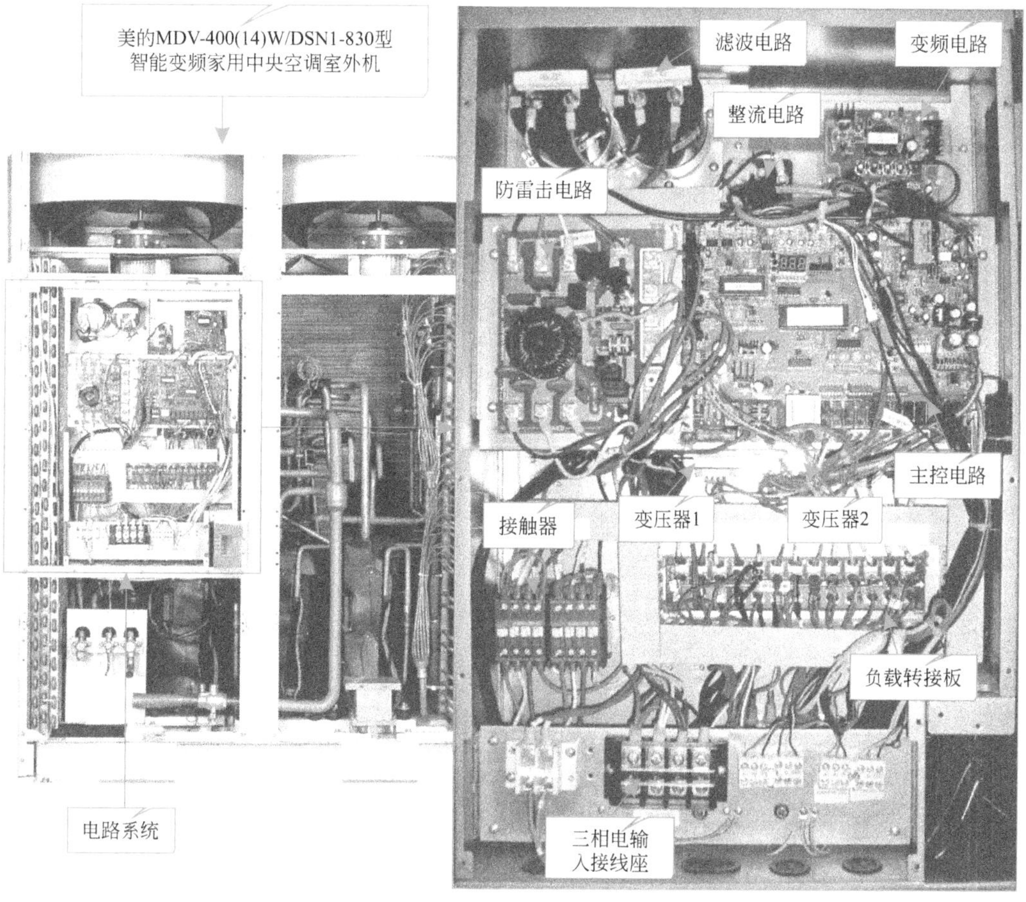

图6-19　美的MDV-400（14）W/DSN1-830型智能变频家用中央空调室外机的电路系统

c.家用中央空调电路系统的通信关系和工作原理　家用中央空调室内机与室外机电路系统配合工作，控制相关电气部件的工作状态，并以此控制整个中央空调系统实现制冷、制热等功能。

图6-20所示为家用中央空调电路系统的工作原理方框图，可以看到，室外机电路系统除与多个室内机电路系统相关联外，还控制变频压缩机、定频压缩机、四通阀、电子膨胀阀、温度传感器等电气部件的工作。

ⓐ 家用中央空调室内机电路系统的工作原理　图6-21所示为典型家用中央空调壁挂式室内机的电路系统接线图，可以看到，室内电路系统主要是由主控电路板及相关的送风电机、摇摆电机、电子膨胀阀、室温传感器、蒸发器中部管温传感器、蒸发器出口管温传感器等电气部分构成的。

家用中央空调室外机

变频电路
变频电机驱动
540V
直流电压
开关
电源
300V
直流电压
U
V
W
定频
压缩机2
定频
压缩机1
变频
压缩机
压缩机过载
保护信号
N–
P+
N–
P+

电压检测
电流检测
四通阀
电子膨胀阀
室外风机
接触器
故障指示灯
压缩机
温度传感器
盘管
温度传感器
室内
温度传感器

室外机控制电路
✦定频驱动控制
✦变频驱动控制
✦冷凝器温度检测
✦排气温度检测
✦压缩机过载保护检测
✦过流保护
✦DC电压补偿
✦电流检测
✦电压检测
✦通过电源板
✦6相驱动信号控制
✦四通阀、室外风扇控制
✦与室内机通信

滤波整流电路
✦滤波电路
✦三相整流电路
✦普通整流电路

防雷击
电路

三相电供电接线座

室内机1
室内机2
……………
室内机n

家用中央空调室内机2

电源电路
交流220V输入

室内机控制电路
✦室内风扇控制
✦温度检测
✦风向控制
✦温度检测
✦风速检测
✦显示控制
✦空气净化控制
✦蜂鸣器驱动
✦过零检测
✦过流检测
✦遥控信号接收
✦与室外机通信控制

室内机
通信电路

室内风机
蒸发器
温度传感器
室内
温度传感器

开关板
✦强制开/关机
✦强制制冷

工作状态送入
显示接收电路
遥控信号
送入控制电路

操作显示及遥控
接收电路
✦遥控接收
✦显示驱动

驱动显示屏或
指示灯工作
工作状态显示

图6-20　家用中央空调电路系统的工作原理方框图

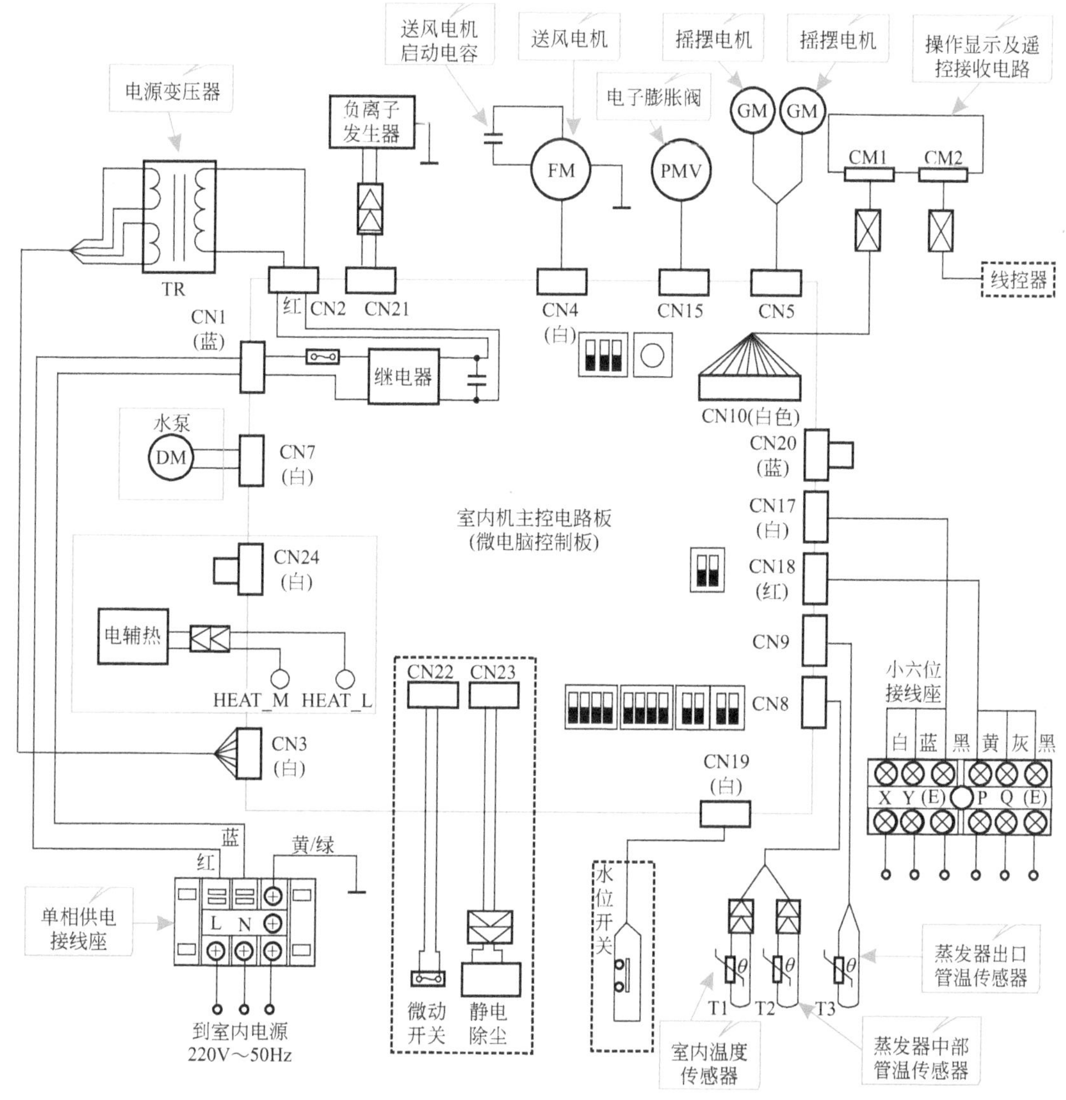

图6-21 典型家用中央空调室内机的电路系统接线图

室内机的工作受遥控发射器的控制，遥控发射器可以将空调器的开机/关机、制冷/制热功能转换、制冷/制热的温度设置、风速强弱、导通板的摆动等控制信号编码成脉冲控制信号，以红外光的方式传输到设在室内机中的遥控接收器，遥控接收器将光信号变成电信号，并送到微处理器中。主控电路中的微处理器芯片对遥控指令进行识别，并根据指令内容调用存储器中的程序，并按照程序对空调器的各部分进行控制。

室内机主控电路板中设有数据存储或程序存储器用以存储数据或程序，在微处理器芯片内设有存储器（ROM）。

例如，室内机的微处理器收到制冷启动指令后，根据指令内容从ROM中调用出相应的程序，于是微处理器便根据程序进行控制，主要控制项目分别如下。

- 首先由主继电器启动接口电路输出驱动信号使继电器（安装在主控电路板上）动作，接通交流220V电源，为室内机的相关电路供电。

- 分别由微处理器的风扇电机控制接口电路输出控制信号，经驱动电路使室内送风电机旋转。
- 微处理器输出控制信号，经摇摆电机驱动接口电路输出驱动信号启动摇摆电机。
- 微处理器输出控制信号，经接口电路输出驱动信号控制电子膨胀阀关闭、打开以及打开程度等（制热时电子膨胀阀打开）。
- 图中的虚线部分为预设功能接口，如水泵、电辅热、水位开关、静电除尘和负离子发生器等部分，可作为选用接口。另外，接口CN19不接水位开关时，需用导线短接。
- 室内微处理器通过通信接口将控制指令传输至室外机的主控电路。

b 家用中央空调室外机电路系统的工作原理　图6-22所示为典型家用中央空调室外机的电路系统接线图，可以看到，该电路主要是由主控电路、变频电路、防雷击电路、整流滤波电路以及相关的变频压缩机、定频压缩机、风机、温度传感器、四通阀、电子膨胀阀等电气部件构成的。

该图中的基本信号处理过程如下。

- 三相电源经接线座后送入室外机电路中，一路分别经三个熔断器FUSE*3和磁环CT80后，送入滤波器中，经滤波器滤除杂波后，输出三相电压。
- 初始状态，接触器KM（B）未吸合，前级送来的三相电压中的两相经四个PTC热敏电阻器后送入三相桥式整流堆BD-1中，由三相桥式整流堆整流后输出540V左右的直流电压，该电压为滤波电容C1、C2充电。其中，在初始供电状态，流过四个PTC热敏电阻器的电流较大，PTC本身温度上升，使电阻增大，从而使输出的电流减小，可有效防止加电时后级电容的充电电流过大。
- 上电约2s后，主控电路输出驱动信号使接触器KM（B）线圈得电，带动其触点吸合，此时PTC热敏电阻器被短路失去限流作用。此时，三相电经接触器触点后直接送入三相桥式整流堆BD-1，经整流后的直流电压经普通桥式整流堆和电抗器L-1后加到滤波电容C1、C2上。其中电抗器L-1用于增强整个电路的功率因数。
- 串联的两只滤波电容C1、C2具有很强的耐压性，每只电容器上分别并联一只水泥电阻R1、R2，用于当系统断电后，释放电容器C1、C2中残存的电量。
- 由滤波电容C1、C2将整流电路输出的直流电压滤除杂波干扰后，输出稳定的540V左右的直流电压，该电压加到变频电路中，为变频电路中的变频模块供电，上述过程为变频电路专用的整流滤波电路。
- 三相电经接线座后送入室外机电路中，另一路送入防雷击电路中，其中一相经防雷击电路中整流滤波后输出300V的直流电压，该电压加到变频电路中的开关电源部分，开关电源输出+5V、+12V、+24V直流电压为变频电路中电子元器件提供工作条件。
- 主控电路的变频电路驱动接口输出驱动信号到变频电路中，经变频模块进行功率放大后输出U、V、W三相驱动信号，驱动变频压缩机启动。
- 主控电路室外风机驱动接口输出室外风机的驱动信号，使室外风机开始运行。
- 当室内机能力需要较大时，室外机主控电路输出定频压缩机启动信号，控制接触器KM（A）线圈得电，带动KM（A）触点吸合，接通定频压缩机供电，启动定频压缩机运行。若系统中有多个定频压缩机，其开启时间需要间隔5s。

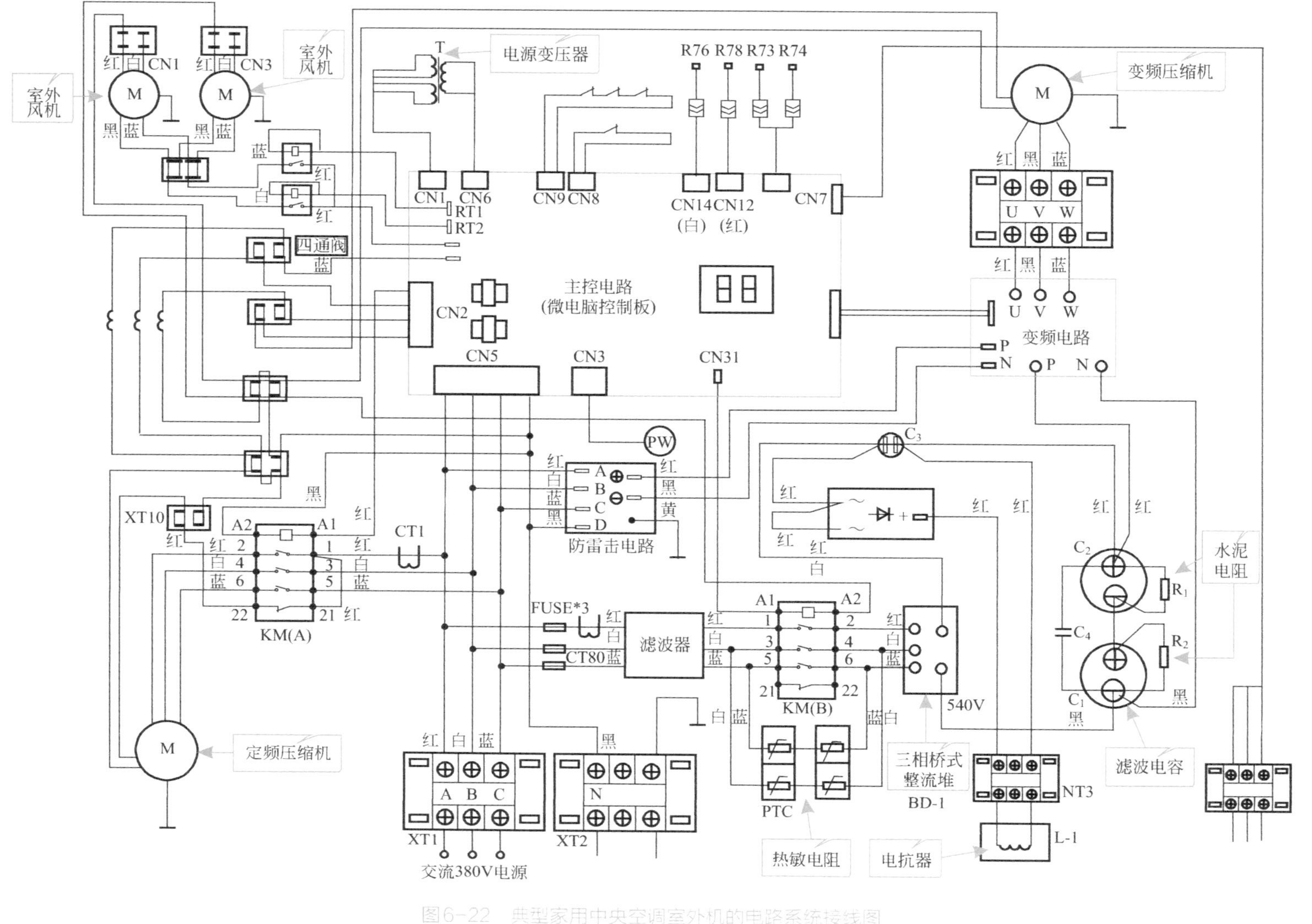

图6-22 典型家用中央空调室外机的电路系统接线图

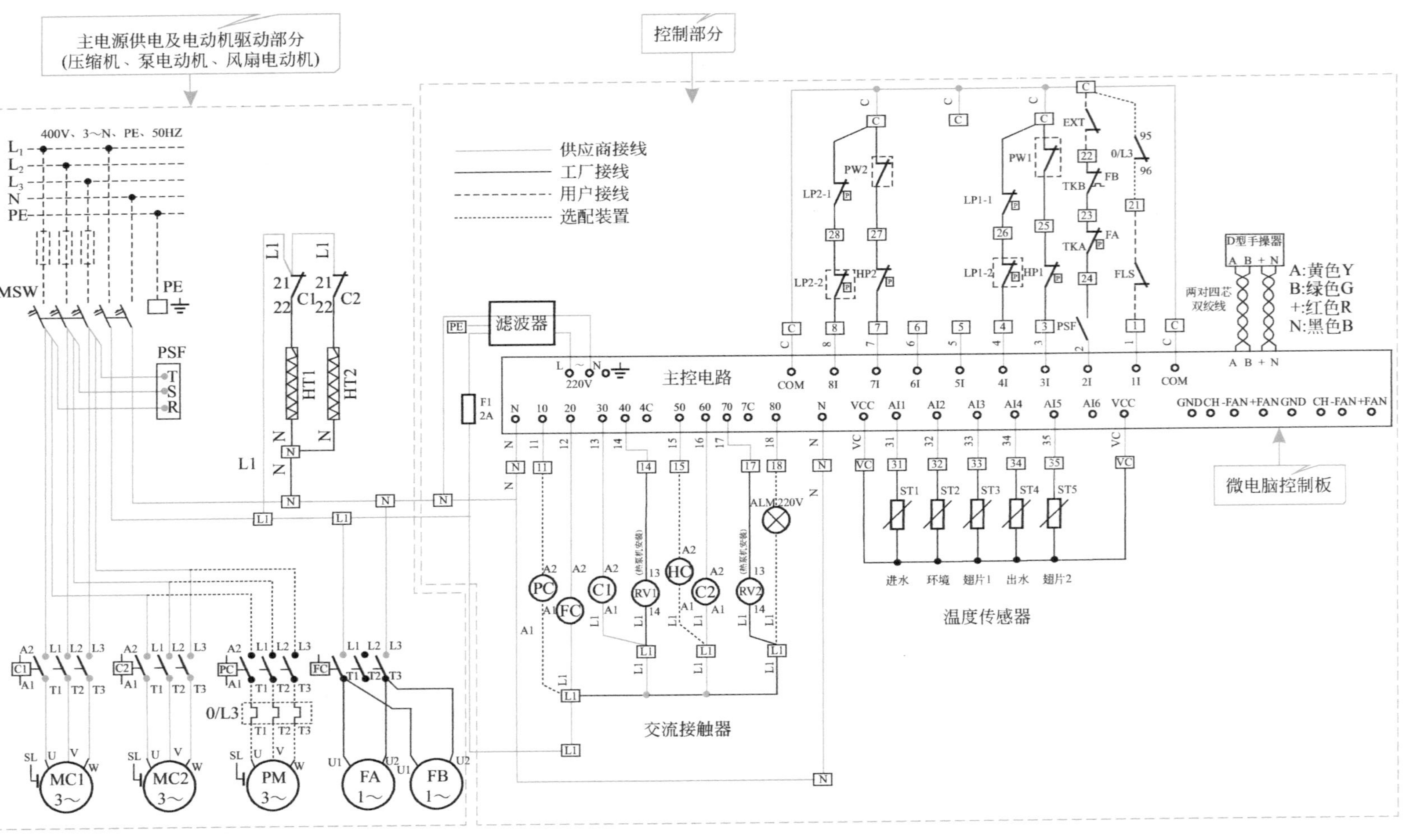

图6-23 典型风冷式中央空调机组电路系统电气原理图（约克YHAC系列）

② 风冷式商用中央空调控制电路　在一些风冷式商用中央空调系统中，空调风冷机组的各工作状态由电路控制箱中的主控板（设有专用微处理器芯片）进行控制的，例如，图6-23所示为典型风冷式中央空调机组的电气原理图。

从图可以看出，该系统空调机组中的压缩机、风扇电动机等设备在接通电源后，工作状态直接受主控电路电路板控制，主控电路通过识别人工指令信号、传感器检测信号来控制系统运行状态。

（4）变频器构成的中央空调控制系统

变频器的英文名称VFD或VVVF，它是一种利用逆变电路的方式将恒频恒压的电源变成频率和电压可变的电源，进而对电动机进行调速控制的电器装置，图6-24为其实物外形。

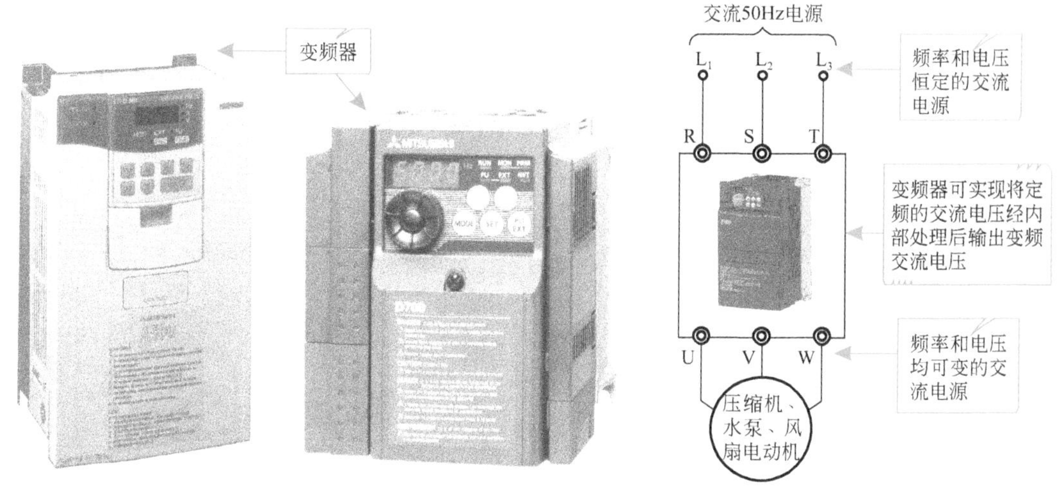

图6-24　典型变频器的实物外形和功能原理

① 变频器在中央空调系统中的功能　变频器是目前很多水冷式商用中央空调控制系统主电路中的核心部件，在控制系统中用于将频率固定的工频电源（50Hz）变成频率可变（0～500Hz）的交流电源，从而实现对压缩机、风扇电动机、水泵电动机启动及转速的控制。

图6-25所示为变频器在中央空调系统中应用的功能特点。

变频器在中央空调系统中分别对主机压缩机、冷却水泵电动机、冷冻水泵电动机进行变频驱动，从而可实现对温度、温差的控制，有效实现节能。该类控制系统中可以通过两种途径实现节能效果。

a.压差控制为主，温度/温差控制为辅　以压差信号为反馈信号，反馈到变频器电路中进行恒压差控制。而压差的目标值可以在一定范围内根据回水温度进行适当调整。当房间温度较低时，使压差的目标值适当下降一些，减小冷冻泵的平均转速，提高节能效果。

b.温度/温差控制为主，压差控制为辅　以温度/温差信号为反馈信号，反馈到变频器电路中进行恒温度、温差控制，而目标信号可以根据压差大小作适当调整。当压差偏高时，说明负荷较重，应适当提高目标信号，增加冷冻泵的平均转速，确保最高楼层具有足够的压力。

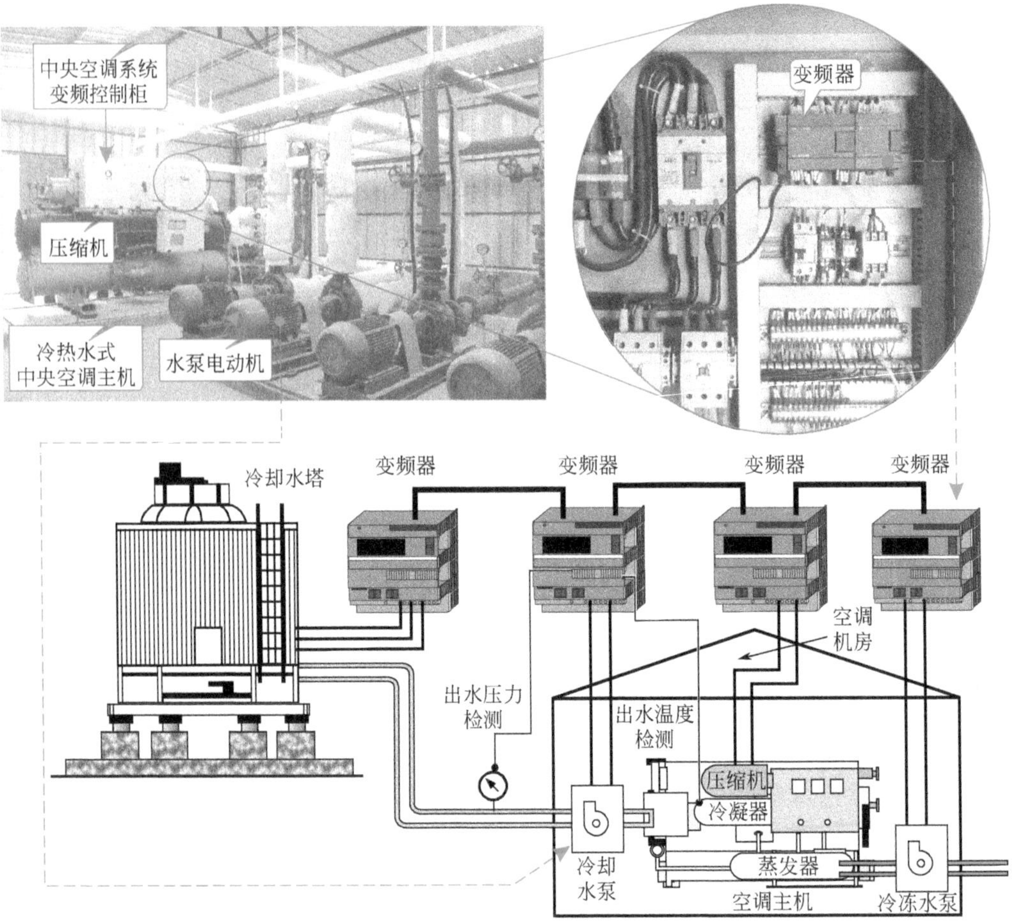

图6-25　变频器在中央空调系统中的应用

② 变频器在中央空调系统中的应用实例分析　图6-26所示为中央空调系统中的变频控制线路。该变频控制电路采用3台西门子MidiMaster ECO通用型变频器分别控制中央空调系统中的回风机电动机M_1和送风机电动机M_2、M_3。

可以看到，中央空调中的变频器控制电路主要由主电路和控制电路两大部分构成。其中主电路包括回风机电动机M_1主电路、送风机电动机M_2主电路和送风机电动机M_3主电路3个部分；控制电路包括回风机电动机M_1控制电路、送风机电动机M_2控制电路和送风机电动机M_3控制电路3个部分。

该中央空调系统中的回风机电动机M_1、送风机电动机M_2、送风机电动机M_3的变频控制方式相同，在此以回风机电动机M_1的控制方法进行介绍。

a.回风机电动机M_1的变频启动控制过程

图6-27所示为回风机电动机M1的变频启动控制过程。该控制电路中，首先闭合总断路器QF接通中央空调系统三相电源，然后闭合断路器QF1，接通1号变频器主电路供电电源，然后按下控制电路中的启动按钮SB2，接通中间继电器KA1供电回路，使其KA1触点动作，向1号变频器输入启动信号，1号变频器启动工作并输出相应的变频驱动信号，控制回风机电动机M1按照给定的频率运转。

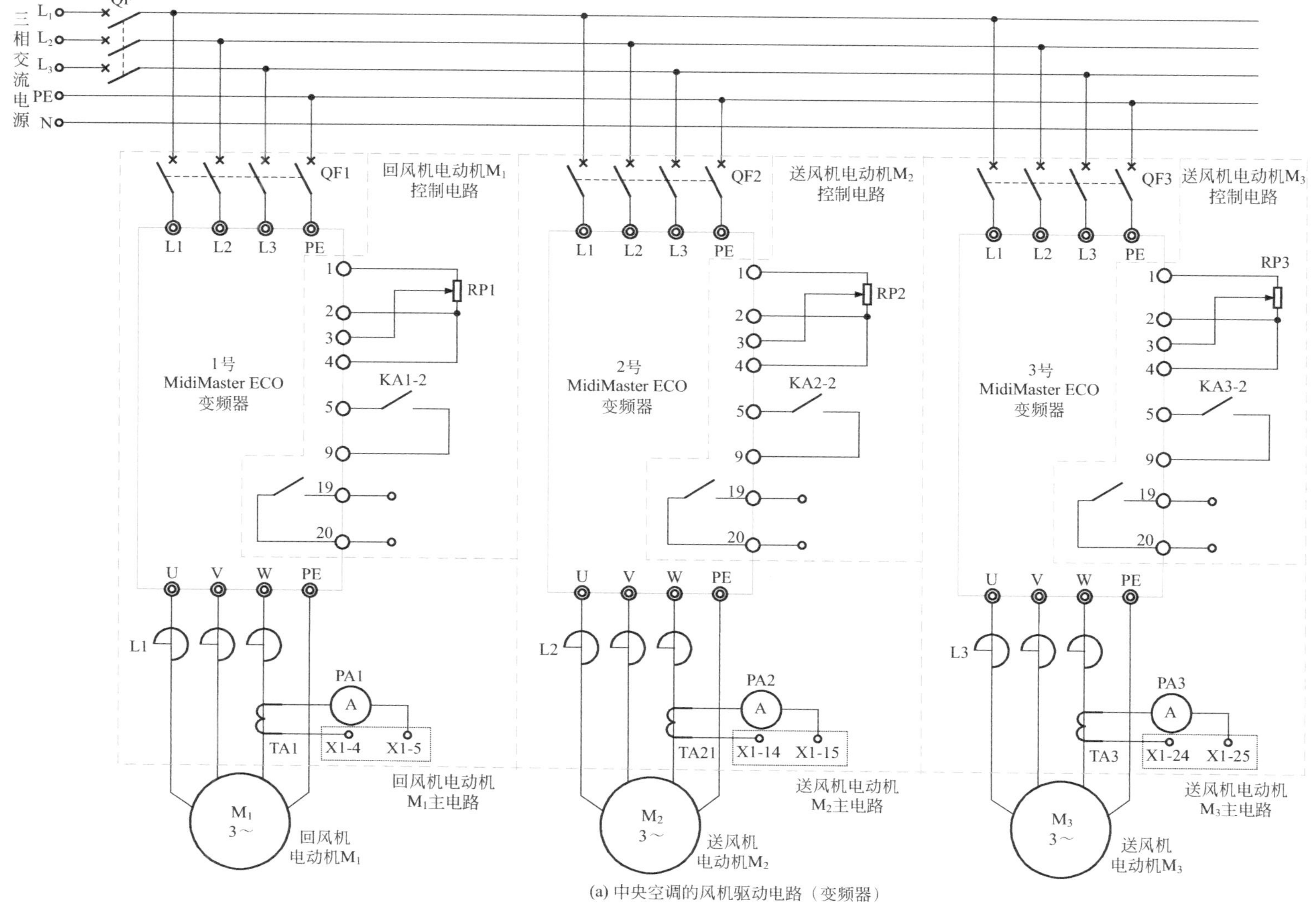

(a) 中央空调的风机驱动电路（变频器）

图6-26

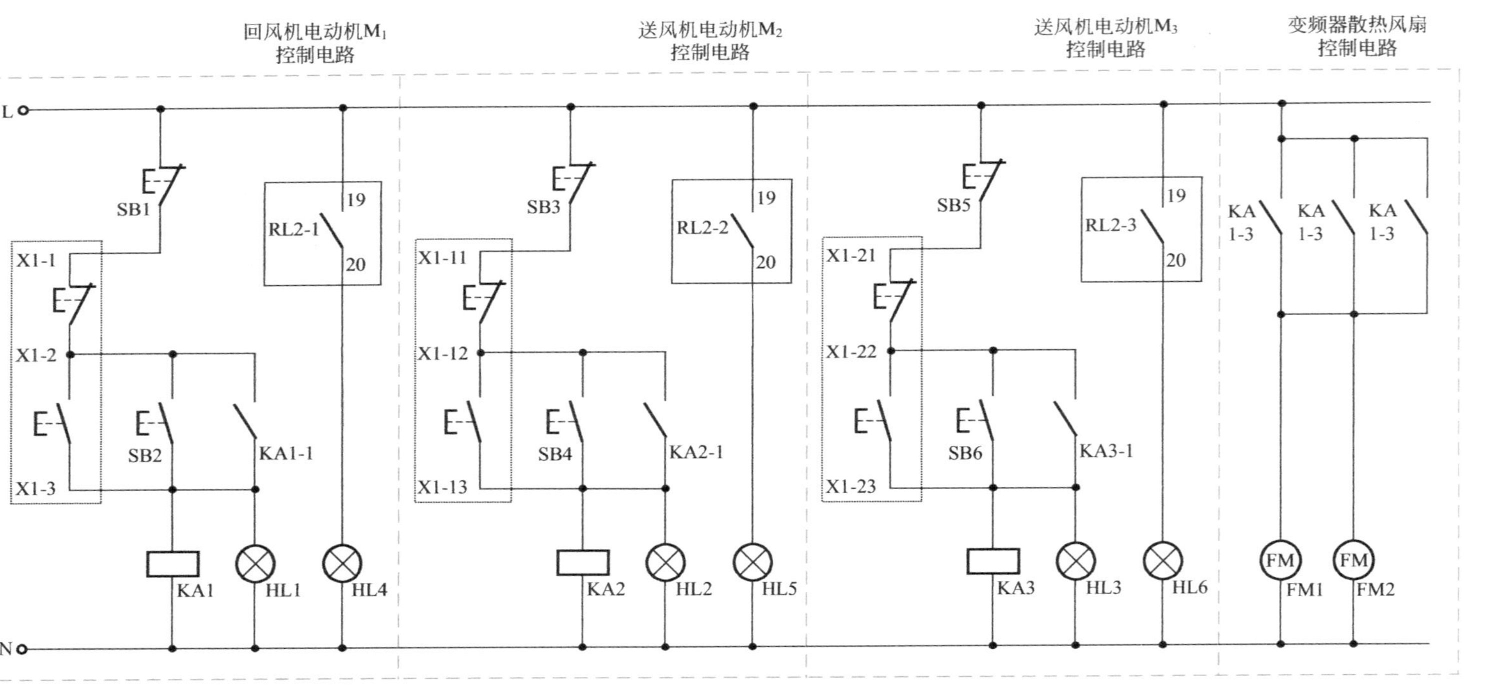

(b) 中央空调中的风机控制电路

图6-26 中央空调风机驱动及控制电路

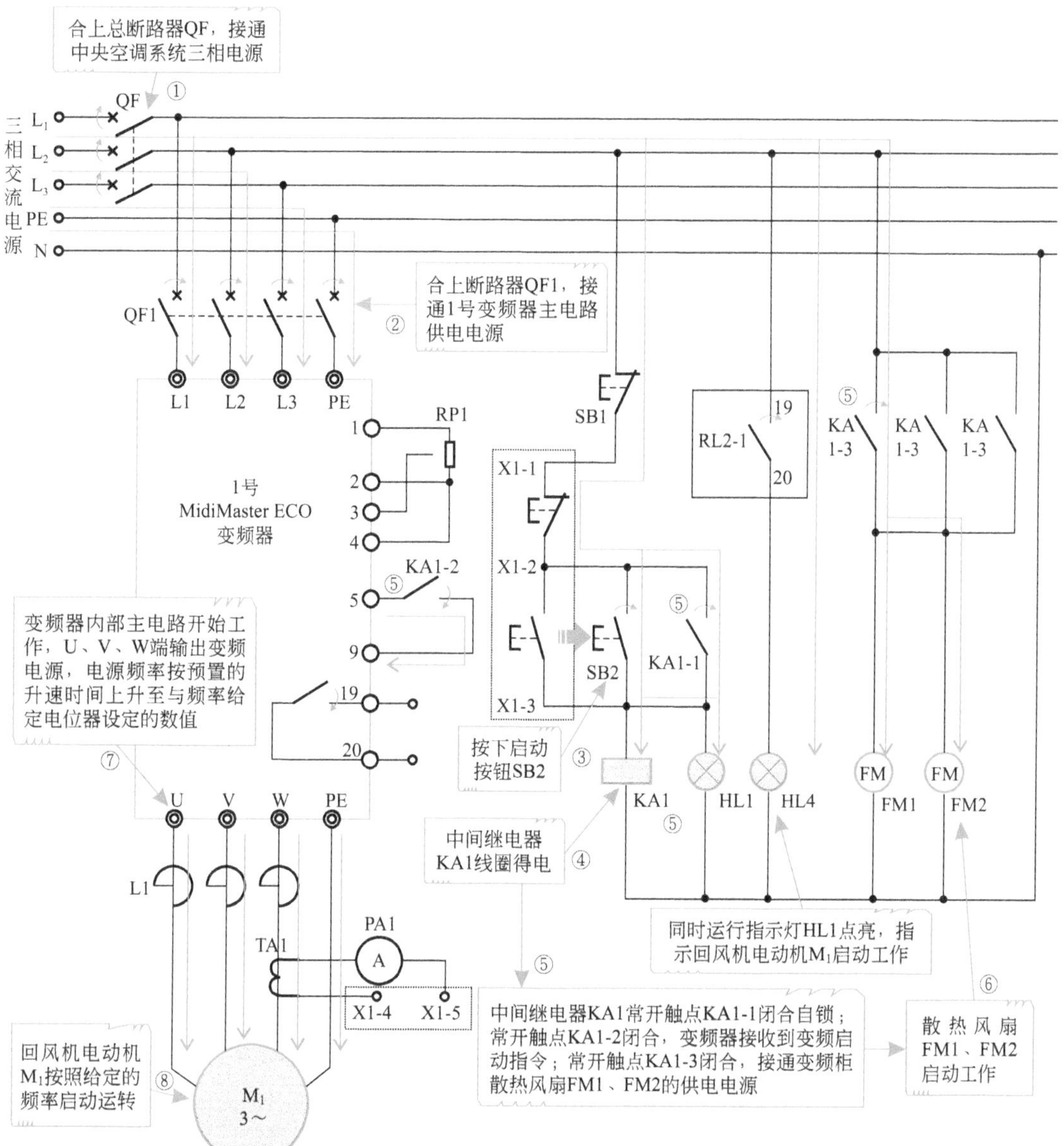

合上总断路器QF，接通中央空调系统三相电源 ①

合上断路器QF1，接通1号变频器主电路供电电源 ②

按下启动按钮SB2 ③

中间继电器KA1线圈得电 ④

中间继电器KA1常开触点KA1-1闭合自锁；常开触点KA1-2闭合，变频器接收到变频启动指令；常开触点KA1-3闭合，接通变频柜散热风扇FM1、FM2的供电电源 ⑤

同时运行指示灯HL1点亮，指示回风机电动机M_1启动工作

散热风扇FM1、FM2启动工作 ⑥

变频器内部主电路开始工作，U、V、W端输出变频电源，电源频率按预置的升速时间上升至与频率给定电位器设定的数值 ⑦

回风机电动机M_1按照给定的频率启动运转 ⑧

图6-27 回风机电动机M_1的变频启动控制过程

在上述电路工作过程中，当回风机电动机M_1控制电路出现故障时，1号变频器的19、20端子断开，故障指示灯HL4点亮，指示回风机电动机M_1控制电路出现故障。

b.回风机电动机M_1的变频停机控制过程

图6-28所示为回风机电动机M_1的变频停机控制过程。当需要回风机电动机M_1停机时，按下停止按钮SB1，切断中间继电器KA1的供电回路，使其KA1的触点复位，向1号变频

器输入停机信号，1号变频器接收到停机信号后，输出相应的变频停机驱动信号，控制回风机电动机M_1按照给定的停机频率运转，直至停机。

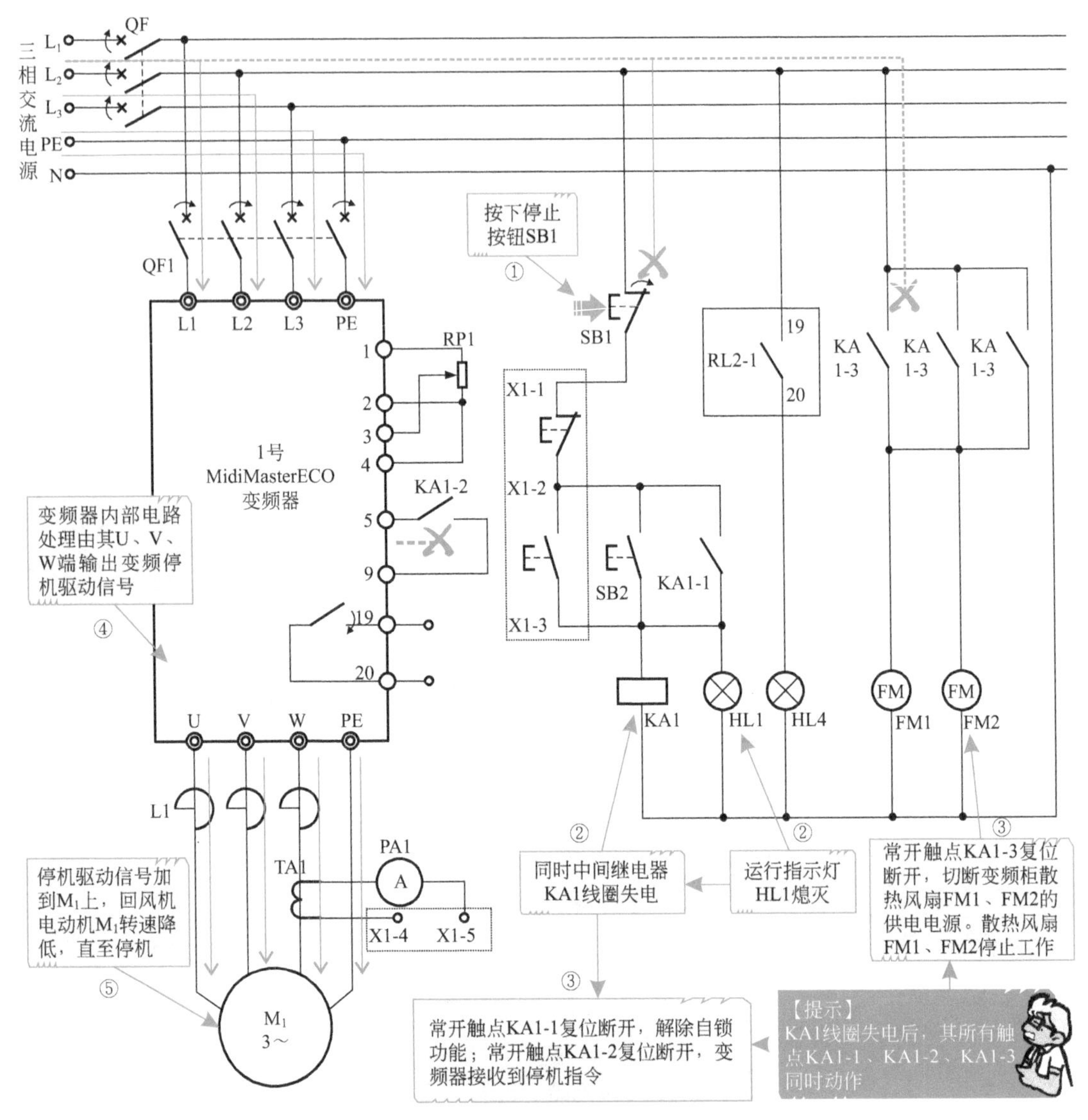

图6-28 回风机电动机M_1的变频停机控制过程

特别提示

商用中央空调多在大面积房间或整栋楼宇中所采用，其结构和控制方式都相对复杂一些，特别是在一些大功率中央空调的电路系统中一般会采用专用的控制柜进行控制；而且随着PLC和变频技术的发展，目前大多数商用中央空调的电路系统采用PLC或变频器进行控制。

除此之外，目前很多家用中央空调中也采用了先进的变频技术，通过变频器控制整个系统冷气时的过热度、暖气时的过冷度，分配给适合各房间负载的最佳制冷剂，进而实现节能并提高舒适性。例如，图6-29所示为变频器在一个小型家用中央空调系统中的应用实例，该图例为一拖三变频中央空调的应用。

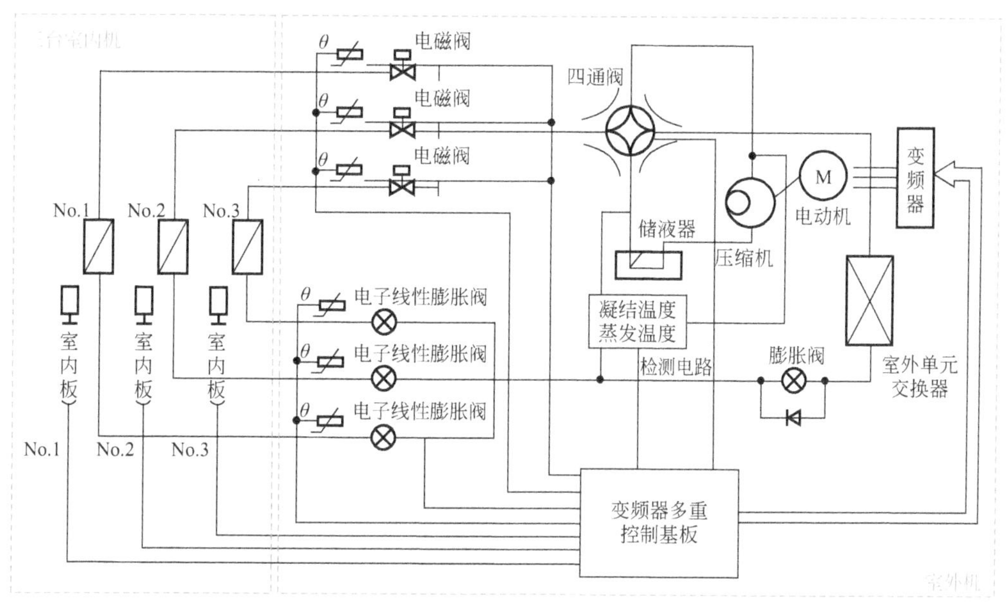

图6-29 一拖三变频空调器的控制系统

一拖三变频空调器的室外机有3组与制冷管路连接的液、气管接口，以及室内机连接线路接线板。变频器与同压缩机结合在一起的驱动电动机相连，运行信号由变频器多重控制基板提供。

变频器应用在多重制冷控制系统中的控制效果有以下几点。

ⓐ 用变频器控制压缩机转速，可发挥高效率的制冷/制热能力。

ⓑ 一台室外机带动三台室内机综合性能好、成本低。

ⓒ 一拖三空调器中的三个室内机可独立操作，整体结构简单、成本低、操作方便、能耗低、环保。

(5) PLC控制器构成的中央空调控制系统

PLC控制器的英文全称为Programmable Logic Controller，即可编程控制器，图6-30为其实物外形。它是一种将计算机技术与继电器控制技术结合起来的现代化自动控制装置，广泛应用于农机、机床、建筑、电力、化工、交通运输等行业中。

① PLC控制器在中央空调系统中的功能特点 在中央空调控制系统中，很多控制电路采用了PLC控制器进行控制，不仅提高了控制电路的自动化性能，也使得电路结构得以很大程度的简化，后期对系统的调试、维护也十分方便。

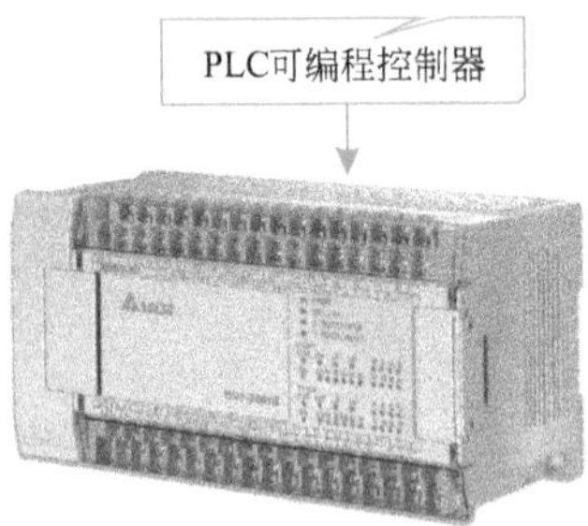

图6-30　电动机变频控制系统中常用PLC可编程控制器的实物外形

PLC控制器与变频器配合对中央空调系统进行控制不仅使控制电路结构复杂性降低，更提高了整个控制系统的可靠性和可维护性。图6-31所示为由PLC控制器与变频器配合控制的中央空调主机控制箱的内部结构。

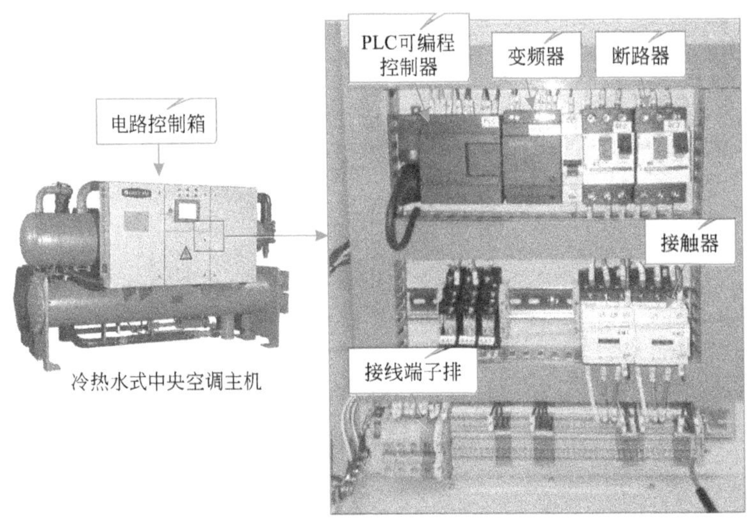

图6-31　由PLC控制器与变频器配合控制的中央空调主机控制箱的内部结构

② PLC控制器在中央空调系统中的应用实例分析　下面以具体电路为例，来介绍其控制关系。图6-32所示为由典型西门子变频器和PLC控制器构成的商用中央空调电路系统，可以看到该控制系统主要由西门子变频器（MM430）、PLC控制器触摸屏（西门子S7-200）等构成。

从图可以看到，中央空调三台风扇电动机M_1～M_3有两种工作形式，一种是受变频器VVVF和交流接触器KM2、KM4、KM6的变频控制，一种是受交流接触器KM1、KM3、KM5的定频控制。

在主电路部分，QF1～QF4分别为变频器和三台风扇电动机的电源断路器；FR1～FR3分别为三台风扇电动机的过热保护继电器。

在控制电路部分，PLC控制器控制该中央空调送风系统的自动运行；按钮开关SB1～SB8控制该中央空调送风系统的手动运行。这两种运行方式的切换受转换开关SA1控制。

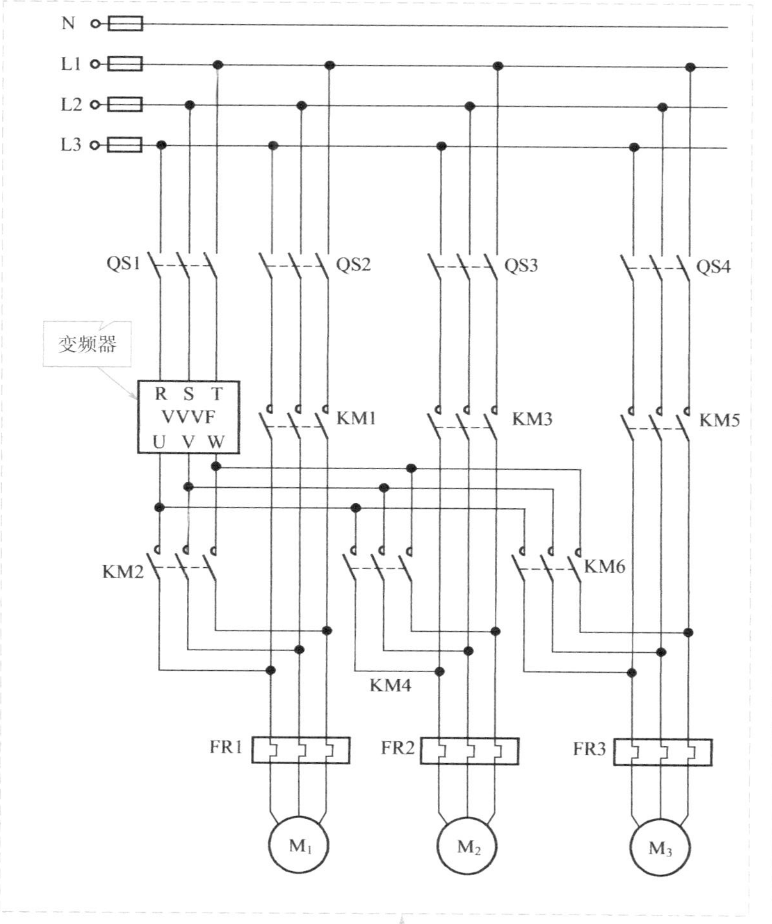

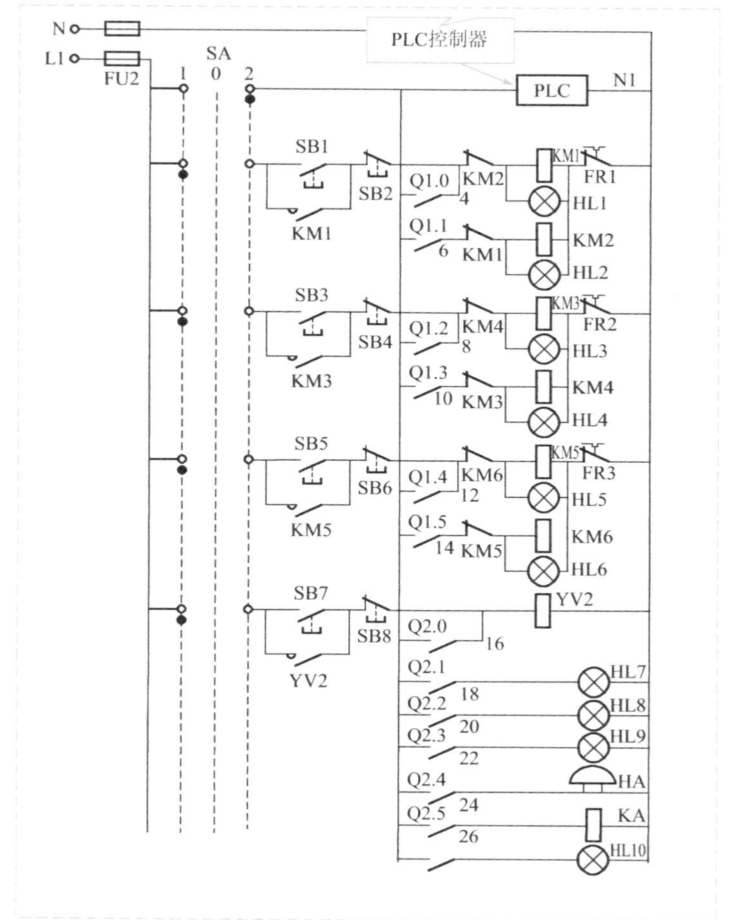

图6-32 由PLC模块控制的中央空调水循环系统示意图

特别提示

由PLC构成的中央空调系统受PLC控制器内程序控制，具体控制过程，需要结合PLC程序（梯形图）进行具体理解，这里不再重点讲述。

图6-33所示为采用变频器和PLC控制器的中央空调系统中冷却水泵的电路控制原理图。

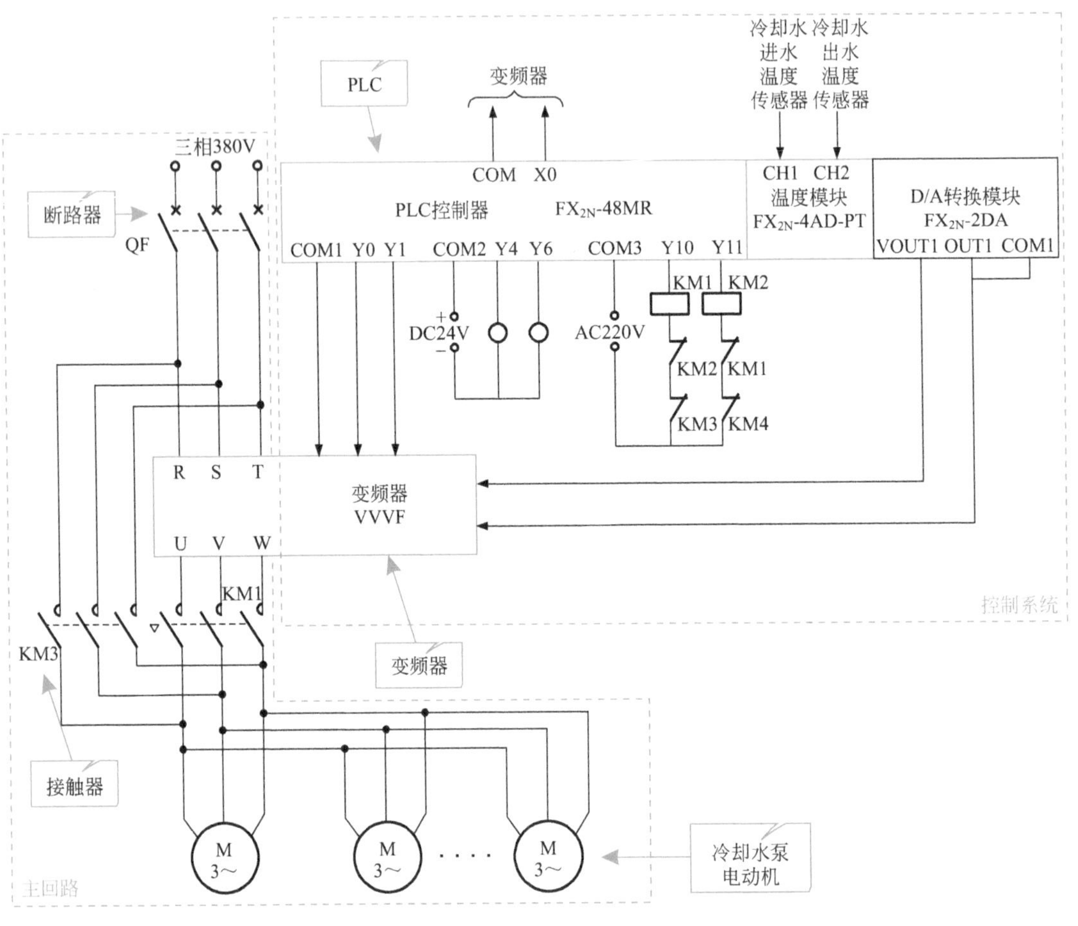

图6-33 典型中央空调系统中冷却水泵的驱动控制原理

该驱动控制系统是由VVVF变频器、PLC控制器、外围电路和冷却水泵电动机等部分构成的。

三相交流电源经总断路器QF为变频器供电，该电源在变频器中经整流滤波电路和功率输出电路后，由U、V、W端输出变频驱动信号，经接触器主触点后加到冷却水泵电动机的三相绕组上。

变频器内的微处理器根据PLC控制器的指令或外部设定开关，为变频器提供变频控制信号；温度模块通过外接传感器感测温差信号，并将模拟温差信号转换为数字信号后，送入PLC控制器中，作为PLC控制器控制变频器的重要依据。

电动机启动后，其转速信号经速度检测电路检测后，为PLC控制器提供速度反馈信号，当PLC控制器根据温差信号做出识别后，经D/A转换模块输出调速信号至变频器，再由变频器控制冷却水泵电动机的转速。

一般来说，在用PLC控制器进行控制过程中，除了接收外部的开关信号以外，还需要对很多的连续变化的物理量进行监测，如温度、压力、流量、湿度等，其中温度的检测和控制是不可缺少的，通常情况下是利用温度传感器感测到连续变化的物理量，然后再变为电压或电流信号，经变送器转换和放大为工业标准信号，然后再将这些信号连接到适当的模拟量输入模块的接线端上，经过模块内的模数转换器，最后再将数据送入PLC控制器内进行运算或处理后通过PLC控制器输出接口到设备中。

6.1.2 中央空调电路系统的检修流程

中央空调电路系统是一个具有自动控制、自动检测和自动故障诊断的智能控制系统，若该系统出现故障常会引起中央空调控制失常、整个系统不能启动、部分功能失常、制冷/制热异常以及启动断电等故障。

从电路角度，当中央空调出现异常故障时，主要先从系统的电源部分入手，排除电源故障后，再针对控制电路、负载等进行检修，其基本检修流程如图6-34所示。

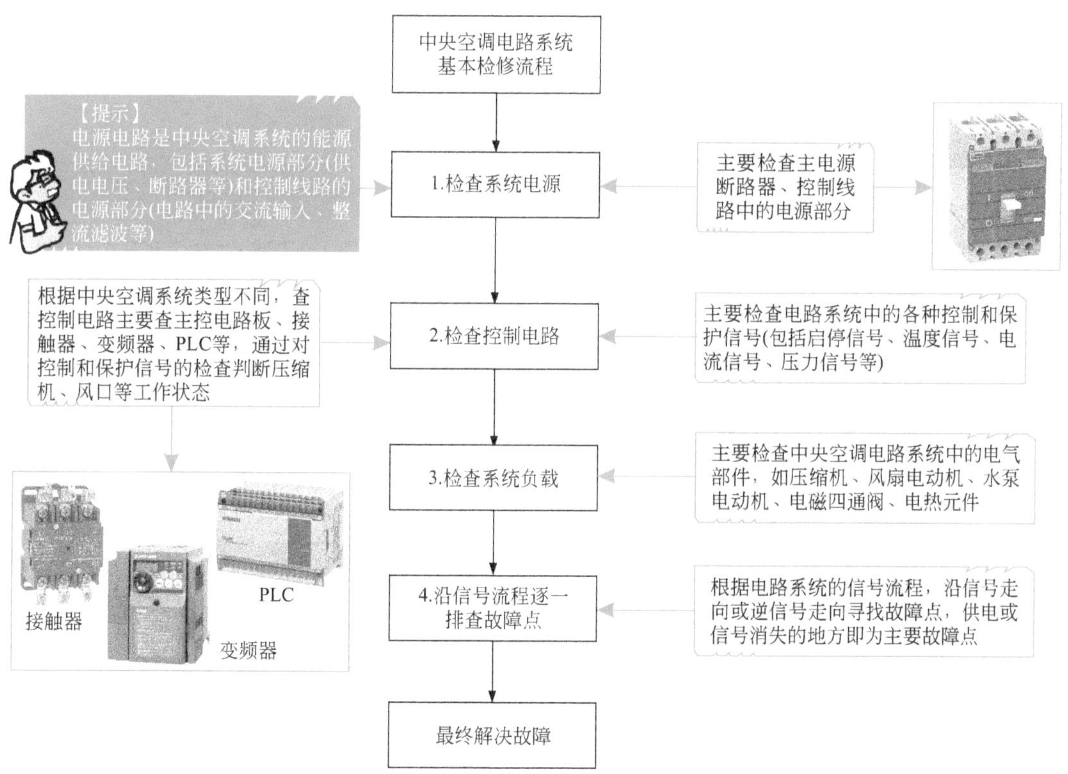

图6-34 中央空调电路系统的基本检修流程

6.2 中央空调电路系统的

中央空调电路系统是整个系统中的关键，一旦出现故障将直接导致整个系统工作失常故障，可根据中央空调电路系统的基本检修流程进行检修，找到故障点修复或更换损坏部件，排除故障。

6.2.1 断路器的检测方法

断路器是一种既可以通过手动控制又可以自动控制的器件，用于在中央空调电路系统中控制系统电源通断。当怀疑中央空调电路系统故障时，应检查电源部分的主要功能部件。

正常情况下，当其处于接通状态时，输入和输出端子之间也处于接通状态（即通电）；当其处于断开状态时，输入和输出端子之间也处于断开状态（具体工作原理参照前文图6-3）。

在对中央空调中断路器进行检修时，可以在断电的情况下，利用其通断状态特点，借助万用表检测断路器输入端子和输出端子之间的阻值判断好坏。

中央空调电路系统中断路器的检测方法如图6-35所示。

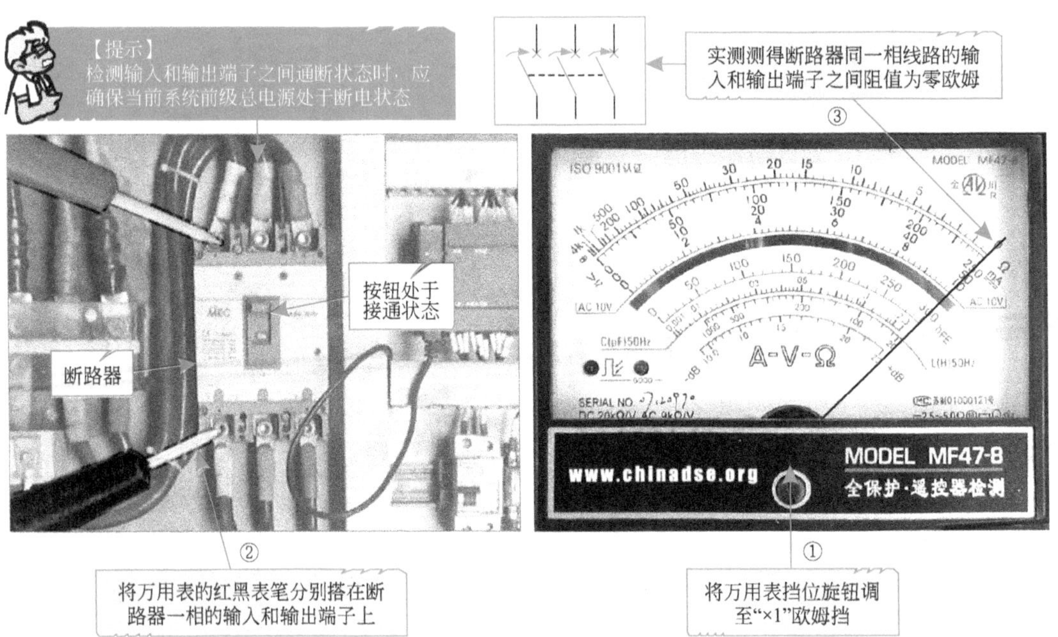

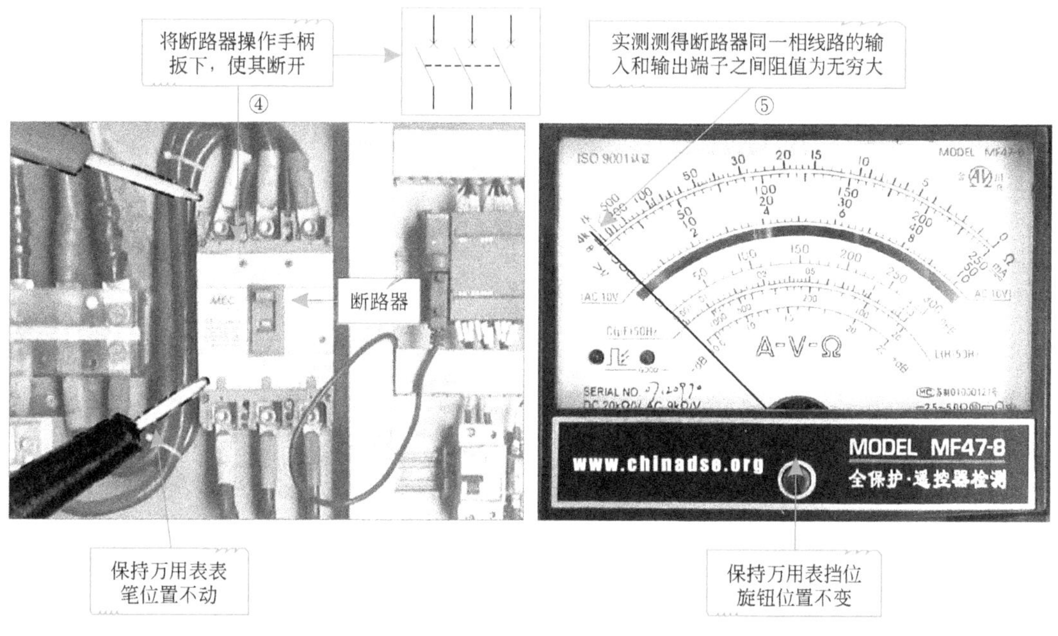

图6-35　中央空调电路系统中断路器的检测方法

正常情况下，当断路器处于断开状态时，其输入和输出端子之间的阻值应为无穷大；当断路器处于接通状态时，其输入和输出端子之间的阻值应为零；若不符合这一规律，说明断路器损坏，应用同规格断路器进行更换。

6.2.2　交流接触器的检测方法

交流接触器是中央空调电路系统中的重要元件，主要是利用其内部主触点来控制中央空调负载的通断电状态，用辅助触点来执行控制的指令。

交流接触器在中央空调电路系统中主要安装在控制配电柜中，用来接收控制端的信号，然后线圈得电触点动作（常开触点闭合，常闭触点断开），负载开始通电工作；当线圈失电释放后，各触点复位，负载断电并停机。

若交流接触器损坏，则会使中央空调不能启动或正常运行。判断其性能的好坏主要是使用万用表判断交流接触器在断电的状态下，线圈及各对应引脚间的阻值是否正常。

中央空调电路系统中交流接触器的检测方法如图6-36所示。

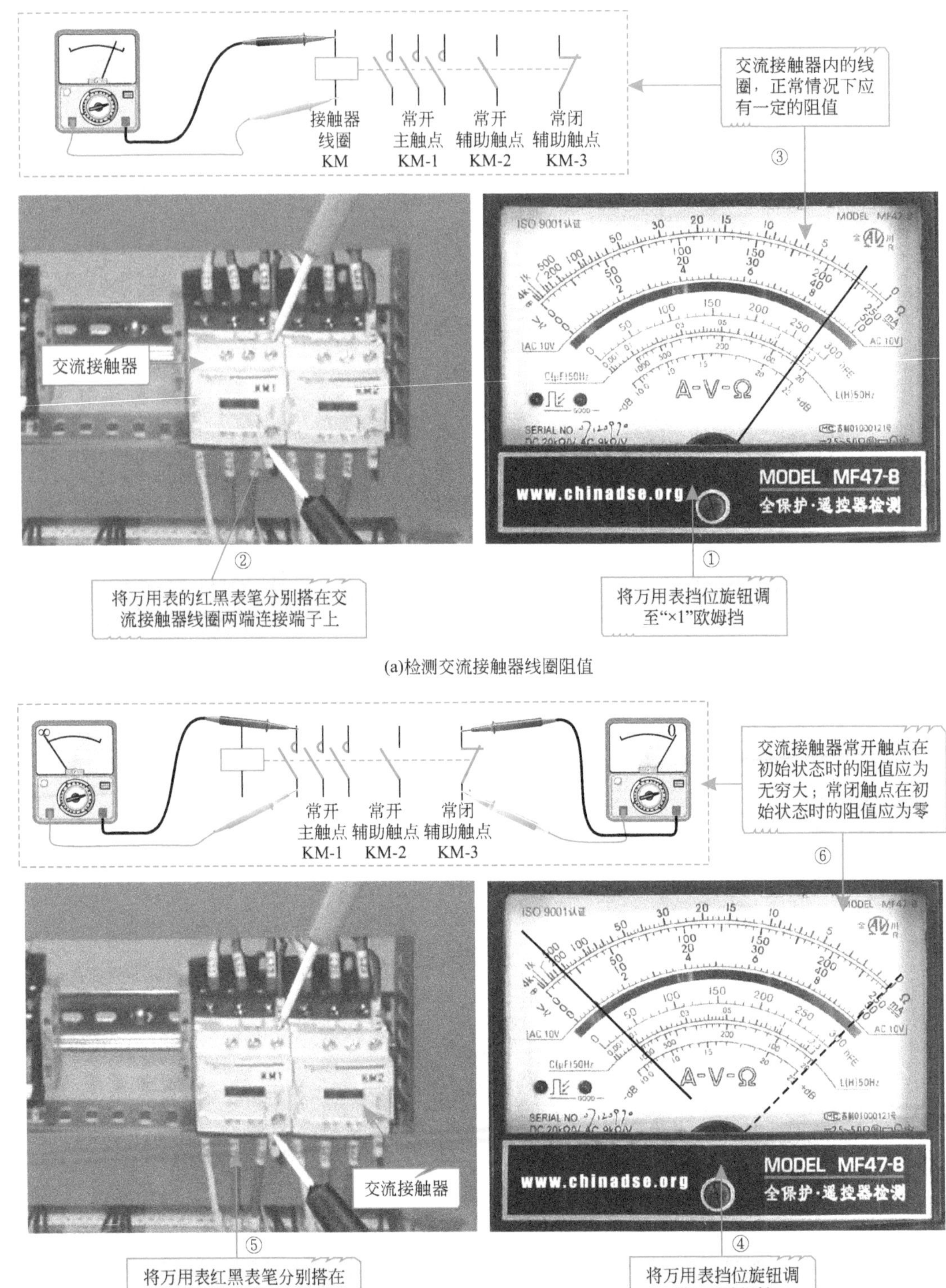

(a)检测交流接触器线圈阻值

(b)检测交流接触器触点阻值

图6-36　中央空调电路系统中交流接触器的检测方法

当交流接触器内部线圈得电时，会使其内部触点做与初始状态相反的动作，即常开触点闭合，常闭触点断开；当内部线圈失电时，其内部触点复位，恢复初始状态。

因此，对该接触器进行检测时，需依次对其内部线圈阻值及内部触点在开启与闭合状态时的阻值进行检测。由于是断电检测接触器的好坏，因此，检测常开触点的阻值为无穷大，当按动交流接触器上端的开关按键，强制接通后，常开触点闭合，其阻值正常应为零欧姆。

6.2.3 变频器的检测方法

在中央空调电路系统中，采用变频器进行控制的电路系统安装于控制箱中，变频器作为核心的控制部件，主要用于控制冷却水循环系统（冷却水塔、冷却水泵、冷冻水泵等）以及压缩机的运转状态。

由此可知，当变频器异常时往往会导致整个变频控制系统失常。判断变频器的性能是否正常，主要可通过对变频器供电电压和输出控制信号进行检测。

若输入电压正常，无变频驱动信号输出，则说明变频器本身异常。下面以前述图6-26所示的中央空调变频控制系统为例进行介绍。

典型中央空调系统中变频器的检测方法如图6-37所示。

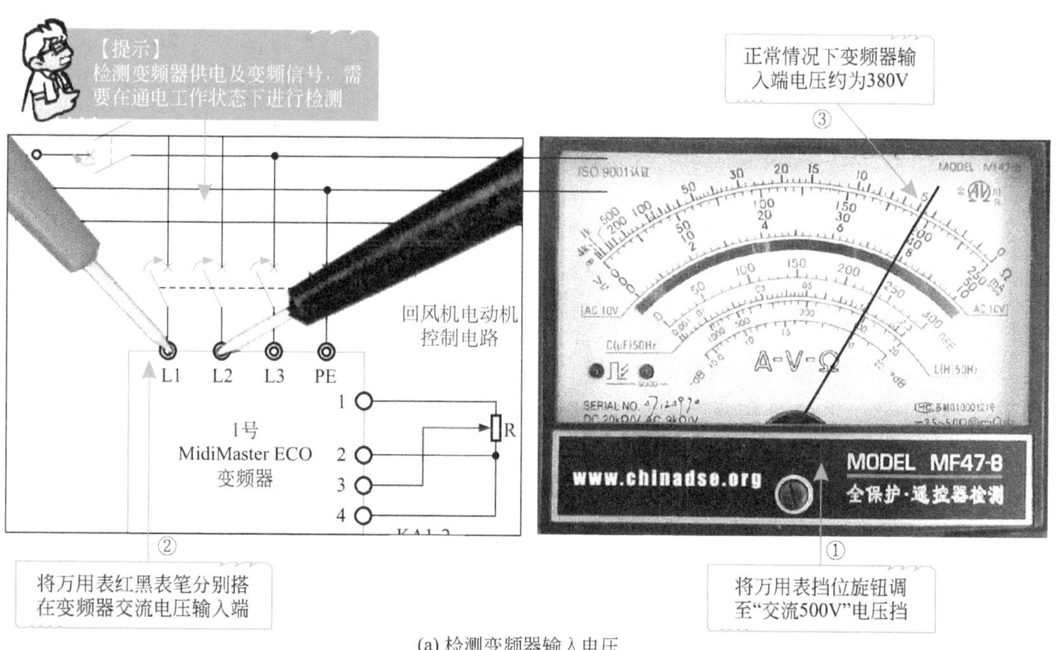

(a) 检测变频器输入电压

图6-37

变频器

正常情况下变频器输出端输出的变频电压应为几十伏至二百伏左右

实测变频器输出变频电压为120V

⑥

1号 MidiMaster ECO 变频器

5 9 19 U V PE L1 PA1 A

⑤ 将万用表的红黑表笔分别搭在变频器U、V、W输出端的任意两端上

④ 将万用表挡位旋钮调至“交流500V”电压挡

MODEL MF47-8

www.chinadse.org

全保护·遥控器检测

(b) 检测变频器输出信号波形

图6-37 典型中央空调系统中变频器的检测方法

特别提示

由于变频器属于精密的电子器件，内部包括多种电路，所以对其进行检测时除了检测输入及输出外，还可以通过对显示屏中的显示故障代码进行故障排除，例如三菱FR-A700变频器，若其显示屏显示“E.LF”，则表明变频器出现了输出缺相的故障，应正常连接输出端子以及查看输出缺相保护选择的值是否正常。

变频器的使用寿命也会受外围环境的影响，例如，温度、湿度等。所以在安装变频器的位置，应是在其周围环境允许的条件下进行。此外，对于连接线的安装也要谨慎，如果误接的话，也会损坏变频器。为了防止触电，还需要将变频器接地端进行接地。

6.2.4 PLC控制器的检测方法

PLC控制器在中央空调系统中主要是与变频器配合使用，共同完成中央空调系统的控制，使控制系统简易化，并使整个控制系统的可靠性及维护性得到提高。

判断中央空调系统中PLC控制器本身的性能是否正常，应检测其供电电压是否正常，若供电电压正常的情况下，没有输出则说明PLC异常，则需要对其进行检修或更换。

中央空调系统中PLC控制器的检测方法如图6-38所示。

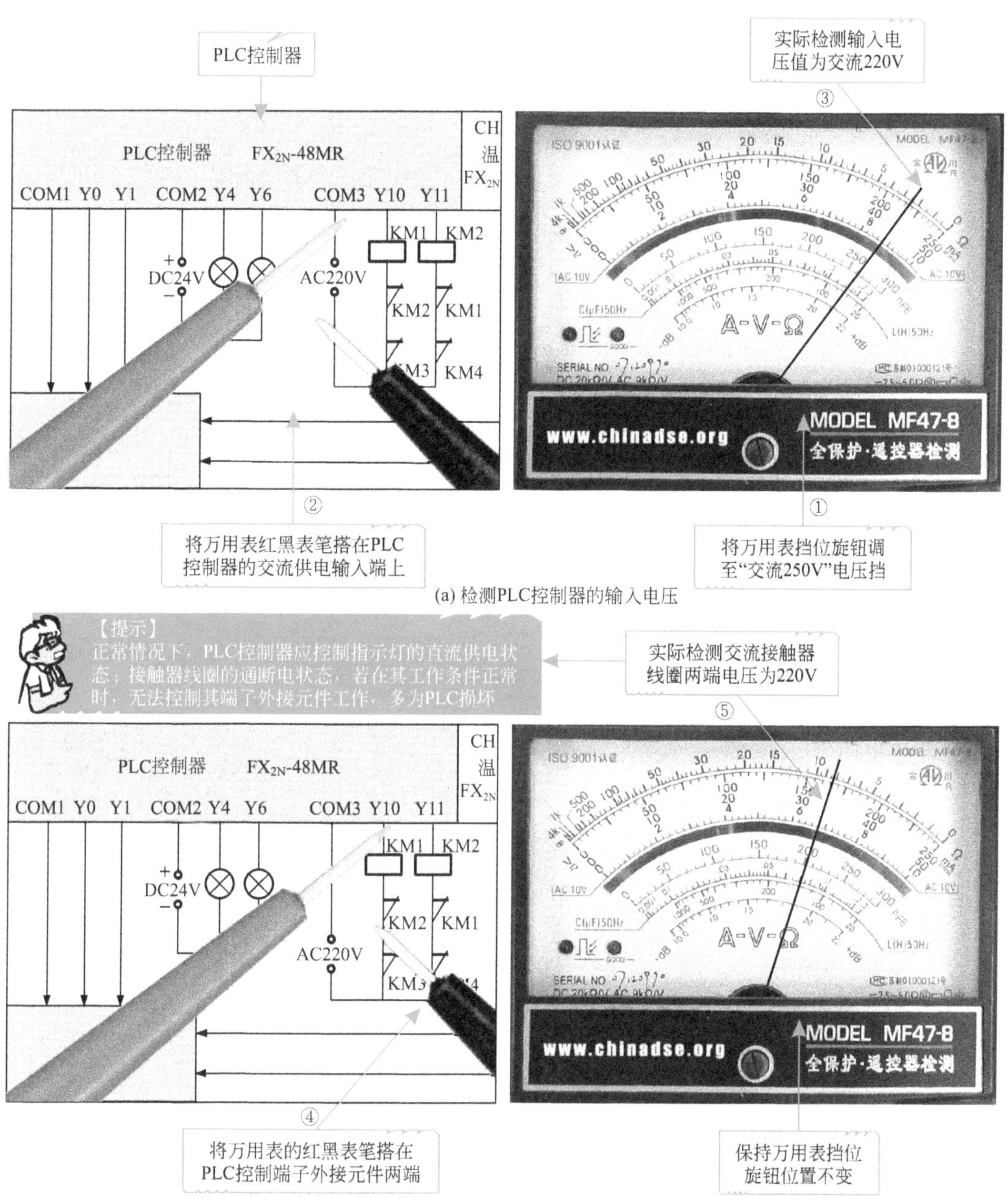

(a) 检测PLC控制器的输入电压

(b) 检测PLC控制器的输出

图6-38 中央空调系统中PLC控制器的检测方法

第7章 中央空调的清洗与保养技能

7.1 中央空调的清洗设备

中央空调的清洗是中央空调延长使用寿命、减少事故、降低维护费的主要技能之一，从而利于提高制冷效果、节约能耗。中央空调的清洗主要包括风道、水路管道、室外机组以及室内末端设备的清洗。

7.1.1 风道的清洗

风道是风冷式风循环商用中央空调系统送风通道，其结构如图7-1所示，通风系统（风道）内极易堆积灰尘和污物。一旦灰尘、污物过多，经风道送入室内的空气质量便会有所下降，如果长期在这种环境下生活，极易引发呼吸道疾病，因此中央空调系统在使用一段时间后，一定要对风道进行清洗。

图7-1 风冷式风循环商用中央空调的送风通道

由于风道结构复杂，且风道管径较小，采用常规的人工清洁方法十分困难。因此，可以使用机械方式，通过清洁工具的刷、吹、震动等动作，使风道壁上的灰尘脱落，然后再结合吸尘设备，将灰尘清洗出去。风道洗涤的工具（设备）有很多，如图7-2所示，其中风道吸尘器、风道清洁机、气动除尘机和风道清洁机器人是使用率较高的专业清洁工具（设备）。

不同的清洁工具（设备）有不同的使用特点和适用环境，根据中央空调风道的结构设计不同，应选用不同的清洗工具（设备）。

（1）机器人清洁法

机器人清洁法是使用风道清洁机器人完成对中央空调通风系统（风道）的清洁工作，图7-3所示为风道清洁机器人安装有摄像头、清洁旋转刷、喷雾器等装置，并通过控制线缆与机器人控制箱相连。

风道清洁机器人

风道机器人是风道清洗过程中使用较多的一种清洗工作

风道清洁机

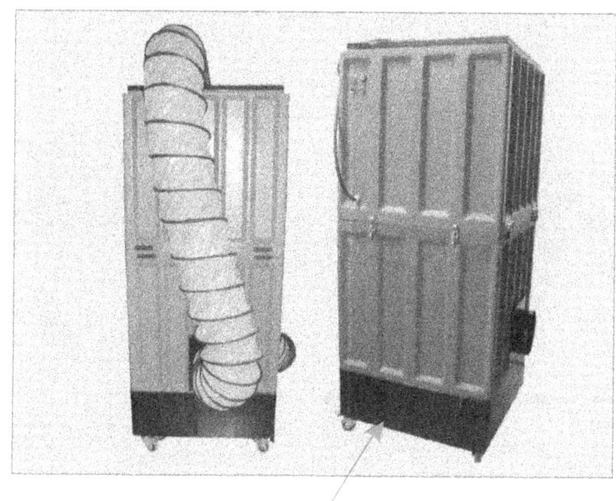

风道吸尘器

气动除尘机

图7-2 通风系统常用的清洁工具

清洁旋转刷

控制箱盖的保护棉

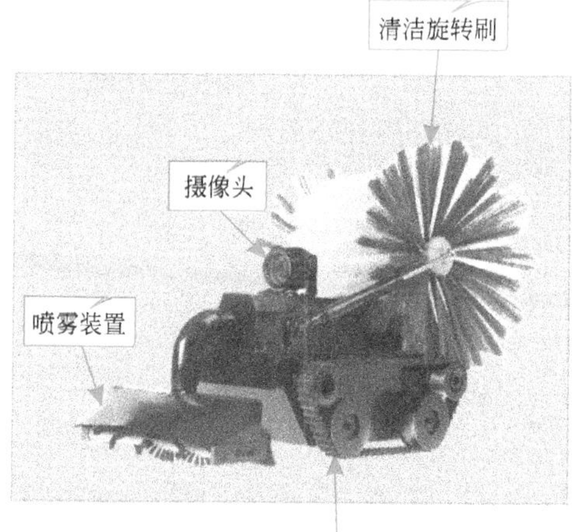

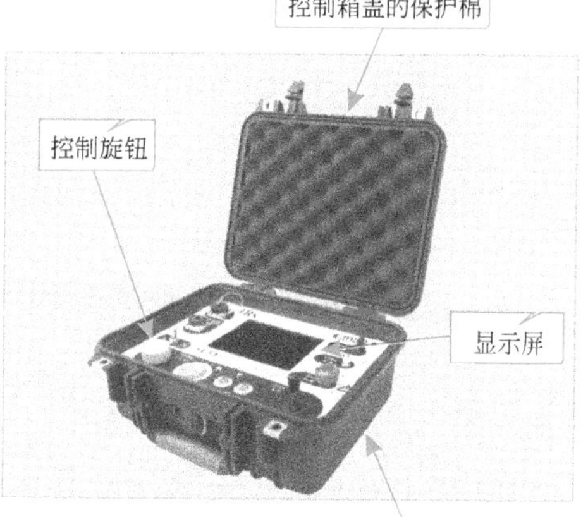

风道清洁机器人的实物外形

机器人控制箱

图7-3 风道清洁机器人

使用风道清洁机器人对风道进行清洁时，需要先对风道进行封堵处理，然后将风道清洁机器人从风道另一端的作业口放入风道内，工作人员即可通过机器人控制箱对风道清洁机器人进行遥控作业，风道清洁机器人上安装的摄像头随时将风道内的情况传送给风道外操控的工作人员，工作人员即可根据风道内的情况对风道清洁机器人进行控制，风道清洁的机器人在轮子或履带的带动下在风道内移动，并通过清洁旋转刷、喷雾器等装置对风道进行清洁，随着风道清洁机器人的推进，清扫的灰尘都被风道吸尘器吸走，最终达到清洁风道的目的。这种清洁方法非常适用于狭长且弯曲的风道环境，而对于风道过于狭小且管道路面不平整的情况很难适应。

机器人清洗风道的方法如图7-4所示。

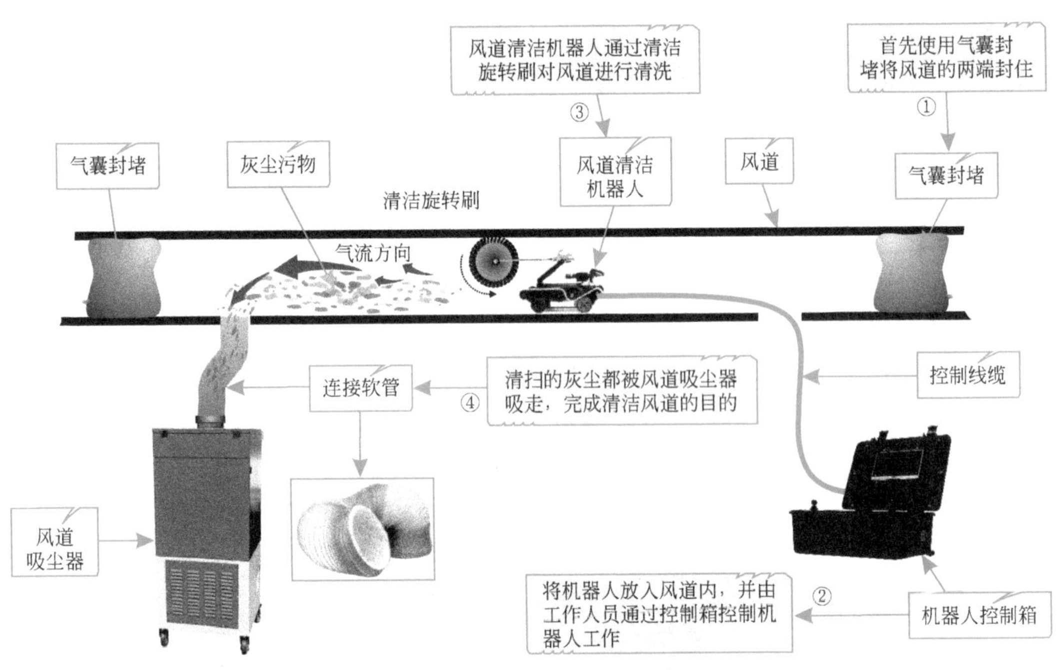

图7-4　机器人清洗风道的方法

知识拓展

不同尺寸、不同形状、不同方向的风道，在清洗时其方法也有所不同，风道的形状常见的有矩形、圆形，风道清洁机器人的旋转毛刷也可以根据管道的不同有不同的形状。例如方形风道可以选择双刷头的风道机器人，圆形风道可以选择圆形刷头的风道机器人。

特别提示

机器人控制箱是操作和控制风道清洁机器人的主要设备，是该操作中必不可少的核心控制系统，同时可对风道清洁机器人进行可视化清洗检测控制，内置视频数据处理系统能更快更好的保存处理所需资料文件。

（2）风道清洁机清洁法

风道清洁机清洁法是指使用风道清洁机完成对中央空调风道的清洁工作，风道清洁机通过控制线与控制装置相连，在控制线的一端是清洁毛刷，可以清洁风道。通常风道清洁机清洁法需要与风道吸尘器协同工作，图7-5所示为风道清洁机的实物外形。

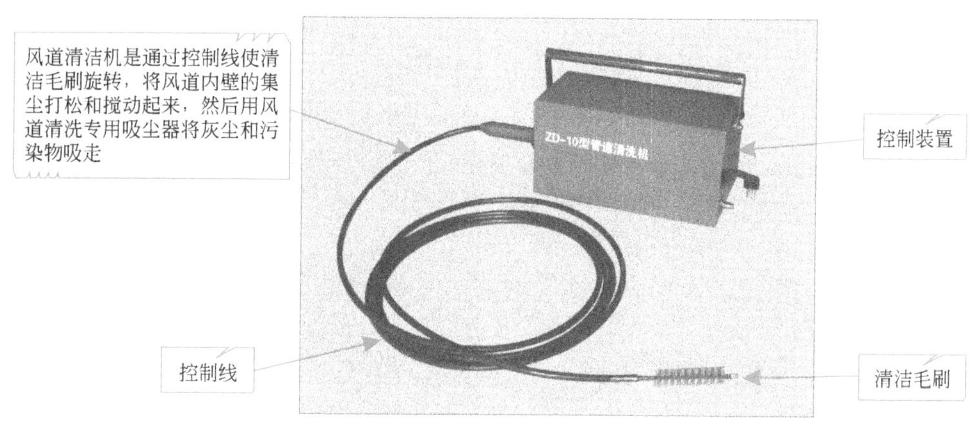

图7-5　风道清洁机

使用风道清洁机进行清洁时，应先对风道进行封堵处理，然后将风道清洁机的清洁毛刷从作业口放入风道，在风道另一端的作业口连接风道吸尘器，工作人员通过控制装置控制清洁毛刷转动，对风道进行清扫，随着清洁毛刷的深入，将风道中的灰尘向安装连接有风道吸尘器的一端推扫。同时，风道吸尘器工作将风道中的灰尘吸入风道吸尘器中，以实现对风道的清洁。这种清洁方法非常适用于管路狭小且笔直的风道环境。

风道清洁机清洗风道的方法如图7-6所示。

知识拓展

风道清洁机前端的清洁毛刷是可以根据需要清洁的风道不同进行选择连接的，图7-7所示为不同的风道清洁机清洁毛刷。

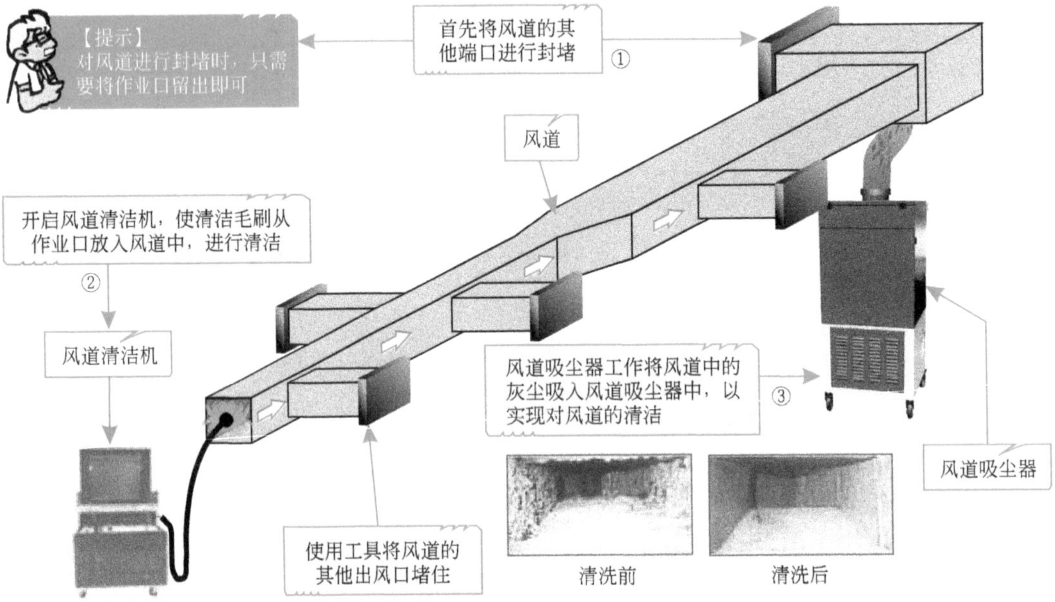

【提示】
对风道进行封堵时，只需要将作业口留出即可

首先将风道的其他端口进行封堵 ①

风道

开启风道清洁机，使清洁毛刷从作业口放入风道中，进行清洁 ②

风道清洁机

风道吸尘器工作将风道中的灰尘吸入风道吸尘器中，以实现对风道的清洁 ③

风道吸尘器

使用工具将风道的其他出风口堵住

清洗前

清洗后

图7-6　风道清洁机清洁法清洁通风系统（风道）

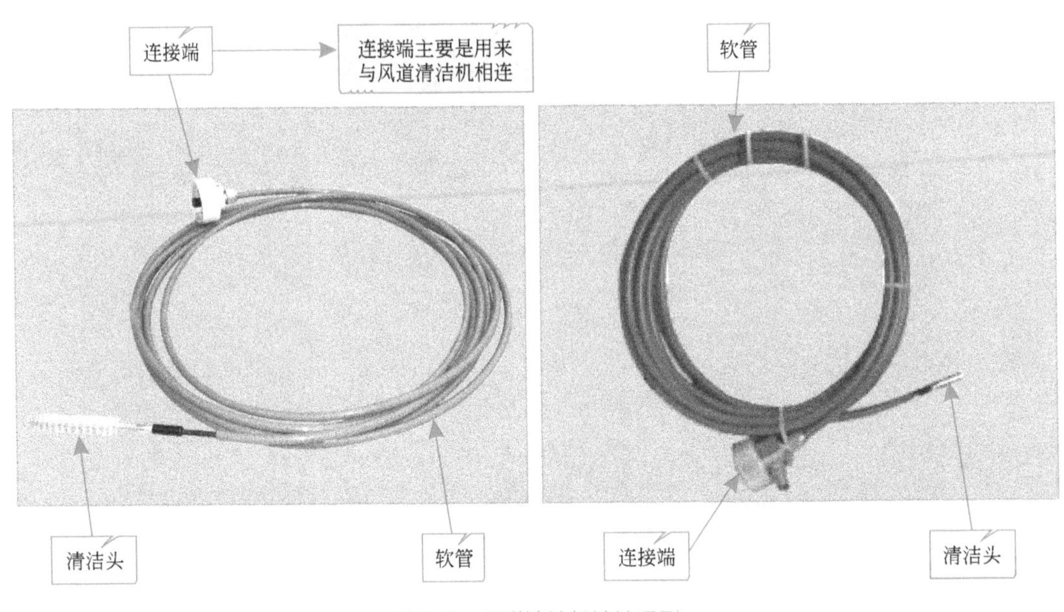

图7-7　风道清洁机清洁毛刷

特别提示

通常在清洁风道时，需要将风道分成若干个作业段，每段长度不超过30米，逐段进行清洗。对于作业段只留前、后两个作业口，其余的风口进行封闭，并且与其他风道之间使用气囊做好封堵隔离。在位于前面的作业口放入清洗风道的设备，在位于后端的作业口安装风道吸尘器等设备，用以收集清理出来的灰尘污物。

（3）气动清洗法

气动清洗法是使用气动除尘机完成中央空调风道的清洁工作。图7-8所示气动除尘机的搅动毛刷可以深入到风道内，搅动毛刷与除尘控制装置之间通过气管和控制线相连，气动吸尘机使用时通常需要配合使用风道吸尘器。

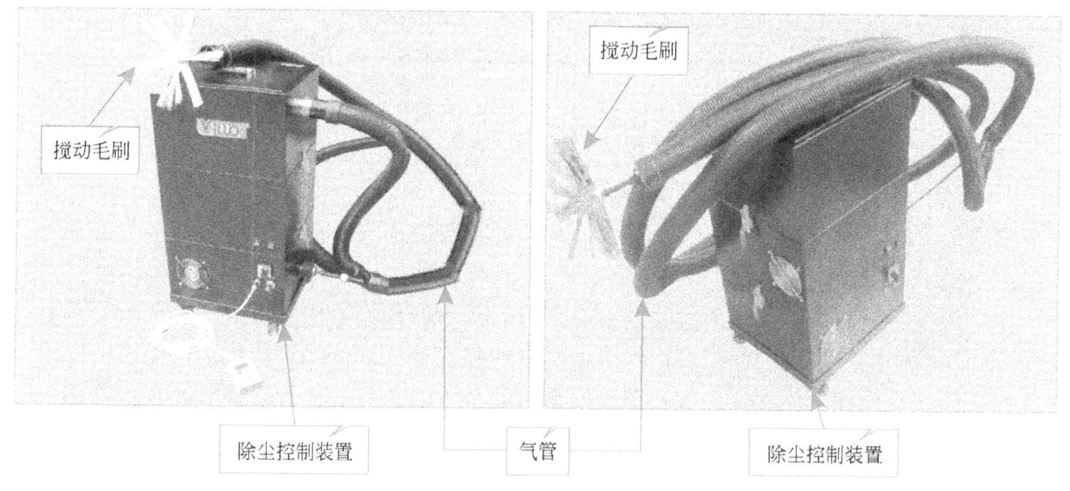

图7-8 气动除尘机

使用气动除尘机进行风道清洁时，首先应对风道进行封堵处理，然后在风道一端的作业口安装连接风道吸尘器，在风道另一端的作业口伸入气动除尘机的搅动毛刷，工作时，气动除尘机会通过气管向风道内吹入高压空气（通常为0.6MPa）并随着搅动毛刷的搅动，将风道管壁沉积的灰尘搅拌起来，这时，位于另一端作业口的风道吸尘器就可将风道内的灰尘吸走。这种清洁方式适用于管径较小且管内灰尘堆积严重的情况，尤其适用于圆形风道，而对于一些大管径的风道环境不太适用。

气动除尘机清洗风道的方法如图7-9所示。

除上述讲到的清洗方法外，还有一种设备，将机器人与风道吸尘器组合在一起，由一台设备独立完成风道的清洗。

如图7-10所示，在使用该设备进行风道清洗时，首先将安装有吸尘装置的风道清洁机器人从作业口放入风道中，工作人员便可通过机器人控制箱对机器人进行操控。同时吸尘能力由吸尘设备进行控制。这样，风道清洁机器人便可承载着吸尘装置，完成对风道的吸尘、清洁工作。

这种清洁方法具有很强的随意性，简化了操作，非常适用于管路复杂的风道环境。

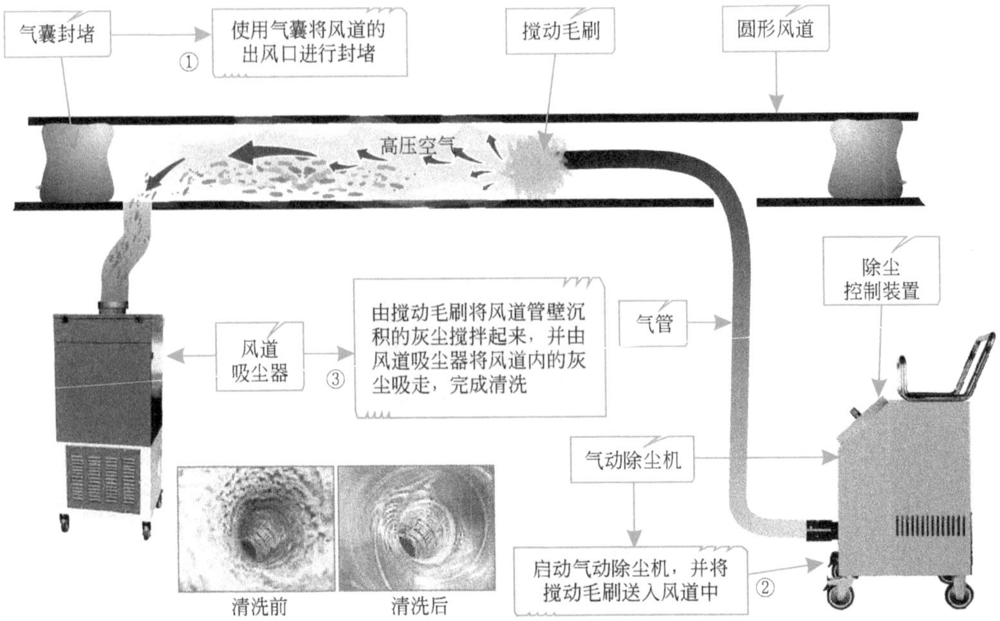

气囊封堵
使用气囊将风道的出风口进行封堵
①
搅动毛刷
圆形风道
高压空气
除尘控制装置
由搅动毛刷将风道管壁沉积的灰尘搅拌起来，并由风道吸尘器将风道内的灰尘吸走，完成清洗
③
风道吸尘器
气管
气动除尘机
启动气动除尘机，并将搅动毛刷送入风道中
②
清洗前
清洗后

图7-9　气动除尘机清洁风道的方法

灰尘污物
风道清洁机器人
风道
吸尘设备
吸尘装置
控制线
机器人控制箱
吸尘管路

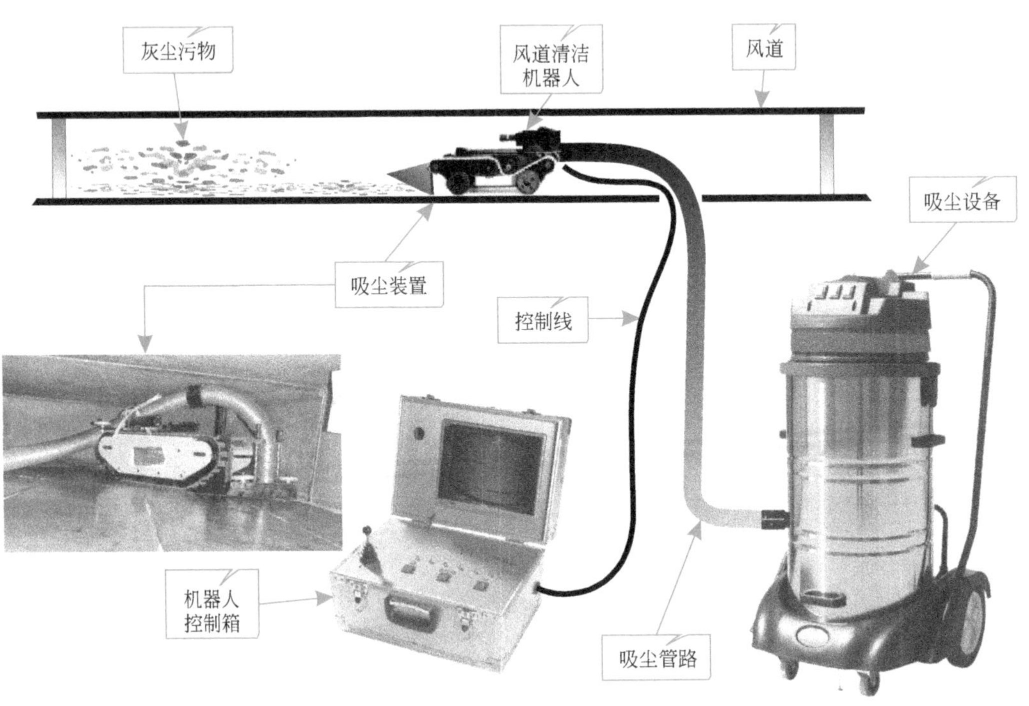

图7-10　机器人吸尘法清洁通风系统（风道）

在对风道进行清洗时，不仅仅只是对风道进行清洗，还需要对出风口进行清洗，由于出风口长期用于出风，也会粘到很多灰尘和污物，应定期对其进行清洁。

清洁时，将风口拆下先用气枪吹除灰尘，然后将出风口放在清洗液中浸泡，在将其清洁干净即可，如图7-11所示，最后装回风道中进行复原。

图7-11 出风口清洗效果图

7.1.2 水路管道的清洗

水路管道的清洗主要是针对水冷式商用中央空调的循环水路管道进行清洁，清洁水路管道时一般是使用清洗槽和清洗泵将单台设备或原系统（可使用系统的水泵）构成一个闭合回路进行循环清洗。图7-12所示为循环水管路系统的清洗流程。

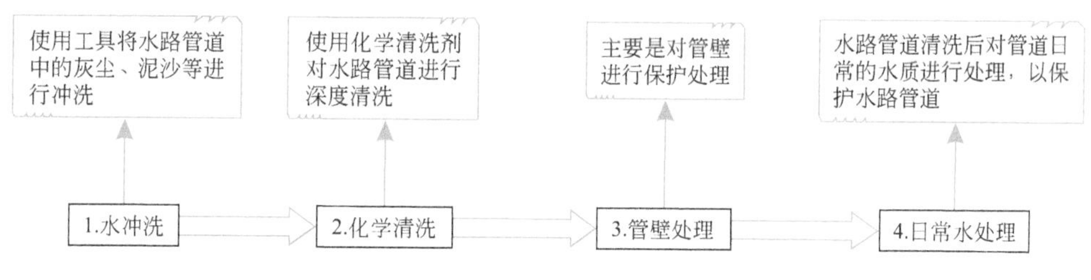

图7-12 循环水管路系统的清洗流程

知识拓展

水路管道的清洗过程中主要是完成对管道的杀菌灭藻，即通过加入杀菌药剂，清除循环水中的各种细菌和藻类，同时将管道内的生物黏泥剥离脱落，通过循环将黏泥清洗出来。

化学清洗，即加入综合性化学清洗剂。此种清洗剂具有缓蚀、分散、除垢的作用，对水的循环系统进行处理。这种处理方法，既能将管道内的锈、垢、油污进行清洗后分散排除，又可防止清洗剂对系统装置和管路的危害，提供一个清洁的金属表面；

表面保护，即在金属表面形成致密的聚合高分子保护膜，以起到防腐蚀保护作用。

（1）水冲洗

水冲洗是采用高压水冲刷的方式尽可能将循环水管路中的灰尘、泥沙、脱落的藻类及腐蚀产物等一些疏松的污垢冲洗掉，同时检查循环水管路系统是否存在泄漏情况。

冷却水塔是水循环管路系统中较为重要的部分，当其内部出现脏污时，将降低制冷水管路中水的制冷，从而可能引发水循环管路发生堵塞，所以对冷却水塔的清洁是十分关键的。冷却水塔的清洗方法如图7-13所示。

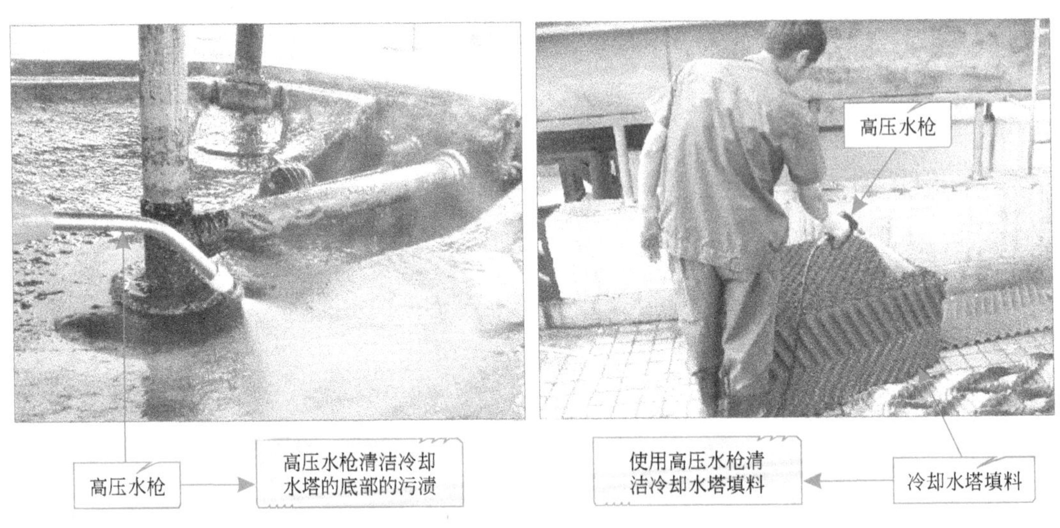

图7-13　冷却水塔的清洗

（2）化学清洗

化学清洗是指采用化学清洁剂对循环管路系统进行清洗，起到杀死系统内的微生物，使管壁及设备表面附着的生物黏泥剥离脱落，溶解循环水系统内多类污垢等作用，最终达到清洁的目的，经化学清洁剂溶解或剥离的污垢会随水循环排出。图7-14所示为水冷式中央空调循环水系统所使用的化学清洁剂。

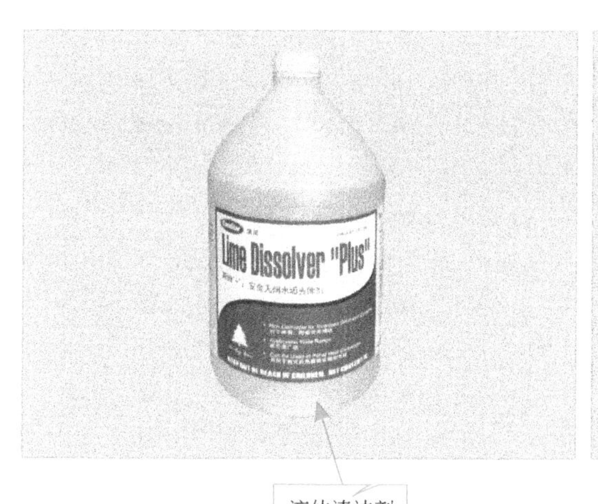

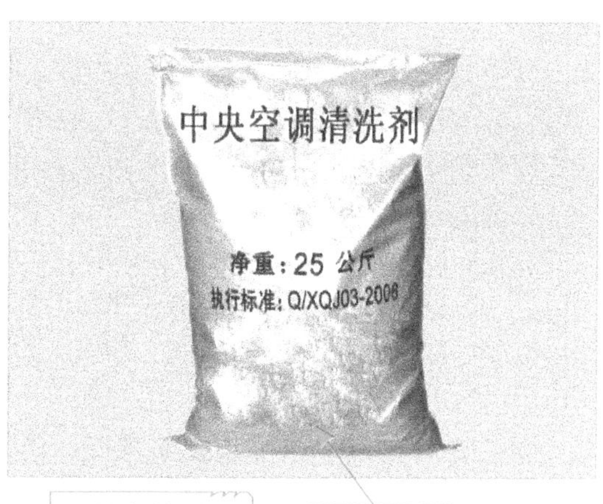

图7-14 化学清洁剂

使用化学清洁剂清洗时，利用冷却水塔底部的水槽作为配液槽，化学清洗剂直接加入配液槽；冷冻水系统则需利用膨胀水箱或外接配液槽的方式进行添加，添加了化学清洁剂的冷却水或冷冻水在搭建的水循环管路清洁系统中，进行循环清洗，完成对水管路的去污去垢处理，如图7-15所示。

图7-15 利用冷却水塔水槽和配液槽添加化学清洁剂

知识拓展

先向循环水中加入适量的铜保护剂，再将化学清洗剂缓慢地加入，投加速度以结合清洗剂被即刻溶解为宜，投加量控制在pH值为3.0左右。在清洗中要根据系统情况对液体走向、流速加以控制和调整，并每2h对清洗液进行一次监测。以总体曲线和pH值曲线趋于平缓时结束清洗。可以向系统中补加新鲜水，并从排污口排污，管道内的循环水的浊度和铁离子浓度不断降低至标准值，化学清洗才算全部完工。

（3）管壁处理

管壁处理是在对循环水管路进行化学清洁后，水管路的金属表面势必会受到一定的腐蚀，为保护水管金属壁，要再加入预膜药剂，执行循环，以使管道内壁金属表面形成完整的耐腐蚀保护膜。即先对循环水系统进行清洗完后，注水充满系统，用氯水调节水体中含铁离子浓度低于500mg/L，并加中和药剂使pH值趋于中性，再加入预膜药剂，从而对管壁进行保护。

（4）日常水处理

管壁处理后，水系统进入正常运行状态。还需要对水系统缓蚀、阻垢、杀菌的日常维护处理。日常维护过程中，药剂浓度依据具体水质情况，由分析监控结果决定投加量，以维持和修补系统内金属表面形成的保护膜，以阻止和分散各种垢离子结垢，达到防腐、防垢和控制微生物生长的目的。

特别提示

严重警告：在化学清洗过程中，排放的各种化学清洗液必须经过中和处理，相关指标达标后才可排放入指定区域。

7.1.3 室外机组的清洁

中央空调器中的室外机主要包括家用中央空调的室外机、风冷式水循环商用中央空调风冷机组、风冷式风循环商用中央空调的风冷式室外机、水冷式商用中央空调的水冷机组等，由于这些设备安装于室外，所以应定期对其进行清洁，它们的清洁方法基本相同。

（1）中央空调的室外机、风冷机组、风冷式室外机外观的清洁

在对中央空调室外机的表面进行清洁前，应先将电源断开，以确保人身安全，然后再对其进行清洁，一般可以使用清洁的干布拭擦或是用中性的洗涤剂拭擦，如图7-16所示，切记不可以用过湿的湿布抹擦，以免水珠由出风口或缝隙进入到中央空调内部的电路板中，否则易引发中央空调运行中出现短路的现象。

图7-16 对中央空调室外机进行表面的清洁工作

知识拓展

清洗中央空调时，严禁使用汽油、稀料以及其他的轻油类、化学类等溶剂进行清洗，不然会对其表面造成腐蚀等作用。

(2) 中央空调的室外机、风冷机组、风冷式室外机等的清洗

对于中央空调的室外机应每隔2～3年左右，应当对室外机的冷凝器和风扇进行彻底的清洗，使用高压水枪对准翅片式冷凝器部分进行冲洗，然后再对风扇进行冲洗。当清洗的同时，应当注意不可用高压水枪冲洗控制箱部分，如图7-17所示。

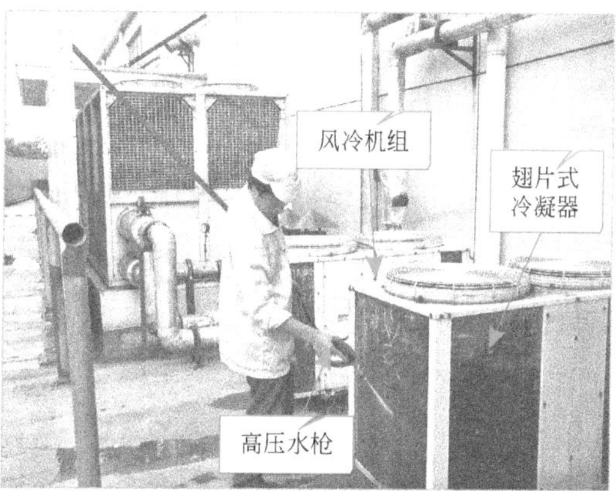

图7-17 室外机冷凝器以及风扇的清洗

（3）水冷机组的清洁

中央空调水冷机组的清洁主要包括壳管蒸发器与壳管冷凝器的清洁。若当壳管蒸发器与壳管冷凝器长期运行会产生各种杂质，例如水垢、淤泥、细菌、藻类以及腐蚀物等沉淀在冷凝器的传热表面，图7-18所示为壳管式冷凝器/蒸发器清洁前后的效果对比。若长时间不对壳管冷凝器/壳管蒸发器进行清洁，不仅会使中央空调的耗电量增大，还会缩短壳管冷凝器、壳管蒸发器的使用寿命，严重时则会造成管路堵塞，所以对其进行定期的清洁是非常必要的。

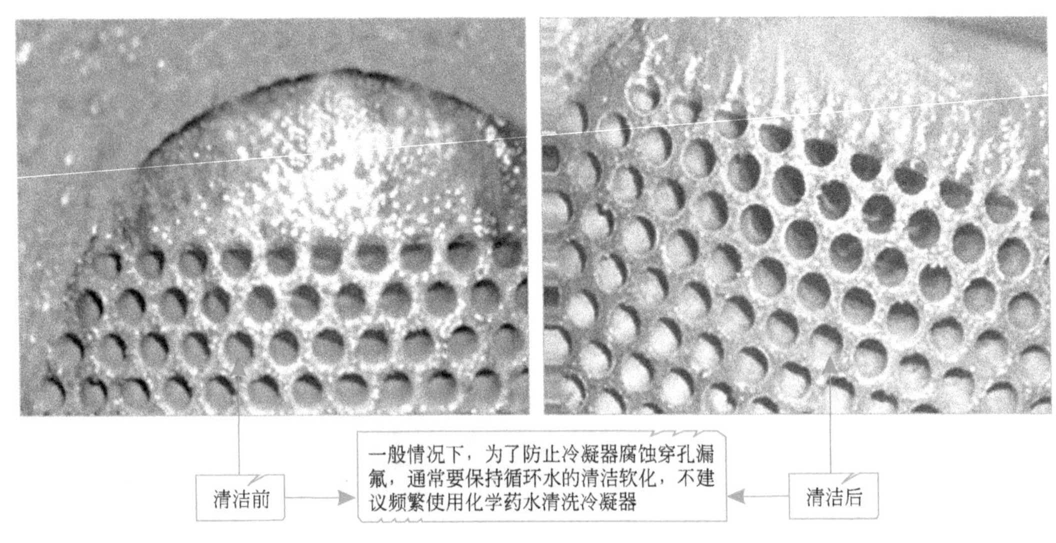

图7-18　冷凝器清洁前后的效果对比

对壳管冷凝器/壳管蒸发器清洗时，可以分为物理清洗和化学清洗，物理清洗通常是使用高压水冲洗铜管内的泥垢；而化学清洗主要是针对铜管内结垢较硬质的水垢，使用化学溶剂进行冲洗。还可以使用专用的清洗剂，清除水垢、锈蚀、粘泥和防腐蚀处理，使其还原于清洁的金属表面。

壳管冷凝器/壳管蒸发器的清洁方法如图7-19所示。

图7-19　壳管冷凝器/壳管蒸发器的清洁方法

除此之外，还应定期对壳管冷凝器/壳管蒸发器管内的冷凝/蒸发情况和气密封性进行检查，以免造成管内堵塞或是穿孔漏水的现象。一经发现有漏水，应停止中央空调的运行，并查明漏水的管路，及时采取堵塞或换管的维修措施。

特别提示

冷凝器清洗完毕后，应将冷凝器另一端水管堵头旋开，用高压水冲洗冷凝器，以方便将刚刚清洗后产生的沉淀物冲洗干净。

7.1.4 室内末端设备的清洁

中央空调中的室内末端设备包括风机盘管、壁挂式室内机等。在对这些室内末端设备进行清洗前，都需要对待清洁设备的操作现场进行保护，防止将家具、办公桌椅等设施污染，应当使用防尘布等将家具、办公座椅等盖起，做好防尘保护，如图7-20所示。

风道

在清洁风机盘管前，应对室内物品进行防尘保护

风道

在清洁风道时，可以在出口处使用工具将其围住，避免灰尘污染室内空气

图7-20 清洁前的准备

（1）过滤网的清洁

长时间使用中央空调后，室内末端设备的过滤网过脏或油雾粘结在其表面上，则会引起气流受阻，造成风量不足，使室温与设定的温度产生偏差，如图7-21所示。除此之外，还会影响空气的质量，使空气中产生异味。

在对中央空调的过滤网清洁时，通常是将其取出后，使用毛刷对其进行清洁，或是将其放在自来水龙头下进行冲洗，冲洗过后，应晾干后再装回中央空调。值得注意的是，过滤网采用的是塑料框与涤纶丝压制而成的，所以在对其进行水清洁时，不可以使用40℃以上的热水清洗，以免引起收缩变形。若发现过滤网的框架有变形的现象，应对其进行及时的更换，避免灰尘通过缝隙进入室内，以及引起空气流通不畅的现象。

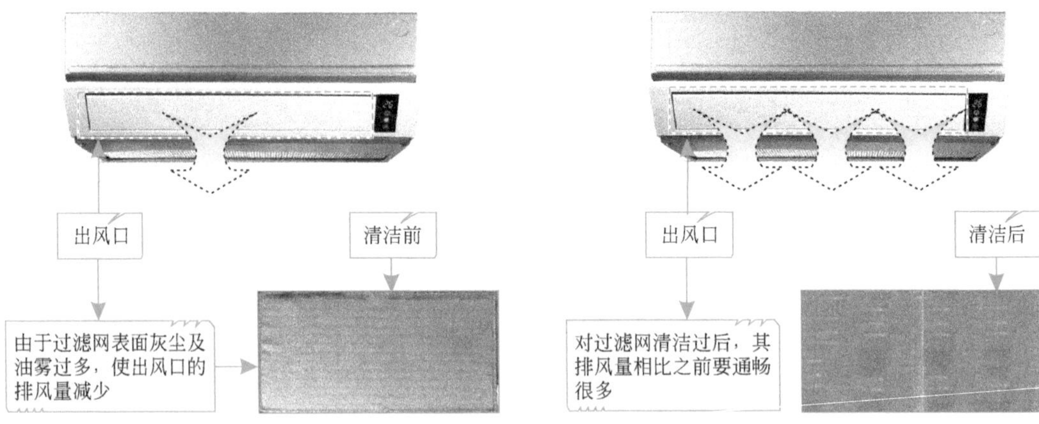

图7-21　过滤网清洁前后的对比

过滤网清洁的方法如图7-22所示。

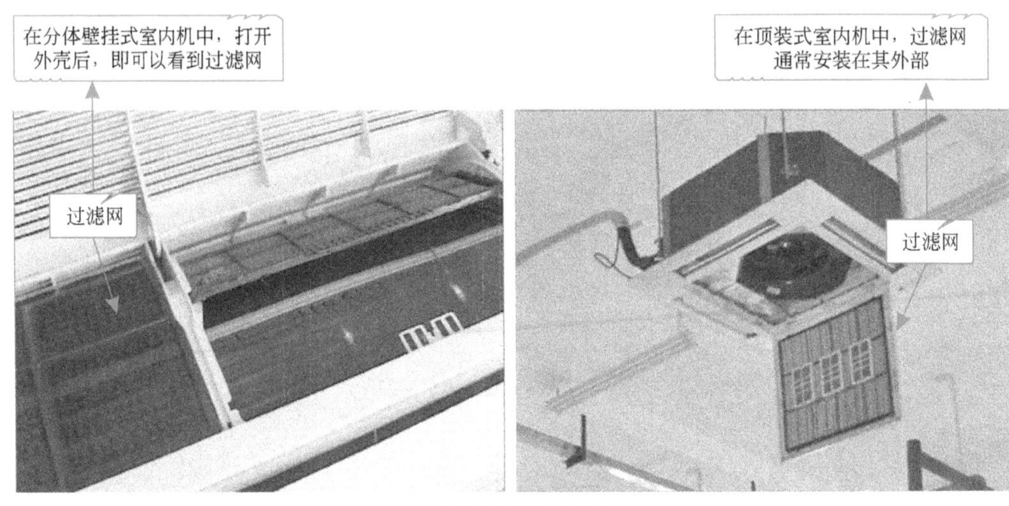

(a) 找到室内机的过滤网

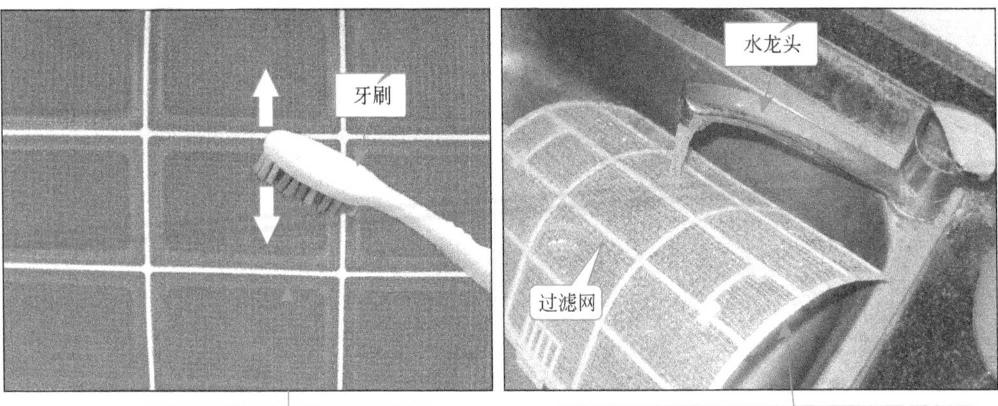

(b) 对过滤网进行清洁操作

图7-22　过滤网的清洁方法

为了确保中央空调室内机的排风通畅，达到很好的制冷/制热效果，应定期对过滤网进行清洁，通常使用十五天左右对其进行清洁一次。

大型风机盘管中的过滤网（滤尘网）体积通常较大，可以使用吸尘器清洁表面浮土，再用专用清洁剂清洗或用高压水枪冲洗过滤网，如图7-23所示。

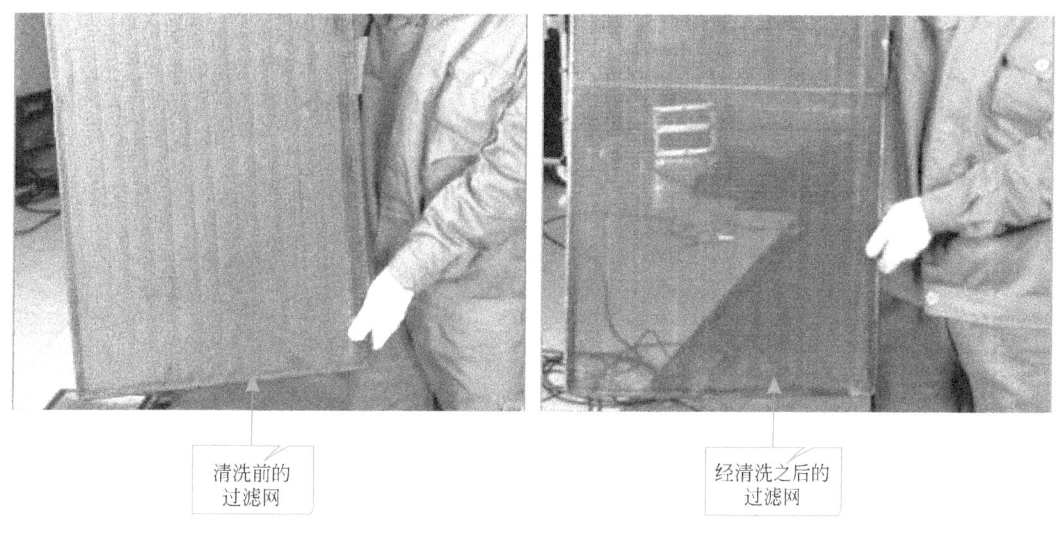

图7-23 滤尘网的清洗效果图

（2）蒸发器的维护

中央空调中的蒸发器是用来进行散热的，通常使用的是0.15毫米的铝片套入铜管后胀管而成的，经不起碰撞，如图7-24所示，若是其中部分散热翅片有损坏，会直接影响到散热效果，最终致使制冷的效果降低，因此日常使用中应对其进行保护。

除了日常要保护好蒸发器之外，还应定期对其表面上的灰尘进行清除，确保中央空调在制冷/制热时，达到良好的效果。在对蒸发器翅片进行灰尘的清扫时，通常可以使用软毛刷清洁，清洗前后的对比如图7-25所示。

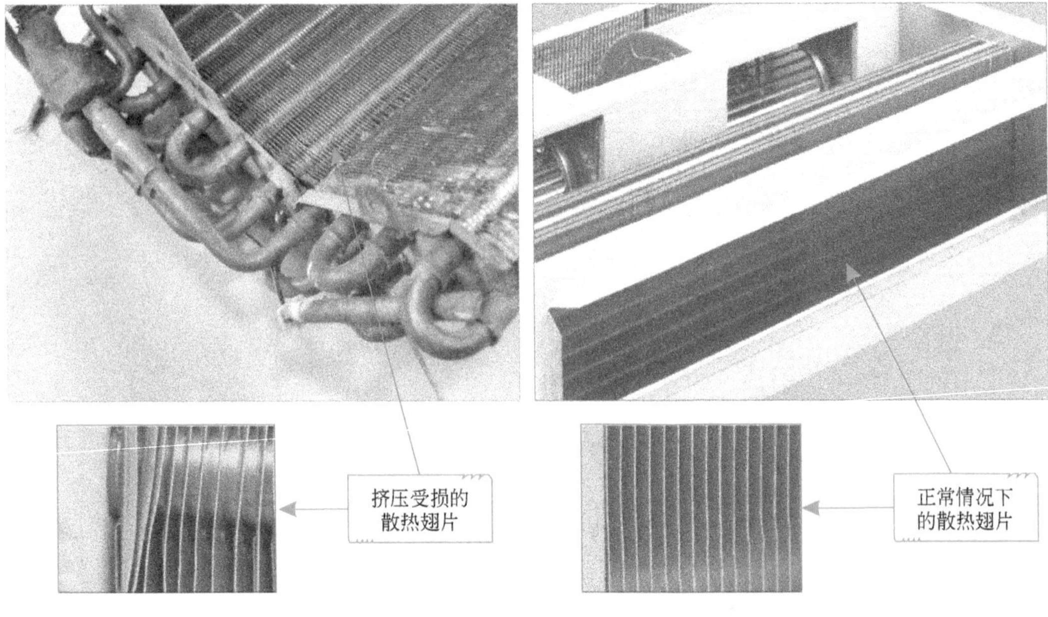

图7-24　蒸发器的散热翅片

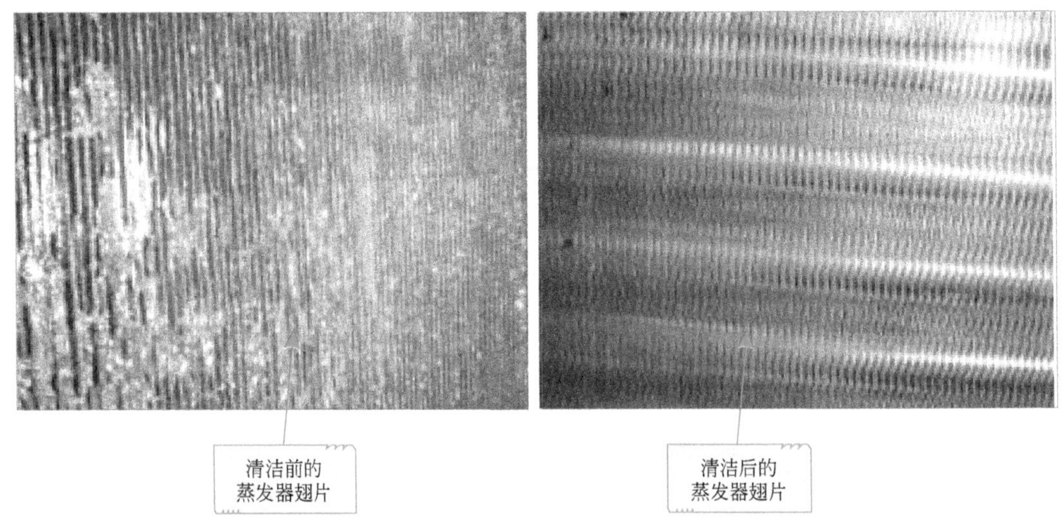

图7-25　蒸发器翅片的清洗前后对比

（3）风机盘管的清洁

在采用风机盘管作为末端设备的中央空调系统中，中央空调将制冷后的水送到风机盘管中，经风机盘管中的风扇系统进行热交换后变成温度适中的冷风送入到室内，这样就可以达到降低室内温度的目的。但是空气中的灰尘微粒过多，风机盘管在长期进行抽、回风的工作情况下，会造成相关部件的表面积有灰尘污垢，此时则会影响空气的热交换效果，所以应定期对风机盘管中的风扇系统进行清洁。

风扇系统进行清洁的方法如图7-26所示。

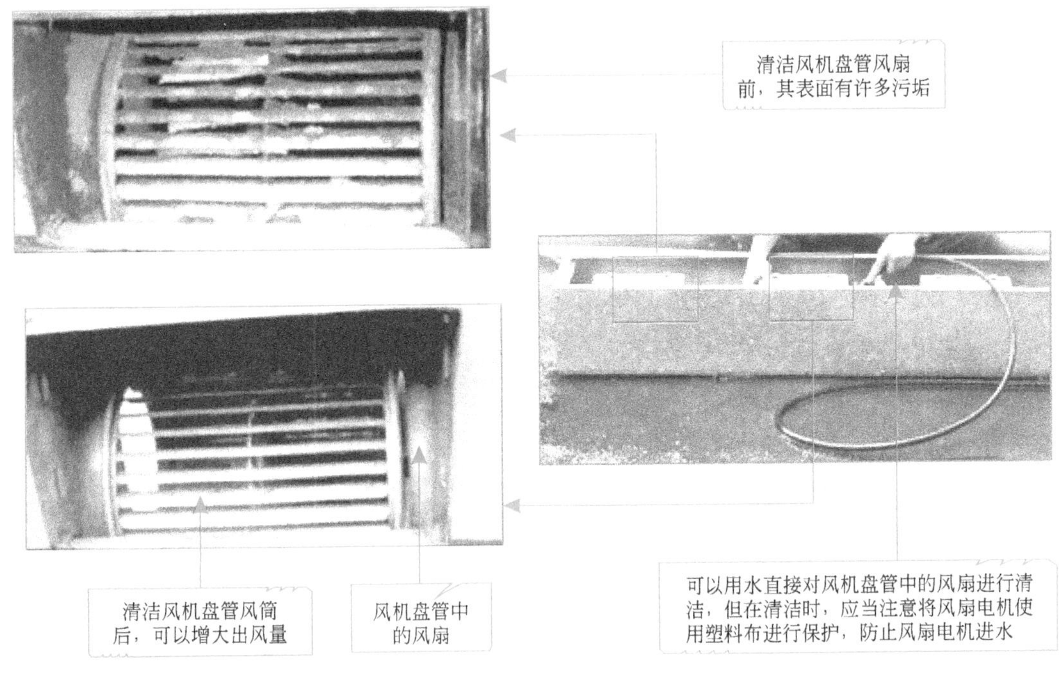

图7-26 风机盘管风扇系统清洁前后的对比

7.2 中央空[illegible]

7.2.1 家用中央空调的日常保养维护方法

(1) 运行前及运行过程中的例行维护

运行家用中央空调前，应先对固定器件、传动部件进行检查，如皮带、固定螺钉、接线等，排除有松动的现象，并且对运行中的电流、温度以及压力进行检查，并及时进行调速。

(2) 压缩机维护事项

中央空调系统内压缩机是压缩制冷/制热系统中的核心设备，做好压缩机的维护保养是保证空调系统运行的关键，所以在对其进行日常维护时，应保持压缩机内部各摩擦部件良好的润滑，并严格监视润滑油是否变质及润滑系统是否有泄漏现象，保证压缩机的油压达到规定的标准。除此之外，还应定期对压缩机内的电动机绝缘性能进行检查。

定期对压缩机的润滑油进行检查，必要时可以更换润滑油，判断是否要润滑油时，可以通过以下几种方法进行判断。

- 根据运行时间，一般压缩机每运转10000小时须检查或更换一次润滑油。

● 根据润滑油的酸化性进行判断，润滑油的酸化，会直接影响压缩机电动机寿命，所以定期检查润滑油的酸度是否合格非常重要。一般润滑油酸度低于pH6以下即须更换，若无法检查酸度则应定期更换系统的干燥过滤器滤芯，使系统干燥度保持在干燥状态下。

特别提示

每个厂家的压缩机润滑油牌号不尽相同，请更换润滑油时注意原压缩机铭牌注明的润滑油牌号和用量。特别注意：因不同型号的润滑油含有防锈、抗氧化、抗泡沫、抗磨蚀等成分也不相同所以不要将不同型号和不同牌号的油混合使用，以免产生化学反应。

（3）日常检查是否泄露

中央空调正常运行后，应对管路进行日常检查，及时排除有泄露的故障。若发现中央空调连接管路的连接处有漏水现象，应停机进行维修。若是多联机系统和风道系统要经常观察空调器制冷剂管路的接口是否泄漏。

除此之外，还应对管道进行定期检修，主要是对焊缝、螺纹、法兰、密封垫等处的密封性进行检查，从而及时发现故障，及时排除。

（4）定期清洗主要部件

中央空调长期运行后，会有大量灰尘落在室外机组以及室内机中，从而影响制冷/制热的效果，因此，应定期对过滤网、冷凝器、蒸发器以及出风口处进行清洗。

若要长期停机时，应对空调器作全面清洗。清洗好后只开空调器的风机，运转约2～3小时，使空调器内部干燥，然后用防尘套将空调器套好。

（5）定期保养冷凝器

家用中央空调使用过程中，应适当对冷凝器进行清洗，从而提高冷凝器的使用寿命。通常定期检查冷凝器的溢流量，如果冷凝器在溢流量不足的情况下运行，水中的矿物质浓度将会增加，并且严重附着在冷凝器的铜管内壁，造成经常清洗冷凝器的操作，通常使用化学成分的清洗剂则会导致冷凝器严重的腐蚀。

7.2.2 商用中央空调的日常保养维护方法

对商用中央空调的保养和维护不仅可以保持中央空调具有良好的使用效果，还可以延长中央空调的使用寿命。在对中央空调进行日常保养维护时，主要应做好以下几点。

（1）管路的日常检查

管路的保养维护是中央空调使用过程中非常必要的项目之一，对于冷/热水系统的中央空调来说，若管路连接不良，会引起漏水现象；对于风冷系统和水冷系统的中央空调，则其重点应查看各制冷剂管路的接口部位是否有制冷剂的泄漏，若发现有油渍，则说明有制冷剂漏出，应及时处理，以免长时间泄漏而造成制冷剂量不足。无论是漏水还是泄漏制冷剂，都会使中央空调制冷/制热的效果下降，甚至损坏压缩机，缩短其使用寿命。

在对中央空调的管路进行检查时，主要是对于各管路的连接处、阀门和法兰进行检查，如图7-27所示，若发现有泄漏的情况，应立即断电停止运行，并进行修补或是更换。

图7-27 需要检查的管路

引起中央空调管路泄漏现象的原因较多，最主要的原因则是由于管路的保温层性能不良引发后期的腐蚀泄漏。如果保温材料的施工质量不好的话，空气就会侵入保温材料中，当管路达到露点温度时，就会在内部结露，制冷和保温的效果就会有所下降，若是不能及时发现并修补的话，其结露的面积越来越大，就会使管路外面产生腐蚀的现象，最终导致泄漏故障的发生。

(2)安全供电的维护

中央空调的耗电量极大，功率也很大。在安装铺设供电线路时，要严格执行安全供电原则，尽量使用匹配的电源线及插座。并且在专用线路中应设有断路器或空气开关，如图7-28所示。为防止绝缘破损造成漏电的危险，必要时应安装漏电保护器。

在对中央空调进行开机、停机操作时应规范操作，不可以直接将电源插头拔下。若供电电压超过或是低于中央空调的额定电压时，最好停止使用中央空调，以确保设备安全。

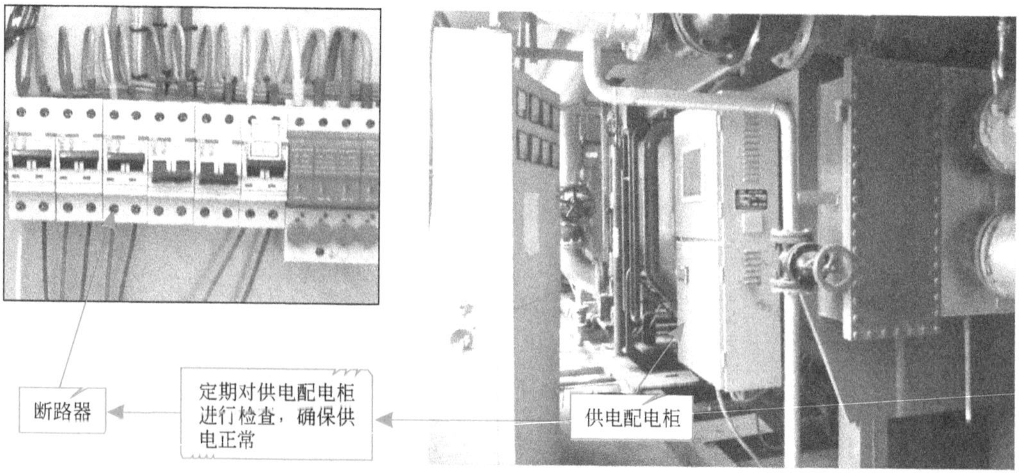

断路器
定期对供电配电柜进行检查，确保供电正常
供电配电柜

图7-28 中央空调安全供电示意图

特别提示

在选用中央空调中熔断器时，其容量的大小应选择在空调机组额定电流的2倍左右。异步电动机的启动电流通常约为电动机的额定电流的4 ~ 7倍，为了使熔断器在电动机启动时不致熔断，其额定电流应大于电动机的额定电流。

（3）长期停机前的准备

如果需要长时间停机时，应先对中央空调进行全面的清洗。清洗完后运行中央空调的主机，运转2到3个小时，使空调内部干燥，然后用防尘套将中央空调器的室外机套好，加上一层防护罩，用作防尘、防水功能，尽可能地防止恶劣天气对空调主机的损坏。

若是采用水冷式的中央空调，当冬季停机不使用时，应将其冷凝器内的存水排尽，避免冻裂。

（4）中央空调停机后的保养维护项目

中央空调系统的制冷设备停机，按其时间的长短可以分为一周、一个月、三个月和半年。通常情况下，停机一周时，主要以不破坏机组系统真空度为限；停机一个月到三个月时，局部拆卸有关零部件，查看是否有损坏的现象，并及时涂抹润滑油，并且需要重新做真空实验。

（5）冷却水塔的保养维护的方法

冷/热水式中央空调系统中冷却水塔是主要降温的设备之一，在对其进行保养时，应从以下几点入手。

① 经常检查配水系统配水的均匀性，如果发现不均匀，应及时调整。

② 定期（每个月）清除管道、喷嘴上面的污物及水垢。

③ 经常检查冷却水泵是否有腐蚀现象，如果有腐蚀或表面有附着物必须及时更换或清除，以免增大振动和噪声，如图7-29所示。

图7-29　检查冷却水泵

④ 由于冷却水泵经常处于高温、高湿的环境下工作，所以每年应对该泵的绝缘性能进行测试，并对外部进行保养。

⑤ 找到冷却水塔的电动机，检查其内部的轴承是否正常，并定期对轴承及内部进行清洗，如有需要还可以更换新的电动机，如图7-30所示。

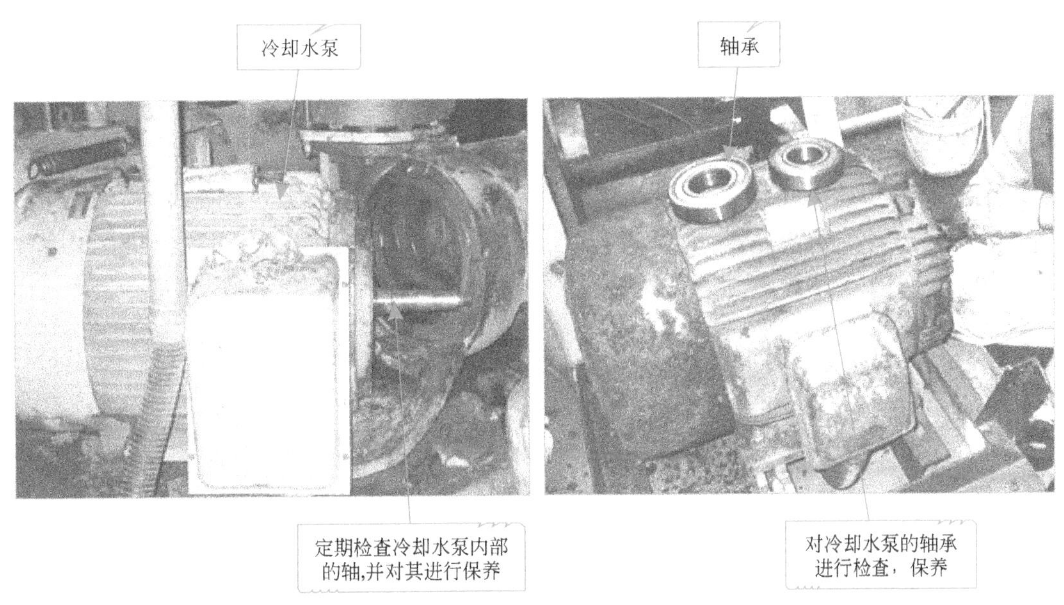

图7-30　定期检查冷却水泵的轴承

⑥ 冷却水塔中的噪声和振动的主要是由冷却水塔上的电动机造成的，应定期进行检查，如图7-31所示。

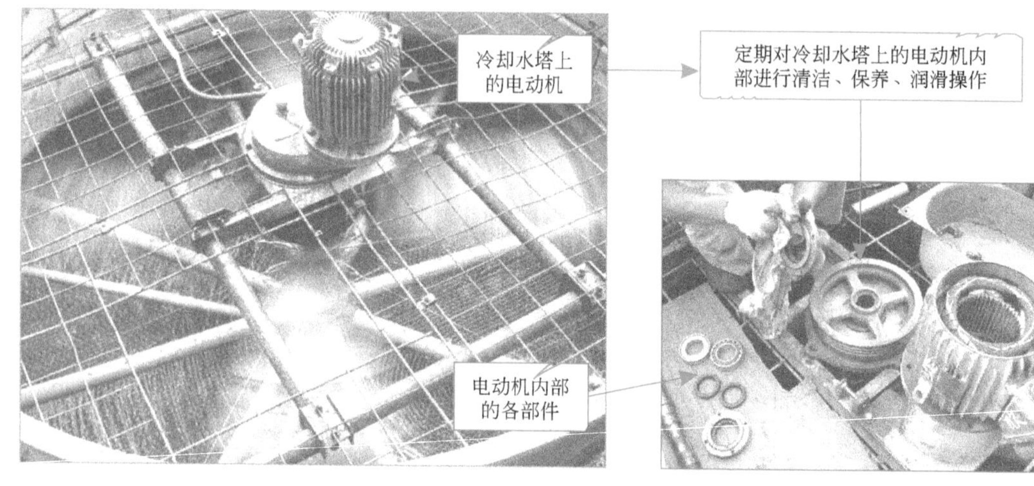

图7-31　定期检查冷却水塔上的电动机

（6）水循环系统的保养维护方法

对于冷/热水系统的中央空调，在其运行的过程中，应经常检查其补水和排气装置的工作是否正常。若是有空气进入，则系统会造成水循环量的减少或循环困难，从而影响中央空调的制冷/制热效果和机组工作的可靠性。

同时，在使用中央空调时，可在水中加入缓蚀剂避免金属生锈，加入阻垢剂通过综合作用，防止钙镁离子结晶沉淀，起到保护作用。同时应定期对水质进行监控，定期抽验、监控水质，防止堵塞或泥沙进入冷凝器，引起机组高压保护。

欢迎订阅化学工业出版社家电维修图书

书名	定价/元	书号
家电维修全程指导全集——空调器、电冰箱、变频空调器	88	978-7-122-16315-8
家电维修全程指导全集——彩色电视机·液晶、等离子彩电·洗衣机	88	978-7-122-16316-5
家电维修全程指导全集——电磁炉、小家电、手机	88	978-7-122-16317-2
家电维修半月通丛书——彩色电视机维修技能半月通	29	978-7-122-16522-0
新型微波炉维修精要及电路图集	36	978-7-122-17170-2
电磁炉维修精要及电路图集(双色最新版)	48	978-7-122-15271-8
家电维修完全掌握丛书——空调器维修技能完全掌握	48	978-7-122-13886-6
家电维修完全掌握丛书——电冰箱维修技能完全掌握	46	978-7-122-13740-1
家电维修完全掌握丛书——电磁炉维修技能完全掌握	49	978-7-122-15447-7
家电维修完全掌握丛书——洗衣机维修技能完全掌握	46	978-7-122-15324-1
家电维修完全掌握丛书——家用电器维修技能完全掌握	69	978-7-122-14453-9
彩电开关电源电路精选图集	88	978-7-122-13443-1
双色图解空调器维修从入门到精通	49.8	978-7-122-14227-6
跟高手学家电维修丛书——液晶彩电维修完全图解	48	978-7-122-13963-4
跟高手学家电维修丛书——彩色电视机维修完全图解	58	978-7-122-13638-1
跟高手学家电维修丛书——空调器维修完全图解	48	978-7122-16560-2
跟高手学家电维修丛书——变频空调器维修完全图解	46	978-7-122-16799-6
家电维修半月通丛书——液晶电视机维修技能半月通	29	978-7-122-17168-9
家电维修半月通丛书——变频空调器维修技能半月通	29	978-7-122-15991-5
家电维修半月通丛书——小家电维修技能半月通	29	978-7-122-16120-8
家电维修半月通丛书——空调器维修技能半月通	29	978-7-122-15601-3
家电维修半月通丛书——电冰箱维修技能半月通	29	978-7-122-15585-6
名优液晶电视机电路精选图集	68	978-7-122-13129-4
液晶彩电维修精要完全揭秘	56	978-7-122-09604-3
液晶电视维修技能从新手到高手	48	978-7-122-15994-6
空调器维修技能从新手到高手	29.8	978-7-122-11228-6
电磁炉维修技能从新手到高手	46	978-7-122- 10969-9
图解万用表使用技巧快速精通	29	978-7-122-11190-6
图解电子元器件检测快速精通	39.8	978-7-122-09383-7
图解小家电维修快速精通	46	978-7-122-12133-2
国产名优超级芯片彩色电视机电路精选图集	46	978-7-122-06749-4
国产名优高清彩色电视机电路精选图集	48	978-7-122-08011-0
名优空调器电路精选图集	46	978-7-122-11316-0
名优超级芯片、数字高清彩色电视机检测数据速查大全	46	978-7-122-08365-4

以上图书由**化学工业出版社 电气分社**出版。如要以上图书的内容简介和详细目录，或者更多的专业图书信息，请登录www.cip.com.cn。如要出版新著，请与编辑联系。

地址：北京市东城区青年湖南街13号（100011）

编辑电话：010-64519274

投稿邮箱：qdlea2004@163.com